普通高等教育电子信息类系列教材

U0662679

单片机原理及应用系统设计

——基于 STC 可仿真的 IAP15W4K58S4 系列

田会峰　张宝芳　赵　丽　编著

机械工业出版社

本书以宏晶科技的单片机 IAP15W4K58S4 为主线，详细介绍了这款具有在线仿真功能的单片机内部结构、工作原理及其典型应用。内容主要包括三部分，第一部分是基础篇，主要讲述 STC15 系列单片机基本知识、C 语言编程基础、指令系统、Keil μVision 集成开发环境。第二部分是提高篇，主要介绍 I/O 接口、中断系统、定时器/计数器、串行口通信、同步通信 SPI 和 I^2C、A-D 转换、PCA 模块、PWM 模块等。第三部分给出了 5 个单片机典型应用的综合实例。

本书可作为培养应用型人才的高等院校单片机课程的教材，也可作为单片机爱好者及工程技术人员的参考书。

本书配有电子课件，需要的读者可登录 www.cmpedu.com 免费注册，审核通过后下载，或联系编辑索取（QQ：6142415，电话：010-88379753）。

图书在版编目（CIP）数据

单片机原理及应用系统设计：基于 STC 可仿真的 IAP15W4K58S4 系列/田会峰等编著．—北京：机械工业出版社，2017.3（2024.7 重印）
普通高等教育电子信息类系列教材
ISBN 978-7-111-56415-7

Ⅰ．①单… Ⅱ．①田… Ⅲ．①单片微型计算机-理论-高等学校-教材
②单片微型计算机-系统设计-高等学校-教材 Ⅳ．①TP368.1

中国版本图书馆 CIP 数据核字（2017）第 063539 号

机械工业出版社（北京市百万庄大街 22 号　邮政编码 100037）
责任编辑：李馨馨
责任校对：张艳霞　　责任印制：郜　敏
北京富资园科技发展有限公司印刷

2024 年 7 月第 1 版·第 8 次印刷
184mm×260mm·23.5 印张·566 千字
标准书号：ISBN 978-7-111-56415-7
定价：69.80 元

电话服务　　　　　　　　　　　网络服务
客服电话：010-88361066　　　　机　工　官　网：www.cmpbook.com
　　　　　010-88379833　　　　机　工　官　博：weibo.com/cmp1952
　　　　　010-68326294　　　　金　书　网：www.golden-book.com
封底无防伪标均为盗版　　　　机工教育服务网：www.cmpedu.com

序

　　21 世纪全球全面进入了计算机智能控制/计算时代，而其中的一个重要方向就是以单片机为代表的嵌入式计算机控制/计算。由于最适合中国工程师和学生入门的 8051 单片机有 30 多年的应用历史，绝大部分工科院校均有此必修课，有几十万名对该单片机十分熟悉的工程师可以相互交流开发和学习心得，有大量的经典程序和电路可以直接套用，从而大幅降低了开发风险，极大地提高了开发效率，这也是 STC 宏晶科技/南通国芯微电子有限公司基于 8051 系列单片机产品的巨大优势。

　　Intel 8051 技术诞生于 20 世纪 70 年代，不可避免地面临着落伍境地，为此，STC 宏晶科技对 8051 单片机进行了全面的技术升级与创新，经历了 STC89/90、STC10/11、STC12、STC15 系列，累计上百种产品：产品全部采用 Flash 技术（可反复编程 10 万次以上）和 ISP/IAP（在系统可编程/在应用可编程）技术；针对抗干扰进行了专门设计，超强抗干扰；进行了特别加密设计，使得 STC15 系列无法解密；对传统 8051 进行了全面提速，指令速度最快提高了 24 倍；大幅提高了集成度，如集成了 A－D、CCP/PCA/PWM（PWM 还可当 D－A 使用）、高速同步串行通信端口 SPI、高速异步串行通信端口 UART、定时器、看门狗、内部高精准时钟（±1% 温漂，－40 ～ ＋85℃之间，可彻底省掉外部昂贵的晶振）、内部高可靠复位电路（可彻底省掉外部复位电路）、大容量 SRAM、大容量 EEPROM、大容量 Flash 程序存储器等。针对大学教学，现在 STC15 系列一个单芯片就是一个仿真器，定时器改造为支持 16 位自动重载（学生只需学一种模式），串行口通信波特率计算改造为［系统时钟/ 4/（65536－重装数）］，极大地简化了教学，针对实时操作系统 RTOS 推出了不可屏蔽的 16 位自动重载定时器，并且在最新的 STC－ISP 烧录软件中提供了大量的贴心工具，如范例程序/定时器计算器/软件延时计算器/波特率计算器/头文件/指令表/Keil 仿真设置等。封装也从传统的 PDIP40 发展到 SOP8/SOP16/SOP20/SOP28，TSSOP20/TSSOP28，DFN8/QFN28/ QFN32/QFN48/QFN64，LQFP32/LQFP48/LQFP64S/LQFP64L，每个芯片的 I/O 口从 6 个到 62 个不等，价格从 0.89 元到 5.9 元不等，极大地方便了客户选型和设计。

　　2014 年 4 月，STC 宏晶科技推出了 STC15W4K32S4 系列单片机，宽电压工作范围，无须任何转换芯片，可直接通过计算机 USB 接口进行 ISP 下载编程，集成了更多的 SRAM （4KB）、定时器（5 个普通定时器＋CCP 定时器 2）、串行口（4 个），以及更多的高性能部件（如比较器、带死区控制的 6 路 15 位专用 PWM 等）；开发了功能强大的 STC－ISP 在线编程软件，包含项目发布、脱机下载、RS－485 下载、程序加密后传输下载、下载需口令等功能，并已申请专利。IAP15W4K58S4 一个芯片就是一个仿真器（OCD，ICE），价格 5.6 元，是全球第一个实现一个芯片就可以仿真的，彻底摒弃了 J－Link/D－Link。

　　STC 宏晶科技为全力支持我国单片机/嵌入式系统教育事业，STC 大学计划在如火如荼地进行中，举办了"STC 杯单片机系统设计大赛"，全国数百所高校，上千支队伍参赛；在国内多所大学建立了 STC 高性能单片机联合实验室，多所高校每年都有用 STC 单片机进行的全校创新竞赛。近年来，围绕着单片机/嵌入式系统的教学存在着两种不同的方法：

高校的学生到底应该先学 32 位的微控制器还是先学 8 位的 8051 单片机好？我觉得还是 8 位的 8051 单片机好。因为现在大学嵌入式课程只有 64 学时，甚至 48 学时，学生能把 8 位的 8051 单片机学懂做出产品，今后只要给他时间，他就能触类旁通了。但如果也只给 48 个学时去学 ARM，学生没有学懂，最多只能学会函数调用，没有意义，培养不出真正的人才。所以大家反思说，还是应该先以 8 位单片机入门。C 语言要与 8051 单片机融合教学，大一第一学期就要开始学，现在有些中学的课外兴趣小组都在学 STC 的 8051 和 C 语言。大三学有余力的再选修 32 位嵌入式单片机课程。

◆ 对大学工科非计算机专业 C 语言教学的看法

现在，我国工科非计算机专业讲 C 语言的书多是不切实际，学生学完之后不知道干什么。以前我们学 BASIC/C，学完用 DOS 系统，也在 DOS 下开发软件。现在学生学完 C 语言，要从 Windows 返回到 DOS 下运行，学的 C 语言也不能在 8051 上运行。嵌入式 C 语言有多个版本，国内流行 Keil C，现我们也在开发中国人自己的 C 编译器。现在学标准 C 语言，没办法落地了，学完了，在 PC 上完成不了设计，在单片机上也应用不了。我们现在准教学改革将单片机和 C 语言（嵌入式 C，面向控制的 C）放在一门课中讲，在大一的第一学期就讲，学生学完后就知道他将来能做什么，大一的第二学期再开一门 Windows 下的 C++ 开发，正好我们的单片机 C 语言给它打基础。学生学完模电/数电（FPGA）/数据结构/RTOS（实时操作系统）/自动控制原理/数字信号处理等课程后，在大三再开一门综合电子系统设计，这样就能循序渐进地培养出真正能动手实践的应用型人才了。我们现在主要的工作是推进中国的工科非计算机专业高校教学改革，促进研究成果的具体化，推出大量的高校教学改革教材，本书就是我们的研究成果的杰出代表。希望在我们这一代人的努力下，我们中国的嵌入式单片机系统设计能够全球领先。

感谢 Intel 公司发明了经久不衰的 8051 体系结构，感谢田会峰老师的新书，保证了中国 30 年来的单片机教学与世界同步，本书是 STC 大学计划推荐教材，STC 高性能单片机联合实验室上机实践指导用书，是 STC 推荐的全国大学生电子设计竞赛 STC 单片机参考教材，采用本书作为教材的院校将优先免费获得我们可仿真的 STC15 系列实验箱的支持（主控芯片为 STC 可仿真的 IAP15W4K58S4）。

明知山有虎，偏向虎山行！

STC MCU Limited：AndyYao

www. STCMCU. com　www. GXWMCU. com

前　言

目前市场上的单片机教材大多都是讲授 MCS – 51 单片机系列中的 80C51 单片机，或者讲授国内宏晶科技/南通国芯微电子有限公司的 STC89C52 单片机，但是这些单片机由于其功能过于简单，在实际工业中已经很少应用。本书以 STC 单片机系列中可仿真的 IAP15W4K58S4 单片机为主线，讲授单片机知识结构和应用系统设计。

传统单片机教材采取"CPU – 存储器 – I/O 接口"的主线讲授单片机知识体系，这不能更好地体现单片机的工程实践课程属性，缺乏工程实践环节的教学。本书是机械工业出版社组织出版的"普通高等教育电子信息类规划教材"之一。本书突破传统的单片机教学编写模式，按照基础、提高和综合应用三个能力递进的篇章布局内容，其主要特色如下。

（1）以实践为主线，构建教学新模式

本书采用任务驱动模式组织教材内容，以工程应用为主线，讲授单片机知识体系。不再沿袭传统的"CPU – 存储器 – I/O 接口"的主线讲授单片机知识体系，而是将单片机的知识点融入到每一个单片机应用系统中，学习单片机就是在做单片机应用系统，构建"教、学、做"一体化教学模式，有效地提高了学生应用单片机技术解决工程实践问题的能力。

（2）融入热门技术，力争学用零距离

本书内容涉及 STC 单片机系列中最为先进的 IAP15W4K58S4 单片机体系结构、C51 编程、数据通信、存储、显示等，以及 RS – 232、RS – 485、红外、射频（RFID）技术、蓝牙技术、以太网、GPRS 模块、GPS 模块、GSM 模块等热门知识，使学生学以致用，从而能够吸引学生学习的主动性和积极性。

（3）体现宜教易学，组织递进式内容

本书共分为三篇（17 章），内容按照能力递进式安排，通过理论基础、知识模块、综合实训三个环节构建教材内容，每个不同层次的学校可以根据实际需求选择教学内容。具体如下。

第一部分是基础篇，分为 4 章，包括 STC15 系列单片机、Keil μVision4 集成开发环境、单片机汇编语言、C51 编程基础。

第二部分是提高篇，分 8 章，以按键与显示、数据采集、数据通信、数据存储四个环节为主线，将单片机各功能模块知识融入其中。

第三部分是综合篇，分 5 章，每章介绍一个综合实训项目，详细介绍单片机应用系统的设计过程，将单片机相关知识融合在一起，设计出一个较复杂的应用系统。

本书田会峰、张宝芳、赵丽编写。其中，田会峰编写了 1～4 章和 13～17 章；赵丽编写了 5～7 章；张宝芳编写了 8～12 章。全书由田会峰统稿。

由于编者水平有限，书中定有疏漏和不妥之处，敬请读者批评指正。

编　者

V

目　　录

第二篇　提　高　篇

第一篇 基 础 篇

本部分是基础篇，包括4章内容。第1章主要介绍单片机的发展历史以及STC15系列单片机的基本情况。第2章主要介绍Keil C51编程基础。第3章主要介绍STC系列单片机的寻址方式以及汇编指令系统。第4章主要介绍Keil μVison集成开发环境。

第1章 STC15系列单片机

1.1 单片机概述

1.1.1 单片机简介

单片机又称单片微控制器，英文全称是Micro Controller Unit，国内一般统称为单片机。它不是完成某一个逻辑功能的芯片，而是把一个计算机系统集成到一个芯片上，相当于一个微型的计算机，与计算机相比，单片机只缺少了I/O设备。概括来说，一块芯片就构成了一台微型计算机。它的体积小、质量轻、价格便宜，为学习、应用和开发提供了便利条件。同时，学习使用单片机是了解计算机原理与结构的最佳选择。

单片机的应用领域已十分广泛，如智能仪表、实时工控、通信设备、导航系统、家用电器等。各种产品一旦用上了单片机，就能起到使产品升级换代的功效，常在产品名称前冠以形容词——"智能型"，如智能型洗衣机等。

1.1.2 单片机的发展过程

单片机诞生于1971年，经历了SCM（Signal Chip Machine）、MCU（Micro Controller Unit）、SoC（System on Chip）三大阶段。单片机名字的来历一直是延续最早的单片微型计算机，简称单片机。

早期的SCM单片机都是8位或4位的。其中最成功的是Intel的8051，此后在8051基础上发展出了MCS51系列MCU系统。基于这一系统的单片机系统直到现在还在广泛使用。随着工业控制领域要求的提高，开始出现了16位单片机，但因为性价比不理想并未得到很广泛的应用。20世纪90年代后随着消费电子产品大发展，单片机技术得到了巨大提高。随着Intel i960系列特别是后来的ARM系列的广泛应用，32位单片机迅速取代16位单片机的高端地位，并且进入了主流市场。

而传统的 8 位单片机的性能也得到了飞速提高，处理能力比起 20 世纪 80 年代的提高了数百倍。高端的 32 位 SoC 单片机主频已经超过 300 MHz，性能直追 20 世纪 90 年代中期的专用处理器，而普通的型号出厂价格跌落至 1 美元，最高端的型号也只有 10 美元。

当代单片机系统已经不再是只在裸机环境下开发和使用，大量专用的嵌入式操作系统被广泛应用在全系列的单片机上。而在作为掌上电脑和手机核心处理的高端单片机甚至可以直接使用专用的 Windows 和 Linux 操作系统。

1.2   常用主流单片机

1.2.1   8051 单片机

8051 单片机最早是由 Intel 公司推出的 8 位单片机，也是目前使用最多，最经典的一款单片机。其指令系统共有 111 条指令，属于复杂指令集系统（Complex Instruction Set Computer，CISC）。内部采用冯·诺依曼结构，即数据总线和指令总线分时复用。

随后 Intel 公司将 80C51 内核使用权以专利互换或出让给世界许多著名 IC 制造厂商，如 Philips、NEC、Atmel、AMD、Dallas、Siemens、Fujutsu、OKI、华邦、LG 等。在保持与 80C51 单片机兼容的基础上，这些公司融入了自身的优势，扩展了针对满足不同测控对象要求的外围电路，如满足模拟量输入的 A – D、满足伺服驱动的 PWM、满足高速输入/输出控制的 HSL/HSO、满足串行扩展总线的 I^2C、保证程序可靠运行的 WDT、引入使用方便且价廉的 Flash ROM 等，开发出上百种功能各异的新品种。这样 80C51 单片机就变成了众多芯片制造厂商支持的大家族，统称为 80C51 系列单片机。客观事实表明，80C51 已成为 8 位单片机的主流，成为事实上的标准 MCU 芯片。

1.2.2   STC 单片机

STC 单片机包括两大类：STC 系列单片机和 IAP 系列单片机。

1. STC 系列单片机

STC 系列单片机是基于 8051 内核的，其指令系统与标准 8051 单片机的指令系统完全兼容。有 89、90、10、11、12、15 几大系列，每个系列都有自己的特点。89 系列是老旧而传统的单片机，可以和 AT89 系列完全兼容，是 12T 单片机。90 是基于 89 系列的改进型产品系列。10 和 11 系列是便宜价格的 1T 单片机，有 PWM、4 态 I/O 接口、EEPROM 等功能，但都没有 ADC 这个高级功能。12 系列是增强型功能的 1T 单片机，型号后面有 "AD" 的就是具有 ADC 功能的单片机。15 系列是 STC 的最新系列单片机，其最大的特点是内部集成了高精度的 R/C 时钟，可以完全不需要接外部晶振。

2. IAP 系列单片机

IAP 是英文 In Application Programming 的缩写，表示在应用编程。芯片本身可以通过一系列操作将程序代码写入，比如支持 IAP 的单片机，内部分为 3 个程序区，1 区是引导程序区，2 区是运行程序区，3 区是下载程序区。芯片通过串行口接收到下载命令，进入引导区运行引导程序，在引导程序下将新的程序内容下载到 "下载区"，下载完毕并校验通过后，再将下载区的内容复制到 "运行程序区"。

传统的单片机开发时，编程器是必不可少的一种装置。通过 Keil 软件仿真、调试完的程序需要借助编程器烧写到单片机内部或外部的程序存储器中。在单片机系统开发过程中，程序每改动一次就需要重新拔下电路板上的芯片编程后再重新插上，这样不但麻烦，还很容易对芯片和电路板造成损伤，另外在程序需要升级做改动时，必须将设备返厂或是技术人员到现场操作，既不方便也造成成本浪费。

IAP 技术将是未来智能仪器仪表的发展方向。

1.2.3 AVR 单片机

AVR 单片机是 Atmel 在 1997 年推出的精简指令集系统（Reduced Instruction Set Computer, RISC）的高速 8 位单片机。RISC（精简指令系统计算机）是相对于 CISC（复杂指令系统计算机）而言的。RISC 并非只是简单地去减少指令，而是通过使计算机的结构更加简单合理而提高运算速度的。RISC 优先选取使用频率最高的简单指令，避免复杂指令，并固定指令宽度、减少指令格式和寻址方式的种类，从而缩短指令周期，提高运行速度。由于 AVR 采用了 RISC 的这种结构，使 AVR 系列单片机都具备了 1MIPS/MHz（百万条指令每秒/兆赫兹）的高速处理能力。

AVR 单片机的推出，彻底打破这种旧设计格局，废除了机器周期，抛弃了复杂指令系统计算机（CISC）追求指令完备的做法；采用精简指令集，以字作为指令长度单位，将内容丰富的操作数与操作码安排在一字之中（指令集中占大多数的单周期指令都是如此），取指周期短，又可预取指令，实现流水作业，故可高速执行指令。当然这种速度上的升跃，是以高可靠性为其后盾的。

AVR 单片机硬件结构采取 8 位机与 16 位机的折中策略，即采用局部寄存器存堆（32 个寄存器文件）和单体高速输入/输出的方案（即输入捕获寄存器、输出比较匹配寄存器及相应控制逻辑）。提高了指令执行速度（1 MIPS/MHz），克服了瓶颈现象，增强了功能；同时又减少了对外设管理的开销，相对简化了硬件结构，降低了成本。故 AVR 单片机在软/硬件开销、速度、性能和成本诸多方面取得了优化平衡，是高性价比的单片机。

与其他 8 位 MCU 相比，AVR 8 位 MCU 最大的特点是：

1）哈佛结构，具备 1MIPS / MHz 的高速运行处理能力。

2）超功能精简指令集（RISC），具有 32 个通用工作寄存器，克服了如 8051 MCU 采用单一 ACC 进行处理造成的瓶颈现象。

3）快速的存取寄存器组、单周期指令系统，优化了目标代码的大小、执行效率，部分型号 Flash 非常大，特别适用于使用高级语言进行开发。

4）作为输出时与 PIC 的 HI/LOW 相同，可输出 40 mA（单一输出），作为输入时可设置为三态高阻抗输入或带上拉电阻输入，具备 10 ~ 20 mA 灌电流的能力。

5）片内集成了多种频率的 RC 振荡器，具有上电自动复位、看门狗、启动延时等功能，外围电路更加简单，系统更加稳定可靠。

6）AVR 单片机工作电压为 2.7 ~ 6.0 V，可以实现耗电最优化。

7）大部分 AVR 片上资源丰富，带 EEPROM、PWM、RTC、SPI、UART、TWI、ISP、AD、Analog Comparator、WDT 等。

8）大部分 AVR 除了有 ISP 功能外，还有 IAP 功能，方便升级或销毁应用程序。

1.2.4 PIC 单片机

MicroChip 单片机的主要产品是 PIC 16C 系列和 17C 系列 8 位单片机。CPU 采用 FISC 结构，分别仅有 33、35、58 条指令，采用哈佛双总线结构，具有运行速度快、工作电压低、功耗低、较大的输入输出直接驱动能力、价格低、一次性编程、体积小等特点。适用于用量大、档次低、价格敏感的产品。在办公自动化设备、消费电子产品、电讯通信、智能仪器仪表、汽车电子、金融电子、工业控制等领域都有广泛的应用，PIC 系列单片机在世界单片机市场份额排名中逐年提高，发展非常迅速。

（1）命名规则

PIC 单片机的命名规则见表 1-1。

表 1-1　PIC 单片机的命名规则

序号	1	2	3	4	5	6	7	8
含义	PIC	XX	XXX	XXX	(X)	- XX	X	/XX

1）前缀：PIC MICROCHIP 公司产品代号，特别的，dsPIC 为集成 DSP 功能的新型 PIC 单片机。

2）系列号：10、12、16、18、24、30、33、32，其中 PIC10、PIC12、PIC16、PIC18 为 8 位单片机；PIC24、dsPIC30、dsPIC33 为 16 位单片机；PIC32 为 32 位单片机。

（2）器件型号（类型）

C：CMOS 电路。

CR：CMOS ROM。

LC：小功率 CMOS 电路。

LCS：小功率保护。

AA：1.8 V。

LCR：小功率 CMOS ROM。

LV：低电压。

F：快闪可编程存储器。

HC：高速 CMOS。

FR：FLEX ROM。

（3）改进类型或选择

有 54A、58A、61、62、620、621、622、63、64、65、71、73、74、42、43、44 等。

（4）晶体标示

LP 小功率晶体；RC 电阻电容；XT 标准晶体/振荡器；HS 高速晶体。

（5）频率标示

-02：2 MHz；-04：4 MHz；-10：10 MHz；-16：16 MHz；-20：20 MHz；-25：25 MHz；-33：33 MHz。

（6）温度范围

空白：0~70℃；I：-45~85℃；E：-40~125℃。

（7）封装形式

L：PLCC 封装；JW：陶瓷熔封双列直插，有窗口；P：塑料双列直插；PQ：塑料四面引线扁平封装；W：大圆片；SL：14 引脚微型封装 – 150 mil；JN：陶瓷熔封双列直插，无窗口；SM：8 引脚微型封装 – 207 mil；SN：8 引脚微型封装 – 150 mil；VS：超微型封装 8 mm ×13. 4 mm；SO：微型封装 – 300 mil；ST：薄型缩小的微型封装 – 4. 4 mm；SP：横向缩小型塑料双列直插；CL：68 引脚陶瓷四面引线，带窗口；SS：缩小型微型封装；PT：薄型四面引线扁平封装；TS：薄型微型封装 8 mm ×20 mm；TQ：薄型四面引线扁平封装。

1. 2. 5　MSP430 单片机

1. MSP430 单片机简介

MSP430 系列单片机是美国德州仪器（TI）公司在 1996 年推出的一款 16 位超低功耗、具有精简指令集（RISC）的混合信号处理器（Mixed Signal Processor）。MSP430 单片机之所以被称为混合信号处理器，是因为其针对实际应用需求，将多个不同功能的模拟电路、数字电路模块和微处理器集成在一个芯片上，以提供"单片机"解决方案。该系列单片机多应用于需要电池供电的便携式仪器仪表中。

2. MSP430 单片机特点

（1）处理能力强

MSP430 系列单片机是一个 16 位的单片机，采用了精简指令集（RISC）结构，具有丰富的寻址方式（7 种源操作数寻址、4 种目的操作数寻址）、简洁的 27 条内核指令以及大量的模拟指令；大量的寄存器以及片内数据存储器都可参加多种运算；还有高效的查表处理指令。这些特点保证了可编制出高效率的源程序。

（2）运算速度快

MSP430 系列单片机能在 25 MHz 晶体的驱动下，实现 40 ns 的指令周期。16 位的数据宽度、40 ns 的指令周期以及多功能的硬件乘法器（能实现乘加运算）相配合，能实现数字信号处理的某些算法（如 FFT 等）。

（3）超低功耗

MSP430 单片机之所以有超低的功耗，是因为其在降低芯片的电源电压和灵活而可控的运行时钟方面都有其独到之处。

首先，MSP430 系列单片机的电源电压采用的是 1. 8 ~ 3. 6 V 电压。因而可使其在 1 MHz 的时钟条件下运行时，芯片的电流最低在 165 μA 左右，RAM 保持模式下的最低功耗只有 0. 1 μA。

其次，独特的时钟系统设计。在 MSP430 系列中有三个不同的时钟系统：基本时钟系统、锁频环（FLL 和 FLL +）时钟系统和 DCO 数字振荡器时钟系统。可以只使用一个晶体振荡器（32. 768 kHz）DT – 26 或 DT – 38，也可以使用两个晶体振荡器。由系统时钟系统产生 CPU 和各功能所需的时钟。并且这些时钟可以在指令的控制下打开和关闭，从而实现对总体功耗的控制。

由于系统运行时开启的功能模块不同，即采用不同的工作模式，芯片的功耗有着显著的不同。在系统中共有一种活动模式（AM）和五种低功耗模式（LPM0 ~ LPM4）。在实时时钟模式下，可达 2. 5 μA，在 RAM 保持模式下，最低可达 0. 1 μA。

（4）片内资源丰富

MSP430 系列单片机的各系列都集成了较丰富的片内外设。它们分别是看门狗（WDT）、模拟比较器 A、定时器 A0（Timer_A0）、定时器 A1（Timer_A1）、定时器 B0（Timer_B0）、UART、SPI、I²C、硬件乘法器、液晶驱动器、10 位/12 位 ADC、16 位 $\sum-\Delta$ ADC、DMA、I/O 端口、基本定时器（Basic Timer）、实时时钟（RTC）和 USB 控制器等若干外围模块的不同组合。其中，看门狗可以使程序失控时迅速复位；模拟比较器进行模拟电压的比较，配合定时器，可设计出 A-D 转换器；16 位定时器（Timer_A 和 Timer_B）具有捕获/比较功能，大量的捕获/比较寄存器，可用于事件计数、时序发生、PWM 等；有的器件更具有可实现异步、同步及多址访问的串行通信接口可方便地实现多机通信等应用；具有较多的 I/O 端口，P0、P1、P2 端口能够接收外部上升沿或下降沿的中断输入；10/12 位硬件 A-D 转换器有较高的转换速率，最高可达 200 kbit/s，能够满足大多数数据采集应用；能直接驱动液晶多达 160 段；实现两路的 12 位 D-A 转换；硬件 I²C 串行总线接口实现存储器串行扩展；以及为了增加数据传输速度，而采用的 DMA 模块。MSP430 系列单片机的这些片内外设为系统的单片解决方案提供了极大的方便。

另外，MSP430 系列单片机的中断源较多，并且可以任意嵌套，使用时灵活方便。当系统处于省电的低功耗状态时，中断唤醒只需 5 μs。

（5）方便高效的开发环境

MSP430 系列有 OTP 型、Flash 型和 ROM 型 3 种类型的器件，这些器件的开发手段不同。对于 OTP 型和 ROM 型的器件是使用仿真器开发成功之后烧写或掩膜芯片；对于 Flash 型则有十分方便的开发调试环境，因为器件片内有 JTAG 调试接口，还有可电擦写的 Flash 存储器，因此采用先下载程序到 Flash 内，再在器件内通过软件控制程序的运行，由 JTAG 接口读取片内信息供设计者调试使用的方法进行开发。这种方式只需要一台 PC 和一个 JTAG 调试器，而不需要仿真器和编程器。开发语言有汇编语言和 C 语言。

3. MSP430 单片机分类

（1）430x1xx 系列

1）基于闪存或 ROM 的超低功耗 MCU，提供 8MIPS，工作电压为 1.8~3.6V，具有高达 60 KB 的闪存和各种高性能模拟及智能数字外设。

超低功耗低至：0.1 μA RAM（保持模式）；0.7 μA（实时时钟模式）；200 μA/MIPS（工作模式）；在 6 μs 之内快速从待机模式唤醒。

2）器件参数。

- 闪存选项：1~60 KB。
- ROM 选项：1~16 KB。
- RAM 选项：512 B~10 KB。
- GPIO 选项：14、22、48 引脚。
- ADC 选项：10 和 12 位斜率 SAR。
- 其他集成外设：模拟比较器、DMA、硬件乘法器、SVS、12 位 DAC。

（2）430F2xx 系列

1）基于闪存的超低功耗 MCU，在 1.8~3.6V 的工作电压范围内性能高达 16MIPS。包含极低功耗振荡器（VLO）、内部上拉/下拉电阻和低引脚数选择。

2）超低功耗。

● 保持模式：0.1 μA RAM。

● 待机模式：0.3 μA。

● 实时时钟模式：0.7 μA。

● 工作模式：220 μA/MIPS。

● 唤醒模式：在 1 μs 之内超快速地从待机模式唤醒。

3）器件参数。

● 闪存选项：1 ~ 120 KB。

● RAM 选项：128 B ~ 8 KB。

● GPIO 选项：10、16、24、32、48、64 引脚。

● ADC 选项：10 和 12 位斜率 SAR、16 位 $\Sigma - \Delta$ ADC。

● 其他集成外设：模拟比较器、硬件乘法器、DMA、SVS、12 位 DAC、运算放大器。

（3）MSP430C3xx 系列

1）旧款的 ROM 或 OTP 器件系列，工作电压为 2.5 ~ 5.5 V，高达 32 KB ROM、4MIPS 和 FLL。

2）超低功耗。

0.1 μA RAM（保持模式）；0.9 μA（实时时钟模式）；160 μA/MIPS（工作模式）；在 6 μs 之内快速从待机模式唤醒。

3）器件参数。

ROM 选项：2 ~ 32KB；RAM 选项：512 B ~ 1 KB；GPIO 选项：14、40 引脚；ADC 选项：14 位斜率 SAR；其他集成外设：LCD 控制器、硬件乘法器。

（4）430x4xx 系列

基于 LCD 闪存或 ROM 的器件系列，提供 8 ~ 16MIPS，包含集成 LCD 控制器，工作电压为 1.8 ~ 3.6 V，具有 FLL 和 SVS。低功耗测量和医疗应用的理想选择。

超低功耗低，与 430x1xx 系列完全一致。

器件参数：

闪存/ROM 选项：4 ~ 120 KB；RAM 选项：256 B ~ 8 KB；GPIO 选项：14、32、48、56、68、72、80 引脚；ADC 选项：10 和 12 位斜率 SAR、16 位 $\Sigma - \Delta$ ADC；其他集成外设：LCD 控制器、模拟比较器、12 位 DAC、DMA、硬件乘法器、运算放大器、USCI 模块。

（5）MSP430F5xx 系列

1）新款基于闪存的产品系列，具有最低工作功耗，在 1.8 ~ 3.6 V 的工作电压范围内性能高达 25MIPS，包含一个用于优化功耗的创新电源管理模块。

2）超低功耗。

0.1 μA RAM（保持模式）；2.5 μA（实时时钟模式）；165 μA/MIPS（工作模式）；在 5 μs 之内快速从待机模式唤醒。

3）器件参数。

闪存选项：高达 256 KB；RAM 选项：高达 16 KB；ADC 选项：10 和 12 位 SAR；其他集成外设：USB、模拟比较器、DMA、硬件乘法器、RTC、USCI、12 位 DAC。

（6）MSP430G2553

1）低电源电压范围：1.8～3.6 V。

2）超低功耗。

- 运行模式：230 μA（在 1 MHz 频率和 2.2 V 电压条件下）。
- 待机模式：0.5 μA。
- 关闭模式（RAM 保持）：0.1 μA。

3）5 种节能模式。

- 用于模拟信号比较功能或斜率模数（A－D）转换的片载比较器。
- 可在不到 1 μs 的时间里超快速地从待机模式唤醒。
- 16 位精简指令集（RISC）架构，62.5 ns 指令周期时间。

➢ 带内部基准、采样与保持以及自动扫描功能的 10 位 200 ksps 模数（A－D）转换器。

4）基本时钟模块配置。

- 具有四种校准频率并高达 16 MHz 的内部频率。
- 串行板上编程。
- 内部超低功耗低频（LF）振荡器，无须外部编程电压。
- 32 kHz 晶振。

5）外部数字时钟源：具有两线制（Spy－Bi－Wire）接口的片上仿真逻辑电路，两个 16 位 Timer_A，分别具有三个捕获/比较寄存器。

6）多达 24 个支持触摸感测的 I/O 引脚。

1.2.6 基于 ARM 核的单片机

ARM（Advanced RISC Machines）是微处理器行业的一家知名企业，设计了大量高性能、廉价、耗能低的 RISC 处理器、相关技术及软件。技术具有性能高、成本低和能耗省的特点。适用于多个领域，比如嵌入控制、消费/教育类多媒体、DSP 和移动式应用等。ARM 将其技术授权给世界上许多著名的半导体、软件和 OEM 厂商，每个厂商得到的都是一套独一无二的 ARM 相关技术及服务。利用这种合伙关系，ARM 很快成为许多全球性 RISC 标准的缔造者。

目前，总共有 30 家半导体公司与 ARM 签订了硬件技术使用许可协议，其中包括 Intel、IBM、LG 半导体、NEC、SONY、三星、菲利浦和国民半导体这样的大公司。

基于 ARM 内核的单片机很多，比较有影响的是恩智浦（NXP）公司的 LPC 系列单片机和意法半导体（ST）公司的 STM 系列单片机。

ST 意法半导体的微控制器产品系列非常广泛，涵盖了从稳定的低成本 8 位 MCU 到带有各种复杂高级外设的 32 位 ARM Cortex™－M0、Cortex™－M0＋、Cortex™－M3 和 Cortex™－M4 Flash 微控制器。意法半导体还通过推出超低功耗微控制器平台而扩展了产品系列。同时，具有无可比拟的性价比及品种齐全的 STM32 产品线，在基于行业标准内核的基础上，为用户提供了大量开发工具和软件选项，使该系列产品成为中小型项目和完整平台的理想选择。

ST 意法半导体的 STM8S 系列主流 8 位微控制器适合工业、消费类和计算机市场的多种应用，特别是要实现大批量产的情况。基于 ST 公司的 STM8 自有内核，STM8S 系列采用 ST 的 130 纳米工艺技术和先进内核架构，主频可达 24 MHz，处理能力高达 20MIPS。嵌入式

EEPROM、RC 振荡器和全套标准外设为设计者提供了稳定且可靠的解决方案。

相关工具链，从经济型探索套件到更复杂的评估套件和第三方工具，为利用 STM8S 微控制器进行开发提供了极大方便。

1.3　IAP15 系列单片机简述

IAP15 系列单片机是 STC 产品中 STC15 系列的一个特殊系列。采用 STC - Y5 超高速 CPU 内核，在相同的时钟频率下，速度比 STC 早期的 1T 系列单片机（如 STC12 系列、STC11 系列、STC10 系列）的速度快 20%。

目前应用最为广泛的是 IAP15W4K58S4 和 IAP15F2K61S2 两款产品。IAP15W4K58S4 单片机是全国大学生信息技术大赛中指定的参赛型号，IAP15F4K61S2 单片机是全国软件和信息技术专业人才大赛指定的参赛型号。

下面主要介绍 IAP15 系列单片机中比较典型的两个系列 STC15W 和 STC15F 中应用较为广泛的 IAP15W4K58S4 和 IAP15F2K61S2 单片机，而这两款单片机是分别属于 STC15W4K32S4 和 STC15F2K60S2 系列单片机中的一种，因此其内部结构都一样。

1.3.1　IAP15W4K58S4 单片机

1. 内部结构

IAP15W4K58S4 是属于 STC15W4K32S4 系列单片机中的一种，内部结构框图如图 1-1 所示，主要包括 CPU、程序存储器（Flash）、数据存储器（SRAM）、定时器/计数器、掉电唤醒专用定时器、I/O 口、高速 A - D 转换、比较器、看门狗、高速异步串行通信端口 UART1~4、CCP/PWM/PCA、高速同步串行端口 SPI、片内高精度 R/C 时钟及高可靠性复位等模块。

这款单片机几乎包含了数据采集和控制中所需要的所有单元模块，可称得上是一个片上系统。

IAP15W4K58S4 单片机是具有仿真功能的单片机，不需要仿真时，直接作为 STC15W4K56S4 使用，采用 LQFP48 封装，可用 46 个 I/O 口，比 DIP40 封装多 8 个 I/O 口。

2. 主要功能

该款单片机的主要功能如下：

1）大容量：4096 B 片内 RAM 数据存储器。

2）高速：1 个时钟/机器周期，增强型 8051 内核，速度比传统 8051 快 7~12 倍。速度也比 STC 早期的 1T 系列单片机（如 STC12/11/10 系列）的速度快 20%。

3）宽电压：2.5~5.5 V。

4）低功耗设计：低速模式、空闲模式、掉电模式（可由外部中断或内部掉电唤醒定时器唤醒）。

5）不需要外部复位的单片机，ISP 编程时 16 级复位门槛电压可选，内置高可靠复位电路。

6）不需要外部晶振的单片机，ISP 编程时内部时钟从 5~35 MHz 可设，内部高精度 R/

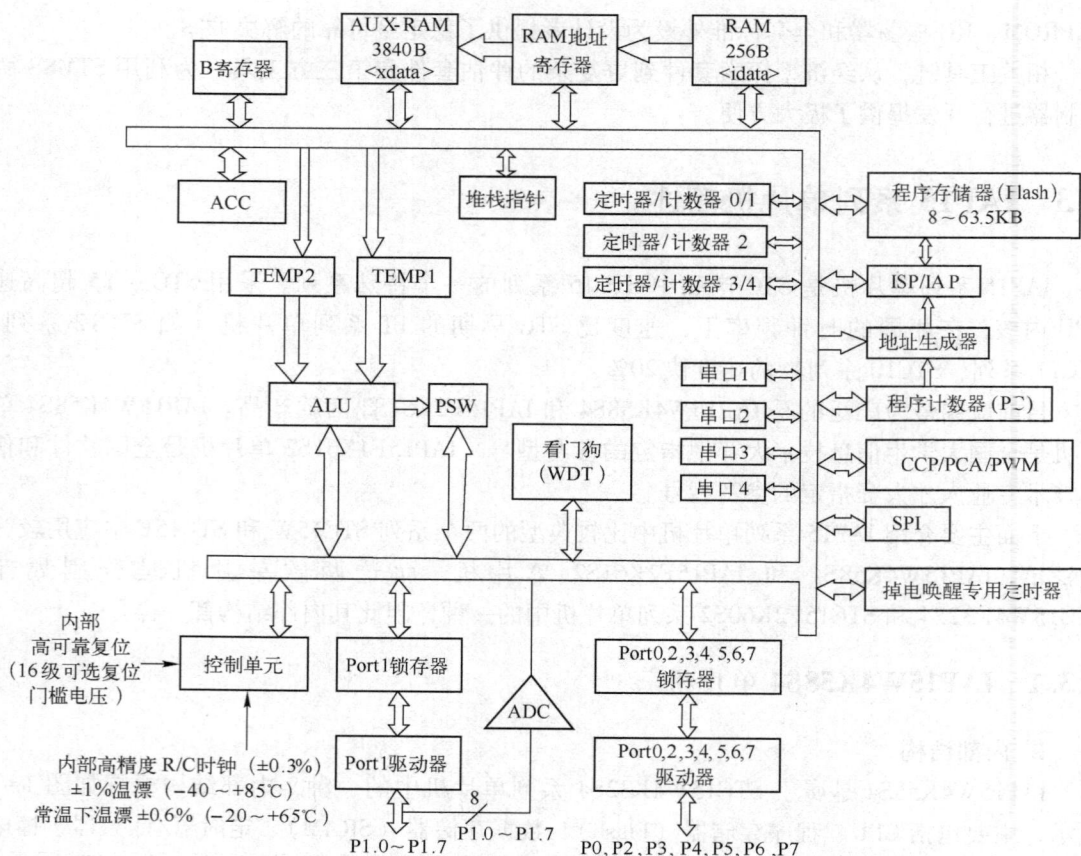

图 1-1 STC15W4K32S4 单片机内部结构框图

C 时钟（±0.3%），相当于普通 8051：60 ~ 420 MHz。

7）56 KB 片内 Flash 程序存储器，擦写次数 10 万次以上。

8）大容量片内 EEPROM 功能，擦写次数 10 万次以上。

9）ISP/IAP，在系统可编程/在应用可编程，无须编程器/仿真器。

10）高速 ADC，8 通道 10 位，速度可达到 30 万次/s，8 路 PWM 还可当 8 路 D - A 使用。

11）比较器，可当 1 路 ADC 使用，并可作掉电检测，支持外部引脚 CMP + 与外部引脚 CMP - 进行比较，可产生中断，也支持外部引脚 + 与内部参考电压进行比较。

12）6 通道 15 位专门的高精度 PWM（带死区控制），加上 2 路 CCP，可用来再实现 D - A。

13）共 7 个定时器/计数器，其中 5 个 16 位可重装定时器/计数器。

14）可编程时钟输出功能（对内部系统时钟或外部引脚的时钟输入进行时钟分频输出）。

15）超高速四串行口/UART，4 个完全独立的高速异步串行通信口，分时切换可当成 9 组串口使用。

16）SPI 高速同步串行通信口。

17）硬件看门狗（WDT）。

18）先进行指令集结构，兼容普通 8051 指令集，有硬件乘法/除法指令。

19）通用 I/O 口，复位后为：准双向/弱上拉，可设置为四种模式：准双向/弱上拉、强推挽/强上拉、仅作为输出/高阻、开漏，每个 I/O 驱动能力可达到 20 mA，但整个芯片不要超过 20 mA。

20）ISP 软件中提供波特率计算器、定时器计算器、软件延时计算器和大量范例程序，能大大提高开发效率。

3. 命名规则

STC 单片机的命名规则见表 1-2。

表 1-2　STC 单片机的命名规则

序号	1	2	3	4	5	6	7	8
含义	XXX	XX	XXX	XXX	(X)	– XX	X	/XX

1）前缀名称：若为 STC，则表示用户不可将程序区的程序存储器 Flash 当作 EEPROM 使用，有专门的 EEPROM 供用户使用。若是 IAP 则表示用户可以将程序存储器 Flash 当作 EEPROM 使用。

2）系列号：89、90、10、11、12、15。其中 15 表示 1T 的 8051 单片机，同样的工作频率，其速度是普通 8051 的 8 ~ 12 倍。

3）工作电压：W 表示 2.5 ~ 5.5 V。

4）SRAM 空间大小：4 KB 表示 4096B。

5）程序空间大小：08 表示 8 KB，16 表示 16 KB，24 表示 24 KB 等等。

6）S4 字样：表示具有 4 组高速异步串行通信端口（可同时并行使用），SPI 功能，内部有 EEPROM 功能、A – D 转换功能（PWM 还可当 D – A 使用）以及 CCP/PWM/PCA 功能。

4. IAP 相关的寄存器

IAP 应用时相关的寄存器有以下 6 个，见表 1-3。

表 1-3　ISP/IAP 相关寄存器列表

名称	地址	功能描述	D7	D6	D5	D4	D3	D2	D1	D0	复位值
ISP_DATA	E2H	Flash 数据寄存器									1111 1111
ISP_ADDRH	E3H	Flash 高字节地址寄存器									0000 0000
ISP_ADDRL	E4H	Flash 低字节地址寄存器									0000 0000
ISP_CMD	E5H	Flash 命令模式寄存器	—	—	—	—	—	MS2	MS1	MS0	xxxx x000
ISP_TRIG	E6H	Flash 命令触发寄存器									xxxx xxxx
ISP_CONTR	E7H	ISP/IAP 控制寄存器	ISPEN	SWBS	SWRST	—	—	WT2	WT1	WT0	000x x000

【说明】

1）ISP_DATA：ISP/IAP 操作时的数据寄存器。ISP/IAP 从 Flash 读出的数据放在此处，向 Flash 写入的数据也需放在此处。

2）ISP_CMD：ISP/IAP 操作时的命令模式寄存器，须命令触发寄存器触发方可生效。命令模式见表 1-4。

表 1-4　ISP_CMD 寄存器模式设置

D7	D6	D5	D4	D3	D2	D1	D0	模 式 选 择
保留					命令选择			
—	—	—	—	—	0	0	0	待机模式，无 ISP 操作
—	—	—	—	—	0	0	1	对用户的应用程序 Flash 区及数据 Flash 区字节读
—	—	—	—	—	0	1	0	对用户的应用程序 Flash 区及数据 Flash 区字节编程
—	—	—	—	—	0	1	1	对用户的应用程序 Flash 区及数据 Flash 区扇区擦除

　　程序在系统 ISP 程序区时可以对用户应用程序区/数据 Flash 区（EEPROM）进行字节读/字节编程/扇区擦除；程序在用户应用程序区时，仅可以对数据 Flash 区（EEPROM）进行字节读/字节编程/扇区擦除。IAP 系列单片机出厂时已经固化有 ISP 引导码，并设置为上电复位进入 ISP 程序区，并且出厂时就已完全加密。

5. 引脚与功能

（1）IAP15W4K58S4 引脚

　　目前市场上使用的 IAP15W4K58S4 单片机引脚图有 PDIP 40 个引脚结构、LQFP 44 个引脚结构以及 LQFP 48 个引脚结构 3 种。STC 公司的 IAP15W4K58S4 实验箱使用的 LQFP 44 引脚结构。PDIP 40 个引脚结构如图 1-2 所示，LQFP 44 如图 1-3 所示。

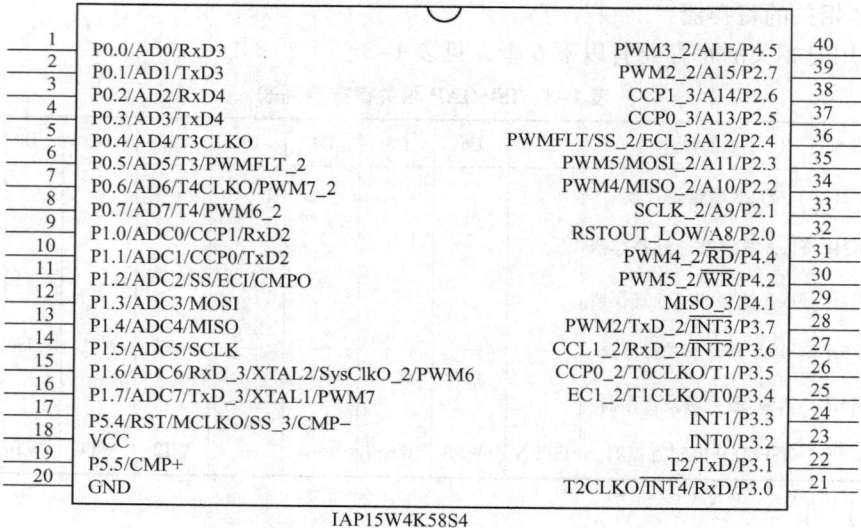

1　P0.0/AD0/RxD3	PWM3_2/ALE/P4.5　40
2　P0.1/AD1/TxD3	PWM2_2/A15/P2.7　39
3　P0.2/AD2/RxD4	CCP1_3/A14/P2.6　38
4　P0.3/AD3/TxD4	CCP0_3/A13/P2.5　37
5　P0.4/AD4/T3CLKO	PWMFLT/SS_2/ECI_3/A12/P2.4　36
6　P0.5/AD5/T3/PWMFLT_2	PWM5/MOSI_2/A11/P2.3　35
7　P0.6/AD6/T4CLKO/PWM7_2	PWM4/MISO_2/A10/P2.2　34
8　P0.7/AD7/T4/PWM6_2	SCLK_2/A9/P2.1　33
9　P1.0/ADC0/CCP1/RxD2	RSTOUT_LOW/A8/P2.0　32
10　P1.1/ADC1/CCP0/TxD2	PWM4_2/$\overline{\text{RD}}$/P4.4　31
11　P1.2/ADC2/SS/ECI/CMPO	PWM5_2/$\overline{\text{WR}}$/P4.2　30
12　P1.3/ADC3/MOSI	MISO_3/P4.1　29
13　P1.4/ADC4/MISO	PWM2/TxD_2/$\overline{\text{INT3}}$/P3.7　28
14　P1.5/ADC5/SCLK	CCL1_2/RxD_2/$\overline{\text{INT2}}$/P3.6　27
15　P1.6/ADC6/RxD_3/XTAL2/SysClkO_2/PWM6	CCP0_2/T0CLKO/T1/P3.5　26
16　P1.7/ADC7/TxD_3/XTAL1/PWM7	EC1_2/T1CLKO/T0/P3.4　25
17　P5.4/RST/MCLKO/SS_3/CMP−	INT1/P3.3　24
18　VCC	INT0/P3.2　23
19　P5.5/CMP+	T2/TxD/P3.1　22
20　GND	T2CLKO/$\overline{\text{INT4}}$/RxD/P3.0　21

IAP15W4K58S4

图 1-2　IAP15W4K58S4 单片机 PDIP-40 封装的引脚图

33 32 31 30 29 28 27 26 25 24 23

P2.3/A11/MOS1_2/PWM5
P2.2/A10/MISO_2/PWM4
P2.1/A9/SCLK_2/PWM3
P2.0/A8/RSTOUT_LOW
P4.4/RD/PWM4_2
P4.3/CLK_3
P4.2/WR/PWM5_2
P4.1/MISO_3
P3.7/INT3/TxD_2/PWM2
P3.6/INT2/RxD_2/CCP1_2
P3.5/T1/T0CLKO/CCP0_2

34	P2.4/A12/ECL1_3/SS_2/PWMFLT	P3.4/T0/T1CLKO/EC1_2	22
35	P2.5/A13/CCP0_3	P3.3/INT1	21
36	P2.6/A14/CCP1_3	P3.2/INT0	20
37	P2.7/A15/PWM2_2	P3.1/TxD/T	19
38	P4.5/ALE/PWM3_2	P3.0/RxD/INT4/T2CLKO	18
39	P4.6/RxD2_2	P4.1/MOS1_3	17
40	P0.0/AD0/RxD3	GND	16
41	P0.1/AD/TxD3	P5.5/CMP+	15
42	P0.2/AD2/RxD4	VCC	14
43	P0.3/AD3/TxD4	P5.4/RST/MCLKO/SS_3/CMP	13
44	P0.4/AD4/T3CLKO	P1.7/ADC7/TxD_3/XTAL1/PWM7	12

P0.5/AD5/T3/PWMFLT_2
P0.6/AD6/T4CLKO/PWM7_1
P0.7/AD7/T4/PWM6_2
P1.0/ADC0/CCP1/RxD2
P4.7/TXD2_2
P1.1/ADC1/CCP0/TxD2
P1.2/ADC2/SS/EC1/CMPO
P1.3/ADC3/MOSI
P1.4/ADC4/MISO
P1.5/ADC5/SCLK
P1.6/ADC6/RxD_3/XTAL2/SysClkO_2/PWM6

1 2 3 4 5 6 7 8 9 10 11

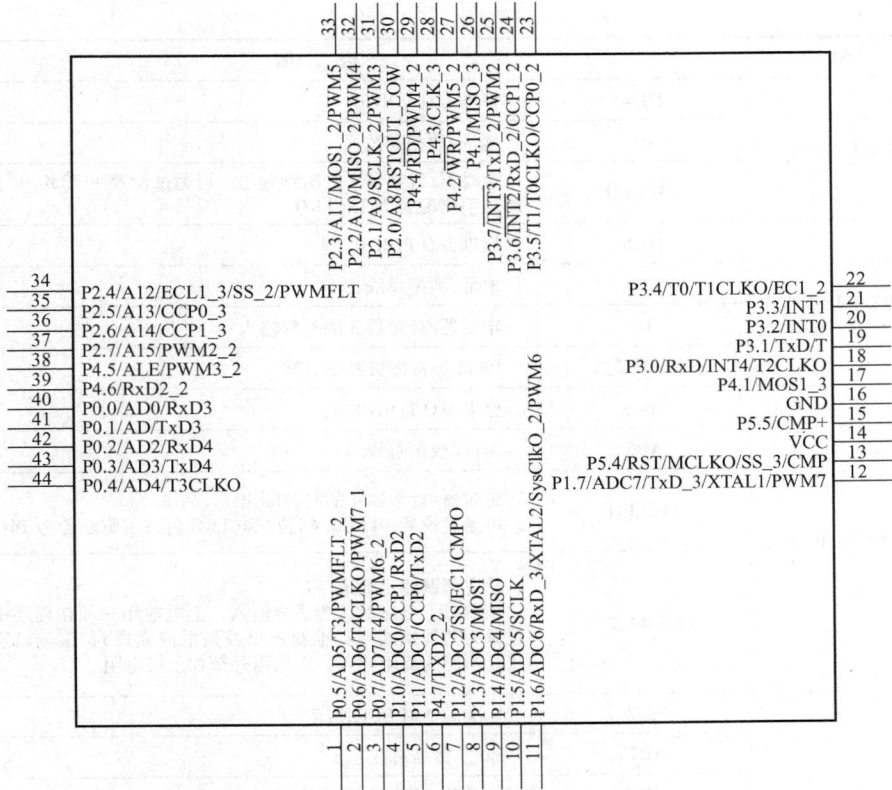

图 1-3　IAP15W4K58S4 单片机 LQFP-44 封装的引脚图

（2）STC15W4K32S4 系列单片机的引脚说明

引脚说明见表 1-5。

表 1-5　STC15W4K32S4 系列单片机的引脚说明

引　　脚	说　　明	
P0. 0/AD0/RxD3	P0. 0	标准 I/O PORT0[0]
	AD0	地址/数据总线
	RxD3	串行口 3 数据接收端
P0. 1/AD1/TxD3	P0. 1	标准 I/O PORT0[1]
	AD1	地址/数据总线
	TxD3	串行口 3 数据发送端
P0. 2/AD2/RxD4	P0. 2	标准 I/O PORT0[2]
	AD2	地址/数据总线
	RxD4	串行口 4 数据接收端
P0. 3/AD3/TxD4	P0. 3	标准 I/O PORT0[3]
	AD3	地址/数据总线
	TxD4	串行口 4 数据发送端

（续）

引　　脚		说　　明
P0.4/AD4/T3CLKO	P0.4	标准 I/O PORT0[4]
	AD4	地址/数据总线
	T3CLKO	定时器/计数器 3 的时钟输出，可通过设置 T4T3M[0]位/T3CLKO 将该引脚配置为 T3CLKO
P0.5/AD5/T3/PWMFLT_2	P0.5	标准 I/O PORT0[5]
	AD5	地址/数据总线
	T3	定时器/计数器 3 的外部输入
	PWMFLT_2	PWM 异常停机控制引脚
P0.6/AD6/T4CLKO/PWM7_2	P0.6	标准 I/O PORT0[6]
	AD6	地址/数据总线
	T4CLKO	定时器/计数器 4 的时钟输出 可通过设置 T4T3M[4]位/T4CLKO 将该引脚配置为 T4CLKO
	PWM7_2	脉宽调制输出通道 -7 该端口上电后默认为高阻输入，上电前用户须在程序中将该端口设置为其他模式（如准双向口或强推挽模式）；该端口进入掉电模式时不能为高阻输入，否则需外部加上拉电阻
P0.7/AD7/T4/PWM6_2	P0.7	标准 I/O 口 PORT0[7]
	AD7	地址/数据总线
	T4	定时器/计数器 4 的外部输入
	PWM6_2	脉宽调制输出通道 -6 该端口上电后默认为高阻输入，上电前用户须在程序中将该端口设置为其他模式（如准双向口或强推挽模式）；该端口进入掉电模式时不能为高阻输入，否则需外部加上拉电阻
P1.0/ADC0/CCP1/RxD2	P1.0	标准 I/O 口 PORT1[0]
	ADC0	ADC 输入通道 -0
	CCP1	外部信号捕获（频率测量或当外部中断使用）、高速脉冲输出及脉宽调制输出通道 -1
	RxD2	串行口 2 数据接收端
P1.1/ADC1/CCP0/TxD2	P1.1	标准 I/O 口 PORT1[1]
	ADC1	ADC 输入通道 -1
	CCP0	外部信号捕获（频率测量或当外部中断使用）、高速脉冲输出及脉宽调制输出通道 -0
	TxD2	串行口 2 数据发送端
P1.2/ADC2/SS/ECI/CMPO	P1.2	标准 I/O 口 PORT1[2]
	ADC2	ADC 输入通道 -2
	SS	SPI 同步串行接口的从机选择信号
	ECI	CCP/PCA 计数器的外部脉冲输入脚
	CMPO	比较器的比较结果输出引脚

14

引　脚		说　明
P1.3/ADC3/MOSI	P1.3	标准 I/O 口 PORT1[3]
	ADC3	ADC 输入通道－3
	MOSI	SPI 同步串行接口的主出从入（主器件的输出和从器件的输入）
P1.4/ADC4/MISO	P1.4	标准 I/O 口 PORT1[4]
	ADC4	ADC 输入通道－4
	MISO	SPI 同步串行接口的主入从出（主器件的输入和从器件的输出）
P1.5/ADC5/SCLK	P1.5	标准 I/O 口 PORT1[5]
	ADC5	ADC 输入通道－5
	SCLK	SPI 同步串行接口的时钟信号
P1.6/ADC6/RxD_3/XTAL2 /SysClkO_2/PWM6	P1.6	标准 I/O 口 PORT1[6]
	ADC6	ADC 输入通道－6
	RxD_3	串行口 1 数据接收端
	SysClkO_2	系统时钟输出（输出的频率可为 SysClk/1、SysClk/2、SysClk/4、SysClk/16） 系统时钟是指对主时钟进行分频后供给 CPU、定时器、串行口、SPI 的实际工作时钟；主时钟可以是内部 R/C 时钟，也可以是外部输入的时钟或外部晶体振荡产生的时钟；SysClk 是指系统时钟频率
	XTAL2	内部时钟电路反相放大器的输出端，接外部晶振的其中一端。当直接使用外部时钟源时，此引脚可浮空，此时 XTAL2 实际将 XTAL1 输入的时钟进行输出
	PWM6	脉宽调制输出通道－6 该端口上电后默认为高阻输入，上电前用户须在程序中将该端口设置为其他模式（如准双向口或强推挽模式）；该端口进入掉电模式时不能为高阻输入，否则需外部加上拉电阻
P1.7/ADC7/TxD_3/ XTAL1/PWM7	P1.7	标准 I/O 口 PORT1[7]
	ADC7	ADC 输入通道－7
	TxD_3	串行口 1 数据发送端
	XTAL1	内部时钟电路反相放大器的输入端，接外部晶振的其中一端。当直接使用外部时钟源时，此引脚是外部时钟源的输入端
	PWM7	脉宽调制输出通道－7 该端口上电后默认为高阻输入，上电前用户须在程序中将该端口设置为其他模式（如准双向口或强推挽模式）；该端口进入掉电模式时不能为高阻输入，否则需外部加上拉电阻
P2.0/A8/RSTOUT_LOW	P2.0	标准 I/O 口 PORT2[0]
	A8	地址总线第 8 位—A8
	RSTOUT_LOW	上电后，输出低电平，在复位期间也是输出低电平，用户可用软件将其设置为高电平或低电平，如果要读外部状态，可将该口先置高后再读
P2.1/A9/SCLK_2/PWM3	P2.1	标准 I/O 口 PORT2[1]
	A9	地址总线第 9 位—A9
	SCLK_2	SPI 同步串行接口的时钟信号

引　脚		说　明
P2.1/A9/SCLK_2/PWM3	PWM3	脉宽调制输出通道 - 3 该端口上电后默认为高阻输入，上电前用户须在程序中将该端口设置为其他模式（如准双向口或强推挽模式）；该端口进入掉电模式时不能为高阻输入，否则需外部加上拉电阻
P2.2/A10/MISO_2/PWM4	P2.2	标准 I/O 口 PORT2[2]
	A10	地址总线第 10 位—A10
	MISO_2	SPI 同步串行接口的主入从出（主器件的输入和从器件的输出）
	PWM4	脉宽调制输出通道 - 4 该端口上电后默认为高阻输入，上电前用户须在程序中将该端口设置为其他模式（如准双向口或强推挽模式）；该端口进入掉电模式时不能为高阻输入，否则需外部加上拉电阻
P2.3/A11/MOSI_2/PWM5	P2.3	标准 I/O 口 PORT2[3]
	A11	地址总线第 11 位—A11
	MOSI_2	SPI 同步串行接口的主出从入（主器件的输出和从器件的输入）
	PWM5	脉宽调制输出通道 - 5 该端口上电后默认为高阻输入，上电前用户须在程序中将该端口设置为其他模式（如准双向口或强推挽模式）；该端口进入掉电模式时不能为高阻输入，否则需外部加上拉电阻
P2.4/A12/ECI_3/ SS_2/PWMFLT	P2.4	标准 I/O 口 PORT2[4]
	A12	地址总线第 12 位—A12
	ECI_3	CCP/PCA 计数器的外部脉冲输入脚
	SS_2	SPI 同步串行接口的从机选择信号
	PWMFLT	PWM 异常停机控制引脚
P2.5/A13/CCP0_3	P2.5	标准 I/O 口 PORT2[5]
	A13	地址总线第 13 位—A13
	CCP0_3	外部信号捕获（频率测量或当外部中断使用）、高速脉冲输出及脉宽调制输出通道 - 0
P2.6/A14/CCP1_3	P2.6	标准 I/O 口 PORT2[6]
	A14	地址总线第 14 位—A14
	CCP1_3	外部信号捕获（频率测量或当外部中断使用）、高速脉冲输出及脉宽调制输出通道 - 1
P2.7/A15/PWM2_2	P2.7	标准 I/O 口 PORT2[7]
	A15	地址总线第 15 位—A15
	PWM2_2	脉宽调制输出通道 - 2 该端口上电后默认为高阻输入，上电前用户须在程序中将该端口设置为其他模式（如准双向口或强推挽模式）；该端口进入掉电模式时不能为高阻输入，否则需外部加上拉电阻
P3.0/RxD/INT4/T2CLKO	P3.0	标准 I/O 口 PORT3[0]
	RxD	串行口 1 数据接收端
	INT4	外部中断 4，只能下降沿中断 INT4 支持掉电唤醒

引　脚		说　明
P3.0/RxD/INT4/T2CLKO	T2CLKO	T2 的时钟输出 可通过设置 INT_CLKO[2]位/T2CLKO 将该引脚配置为 T2CLKO
P3.1/TxD/T2	P3.1	标准 I/O 口 PORT3[1]
	TxD	串行口 1 数据发送端
	T2	定时器/计数器 2 的外部输入
P3.2/INT0	P3.2	标准 I/O 口 PORT3[2]
	INT0	外部中断 0，既可上升沿中断也可下降沿中断 如果 IT0（TCON.0）被置为 1，INT0 引脚仅为下降沿中断。如果 IT0（TCON.0）被清 0，INT0 引脚既支持上升沿中断也支持下降沿中断 INT0 支持掉电唤醒
P3.3/INT1	P3.3	标准 I/O 口 PORT3[3]
	INT1	外部中断 1，既可上升沿中断也可下降沿中断 如果 IT1（TCON.2）被置为 1，INT1 引脚仅为下降沿中断。如果 IT1（TCON.2）被清 0，INT1 引脚既支持上升沿中断也支持下降沿中断 INT1 支持掉电唤醒
P3.4/T0/T1CLKO/ECI_2	P3.4	标准 I/O 口 PORT3[4]
	T0	定时器/计数器 0 的外部输入
	T1CLKO	定时器/计数器 1 的时钟输出 可通过设置 INT_CLKO[1]位/T1CLKO 将该引脚配置为 T1CLKO，也可对 T1 脚的外部时钟输入进行分频输出
	ECI_2	CCP/PCA 计数器的外部脉冲输入引脚
P3.5/T1/T0CLKO/CCP0_2	P3.5	标准 I/O 口 PORT3[5]
	T1	定时器/计数器 1 的外部输入
	T0CLKO	定时器/计数器 0 的时钟输出 可通过设置 INT_CLKO[0]位/T0CLKO 将该引脚配置为 T0CLKO，也可对 T0 脚的外部时钟输入进行分频输出
	CCP0_2	外部信号捕获（频率测量或当外部中断使用）、高速脉冲输出及脉宽调制输出通道 −0
P3.6/INT2/RxD_2/CCP1_2	P3.6	标准 I/O 口 PORT3[6]
	INT2	外部中断 2，只能下降沿中断 INT2 支持掉电唤醒
	RxD_2	串行口 1 数据接收端
	CCP1_2	外部信号捕获（频率测量或当外部中断使用）、高速脉冲输出及脉宽调制输出通道 −1
P3.7/INT3/TxD_2/PWM2	P3.7	标准 I/O 口 PORT3[7]
	INT3	外部中断 3，只能下降沿中断 INT3 支持掉电唤醒
	TxD_2	串行口 1 数据发送端
	PWM2	脉宽调制输出通道 −2 该端口上电后默认为高阻输入，上电前用户须在程序中将该端口设置为其他模式（如准双向口或强推挽模式）；该端口进入掉电模式时不能为高阻输入，否则需外部加上拉电阻

引　脚	说　明	
P4.0/MISO_3	P4.0	标准 I/O 口 PORT4[0]
	MISO_3	SPI 同步串行接口的主入从出（主器件的输入和从器件的输出）
P4.1/MOSI_3	P4.1	标准 I/O 口 PORT4[1]
	MOSI_3	SPI 同步串行接口的主出从入（主器件的输出和从器件的输入）
P4.2/$\overline{WR}$/PWM5_2	P4.2	标准 I/O 口 PORT4[2]
	$\overline{WR}$	外部数据存储器写脉冲
	PWM5_2	脉宽调制输出通道 – 5 该端口上电后默认为高阻输入，上电前用户须在程序中将该端口设置为其他模式（如准双向口或强推挽模式）；该端口进入掉电模式时不能为高阻输入，否则需外部加上拉电阻
P4.3/SCLK_3	P4.3	标准 I/O 口 PORT4[3]
	SCLK_3	SPI 同步串行接口的时钟信号
P4.4/$\overline{RD}$/PWM4_2	P4.4	标准 I/O 口 PORT4[4]
	$\overline{RD}$	外部数据存储器读脉冲
	PWM4_2	脉宽调制输出通道 – 4 该端口上电后默认为高阻输入，上电前用户须在程序中将该端口设置为其他模式（如准双向口或强推挽模式）；该端口进入掉电模式时不能为高阻输入，否则需外部加上拉电阻
P4.5/ALE/PWM3_2	P4.5	标准 I/O 口 PORT4[5]
	ALE	地址锁存允许
	PWM3_2	脉宽调制输出通道 – 3 该端口上电后默认为高阻输入，上电前用户须在程序中将该端口设置为其他模式（如准双向口或强推挽模式）；该端口进入掉电模式时不能为高阻输入，否则需外部加上拉电阻
P4.6/RxD2_2	P4.6	标准 I/O 口 PORT4[6]
	RxD2_2	串行口 2 数据接收端
P4.7/TxD2_2	P4.7	标准 I/O 口 PORT4[7]
	TxD2_2	串行口 2 数据发送端
P5.0/RxD3_2	P5.0	标准 I/O 口 PORT5[0]
	RxD3_2	串行口 3 数据接收端
P5.1/TxD3_2	P5.1	标准 I/O 口 PORT5[1]
	TxD3_2	串行口 3 数据发送端
P5.2/RxD4_2	P5.2	标准 I/O 口 PORT5[2]
	RxD4_2	串行口 4 数据接收端
P5.3/TxD4_2	P5.3	标准 I/O 口 PORT5[3]
	TxD4_2	串行口 4 数据发送端
P5.4/RST/SysClkO /SS_3/CMP –	P5.4	标准 I/O 口 PORT5[4]
	RST	复位脚（高电平复位）

引　脚		说　明
P5.4/RST/SysClkO /SS_3/CMP −	SysClkO	系统时钟输出（输出的频率可为 SysClk/1、SysClk/2、SysClk/4、SysClk/16） 系统时钟是指对主时钟进行分频后供给 CPU、定时器、串行口、SPI 的实际工作时钟；主时钟可以是内部 R/C 时钟，也可以是外部输入的时钟或外部晶体振荡产生的时钟；SysClk 是指系统时钟频率
	SS_3	SPI 同步串行接口的从机选择信号
	CMP −	比较器负极输入端（若该口被用作比较器负极，则该口需要被设置为高阻输入）
P5.5/CMP +	P5.5	标准 I/O 口 PORT5 [5]
	CMP +	比较器正极输入端（若该口被用作比较器正极，则该口需要被设置为高阻输入）
P6.1		标准 I/O 口 PORT6 [1]
P6.2		标准 I/O 口 PORT6 [2]
P6.3		标准 I/O 口 PORT6 [3]
P6.4		标准 I/O 口 PORT6 [4]
P6.0		标准 I/O 口 PORT6 [0]
P6.5		标准 I/O 口 PORT6 [5]
P6.6		标准 I/O 口 PORT6 [6]
P6.7		标准 I/O 口 PORT6 [7]
P7.0		标准 I/O 口 PORT7 [0]
P7.1		标准 I/O 口 PORT7 [1]
P7.2		标准 I/O 口 PORT7 [2]
P7.3		标准 I/O 口 PORT7 [3]
P7.4		标准 I/O 口 PORT7 [4]
P7.5		标准 I/O 口 PORT7 [5]
P7.6		标准 I/O 口 PORT7 [6]
P7.7		标准 I/O 口 PORT7 [7]
VCC		电源正极
GND		电源负极，接地

1.3.2　IAP15F2K61S2 单片机

1. 内部结构

IAP15F2K61S2 单片机是 STC15F2K60S2 系列单片机中的一种，两者内部结构相同，如图 1-4 所示，主要包括 CPU、程序存储器（Flash）、数据存储器（SRAM）、定时器/计数器、I/O 口、高速 A – D 转换（30 万次/s）、看门狗、高速异步串行通信端口 UART1 和 UART2、CCP/PWM/PCA、1 组高速同步串行端口 SPI、片内高精度 R/C 时钟及高可靠性复位等模块。

这款单片机几乎包含了数据采集和控制中所需的所有单元模块，可称得上是一个片上

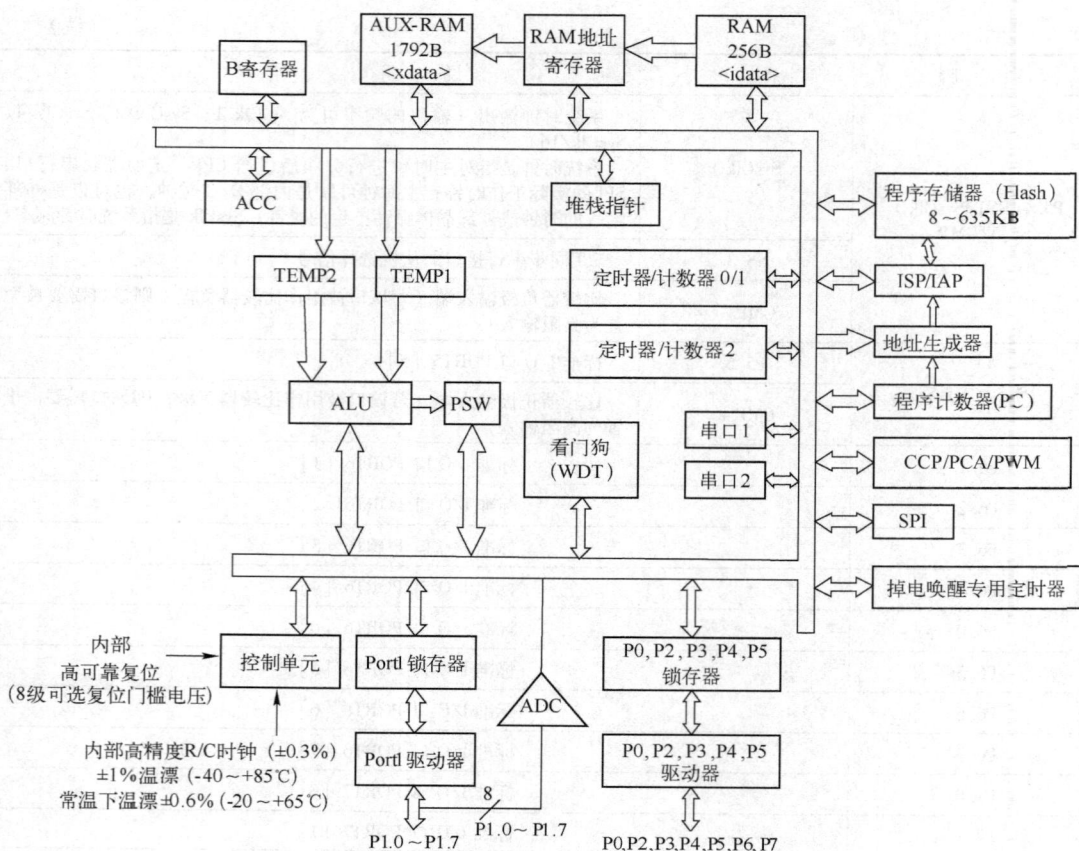

图 1-4 IAP15F2K61S2 单片机内部结构框图

系统。

2. 功能特色

1）单时钟/机器周期（1T）。

2）宽电压（2.4～5.5 V）/高速/高可靠/低功耗/超强抗干扰。

3）采用 STC 第九代加密技术，超级加密。

4）指令代码完全兼容传统 8051，但速度快 8～12 倍。

5）内部集成高精度时钟（±0.3%），±1% 温漂（-40～+85℃），常温下温漂 ±0.6%（-20～+65℃）。

6）工作频率范围：0～28 MHz，相当于普通 8051 的 0～336 MHz。

7）5～35 MHz 宽范围可设置，可彻底省掉外部昂贵的晶振和外部复位电路（内部已集成高可靠复位，ISP 编程时 16 级复位门槛电压可选）。

8）片内大容量 2048B 的 SRAM，包括常规的 256B RAM＜idata＞和扩展的 1792E XRAM＜xdata＞。

9）60 KB 片内 Flash，可擦写 10 万次以上。

10）ISP/IAP 功能，在系统可编程/在应用可编程，无须编程器和仿真器。

11）3 通道路捕获/比较单元（CCP/PCA/PWM），也可以作为 3 个定时器或 3 个外部中

20

断或 3 路 D - A 使用。

12）用 CCP/PCA 高速脉冲输出功能可实现 3 路 9 ~ 12 位 PWM。

13）利用定时器 T0、T1 或 T2 的时钟输出功能可实现高精度的 8 ~ 16 位 PWM。

14）8 路高速 10 位 A - D 转换，速度可达 30 万次/s，3 路 PWM 还可当 3 路 D - A 使用。

15）2 组独立高速异步串行通信口（UART1/UART2），可在 5 组引脚之间进行切换，分时复用可作 5 组串行口使用。

16）1 组高速同步串行通信口（SPI）。

17）支持 RS - 485 下载。

3. 命名规则

STC 单片机的命名规则见表 1-6。

表 1-6　STC 单片机的命名规则

序号	1	2	3	4	5	6	7	8
含义	XXX	XX	XXX	XXX	(X)	- XX	X	/XX

1）前缀：若为 STC，则表示用户不可将程序区的程序存储器 Flash 当作 EEPROM 使用，有专门的 EEPROM 供用户使用。若是 IAP 则表示用户可以将程序存储器 FLASH 当作 EEPROM 使用。

2）系列号：89、90、10、11、12、15。其中 15 表示 1T 的 8051 单片机，同样的工作频率，其速度是普通 8051 的 8 ~ 12 倍。

3）工作电压：F 表示 5.5 ~ 4.5 V，L 表示 2.4 ~ 3.6 V。

4）SRAM 空间大小：2 KB = 2048B。

5）程序空间大小：08 表示 8 KB，24 表示 24 KB，32 表示 32 KB，48 表示 48 KB 等等。

6）S2 字样：表示具有 2 组高速异步串行通信端口 UART（可同时使用），SPI 功能，内部有 EEPROM 功能、A - D 转换功能（PWM 还可当 D - A 使用）以及 CCP/PWM/PCA 功能。

S 字样：表示具有 1 组高速异步串行通信端口 UART，SPI 功能，内部有 EEPROM 功能。

AS 字样：表示具有 1 组高速异步串行通信端口 UART，SPI 功能，内部有 EEPROM 功能、A - D 转换功能（PWM 还可当 D - A 使用）以及 CCP/PWM/PCA 功能。

1.3.3　CPU 内部结构

1. 运算器

运算器由算术/逻辑运算部件 ALU、累加器 ACC、寄存器 B、暂存器（TMP1、TMP2）和程序状态标志寄存器 PSW 组成。它的功能是实现算术运算、逻辑运算、变量处理与传送等操作。

累加器 ACC，又记作 A，用于向 ALU 提供操作数和存放运算结果，是 CPU 中使用最频繁的寄存器，大多数指令的执行都要通过累加器 ACC 进行。

地址	B7	B6	B5	B4	B3	B2	B1	B0	复位值
D0H	CY	AC	F0	RS1	RS0	OV	F1	P	00000000

寄存器 B 是专门为乘法和除法运算设置的寄存器，用于存放乘除法运算的操作数和运算结果。对于其他指令，可以作为普通寄存器使用。

程序状态标志寄存器 PSW，简称程序状态字。它用来保存 ALU 运算结果的特征和处理状态。这些特征和状态可以作为控制程序转移的条件，供程序判断和查询。

PSW 的各位定义如下：

CY：进位标志位。执行加/减法指令时，如果操作结果的最高位 B7 出现进/借位，则 CY 置 "1"；否则清零。也可以说是无符号数运算的溢出标志位。

AC：辅助进位标志位。当执行加/减法指令时，如果低 4 位向高 4 位产生进/借位，则 AC 置 "1"，否则清零。

F0：用户标志位 0。该位是由用户定义的一个状态标志。

RS1、RS0：工作寄存器组选择控制位。

OV：溢出标志位。指示有符号运算控制中是否发生了溢出。有溢出时，OV 为 1；无溢出时，OV 为 0。

F1：用户标志位 1。该位也是由用户定义的一个状态标志。

P：奇偶标志位。如果累加器 ACC 中 1 的个数为偶数，则 P 为 0，否则为 1。在具有奇偶校验的串行数据通信中，可以根据 P 值设置奇偶校验位。

暂存器用来暂时存放数据总线或其他寄存器送来的操作数。它作为 ALU 的数据输入源，向 ALU 提供操作数，它是不可以用指令进行寻址的。

2. 控制器

控制器由程序计数器 PC、指令寄存器 IR、指令译码及控制逻辑电路组成。

程序计数器 PC 是一个 16 位的计数器，它总是存放着下一个要取指令的存储单元地址。CPU 把 PC 的内容作为地址，从对应于该地址的程序存储器单元中取出指令码。每取完一个指令后，PC 内容都自动加 1，为取下一个指令做准备。在执行转移指令、子程序调用指令及中断响应时，转移指令、调用指令或中断响应过程会自动给 PC 置入新的地址。

单片机上电或复位时，PC 装入地址 0000H，这就保证了单片机上电或复位后，程序从 0000H 地址开始执行。

指令寄存器 IR 保存当前正在执行的一条指令。执行一条指令，先要把它从程序存储器取到指令寄存器中。指令内容含操作码和地址码，操作码送往指令译码器并形成相应指令的操作信号。地址码送往操作数地址电路以便形成实际的操作数地址。

译码与控制逻辑是单片机的核心部件，其主要任务是完成读指令、执行指令、存取操作数或运算结果等操作，向其他部件发出各种微操作控制信号，协调各部件的工作。单片机内部有振荡电路，外接石英晶体和频率微调电容就可以产生内部时钟信号。

3. 特殊功能寄存器

（1）数据指针 DPTR

DPTR 是一个 16 位的寄存器，它由 2 个 8 位的寄存器 DPH 和 DPL 组成，用来存放 16 位的地址。利用间接寻址可以对片外 RAM 或 I/O 接口的数据进行访问。利用变址寻址可以对 ROM 单元中存放的常量进行读取。

（2）堆栈指针 SP

SP 是一个 8 位的寄存器。用于子程序调用及中断调用时保护断点及现场，它总是指向堆栈顶部。堆栈操作遵循 "先进后出" 原则，数据入栈时，SP 加 1，然后数据再压入 SP 指向的单元；数据出栈时，先将 SP 指向单元的数据弹出，然后 SP 再减 1，这时 SP 指向的单元是新的栈顶。基于 51 核的 STC 系列单片机的堆栈区是向地址增大的方向生成的，这与 80X86 的堆栈组织正好相反。

（3）工作寄存器 R0 ~ R7

工作寄存器 R0 ~ R7 占用 32 个片内 RAM 单元。分为 4 组，每组 8 个单元。当前工作寄存器组由 PSW 的 RS1 和 RS0 位指定。

1.3.4　存储器结构

STC15 系列单片机的程序存储器和数据存储器是各自独立编址的。STC15 系列单片机的所有程序存储器都是片上 Flash 存储器，不能访问外部程序存储器，因为没有访问外部程序存储器的总线。

STC15 系列单片机内部集成了大容量的数据存储器，如 STC15W4K32S4 系列单片机内部有 4096B 的数据存储器，STC15F2K60S2 系列单片机内部有 2048B 的数据存储器。STC15W4K32S4 系列单片机内部的 4096B 数据存储器在物理和逻辑上都分为两个地址空间：内部 RAM（256B）和内部扩展 RAM（3840B）。其中内部 RAM 的高 128B 的数据存储器与特殊功能寄存器（SFRs）貌似地址重叠，实际使用时通过不同的寻址方式加以区分。另外，STC15 系列 10 – pin 及以上的单片机还可以访问在片外扩展的 64 KB 外部数据存储器。

1. 程序存储器

程序存储器用于存放用户程序、数据和表格等信息。以 STC15W4K32S4 系列单片机为例，STC15W4K32S4 系列单片内部集成了 8 ~ 61 KB 的 Flash 程序存储器。STC15W4K32S4 系列各种型号单片机的程序 Flash 存储器的地址见表 1-7。

表 1-7　STC15W4K 系列单片机程序存储器空间大小

型　　号	程序存储器
STC15W4K08S4	0000H ~ 1FFFH（8 KB）
STC15W4K16S4	0000H ~ 3FFFH（16 KB）
STC15W4K24S4	0000H ~ 5FFFH（24 KB）
STC15W4K32S4	0000H ~ 7FFFH（32 KB）
STC15W4K40S4	0000H ~ 9FFFH（40 KB）
STC15W4K48S4	0000H ~ 0BFFFH（48 KB）
STC15W4K56S4	0000H ~ 0DFFFH（56 KB）
STC15W4K60S4	0000H ~ 0EFFFH（60 KB）
IAP15W4K61S4	0000H ~ 0F3FFH（61 KB）

由物理地址，求存储器容量的计算公式为

$$（高地址 - 低地址 + 1）/2^{10}，其中 1K = 2^{10}$$

例如：STC15W4K08S4 单片机的存储器容量为

$$（1FFFH - 0000H + 1）/2^{10} = （2000H）/2^{10} = 2 \times 16^3/2^{10} = 8K$$

单片机复位后，程序计数器（PC）的内容为 0000H，从 0000H 单元开始执行程序。另外中断服务程序的入口地址（又称中断向量）也位于程序存储器单元。在程序存储器中，每个中断都有一个固定的入口地址，当中断发生并得到响应后，单片机就会自动跳转到相应的中断入口地址去执行程序。外部中断 0 的中断服务程序的入口地址是 0003H，定时器/计数器 0 中断服务程序的入口地址是 000BH，外部中断 1 的中断服务程序的入口地址是 0013H，定时器/计数器 1 的中断服务程序的入口地址是 001BH 等。

由于相邻中断入口地址的间隔区间（8B）有限，一般情况下无法保存完整的中断服务程序。因此，一般在中断响应的地址区域存放一条无条件转移指令，指向真正存放中断服务程序的空间去执行。

2. 数据存储器（SRAM）

表 1-8 总结了 STC15 系列单片机内部数据存储器（SRAM）的空间大小以及是否可以扩展片外数据存储器。

表 1-8　STC 系列单片机数据存储器空间大小

数据存储器 型号	内部集成的 SRAM 大小	内部扩展 RAM 空间	扩展 64 KB 数据存储器
STC15W4K32S4 系列	4 KB（256B < idata > + 3840B < xdata >）	3840B	可以
STC15F2K60S2 系列	2 KB（256B < idata > + 1792B < xdata >）	1792B	可以
STC15W1K16S 系列	1 KB（256B < idata > + 768B < xdata >）	768B	可以
STC15W404S 系列	512B（256B < idata > + 256B < xdata >）	256B	可以
STC15W401AS 系列	512B（256B < idata > + 256B < xdata >）	256B	不可以
STC15W201S 系列	256B < idata >	无扩展 RAM	不可以
STC15F408AD 系列	512B（256B < idata > + 256B < xdata >）	256B	不可以
STC15F100W 系列	128B < idata >	无扩展 RAM	不可以

STC15 系列单片机内部集成的 RAM 用于存放程序执行的中间结果和过程数据。以 STC15W4K32S4 系列单片机为例，STC15W4K32S4 系列单片机内部集成了 4096B RAM 内部数据存储器，其在物理和逻辑上都分为两个地址空间：内部 RAM（256B）和内部扩展 RAM（3840B）。此外，STC15 系列 40 - pin 及其以上的单片机还可以访问在片外扩展的 64 KB 外部数据存储器。

3. 内部 RAM

内部 RAM 共 256B，可分为 3 个部分：低 128B RAM（与传统 8051 兼容）、高 128B RAM（Intel 在 8052 中扩展了高 128B RAM）及特殊功能寄存器区。低 128B 的数据存储器既可直接寻址也可间接寻址。高 128B RAM 与特殊功能寄存器区共用相同的地址范围，都是用 80H ~ FFH，地址空间虽然貌似重叠，但物理上是独立的，使用时通过不同的寻址方式加以区分。高 128B RAM 只能间接寻址，特殊功能寄存器区只可直接寻址。

内部 RAM 的结构如图 1-5 所示，地址范围是 00H ~ FFH。

低 128B RAM 也称通用 RAM 区。通用 RAM 区又可分为工作寄存器组区、可位寻址区、用户 RAM 区和堆栈区。工作寄存器组区地址为 00H ~ 1FH 共 32 个字节单元，分为 4 组（每一组称为一个寄存器组），每组包含 8 个 8 位的工作寄存器，编号均为 R0 ~ R7，但属于不同的物理空间。通过使用工作寄存器组，可以提高运算速度。R0 ~ R7 是常用的寄存器，提供 4 组是因为 1 组往往不够用。由程序状态字 PSW 寄存器中的 RS1 和 RS0 组合决定当前使用

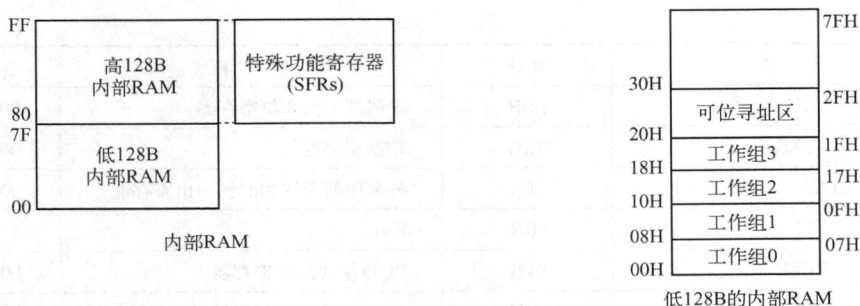

图 1-5 内部 RAM 结构

的工作寄存器组。

可位寻址区的地址从 20H ~ 2FH 共 16 个字节单元。20H ~ 2FH 单元既可像普通 RAM 单元一样按字节存取，也可以对单元中的任何一位单独存取，共 128 位，所对应的地址范围是 00H ~ 7FH。位地址范围是 00H ~ 7FH，内部 RAM 低 128B 的地址也是 00H ~ 7FH；从外表看，二者地址是一样的，实际上二者具有本质的区别；位地址指向的是一个位，而字节地址指向的是一个字节单元，在程序中使用不同的指令区分。内部 RAM 中的 30H ~ FFH 单元是用户 RAM 和堆栈区。一个 8 位的堆栈指针（SP），用于指向堆栈区。单片机复位后，堆栈指针 SP 为 07H，指向了工作寄存器组 0 中的 R7，因此，用户初始化程序都应对 SP 设置初值，一股设置在 80H 以后的单元为宜。

1.3.5 特殊功能寄存器

寄存器的状态决定了硬件如何工作，为了使硬件工作于某种状态，可以通过修改寄存器的值来实现。STC15 系列单片机的特殊功能寄存器见表 1-9。

表 1-9 STC15 系列单片机特殊功能寄存器

符　号		地址	功　　能	复位值
P0		80H	Port 0	1111 1111B
SP		81H	堆栈指针	0000 0111B
DPTR	DPL	82H	数据指针（低）	0000 0000B
	DPH	83H	数据指针（高）	0000 0000B
S4CON		84H	串行口 4 控制寄存器	0000 0000B
S4BUF		85H	串行口 4 数据缓冲器	xxxx xxxxB
PCON		87H	电源控制寄存器	0011 0000B
TCON		88H	定时器控制寄存器	0000 0000B
TMOD		89H	定时器工作方式寄存器	0000 0000B
TL0		8AH	定时器 0 低 8 位寄存器	0000 0000B
TL1		8BH	定时器 1 低 8 位寄存器	0000 0000B
TH0		8CH	定时器 0 高 8 位寄存器	0000 0000B

符　号	地址	功　　能	复立值
TH1	8DH	定时器 1 高 8 位寄存器	0000 0000B
AUXR	8EH	辅助寄存器	0000 0001B
INT_CLKO　AUXR2	8FH	外部中断允许和时钟输出寄存器	x000 0000B
P1	90H	Port 1	1111 1111B
P1M1	91H	P1 口模式配置寄存器 1	0000 0000B
P1M0	92H	P1 口模式配置寄存器 0	0000 0000B
P0M1	93H	P0 口模式配置寄存器 1	0000 0000B
P0M0	94H	P0 口模式配置寄存器 0	0000 0000B
P2M1	95H	P2 口模式配置寄存器 1	0000 0000B
P2M0	96H	P2 口模式配置寄存器 0	0000 0000B
CLK_DIVPCON2	97H	时钟分频寄存器	0000 0000B
SCON	98H	串行口 1 控制寄存器	0000 000B
SBUF	99H	串行口 1 数据缓冲器	xxxx xxxxB
S2CON	9AH	串行口 2 控制寄存器	0100 0000B
S2BUF	9BH	串行口 2 数据缓冲器	xxxx xxxxB
P1ASF	9DH	P1 模拟功能配置寄存器	0000 0000B
P2	A0H	Port 2	1111 1111B
BUS_SPEED	A1H	总线速度控制寄存器	xxxx xx10B
AUXR1P_SW1	A2H	辅助寄存器 1	0000 0000B
IE	A8H	中断允许寄存器	0000 0000B
SADDR	A9H	从机地址控制寄存器	0000 0000B
WKTCL WKTCL_CNT	AAH	掉电唤醒专用定时器 控制寄存器低 8 位	1111 1111B
WKTCH WKTCH_CNT	ABH	掉电唤醒专用定时器 控制寄存器高 8 位	0111 1111B
S3CON	ACH	串行口 3 控制寄存器	0000, 0000
S3BUF	ADH	串行口 3 数据缓冲器	xxxx, xxxx
IE2	AFH	中断允许寄存器	x000 0000B
P3	B0H	Port 3	1111 1111B
P3M1	B1H	P3 口模式配置寄存器 1	0000 0000B
P3M0	B2H	P3 口模式配置寄存器 0	0000 0000B
P4M1	B3H	P4 口模式配置寄存器 1	0000 0000B
P4M0	B4H	P4 口模式配置寄存器 0	0000 0000B
IP2	B5H	第二中断优先级低字节寄存器	xxxx xx00B
IP	B8H	中断优先级寄存器	0000 0000B
SADEN	B9H	从机地址掩模寄存器	0000 0000B
P_SW2	BAH	外围设备功能切换控制寄存器	xxxx x000B

符　号	地址	功　　能	复位值
ADC_CONTR	BCH	A－D 转换控制寄存器	0000 0000B
ADC_RES	BDH	A－D 转换结果高 8 位寄存器	0000 0000B
ADC_RESL	BEH	A－D 转换结果低 2 位寄存器	0000 0000B
P4	C0H	Port 4	1111 1111B
WDT_CONTR	C1H	看门狗控制寄存器	0x00 0000B
IAP_DATA	C2H	ISP/IAP 数据寄存器	1111 1111B
IAP_ADDRH	C3H	ISP/IAP 高 8 位地址寄存器	0000 0000B
IAP_ADDRL	C4H	ISP/IAP 低 8 位地址寄存器	0000 0000B
IAP_CMD	C5H	ISP/IAP 命令寄存器	xxxx xx00B
IAP_TRIG	C6H	ISP/IAP 命令触发寄存器	xxxx xxxxB
IAP_CONTR	C7H	ISP/IAP 控制寄存器	0000 x000B
P5	C8H	Port 5	xx11 1111B
P5M1	C9H	P5 口模式配置寄存器 1	xxx0 0000B
P5M0	CAH	P5 口模式配置寄存器 0	xxx0 0000B
P6M1	CBH	P6 口模式配置寄存器 1	
P6M0	CCH	P6 口模式配置寄存器 0	
SPSTAT	CDH	SPI 状态寄存器	00xx xxxxB
SPCTL	CEH	SPI 控制寄存器	0000 0100B
SPDAT	CFH	SPI 数据寄存器	0000 0000B
PSW	D0H	程序状态字寄存器	0000 00x0B
T4T3M	D1H	T4 和 T3 的控制寄存器	0000 0000B
T4H	D2H	定时器 4 高 8 位寄存器	0000 0000B
T4L	D3H	定时器 4 低 8 位寄存器	0000 0000B
T3H	D4H	定时器 3 高 8 位寄存器	0000 0000B
T3L	D5H	定时器 3 低 8 位寄存器	0000 0000B
T2H	D6H	定时器 2 高 8 位寄存器	0000 0000B
T2L	D7H	定时器 2 低 8 位寄存器	0000 0000B
CCON	D8H	PCA 控制寄存器	00xx xxxxB
CMOD	D9H	PCA 模式寄存器	0xxx x000B
CCAPM0	DAH	PCA 模块 0 模式寄存器	x000 0000B
CCAPM1	DBH	PCA 模块 1 模式寄存器	x000 0000B
CCAPM2	DCH	PCA 模块 2 模式寄存器	x000 0000B
ACC	E0H	累加器	0000 0000B
P7M1	E1H	P7 口模式配置寄存器 1	0000 0000B
P7M0	E2H	P7 口模式配置寄存器 0	0000 0000B
P6	E8H	Port 6	1111 1111B

符　号	地址	功　能	复立值
CL	E9H	PCA 基本定时器低	0000 0000B
CCAP0L	EAH	PCA 模块 0 捕获寄存器低	0000 0000B
CCAP1L	EBH	PCA 模块 1 捕获寄存器低	0000 0000B
CCAP2L	ECH	PCA 模块 2 捕获寄存器低	0000 0000B
B	F0H	B 寄存器	0000 0000B
PCA_PWM0	F2H	PCA_PWM 模式辅助寄存器 0	xxxx xx00B
PCA_PWM1	F3H	PCA_PWM 模式辅助寄存器 1	xxxx xx00B
PCA_PWM2	F4H	PCA_PWM 模式辅助寄存器 2	xxxx xx00B
P7	F8H	Port 7	1111 1111B
CH	F9H	PCA 基本定时器高	0000 0000B
CCAP0H	FAH	PCA 模块 0 捕获寄存器高	0000 0000B
CCAP1H	FBH	PCA 模块 1 捕获寄存器高	0000 0000B
CCAP2H	FCH	PCA 模块 2 捕获寄存器高	0000 0000B

1.4　单片机系统复位

STC15 系列单片机有 7 种复位方式：外部 RST 引脚复位，软件复位，掉电复位/上电复位（并可选择增加额外的复位延时 180 ms，也叫 MAX810 专用复位电路，其实就是右上电复位后增加一个 180 ms 复位延时），内部低压检测复位，MAX810 专用复位电路复位，看门狗复位以及程序地址非法复位。

1.4.1　外部 RST 引脚复位

STC15F100W 系列单片机的复位引脚在 RST/P3.4 口，其他 STC15 系列单片机的复位引脚均在 RST/P5.4 口。下面以 P5.4/RST 为例介绍外部 RST 引脚的复位。

外部 RST 引脚复位就是从外部向 RST 引脚施加一定宽度的复位脉冲，从而实现单片机的复位。P5.4/RST 引脚出厂时被配置为 I/O 口，要将其配置为复位引脚，可在 ISP 烧录程序时设置。如果 P5.4/RST 引脚已在 ISP 烧录程序时被设置为复位脚，那么 P5.4/RST 就是芯片复位的输入脚。将 RST 复位引脚拉高并维持至少 24 个时钟加 20 μs 后，单片机会进入复位状态，将 RST 复位引脚拉回低电平后，单片机结束复位状态并将特殊功能寄存器 IAP_CONTR 中的 SWBS/IAP_CONTR.6 位置 1，同时从系统 ISP 监控程序区启动。外部 RST 引脚复位是热启动复位中的硬复位。

1.4.2　软件复位

用户应用程序在运行过程中，有时会有特殊需求，需要实现单片机系统软复位（热启动复位中的软复位之一）。传统的 8051 单片机由于硬件上未支持此功能，用户必须用软件模拟实现，实现起来较麻烦。现 STC 新推出的增强型 8051 根据客户要求增加了 IAP_CONTR

特殊功能寄存器，实现了此功能。用户只需简单地控制 IAP_CONTR 特殊功能寄存器的其中两位 SWBS/SWRET 就可以实现系统复位。

IAP_CONTR：ISP/IAP 控制寄存器。

SFR	SFR 地址	位号	B7	B6	B5	B4	B3	B2	B1	B0
IAP_CONTR	C7H	位名称	IAPEN	SWBS	SWRST	CMD_FAIL	—	WT2	WT1	WT0

其功能含义说明如下：

1）IAPEN：ISP/IAP 功能允许位。

0：禁止 IAP 读/写/擦除 Data Flash/EEPROM。

1：允许 IAP 读/写/擦除 Data Flash/EEPROM。

2）SWBS：软件选择复位后从用户应用程序区启动（送 0），还是从系统 IS 监控程序区启动（送 1）。要与 SWRET 直接配合才可以实现。

3）SWRST：0 表示不操作；1 表示软件控制产生复位，单片机自动复位。

4）CMD_FAIL：如果 IAP 地址（由 IAP 地址寄存器 IAP_ADDRH 和 IAP_ADDRL 的值决定）指向了非法地址或无效地址，且送了 ISP/IAP 命令，并对 IAP_TRIG 送 5AH/A5H 触发失败，则 CMD_FAIL 为 1，需由软件清零。

1.4.3 掉电复位/上电复位

当电源电压 VCC 低于掉电复位/上电复位检测门槛电压时，所有的逻辑电路都会复位。当内部 VCC 上升至上电复位检测门槛电压以上后，延迟 32768 个时钟，掉电复位/上电复位结束。复位状态结束后，单片机将特殊功能寄存器 IAP_CONTR 中的 SWBS/IAP_CONTR.6 位置 1，同时从系统 ISP 监测程序区启动。掉电复位/上电复位是冷启动复位之一。

对于 5V 单片机，它的掉电复位/上电复位检测门槛电压为 3.2V；对于 3.3V 单片机，它的掉电复位/上电复位检测门槛电压为 1.8V。

1.4.4 专用复位电路复位

STC15 系列单片机内部集成了 MAX810 专用复位电路。若 MAX810 专用复位电路在 STC-ISP 编程器中被允许，则以后掉电复位/上电复位后将产生约 180ms 复位延时，复位才被解除。复位解除后单片机将特殊功能寄存器 IAP_CONTR 中的 SWBS/IAP_CONTR.6 位置 1，同时从系统 ISP 监控程序区启动。MAX810 专用复位电路复位是冷启动复位之一。

1.4.5 内部低压检测复位

除了上电复位检测门槛电压外，STC15 单片机还有一组更可靠的内部低压检测门槛电压。当电源电压 VCC 低于内部低压检测（LVD）门槛电压时，可产生复位（前提是在 STC-ISP 编程/烧录用户程序时，允许低压检测复位/禁止低压中断，即将低压检测门槛电压设置为复位门槛电压）。低压检测复位结束后，不影响特殊功能寄存器 IAP_CONTR 中的 SWBS/IAP_CONTR.6 位的值，单片机根据复位前 SWBS/IAP_CONTR.6 的值为 1，则单片机从系统 ISP 监控程序区启动。内部低压检测复位是热启动复位中的硬复位之一。

STC15 单片机内置了 8 级可选内部低压检测门槛电压。表 1-10 和表 1-11 列出了不同温度下 STC15 系列 5 V 单片机和 3.3 V 单片机所有的低压检测门槛电压。

5 V 单片机的低压检测门槛电压见表 1-10。

表 1-10　低压检测门槛电压

-40℃	25℃	85℃
4.74	4.64	4.60
4.41	4.32	4.27
4.14	4.05	4.00
3.90	3.82	3.77
3.69	3.61	3.56
3.51	3.43	3.38
3.36	3.28	3.23
3.21	3.14	3.09

如果用户所使用的是 STC15 系列 5 V 单片机，那么可以根据单片机的实际工作频率在 STC - ISP 编程器中选择表 1-10 所列出的低压检测门槛电压作为复位门槛电压。如：常温下工作频率是 20 MHz 以上时，可以选择 4.32 V 电压作为复位门槛电压；常温下工作频率是 12 MHz 以下时，可以选择 3.82 V 电压作为复位门槛电压。如图 1-6 所示。

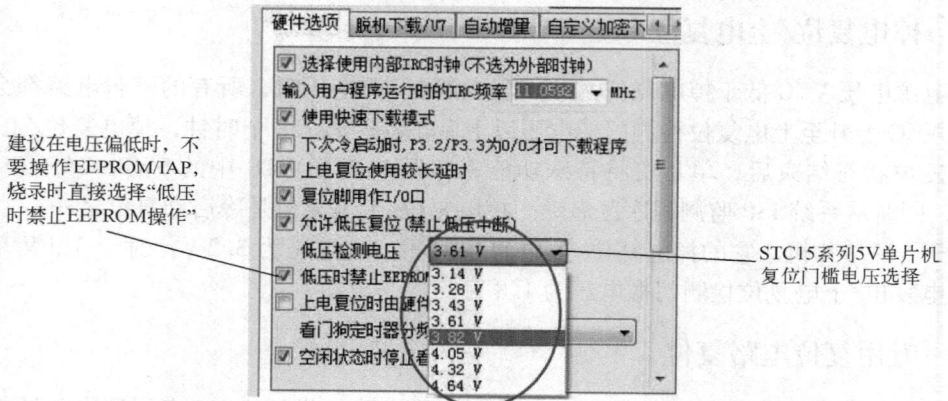

建议在电压偏低时，不要操作EEPROM/IAP，烧录时直接选择"低压时禁止EEPROM操作"

STC15系列5V单片机复位门槛电压选择

图 1-6　STC 系列 5 V 单片机复位门槛电压选择

3.3 V 单片机的低压检测门槛电压见表 1-11。

表 1-11　低压检测门槛电压

-40℃	25℃	85℃
3.11	3.08	3.09
2.85	2.82	2.83
2.63	2.61	2.61
2.44	2.42	2.43
2.29	2.26	2.26
2.14	2.12	2.12
2.01	2.00	2.00
1.90	1.89	1.89

如果用户所使用的是 STC15 系列 3.3 V 单片机，那么可以根据单片机的实际工作频率在 STC - ISP 编程器中选择表 1-11 所列出的低压检测门槛电压作为复位门槛电压。如：常温下工作频率是 20 MHz 以上时，可以选择 2.82 V 电压作为复位门槛电压；常温下工作频率是 12 MHz 以下时，可以选择 2.42 V 电压作为复位门槛电压。如图 1-7 所示。

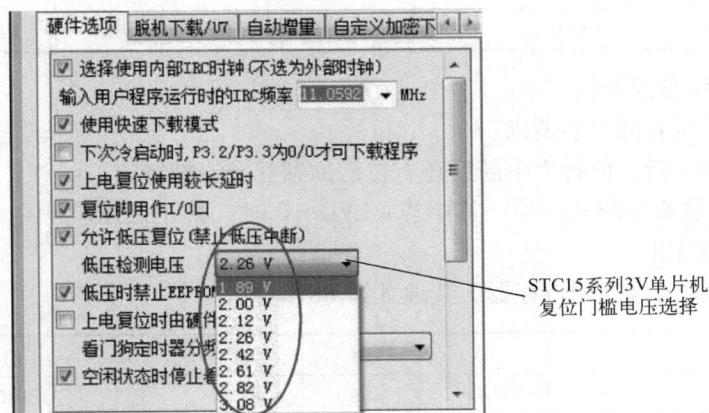

图 1-7　STC 系列 3 V 单片机复位门槛电压选择

如果在 STC - ISP 编程/烧录用户应用程序时，不将低压检测设置为低压检测复位，则在用户程序中用户可将低压检测设置为低压检测中断。当电源电压 VCC 低于内部低压检测（LVD）门槛电压时，低压检测中断请求标志位（LVDF/PCON.5）就会被硬件置位。如果 ELVD/IE.6（低压检测中断允许位）被设置为 1，低压检测中断请求标志位就能产生一个低压检测中断。

在正常工作和空闲工作状态时，如果内部工作电压 VCC 低于低压检测门槛电压，低压中断请求标志位（LVDF/PCON.5）自动置 1，与低压检测中断是否被允许无关。即在内部工作电压 VCC 低于低压检测门槛电压时，不管有没有允许低压检测中断，LVDF/PCON.5 都自动为 1。该位要用软件清 0，清 0 后，如内部工作电压 VCC 低于低压检测门槛电压，该位又被自动设置为 1。

在进入掉电工作状态前，如果低压检测电路未被允许可产生中断，则在进入掉电模式后，该低压检测电路不工作以降低功耗。如果被允许可产生低压检测中断（相应的中断允许位是 ELVD/IE.6，中断请求标志位是 LVDF/PCON.5），则在进入掉电模式后，该低压检测电路继续工作，在内部工作电压 VCC 低于低压检测门槛电压后，产生低压检测中断，可将 MCU 从掉电状态唤醒。

与低压检测相关的一些寄存器主要包括 PCON、IE、IP 等 3 个特殊功能寄存器。

1）PCON：电源控制寄存器，其地址是 87H。

位号	B7	B6	B5	B4	B3	B2	B1	B0
位名称	SMOD	SMOD0	LVDF	POF	GF1	GF0	PD	IDL

LVDF：低压检测标志位，同时也是检测中断请求标志。

PD：掉电模式控制位。

IDL：空闲模式控制位。

GF1，GF0：两个通用工作标志位，用户可以任意使用。

2）IE：中断允许寄存器，其地址 A8H。

位号	B7	B6	B5	B4	B3	B2	B1	B0
位名称	EA	ELVD	EADC	ES	ET1	EX1	ET0	EX0

EA：中断允许总控制位。

EA = 0，屏蔽所有的中断请求。

EA = 1，开放中断，但每个中断源还有自己的独立允许控制位。

ELVD：低压检测中断允许位，其中当 ELVD = 0 时，禁止低压检测中断；当 ELVD = 1 时，允许低压检测中断。

3）IP：中断优先级控制寄存器，其地址为 B8H。

位号	B7	B6	B5	B4	B3	B2	B1	B0
位名称	PPCA	PLVD	PADC	PS	PT1	PX1	PT0	PX0

PLVD：低压检测中断优先级控制位。当 PLVD = 0 时，低压检测中断为低优先级；当 PLVD = 1 时，低压检测中断为高优先级。

1.4.6 看门狗复位

在工业控制/汽车电子/航空航天等需要高可靠性的系统中，为了防止"系统在异常情况下，受到干扰，MCU/CPU 程序跑飞，导致系统长时间异常工作"，通常是引进看门狗，如果 MCU/CPU 不在规定的时间内按要求访问看门狗，就认为 MCU/CPU 处于异常状态，看门狗就会强迫 MCU/CPU 复位，使系统重新从头开始按规律执行用户程序。

看门狗复位是热启动复位中的软复位之一。STC15 系列单片机内部也引进了此看门狗功能，使单片机系统可靠性设计变得更加方便/简洁。看门狗复位状态结束后，不影响特殊功能寄存器 JAP_CONTR 中 SWBS/IAP_CONTR.6 位的值，对于 STC15F/L101W 系列、STC15F/L2K60S2 系列、STC15F/L408AD 系列及 STC15W401AS 系列单片机，它们根据复位前 SWBS/IAP_CONTR.6 的值选择是从用户应用程序区启动，还是从系统 ISP 监控程序区启动。如果看门狗复位前它们的 SWBS/IAP_CONTR.6 的值为 1，则看门狗复位状态结束后上述系列单片机将从系统 ISP 监控程序区启动。对于 STC15W201S 系列、STC15W1K16S 系列及 STC15W404S 系列单片机，它们的看门狗复位状态结束后始终从系统 ISP 监控程序区启动，与复位前 SWBS/IAP_CONNTR.6 的值无关。

对于看门狗复位功能，增加如下特殊功能寄存器 WDT_CONTR。

WDT_CONTR：看门狗（Watch – Dog – Timer）控制寄存器，地址为 C1H。

位号	B7	B6	B5	B4	B3	B2	B1	B0
位名称	WDT_FLAG	—	EN_WDT	CLR_WDT	IDLE_WDT	PS2	PS2	PS0

WDT_CONTR 寄存器各位含义如下：

WDT_FLAG：看门狗溢出标志位，当溢出时，该位由硬件置1，可用软件将其清0。

EN_WDT：看门狗允许位，当设置为"1"时，看门狗启动。

CLR_WDT：看门狗清"0"位，当设为"1"时，看门狗将重新计数。硬件将自动清"0"此位。

IDLE_WDT：看门狗"IDLE"模式位，当设置为"1"时，看门狗定时器在"空闲模式"计数；当清"0"该位时，看门狗定时器在"空闲模式"时不计数。

PS2，PS1，PS0：看门狗定时器预分频值。

看门狗溢出时间计算：

看门狗溢出时间 $= (12 \times Pre - scale \times 32768)/Oscillator\ frequency$

其中，设时钟为 20 MHz，看门狗溢出时间 $= (12 \times Pre - scale \times 32768)/12000000 = Pre - scale \times 393216/20000000$。

1.4.7 程序地址非法复位

如果程序指针 PC 指向的地址超过了有效程序空间的大小，就会引起程序地址非法复位。程序地址非法复位状态结束后，不影响特殊功能寄存器 IAP_CONTR 中 SWBS/IAP_CONTR.6 位的值，单片机将根据复位前 SWBS/IAP_CONTR.6 的值选择是从用户应用程序启动，还是从系统 ISP 监控程序区启动。如果复位前 SWBS/IAP_CONTR.6 的值为 0，则单片机从用户应用程序区启动；反之，则单片机从系统的 ISP 监控程序区启动。程序地址非法复位是热启动复位中的软复位之一。

1.4.8 热启动复位和冷启动复位

1. 热启动复位

（1）软复位

1）软件复位，通过控制 IAP_CONTER 特殊功能寄存器的其中两位 SWBS/SWRST 实现复位。

通过对 IAP_CONTER 寄存器送入 20H 产生的软复位，会使系统从用户应用程序区 0000H 处开始执行用户程序，复位后 SWBS/IAP_CONTER.6 的值为 0。

通过对 IAP_CONTER 寄存器送入 60H 产生的软复位，会使系统从系统 ISP 监控程序区开始执行程序，检测不到合法的 ISP 下载命令流后，或检测到合法的 ISP 下载命令流并下载完用户程序后，均会软复位到用户应用程序区执行用户程序，复位后 SWBS/IAP_CONTER.6 的值为 1。

2）看门狗复位，由 MCU/CPU 不在规定的时间内按要求访问看门狗所引起的复位，不影响 SWBS/IAP_CONTER.6 的值。

启动现象：复位前 SWBS/IAP_CONTER.6 的值为 0，会使系统从用户应用程序区 0000H 处开始执行用户程序，复位后 SWBS/IAP_CONTER.6 的值为 0。复位前 SWBS/IAP_CONTER.6 的值为 1，会使系统从系统 ISP 监控程序区开始执行程序，检测不到合法的 ISP 下载命令流后，或检测到合法的 ISP 下载命令流并下载完用户程序后，均会软复位到用户应用程序区执行用户程序，复位后 SWBS/IAP_CONTER.6 的值为 1。

3）程序地址非法复位，由程序指针 PC 指向的地址超过有效程序空间的大小所引起的复位，不影响 SWBS/IAP_CONTER.6 的值。

启动现象同上。

（2）硬复位

1）内部低压检测复位，用户在 ISP 编程时允许低压检测复位并且电源电压 VCC 在上电复位门槛电压以上时，由电源电压 VCC 低于内部低压检测门槛电压所产生的复位。

启动现象同上。

2）外部 RST 引脚复位，通过从外部向 RST 引脚施加一定宽度的复位脉冲所产生的复位。

启动现象：会将特殊功能寄存器 IAP_CONTER 中的 SWBS/IAP_CONTER.6 位置 1，同时会使系统从系统 ISP 监控程序区开始执行程序，检测不到合法的 ISP 下载命令流后，或检测到合法的 ISP 下载命令流并下载完用户程序后，均会软复位到用户应用程序区执行用户程序。

2. 冷启动复位

冷启动复位即掉电复位/上电复位系统停电后再上电引起的复位。当电源电压 VCC 低于掉电复位检测门槛电压时，就会引起系统复位，此复位称为掉电复位。如果电源电压 VCC 再次上升至上电复位检测门槛电压（与掉电复位检测门槛电压相等）以上时，系统仍处于复位状态，此时称为上电复位，上电复位延时 32768 个时钟后，复位状态才会结束。如果用户在 ISP 编程时选择了 180 ms 的长复位延时，则上电复位后将产生约 180 ms 复位延时，复位状态才结束。（对于 5 V 单片机，其掉电复位/上电复位检测门槛电压约为 3.2 V；对于 3.3 V 单片机，其掉电复位/上电复位检测门槛电压约为 1.8 V。）

冷启动现象：会将特殊功能寄存器 IAP_CONTER 中的 SWBS/IAP_CONTER.6 位置 1，同时会使系统从系统 ISP 监控程序区开始执行程序，检测不到合法的 ISP 下载命令流后，或检测到合法的 ISP 下载命令流并下载完用户程序后，均会软复位到用户应用程序区执行用户程序。

IAP_CONTER：ISP/IAP 控制寄存器，地址为 C7H。

位号	B7	B6	B5	B4	B3	B2	B1	B0
位名称	IAPEN	SWBS	SWRST	CMD_FAIL	—	WT2	WT1	WT0

SWBS：软件选择复位后从用户应用程序区启动（送 0），还是从系统 ISP 监控程序区启动（送 1）。要与 SWRST 直接配合才可以实现。

SWRST：0 表示不操作；1 表示软件控制产生复位，单片机自动复位。

1.5　单片机省电模式

STC15 系列单片机可以运行 3 种省电模式以降低功耗，它们分别是低速模式、空闲模式和掉电模式。正常工作模式下，STC15 系列单片机的典型功耗是 2.7 ~ 7 mA，而掉电模式下的典型功耗是 <0.1 μA，空闲模式下的典型功耗是 1.8 mA。

低速模式由时钟分频器 CLK_DIV（PCON2）控制，而空闲模式和掉电模式的进入由电源控制寄存器 PCON 的相应位控制。

PCON（Power Control Register）寄存器定义如下：

地址	位号	B7	B6	B5	B4	B3	B2	B1	B0
87H	位名称	SMOD	SMOD0	LVDF	POF	GF1	GF0	PD	IDL

电源控制寄存器 PCON 各位的含义如下：

1）LVDF：低压检测标志位，同时也是低压检测中断请求标志位。

在正常工作和空闲工作状态时，如果内部工作电压 VCC 低于低压检测门槛电压，该位自动置1，与低压检测中断是否被允许无关。即在内部工作电压 VCC 低于低压检测门槛电压时，不管有没有允许低压检测中断，该位都自动置1。

在进入掉电工作状态前，如果低压检测电路未被允许产生中断，则在进入掉电模式后，该低压检测电路不工作以降低功耗。如果被允许产生低压检测中断，则在进入掉电模式后，该低压检测电路继续工作，在内部工作电压 VCC 低于低压检测门槛电压后，产生低压检测中断，可将 MCU 从掉电状态唤醒。

2）POF：上电复位标志位，单片机停电后，上电复位标志位为1，可由软件清零。实际应用：要判断是上电复位（冷启动），还是外部复位脚输入复位信号产生的复位，抑或是内部看门狗复位、软件复位或者其他复位，可通过图1-8 所示的方法来判断。

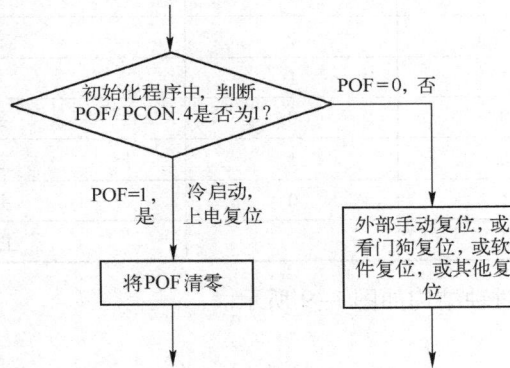

图1-8 判断复位种类流程图

3）PD：将其置1时，进入掉电模式，可由外部中断上升沿触发或下降沿触发唤醒。进入掉电模式时，内部时钟停振，由于无时钟，所以 CPU、定时器等功能部件停止工作，只有外部中断继续工作。可将 CPU 从掉电模式唤醒的外部引脚有：INT0/P3.2，INT1/P3.3，INT2/P3.6，INT3/P3.7，INT4/P3.0；引脚 CCP0/CCP1/CCP2；引脚 RxD/ RxD2/ RxD3/ RxD4；引脚 T0/T1/T2/T3/T4；有些单片机还具有内部低功耗掉电唤醒专用定时器。掉电模式也叫停机模式，此时功耗 <0.1 μA。

4）IDL：将其置1，进入 IDLE 模式（空闲），除了系统不给 CPU 供时钟，CPU 不执行指令外，其余功能部件仍可继续工作，可由外部中断、定时器中断、低压检测中断及 A-D 转换中断中的任何一个中断唤醒。

5）GF1，GF0：两个通用工作标志位，用户可以任意使用。

6）SMOD，SMOD0：与电源控制无关，与串行口有关，在此不作介绍。

1.5.1 低速模式

时钟分频器可以对内部时钟进行分频，从而降低工作时钟频率，降低功耗，降低 EMI。时钟分频寄存器 CLK_DIV（PCON2）的地址是 97H，各位的定义如下：

位号	B7	B6	B5	B4	B3	B2	B1	B0
位名称	MCKO_S1	MCKO_S0	ADRJ	Tx_Rx	MCLKO_2	CLKS2	CLKS1	CLKS0

时钟分频寄存器 CLK_DIV 中的 CLK2、CLK1、CLK0 的取值及含义见表 1-12。系统时钟是指对主时钟进行分频后供给 CPU、串行口、SPI、定时器、CCP/PWM/PCA、A-D 转换的实际工作时钟。主时钟对外输出引脚 P5.4/MCLKO 或 P1.6/XTAL2/MCLKO_2 既可对外输出内部 R/C 时钟，也可对外输出外部输入的时钟或外部晶体振荡产生的时钟。

表 1-12　时钟选择控制位含义

CLKS2	CLKS1	CLKS0	系统时钟选择控制位
0	0	0	主时钟频率/1，不分频
0	0	1	主时钟频率/2
0	1	0	主时钟频率/4
0	1	1	主时钟频率/8
1	0	0	主时钟频率/16
1	0	1	主时钟频率/32
1	1	0	主时钟频率/64
1	0	1	主时钟频率/128

STC15 系列单片机的时钟结构如图 1-9 所示。

1.5.2 空闲模式

将 IDL/PCON.0 置为 1，单片机将进入 IDLE（空闲）模式。在空闲模式下，仅 CPU 无时钟停止工作，但是外部中断、内部低压检测电路、定时器、A-D 转换等仍正常运行。而看门狗在空闲模式下是否工作取决于其自身有一个"IDLE"模式位：IDLE_WDT（WDT_CONTR.3）。当 IDLE_WDT 位被设置为 1 时，看门狗定时器在"空闲模式"计数，即正常工作。当 IDLE_WDT 被置为 0 时，看门狗定时器在"空闲模式"不计数，即停止工作。在空闲模式下，RAM、堆栈指针（SP）、程序计数器（PC）、程序状态字（PSW）、累加器（A）等寄存器都保持原有数据。I/O 保持着空闲模式被激活前那一刻的逻辑状态。空闲模式下单片机的所有外围设备都能正常运行（除 CPU 无时钟不工作外）。当任何一个中断产生时，它们都可以将单片机唤醒，单片机被唤醒后，CPU 将继续执行进入空闲模式语句的下一条指令。

有两种方式可以退出空闲模式。任何一个中断的产生都会引起 IDL/PCON.0 被硬件清除，从而退出空闲模式。另一种退出空闲模式的方法是外部 RST 引脚复位，将复位引脚拉高，产生复位。这种拉高复位引脚来产生复位的信号源需要被保持 24 个时钟加上 20 μs，才能产生复位，再将 RST 引脚拉低，结束复位，单片机从系统 ISP 监控程序区开始启动。

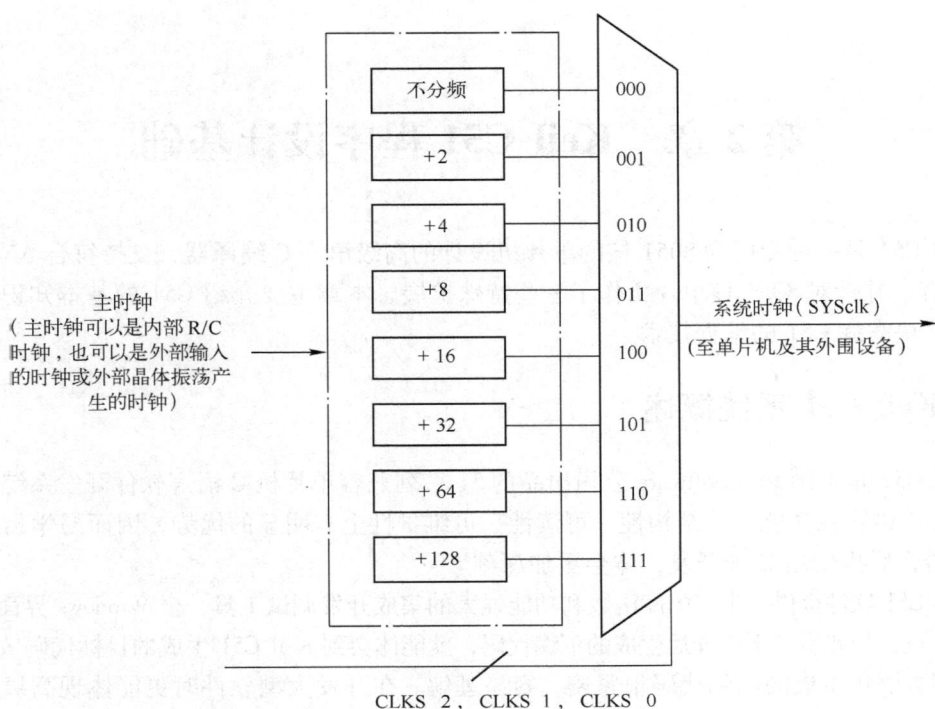

图1-9　时钟结构图

1.5.3　掉电模式

将 PD/PCON.1 置为 1，单片将进入 Power Down（掉电）模式，掉电模式也叫停机模式。进入掉电模式后，单片机所使用的时钟（内部系统时钟或外部时钟）停振，由于无时钟源，CPU、看门狗、定时器、串行口、A－D 转换等功能模式停止工作，外部中断（INT0/INT1/$\overline{\text{INT2}}$/$\overline{\text{INT3}}$/$\overline{\text{INT4}}$）、CCP 继续工作。如果低压检测电路被允许可产生中断，则低压检测电路也可以继续工作，否则停止工作。进入掉电模式后，所有 I/O 口、SFRs 维持进入掉电模式前那一刻的状态不变。如果掉电唤醒专用定时器在进入掉电模式之前被打开（即在进入掉电模式之前 WKTEN｜/WLTCH.7 = 1），则进入掉电模式后，掉电唤醒专用定时器将开始工作。

进入掉电模式后，STC15W4K32S4 系列单片机（包括 IAP15W4K58S4）中，可将掉电模式唤醒的引脚资源有：INT0/P3.2，INT1/P3.3（INT0/INT1 上升沿和下降沿中断均可），$\overline{\text{INT2}}$/P3.6，$\overline{\text{INT3}}$/P3.7，$\overline{\text{INT4}}$/P3.8（INT2/INT3/INT4 仅下降沿中断）；引脚 CCP0/CCP1/CCP2；引脚 RxD/RxD2/RxD3/RxD4；引脚 T0/T1/T2/T3/T4（在进入掉电模式前相应的定时器中断已经被允许的前提下，下降沿即外部引脚 T0/T1/T2/T3/T4 由高到低变化）；低压检测中断；内部低功耗掉电唤醒专用定时器。

第 2 章　Keil C51 程序设计基础

Keil C51 是一种专门为 8051 核的单片机设计的高级语言 C 编译器，支持符合 ANSI 标准的 C 语言，并针对 8051 核单片机作了一些特殊扩展。本章主要介绍 C51 的基本知识，希望读者能尽快掌握 C51 的编程技术。

2.1　Keil C51 系统概述

Keil C51 是美国 Keil Software 公司出品的 51 系列兼容单片机 C 语言软件开发系统，与汇编相比，C 语言在功能上、结构性、可读性、可维护性上有明显的优势，因而易学易用。用过汇编语言后再使用 C 来开发，体会更加深刻。

Keil C51 软件提供了丰富的库函数和功能强大的集成开发调试工具，全 Windows 界面。另外重要的一点，只要看一下编译后生成的汇编代码，就能体会到 Keil C51 生成的目标代码效率非常之高，多数语句生成的汇编代码很紧凑，容易理解。在开发大型软件时更能体现高级语言的优势。

下面详细介绍 Keil C51 开发系统各部分的功能和使用。

2.2　Keil C51 软件开发结构

C51 工具包的整体结构，如图 2-1 所示，其中 μVision 与 Ishell 分别是 C51 for Windows 和 for Dos 的集成开发环境（IDE），可以完成编辑、编译、连接、调试、仿真等整个开发流程。开发人员可用 IDE 本身或其他编辑器编辑 C 或汇编源文件。然后分别由 C51 及 A51 编译器编译生成目标文件（.OBJ）。目标文件可由 LIB51 创建生成库文件，也可以与库文件一起经 L51 连接定位生成绝对目标文件（.ABS）。ABS 文件由 OH51 转换成标准的 Hex 文件，以供调试器 dScope51 或 tScope51 使用进行源代码级调试，也可由仿真器使用直接对目标板进行调试，也可以直接写入程序存储器如 EPROM 中。

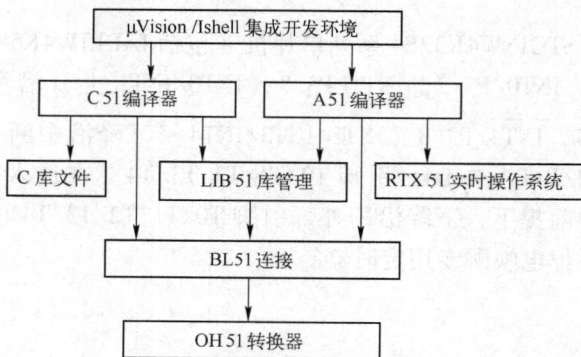

图 2-1　Keil C51 软件开发结构框图

在 Keil C 语言的软件包中，包含下列文件。

（1）C51 编译器

Keil C51 编译器是一个针对 80C51 系列 MCU 的基于 ANSI C 标准的 C 编译器，生成的可执行代码快速、紧凑，在运行效率和速度上可以和汇编程序得到的代码相媲美。

（2）A51 宏汇编器

A51 宏汇编器是一个 8051 核的系列 MCU 的宏汇编器，支持 8051 及其派生系列的全部指令集。它把汇编语言汇编成机器代码。该汇编器允许定义程序中的每一个指令，在需要极快的运行速度、很小的代码空间及精确的硬件控制等场合时使用。A51 宏汇编器的宏特性让公共代码只需要开发一次，节约了开发和维护的时间。

A51 宏汇编器将源程序汇编成可重定位的目标代码，并产生一个列表文件。其中可以包含也可以不包含字符表及交叉信息。

（3）BL51 连接/定位器

BL51 连接/定位器是具有代码分段功能的连接/定位器，利用从库中提取的目标模块和由编译器或汇编器生成的一个或多个目标模块处理外部和全局数据，并将可重定位的段分配到固定的地址上。所产生的一个绝对地址目标模块或文件包含不可重定位的代码和数据，所有的代码和数据被安置在固定的存储器单元中。该绝对地址目标文件可以：

- 写入 EPROM 或其他存储器件。
- 由 μVision5 调试器使用来模拟和调试。
- 由仿真器用来测试程序。

（4）LIB51 库管理器

LIB51 库管理器用来建立和维护库文件。库文件是格式化的目标模块（由编译器或汇编器产生）的集合。库文件提供了一个方便的方法来组合及使用大量的连接程序可能用到的目标模块。

C51 编译器与 ANSIC 相比，扩展的内容包括数据类型、存储器类型、存储模式、指针及函数（包括定义函数的重入性、指定函数的寄存器组、指定函数的存储模式及定义中断服务程序）。

2.3　Keil C51 与标准 C 语言

深入理解并应用 C51 对标准 ANSIC 的扩展是学习 C51 的关键之一。因为大多数扩展功能都是直接针对 8051 内核的系列 CPU 硬件。大致有以下 8 类：

- 8051 存储类型及存储区域。
- 存储模式。
- 存储器类型声明。
- 变量类型声明。
- 位变量与位寻址。
- 特殊功能寄存器（SFR）。
- C51 指针。
- 函数属性。

2.3.1 Keil C51 扩展关键字

C51 V4.0 版本有以下扩展关键字（共 19 个）：

_at_	_task_	data	bdata	idata	xdata	pdata
sfr	sfr16	alien	interrupt	small	compact	large
code	bit	sbit	using	reentrant		

2.3.2 内存区域

1. 程序区域

由 Code 说明可有多达 64kB 的程序存储器。

2. 内部数据存储

内部数据存储器可用以下关键字说明：

data：直接寻址区，为内部 RAM 的低 128 B，00H~7FH。

idata：间接寻址区，包括整个内部 RAM 区，00H~FFH。

bdata：可位寻址区，20H~2FH。

3. 外部数据存储

外部 RAM 视使用情况可由以下关键字标识：

xdata：可指定多达 64KB 的外部直接寻址区，地址范围 0000H~0FFFFH。

pdata：能访问 1 页（256 B）的外部 RAM，主要用于紧凑模式（Compact Model）。

4. 特殊功能寄存器存储

8051 提供 128 B 的 SFR 寻址区，这区域可位寻址、字节寻址或字寻址，用以控制定时器、计数器、串行口、I/O 及其他部件，可由以下几种关键字说明：

sfr：字节寻址，如 sfr P0 = 0x80；指定 P0 口地址为 80H，"="后为 H~FFH 之间的常数。

sfr16：字寻址，如 sfr16 T2 = 0xcc；指定 Timer2 口地址 T2L = 0xcc，T2H = 0xCD。

sbit：位寻址，如 sbit EA = 0xAF；指定第 0xAF 位为 EA，即中断允许。

还可以有如下定义方法：

sbit   OV = PSW^2；（定义 0 V 为 PSW 的第 2 位）

sbit   OV = 0XD0^2；（同上）

或 bit   OV - = 0xD2；（同上）

2.3.3 存储模式

存储模式指定了默认的存储器类型，该类型应用于函数参数、局部变量和定义时未包含存储器类型的变量。存储模式决定了没有明确指定存储类型的变量、函数参数等的默认存储区域，共三种。

1. Small 模式

在此模式下所有默认变量参数均装入内部 RAM，优点是访问速度快，缺点是空间有限，只适用于小程序。

2. Compact 模式

所有默认变量均位于外部 RAM 区的一页（256B），具体哪一页可由 P2 口指定，在

STARTUP. A51文件中说明，也可用 pdata 指定，优点是空间较 Small 模式宽裕，速度较 Small 慢，但较 Large 模式要快，是一种中间状态。

3. Large 模式

所有默认变量可放在多达 64 KB 的外部 RAM 区，优点是空间大，可存变量多，缺点是速度较慢。该模式采用数据指针 DPTR 来寻址，访问的效率很低。

【注】1）存储模式在 C51 编译器选项中选择。

2）尽可能使用小模式，它产生速度快、效率高的代码。

2.3.4 存储类型声明

变量或参数的存储类型可由存储模式指定默认类型，也可由关键字直接声明指定。各类型分别用 code、data、idata、xdata、pdata 说明。例如：

```
data uar1
char code array[ ] = "hello!";
unsigned char xdata arr[10][4][4];
```

2.3.5 变量或数据类型

C51 提供以下几种扩展数据类型。

（1）特殊功能寄存器 sfr

sfr 用于声明字节型（8 位）特殊功能寄存器；sfr16 用于声明字型（16 位）特殊功能寄存器。sfr：sfr 字节地址，其取值范围是 0～255。sfr16 是 sfr 字地址，其取值范围是 0～65535。

（2）位型 bit 和 sbit

bit 是定义位变量数据类型，其取值为 0 或 1。用于定义定位在内部 RAM 的 20H～2FH 单元的位变量，位地址范围是 00～7FH，编译器对位地址进行自动分配。

sbit 是声明位变量的数量类型，其取值为 0 或 1。用于声明定位在 sfr 区域的位变量（或位寻址区变量的某确定位），编译器不自动分配位地址。

使用时需要注意二者的区别，例如：

```
bit flag = 0;     //定义 flag,位地址由编译器在 00～7FH 范围分配,并赋初始值 0
sbit var = 0xe6;  //声明位变量 var 的位地址为 0xe6,"="含义是声明,不表示赋值
```

其余数据类型如 char、short、int、long、float 等与 ANSI C 相同，见表 2-1。

表 2-1 C51 常用数据类型

数据类型			位 数	取值范围
标准 C 数据类型	字符型	signed	8	-128～127
		unsigned	8	0～255
	整型	signed	16	-32768～32767
		unsigned	16	0～65535
	长整型	signed	32	-21474883648～21474883647
		unsigned	32	0～4294967295
	浮点型	float	32	±1.75494E-38 ～ ±3.402823E+38

数据类型			位　数	取值范围
C51 扩展 数据类型	SFR 型	sfr	8	0 ~ 255
		sfr16	16	0 ~ 65535
	位型	bit	1	0，1
		sbit	1	0，1

2.3.6　位变量与声明

1. bit 型变量

bit 型变量可用变量类型、函数声明、函数返回值等，存储于内部 RAM 的 20H ~ 2FH。

【注】

1）用#pragma disable 说明函数和用"usign"指定的函数，不能返回 bit 值。

2）一个 bit 变量不能声明为指针，如 bit ＊ ptr；错误。

3）不能有 bit 数组，如 bit arr[5]；错误。

2. 可位寻址区说明 20H ~ 2FH

可作如下定义：

```
int bdata i;
char bdata arr[3]，
```

然后：

```
sbit bit15 = I^15;
sbit arr07 = arr[0]^7;
sbit arr15 = arr[i]^7;
```

2.4　运算符与表达式

Keil C51 对数据有极强的表达能力，具有十分丰富的运算符，运算符就是完成某种特定运算的符号，表达式则是由运算符及运算对象所组成的具有特定含义的一个式子。在任意一个表达式的后面加一个分号";"就构成了一个表达式语句。由运算符和表达式可以组成 C51 程序的各种语句。

运算符按其在表达式中所起的作用，可分为赋值运算符、算术运算符、增量与减量运算符、关系运算符、逻辑运算符、位运算符、复合赋值运算符、逗号运算符、条件运算符、指针和地址运算符、强制类型转换运算符等。

2.4.1　赋值运算符

在 C 语言程序中，符号" ＝ "称为赋值运算符，它的作用是将一个数据的值赋给一个变量，利用赋值运算符将一个变量与一个表达式连接起来的式子称为赋值表达式，在赋值表达式的后面加一个分号";"便构成了赋值语句。赋值语句的格式如下：

变量 = 表达式;

该语句的意义是先计算出右边的表达式的值，然后将该值赋给左边的变量。上式中的"表达式"还可以是一个赋值表达式，即 C 语言允许进行多重赋值。例如：

```
x = 9;                    /*将常数9赋给变量x*/
x = y = 8;                /*将常数8同时赋给变量x和y*/
```

在使用赋值运算符"="时应注意不要与关系运算符"=="相混淆。

2.4.2　算术运算符

C 语言中的算术运算符有 +（加或取正值）运算符、-（减或取负值）运算符、*（乘）运算符、/（除）运算符和 %（取余）运算符。

这些运算符中对于加、减和乘法符合一般的运算规则，除法有所不同，如果是两个整数相除，其结果为整数，舍去小数部分，如果两个浮点数相除，其结果为浮点数。取余运算要求两个运算对象均为整型数据。

算术运算符将运算对象连接起来的式子即为算术表达式。

算术运算的一般形式为：

表达式 1　算术运算符　表达式 2

例如，$x + y/(a - b)$，$(a + b) * (x - y)$ 都是合法的算术表达式。

在求一个算术表达式的值时，要按运算符的优先级别进行。算术运算符中取负值（-）的优先级最高，其次是乘法（*）、除法（/）和取余（%）运算符，加法（+）和减法（-）运算符的优先级最低。需要时可在算术表达式中采用圆括号来改变运算符的优先级，括号的优先级最高。

2.4.3　增量与减量运算符

C 语言中除了基本的加、减、乘、除运算之外，还提供两种特殊的运算符：++（增量）运算符和 --（减量）运算符。

增量和减量是 C51 中特有的一种运算符，它们的作用分别是对运算对象做加 1 和减 1 运算。例如，++i，i++，--j，j-- 等。

增量运算符和减量运算符只能用于变量，不能用于常数或表达式，在使用中要注意运算符的位置。例如，++i 与 i++ 的意义完全不同，前者为在使用 i 之前先对 i 的值加 1，而后者则是在使用 i 之后再对 i 的值加 1。

2.4.4　关系运算符

C 语言中有 6 种关系运算符：>（大于）、<（小于）、>=（大于等于）、<=（小于等于）、==（等于）和 !=（不等于）。

前 4 种关系运算符具有相同的优先级，后两种关系运算符也具有相同的优先级；但前 4 种的优先级高于后两种。用关系运算符将两个表达式连接起来即成为关系表达式。

关系表达式的一般形式为：

表达式 1　关系运算符　表达式 2

例如，x > y，x + y > z，（x = 3）>（y = 4）都是合法的关系表达式。

关系运算符通常用来判别某个条件是否满足，关系运算的结果只有 0 和 1 两种值。当所指定的条件满足时结果为 1，条件不满足时结果为 0。

2.4.5　逻辑运算符

C 语言中有 3 种逻辑运算符：‖（逻辑或）、&&（逻辑与）和！（逻辑非）。

逻辑运算符用来求某个条件式的逻辑值，用逻辑运算符将关系表达式或逻辑量连接起来就是逻辑表达式。

逻辑运算的一般形式为：

逻辑与　　　条件式 1 && 条件式 2

逻辑或　　　条件式 1　‖ 条件式 2

逻辑非　　　！　条件式

例如，x&&y， a‖b，！z 都是合法的逻辑表达式。

进行逻辑与运算时，首先对条件式 1 进行判断，如果结果为真（非 0 值），则继续对条件式 2 进行判断，当结果也为真时，表示逻辑运算结果为真（值为 1）；反之，如果条件式 1 的结果为假，则不再判断条件式 2，而直接给出逻辑运算的结果为假（值为 0）。

进行逻辑或运算时，只要两个条件式中有一个为真，逻辑运算的结果便为真（值为 1）；只有当条件式 1 和条件式 2 均不成立时，逻辑运算的结果才为假（值为 0）。

进行逻辑非运算时，对条件式的逻辑值直接取反。

与关系运算符类似，逻辑运算符通常用来判别某个逻辑条件是否满足，逻辑运算的结果只有 0 和 1 两种值。

上面几种运算符的优先级为（由高至低）：逻辑非→算术运算符→关系运算符→逻辑与→逻辑或。

2.4.6　位运算符

能对运算对象进行按位操作是 C 语言的一大特点，使之能对计算机的硬件直接进行操作。C 语言中共有 6 种位运算符：~（按位取反）、<<（左移）、>>（右移）、&（按位与）、^（按位异或）和 ‖（按位或）。位运算的一般形式如下：

变量 1　位运算符　变量 2

位运算符的作用是按位对变量进行运算，并不改变参与运算的变量的值。若希望按位改变变量的值，则应采用相应的赋值运算。另外位运算符不能用来对浮点型数据进行操作，例如，先用赋值语句 a = 0xEA；将变量 a 赋值为 0xEA，接着对变量 a 进行移位操作 a<<2，其结果是将十六进制数 0xEA 左移 2 位，移空的 2 位补 0，移出的 2 位丢弃，移位的结果为 0xA8，而变量 a 的值在执行后仍为 0xEA。

如果希望变量 a 在执行之后为移位操作的结果，则应采用语句为：a = a<<2。

位运算符的优先级从高到低依次是：按位取反（~）→左移（<<）和右移（>>）→按位与（&）→按位异或（^）→按位或（‖）。

2.4.7　复合赋值运算符

在赋值运算符"="的前面加上其他运算符，就构成了所谓复合赋值运算符。C 语言

中共有 10 种赋值复合运算符：+=（加法赋值）、-=（减法赋值）、*=（乘法赋值）、/=（除法赋值）、%=（取模赋值）、<<=（左移位赋值）、>>=（右移位赋值）、&=（逻辑与赋值）、|=（逻辑或赋值）、^=（逻辑异或赋值）和 ~=（逻辑非赋值）。

复合赋值运算首先对变量进行某种运算，然后将运算的结果再赋值给该变量。

复合运算的一般形式为：

变量　复合赋值运算符　表达式

例如，a+=3 等价于 a=a+3；x*=y+8 等价于 x=x*(y+8)。

采用复合赋值运算符，可以使程序简化，同时还可以提高程序的编译效率。

2.4.8　逗号运算符

C 语言中的逗号","是一个特殊的运算符，可以用它将两个（或多个）表达式连接起来，称为逗号表达式。

逗号表达式的一般形式为：

表达式 1, 表达式 2, ……, 表达式 n

程序运行时对于逗号表达式的处理，是从左至右依次计算出各个表达式的值，而整个逗号表达式的值是最右边表达式（即表达式 n）的值。

在许多情况下，使用逗号表达式的目的只是为了分别得到各个表达式的值，而并不一定要得到和使用逗号表达式的值。另外还要注意，并不是在程序的任何地方出现的逗号，都可以认为是逗号运算符。有些函数中的参数也是用逗号来间隔的，例如，库输出函数 printf（"\n%d%d%d",a,b,c）中的"a，b，c"是函数的 3 个参数，而不是一个逗号表达式。

2.4.9　条件运算符

条件运算符"?:"是 C 语言中唯一的一个三目运算符，它要求有 3 个运算对象，用它可以将 3 个表达式连接构成一个条件表达式。条件表达式的一般形式如下：

逻辑表达式? 表达式 1:表达式 2

其功能是首先计算逻辑表达式，当值为真（非 0 值）时，将表达式 1 的值作为整个条件表达式的值；当逻辑表达式的值为假（0 值）时，将表达式 2 的值作为整个表达式的值。例如，条件表达式 max=(a>b)? a>b 的执行结果是将 a 和 b 中较大者赋值给变量 max。另外，条件表达式中逻辑表达式的类型可以与表达式 1 和表达式 2 的类型不一样。

2.4.10　指针和地址运算符

指针是 C 语言中的最重要的概念，也是最难理解和掌握的。C 语言中专门规定了一种指针类型的数据。变量的指针就是该变量的地址，还可以定义一个指向某个变量的指针变量。为了表示指针变量和它所指向的变量地址之间的关系，C 语言提供两个专门的运算符：*（取内容）和 &（取地址）。

取为容和取地址的一般形式为：

变量 = *指针变量

指针变量 = & 目标变量

取内容运算的含义是将指针变量所指向的目标变量的值赋给左边的变量；取地址运算的

含义是将目标变量的地址赋给左边的变量。需要注意的是，指针变量中只能存放地址（即指针型数据），不要将一个非指针类型的数据赋值给一个指针变量。例如，下面的语句完成了对指针变量赋值（地址值）：

```
char    data    * p;          /* 定义指针变量 */
p = 30H;                      /* 给指针变量赋值,30H 为片内 RAM 地址 */
```

2.4.11　C51 对存储器和特殊功能寄存器的访问

C51 提供了一种对存储器地址进行访问的方法，即利用库函数中的绝对地址访问头文件 absacc. h 来访问不同区域的存储器和片外扩展 I/O 端口。在 absacc. h 头文件中进行了如下宏定义：

CBYTE(地址)　　　　　　（访问 CODE 区 char 型）

DBYTE(地址)　　　　　　（访问 DATA 区 char 型）

PBYTE(地址)　　　　　　（访问 PDATA 区或 I/O 端口 char 型）

XBYTE(地址)　　　　　　（访问 XDATA 区或 I/O 端口 char 型）

CWORD(地址)　　　　　　（访问 CODE 区 int 型）

DWORD(地址)　　　　　　（访问 DATA 区 int 型）

PWORD(地址)　　　　　　（访问 PDATA 区或 I/O 端口 int 型）

XWORD(地址)　　　　　　（访问 XDATA 区或 I/O 端口 int 型）

下面语句向片内外扩展端口地址 7FFFH 写入一个字符型数据：

XBYTE[0x7FF] = 0x9988;

如果采用如下语句定义一个 D - A 转换器端口地址：

#define DAC0832 XBYTE(0x7FFF);

那么程序文件中所出现 DAC0832 的地方，就是对地址为 0x7FFF 的外部 RAM 单元（I/O 端口）进行访问。

8051 核单片机具有 100 多个品种，为了方便访问不同品种单片机内部特殊功能寄存器，C51 提供了多个相关头文件，如 reg51. h、reg52. h 等，在头文件中对单片机内部特殊功能寄存器及其有位名称的可寻地址进行了定义，编程时只要根据所采用的单片机，在程序文件开始处使用文件包含处理命令"#include"将相关头文件包含进来，就可以直接引用特殊功能寄存器（注意必须采用大写字母）。

例如，下面语句完成了 8051 定时方式寄存器 TMOD 的赋值：

#include   < reg51. h >

TMOD = 0x20;

2.4.12　强制类型转换运算符

C 语言中的圆括号"（）"也可作为一种运算符使用，这就是强制类型转换运算符，它的作用是将表达式或变量的类型强制转换为所指定的类型。在 C51 程序中进行算式运算时需要注意数据类型的转换，数据类型转换分为隐式转换和显式转换。隐式转换是在对程序进行编译时由编译器自动处理的，并且只有几种数据类型（即 char、int、long 和 float）可以进行隐式转换。其他数据类型不能进行隐式转换。例如，不能把一个整型数利用隐式转换赋值给一个指针变量，在这种情况下就必须利用强制类型转换运算符来进行显式转换。

强制类型转换运算符的一般使用形式为：

（类型）= 表达式

强制类型转换在给指针变量赋值时特别有用。例如，预先在单片机的片外数据存储器（xdata）中定义了一个字符型指针变量 px，如果想给这个指针变量赋一个初值 0xB000，可以写成：px =（char xdata * ）0xB000，这种方法特别适合于标识符来存取绝对地址。

2.4.13 sizeof 运算符

C 语言中提供了一种用于求取数据类型、变量及表达式的字节数的运算符：sizeof。该运算符的一般适用形式为：

sizeof(表达式)或 sizeof(数据类型)

应该注意的是，sizeof 是一种特殊的运算符，不要错误地认为它是一个函数。实际上，字节数的计算在程序编译时就完成了，而不是在程序执行的过程中才计算出来。

2.5 C51 程序的基本语句

2.5.1 表达式语句

C 语言提供了十分丰富的程序控制语句，表达式语句是最基本的一种语句。在表达式的后边加一个分号 "；" 就构成了表达式语句。下面的语句都是合法的表达式语句：

```
a = ++b * 9;
x = 8;y = 7;
z = (x + y)/a;
 ++i;
```

表达式语句也可以仅由一个分号 "；" 组成，这种语句称为空语句。空语句在程序设计中有时是很有用的，当程序在语法上需要有一个语句，但在语义上并不要求有具体的动作时，便可以采用空语句。空语句通常有以下两种用法。

1）在程序中为有关语句提供标号，用以标记程序执行的位置。例如，采用下面的语句可以构成一个循环：

```
repeat：；
    …
goto repeat；
```

2）在用 while 语句构成的循环语句后面加一个分号，形成一个不执行其他操作的空循环体。这种空语句在等待某个事件发生时特别有用。例如，下面这段程序是读取 8051 单片机串行口数据的函数，其中就用了一个空语句 while（！RI），来等待单片机串行口接收结束。

```
#include < reg51. h >          / * 插入 8051 单片机的预定义文件 * /
```

```
char _getkey ( )              / * 函数定义 * /
{                             / * 函数体开始 * /
char c;                       / * 定义变量 * /
while( ! RI );                / * 空语句,等待 8051 单片机串行口接收结束 * /
c = SBUF;                     / * 读串行口内容 * /
RI = 0;                       / * 清除串行口接收标志 * /
return (0);                   / * 返回 * /
}                             / * 函数体结束 * /
```

采用分号";"作为空语句使用时,要注意与简单语句中有效组成部分的分号相区别。不能滥用空语句,以免引起程序的误操作,甚至造成程序语法上的错误。

2.5.2 复合语句

复合语句是由若干条语句组合而成的一种语句,它是一个大括号"{}"将若干条语句组合在一起而形成的一种功能块。复合语句不需要以分号";"结束,但它内部的各条单语句仍需以分号";"结束。复合语句的一般形式为:

```
{
    局部变量定义;
    语句 1;
    语句 2;
     …
    语句 n;
}
```

复合语句在执行时,其中各条单语句依次顺序执行,整个复合语句在语法上等价于一条单语句。复合语句允许嵌套,即在复合语句内部还可以包含别的复合语句。通常复合语句出现在函数中,实际上,函数的执行部分(即函数体)就是一个复合语句。复合语句中的单语句一般是可执行语句,也可以是变量定义语句。在复合语句内所定义的变量,称为该复合语句中的局部变量,它仅在当前这个复合语句中有效。

2.5.3 条件语句

条件语句又称为分支语句,它是用关键字"if"构成的。C语言提供了三种形式的条件语句。

    if(条件表达式)   语句

其含义为:若条件表达式的结果为真(非 0 值),就执行后面的语句;反之,若条件表达式的结果为假(0 值),就不执行后面的语句。这里的语句也可以是复合语句。

    if(条件表达式)   语句 1
    else 语句 2

其含义为:若条件表达式的结果为真(非 0 值),就执行后面的语句;反之,若条件表达式的结果为假(0 值),就执行语句 2。这里的语句 1 和语句 2 均可以是复合语句。

```
if(条件表达式 1)              语句 1
else if(条件表达式 2)         语句 2
else if（条件式表达 3）        语句 3
…
else if（条件表达式 n）        语句 m
else                         语句 n
```

这种条件语句常用来实现多方向条件分支。

2.5.4　开关语句

开关语句也是一种用来实现多方向条件分支的语句。虽然采用条件语句也可以实现多方向条件分支，但是当分支较多时会使条件语句的嵌套层次太多，程序冗长，可读性降低。开关语句直接处理多分支选择，使程序结构清晰，使用方便。开关语句是用关键字 switch 构成的，它的一般形式如下：

```
switch（表达式）
(
    case 常量表达式 1:语句 1;
                    break;
    case 常量表达式 2:语句 2;
                    break;
    …
    case 常量表达式 n:语句 n;
                    break;
    default:语句 d
)
```

开关语句的执行过程是将 switch 后面的表达式的值与 case 后面的各个常量表达式的值逐个进行比较，若遇到匹配时，就执行相应的 case 后面的语句，然后执行 break 语句，break 语句又称间断语句，它的功能是终止当前的语句执行，使程序跳出 switch 语句。若无匹配的情况，则执行语句 d。

2.5.5　循环语句

实际应用中很多地方需要用到循环控制，如对于某种操作需要反复进行多次等。在 C 语言程序中用来构成循环控制语句的有 while 语句、do while 语句、for 语句和 goto 语句。

采用 while 语句构成循环结构的一般形式如下：

```
while（条件表达式）  语句:
```

其意义为，当条件表达式的结果为真（非 0 值时），程序就重复执行后面的语句，一直执行到条件表达式的结果变为假（0 值）时为止。这种循环结构是先检查表达式所给出的条件，再根据检查的结果决定是否执行后面的语句。如果条件表达式的结果一开始就为假，则后面的吾句一次也不会被执行。这里的语句可以是复合语句。

采用 do - while 语句构成循环结构的一般形式如下：

do 语句 while （条件表达式）；

这种循环结构的特点是先执行给定的循环语句，然后再检查条件表达式的结果。当条件表达式的值为真（非 0 值）时，则重复执行循环体语句，直到条件表达式的值变为假时为止。因此，用 do while 语句构成的循环结构在任何条件下，循环语句至少会被执行一次。

采用 for 语句构成循环语句结构的一般形式如下：

for([初值设定表达式]；[循环条件表达式]；[更新表达式]) 语句

for 语句的执行过程是，先计算出初值设定表达式的值，将其作为循环控制变量的初值。再检查循环条件表达式的结果。当满足条件时就执行循环体语句并计算更新表达式，然后再根据更新表达式的计算结果来判断计算结果是否满足，一直进行到循环条件表达式为假（0值）时退出循环体。

循环结构中，for 语句的使用最为灵活。它不仅可以用于循环次数已经确定的情况，而且可以用于循环次数不确定而只给出循环结束条件的情况。另外，for 语句中的三个表达式是相互独立的，并不一定要求三个表达式之间有依赖关系。并且 for 语句中的三个表达式都可能是默认的，但无论默认的哪一个表达式，其中的两个分号都不能默认。一般不要默认循环条件表达式，以免形成死循环。

2.5.6 goto、break、continue 语句

goto 语句是一个无条件转向语句，它的一般形式为：

goto 语句标号；

其中语句标号是一个带冒号 "："的标识符。将 goto 语句和 if 语句一起使用，可以构成一个循环结构。但更常见的是在 C51 程序中采用 goto 语句来跳出多重循环，需要注意的是，只能用 goto 语句从内层循环到外层循环，而不允许从外层循环跳到内层循环。

break 语句也可以用于跳出循环体，它的一般形式为：

break；

对于多重循环的情况，break 语句只能跳出它所处的那一层循环，而不像 goto 语句那样可以直接从最内层循环中跳出来。由此可见，要跳出多重循环时，采用 goto 语句比较方便。需要指出的是，break 语句只能用于开关语句和循环语句中，它是一种具有特殊功能的无条件转移语句。

continue 是一种中断语句，它的功能是中断本次循环，它的一般形式为：

continue；

continue 语句通常和条件语句一起用在由 while、do - while 和 for 语句构成的循环结构中，它也是一种具有特殊功能的无条件转移语句，但与 break 语句不同，continue 语句并不跳出循环体，而只是根据循环控制条件确定是否继续执行循环语句。

2.5.7 返回语句

返回语句用于终止函数的执行，并控制程序返回到调用函数时所处的位置。返回语句有

两种形式：return(表达式)、return。

如果 return 语句后边带有表达式，则要计算表达式的值，并将表达式的值作为该函数的返回值。若使用不带表达式的第 2 种形式，则被调用函数返回主调函数时，函数值不确定。一个函数的内部可以含有多个 return 语句，但程序仅执行其中一个 return 语句而返回主调用函数。一个函数的内部也可以没有 return 语句，在这种情况下，当程序执行到最后一个界限符 "}" 处时，就自动返回主调函数。

2.6　Keil C51 指针

2.6.1　C51 指针

C51 支持一般指针(Generic Pointer)和存储器指针(Memory_Specific Pointer)。

1. 一般指针

一般指针的声明和使用均与标准 C 相同，不过同时还可以说明指针的存储类型，例如：

long   * state;为一个指向 long 型整数的指针，而 state 本身则依存储模式存放。

char   * xdata ptr; ptr 为一个指向 char 数据的指针，而 ptr 本身放于外部 RAM 区。以上的 long、char 等指针指向的数据可存放于任何存储器中。

一般指针本身用 3 个字节存放，分别为存储器类型、高位偏移和低位偏移量。

2. 存储器指针

基于存储器的指针说明时即指定了存储类型，例如：

char data * str;str 指向 data 区中 char 型数据。

int xdata * pow;pow 指向外部 RAM 的 int 型整数。

这种指针存放时，只需 1 个字节或 2 个字节就够了，因为只需存放偏移量。

3. 指针转换

即指针在上两种类型之间转化：

- 当基于存储器的指针作为一个实参传递给需要一般指针的函数时，指针自动转化。
- 如果不说明外部函数原形，基于存储器的指针自动转化为一般指针，导致错误，因而要用 "#include" 说明所有函数原形。
- 可以强行改变指针类型。

2.6.2　利用指针实现绝对地址访问

利用关键字 "_at_" 定义变量可以实现绝对地址存储单元的访问，还可以利用指针实现绝对地址存储单元的访问。例如：

```
unsigned char data * p;        //定义指针 p,指向内部 RAM 数据
p = 0x50;                       //指针 p 赋值,指向内部 RAM 的 0x50 单元
* p = 0x80;                     //数据 0x80 送入内部 RAM 的 0x50 单元
```

为了编程方便，C51 编译器还提供了一组宏定义以实现对 51 单片机绝对地址的访问。这组宏定义原型放在 absacc.h 文件中，该文件包括如下语句：

```
#define CBYTE((unsigned char volatile code    *)0)
#define DBYTE((unsigned char volatile data    *)0)
#define PBYTE((unsigned char volatile pdata    *)0)
#define XBYTE((unsigned char volatile xdata    *)0)
#define CWORD((unsigned intvolatile code    *)0)
#define DWORD((unsigned int volatile data    *)0)
#define PWORD((unsigned int volatile pdata    *)0)
#define XWORD((unsigned int volatile xdata    *)0)
```

此处把 CBYTE 定义为((unsigned char volatile code   *)0),其中(unsigned char volatile code   *)表示对常值地址 0 进行强制类型转换,形成一个指针,指向了 code 区的 C 地址单元。因此,CBYTE 可以用于以字节形式对 code 区进行访问。

```
*(DBYTE) = 0x55H          //将 0x55H 传送到内部 RAM 的 00H 单元
*(DBYTE + 40H) = 0x3FH    //将 0x3FH 传送到内部 RAM 的 40H 单元
```

C 语言中指针与数组可以相互联系,上述的语句还可以表示成数组形式。

```
DBYTE[0] = 0x55H          //将 0x55H 传送到内部 RAM 的 00H 单元
DBYTE[40H] = 0x3FH        //将 0x3FH 传送到内部 RAM 的 40H 单元
```

【注】在使用 C51 编程时,不要轻易使用指针给绝对地址单元赋值,因为采用绝对地址赋值可能会破坏 C51 编译系统构造的运行环境。

2.7   Keil C51 函数

C51 程序由主函数和若干子函数构成,函数是构成 C51 程序的基本模块。C51 函数可分为两大类,一是系统提供的库函数,二是用户自定义的函数。库函数及自定义函数在被调用前要进行说明。

库函数的说明由系统提供的若干头文件分类实现,自定义函数说明由用户在程序中依规则完成。

C51 函数声明对 ANSI C 作了扩展,具体包括:

(1)中断函数声明

中断声明方法如下:

```
void serial_ISR()interrupt 4 [using 1]
{
    /*ISR*/
}
```

为提高代码的容错能力,在没用到的中断入口处生成 iret 语句,定义没用到的中断。

```
/*define not used interrupt,so generate "IRET" in their entrance*/
void extern0_ISR()interrupt 0{}       /*not used*/
void timer0_ISR()interrupt 1{}        /*not used*/
void extern1_ISR()interrupt 2{}       /*not used*/
```

```
void timer1_ISR( ) interrupt 3{}          /* not used */
void serial_ISR( ) interrupt 4{}          /* not used */
```

（2）通用存储工作区

（3）选通用存储工作区

由 using x 声明，见上例。

（4）指定存储模式

由 small compact 及 large 说明，例如：

```
void fun1( void) small {   }
```

提示：small 说明的函数内部变量全部使用内部 RAM。关键的经常性耗时的地方可以这样声明，以提高运行速度。

（5）#pragma disable

在函数前声明，只对一个函数有效。该函数调用过程中将不可被中断。

（6）递归或可重入函数指定

在主程序和中断中都可调用的函数，容易产生问题。因为 51 和 PC 不同，PC 使用堆栈传递参数，且静态变量以外的内部变量都在堆栈中；而 51 一般使用寄存器传递参数，内部变量一般在 RAM 中，函数重入时会破坏上次调用的数据。可以用以下两种方法解决函数重入：

1）在相应的函数前使用前述"#pragma disable"声明，即只允许主程序或中断之一调用该函数。

2）将该函数说明为可重入的。如下：

```
void func( param. . . ) reentrant;
```

Keil C51 编译后将生成一个可重入变量堆栈，然后就可以模拟通过堆栈传递变量的方法。

由于一般可重入函数由主程序和中断调用，所以通常中断使用与主程序不同的 R 寄存器组。

另外，对可重入函数，在相应的函数前面加上开关"#pragma noaregs"，以禁止编译器使用绝对寄存器寻址，可生成不依赖于寄存器组的代码。

（7）指定 PL/M – 51 函数

由 alien 指定。

2.8   C51 代码优化及库函数

2.8.1   C51 代码优化

C51 是一个很好的优化编译器，它通过多个步骤确保产生的代码是最有效的。编译器通过分析初步的代码产生最终的最有效率的代码序列，以此来保证 C 语言程序占用最少空间的同时运行得快而有效。

C51 编译器提供 10 个优化级别（0～9），每个高级优化级别都包括比它低的所有优化级别的优化内容。目前 C51 编译器提供的所有优化级别及含义见表2-2。

表2-2　C51 支持的优化级别及含义

优 化 级 别	描　　　述
0	常数合并：编译器预先计算结果，尽可能用常数代替表达式。包括运行地址计算 优化简单访问：编译器优化访问 8051 系统的内部数据和位地址 跳转优化：编译器总是扩展跳转到最终目标，多级跳转指令被删除
1	死代码删除：没用的代码段被删除 拒绝跳转：严密的检查条件跳转，以定是否可以倒置测试逻辑来改进或删除
2	数据覆盖：适合静态覆盖的数据和位段被确定，并内部标识。BL51 连接/定位器可以通辽全局数据流分，选择可被覆盖的段
3	窥孔优化：清除多余的 MOV 指令。这包括不必要的从存储区加载和常数加载操作。当存储空间或执行时间可节省时，用简单操作代替复杂操作
4	寄存器变量：如有可能，自动变量和函数参数分配到寄存器上。为这些变量保留的存储区就省略了 优化扩展访问：IDATA、XDATA、PDATA 和 CODE 的变量直接包含在操作中。在多数时间没必要使用中间寄存器 局部公共子表达式删除：如果用一个表达式重复进行相同的计算，则保存第一次计算结果，后面有可能就用这结果。多余的计算就被删除 Case/Switch 优化：包含 SWITCH 和 CASE 的代码优化为跳转表或跳转队列
5	全局公共子表达式删除：一个函数内相同的子表达式有可能就只计算一次。中间结果保存在寄存器中，在一个新的计算中使用 简单循环优化：用一个常数填充存储区的循环程序被修改和优化
6	循环优化：如果结果程序代码更快和有效，则程序对循环进行优化
7	扩展索引访问优化：适当时对寄存器变量用 DPTR。对指针和数组访问进行执行速度和代码大小优化
8	公共尾部合并：当一个函数有多个调用，一些设置代码可以复用，因此可以减小程序大小
9	公共块子程序：检测循环指令序列，并转换成子程序。Cx51 甚至重排代码以得到更大的循环序列

2.8.2　C51 内联的库函数

C51 编译器的库中包含一定数量的内联函数，这种函数不产生 ACALL 或 LCALL 指令来执行库函数，而是直接将函数代码添加到调用函数中。因此使用内联函数比使用一个调用函数要快而且有效。

C51 的内联函数及其描述见表2-3。

表2-3　C51 的内联函数

内 联 函 数	描　　　述
crol	字节左移
cror	字节右移
irol	整数左移
irol	整数右移
lrol	长整数左移
lrol	长整数右移
nop	空操作
testbit	判断并清除

2.9　C51 程序结构及应用要点

2.9.1　C51 程序结构

C51 程序由函数构成，其中至少应包含一个主函数 main。函数与子程序或过程具有相同的性质。程序从主函数开始执行，调用其他函数后又返回主函数。被调用函数如果位于主函数前面，可以直接调用，否则应该先声明该函数，然后再调用。被调用函数可以是用户自定义的函数，也可以是 C51 编译器提供的库函数。

C51 程序的一般结构如下：

```
预处理命令
全局变量声明;
函数声明;
main( )
{
    局部变量说明;
    执行语句;
    调用函数(实际参数列表);
}
函数 1(形式参数列表)
{
    局部变量说明;
    执行语句(可能包括的函数调用语句);
}
…
函数 n(形式参数列表)
{
    局部变量说明;
    执行语句(可能包括的函数调用语句);
}
```

所有函数在定义时都是独立的，一个函数中不能定义其他函数，即函数不能嵌套定义，但可以相互调用，上面的格式给出了函数调用的一般规则。

程序执行从主函数 main( )开始，在其中可以通过调用各个定义的函数完成特定的功能，最后返回主函数 main( )，在主函数中结束整个 C51 程序的运行。

使用 C 语言的一些规则如下：

1）变量必须先声明后引用，所有符号对大小写敏感。通常全局变量、特殊功能寄存器名、常数符号用大写表示，一般的语句、函数用小写。

2）每条语句必须以分号";"结尾，一行可以写多条语句，一条语句也可以写多行。

3）注释用/＊……＊/或//表示。

2.9.2 C51 应用要点

本章介绍 C51 的基本数据类型、存储类型及 C51 对单片机内部的定义，这些都是 C 语言编写单片机程序的基础，但是要编写出高效的 C 语言程序，通常应注意以下问题。

1. 定义变量

经常访问的数据对象放入片内数据 RAM 中，这可在任一种模式（COMPACT/LARGE）下实现，且访问片内 RAM 要比访问片外 RAM 快很多。片内 RAM 由寄存器组、数据区和堆栈构成，且堆栈与用户 data 类型定义的变量可能重叠，初始化时 SP 要从默认的 0x07 指向高端，以避开寄存器组区。由于片内 RAM 容量的限制，在设计程序时必须权衡利弊，以解决访问效率与这些对象的数量之间的矛盾。

2. 使用最小数据类型

在程序设计时，只要满足要求，应尽量使用最小数据类型。由基于 8051 核的 STC 系列单片机都是 8 位单片机，因此对具有 char 类型对象的操作比 int 和 long 类型的对象方便很多。

3. 使用 unsigned 数据类型

由于 8051 核的单片机 CPU 不能直接支持有符号的运算，因而 C51 编译必须产生与之相关更多的代码，以解决这个问题。如果使用无符号类型，产生的代码要少得多。

4. 使用局部函数变量

编译器总是尝试在寄存器里保持局部变量。例如，将索引变量声明为局部变量是最好的，这个优化步骤只对局部变量执行。使用 unsigned char/int 类型的对象通常能获得最好的结果。

2.10 Keil C51 高级编程

2.10.1 绝对地址访问

C51 提供了三种访问绝对地址的方法。

1. 绝对宏

在程序中，用 "#include < absacc. h >" 即可使用其中定义的宏来访问绝对地址，包括 CBYTE、XBYTE、PWORD、DBYTE、CWORD、XWORD、PBYTE、DWORD，具体使用时通过查看 absacc. h 便知。

例如：

```
rval = CBYTE[0x0002];        //指向程序存储器的 0002H 地址
rval = XWORD[0x0002];        //指向外 RAM 的 0004H 地址
```

2. _at_ 关键字

直接在数据定义后加上_at_ const 即可，但是要注意：

1）绝对变量不能被初使化。

2）bit 型函数及变量不能用_at_指定。

例如：

    idata struct link list _at_ 0x40;   //指定 list 结构从 40H 开始

    xdata char text[25b] _at_0xE000;   //指定 text 数组从 0E000H 开始

【提示】如果外部绝对变量是 I/O 端口等可自行变化数据，需要使用 volatile 关键字进行描述，请参考 absacc. h。

3. 连接定位控制

此法是利用连接控制指令 code xdata pdata \ data bdata 对"段"地址进行，如要指定某具体变量地址，则很有局限性，不作详细讨论。

2.10.2　Keil C51 与汇编的接口

1. 模块内接口

方法是用#pragma 语句，具体结构是：

    #pragma asm

    汇编行

    #pragma endasm

这种方法实质是通过 asm 与 ndasm 告诉 C51 编译器中间行不用编译为汇编行，因而在编译控制指令中有 SRC 以控制将这些不用编译的行存入其中。

2. 模块间接口

C 模块与汇编模块的接口较简单，分别用 C51 与 A51 对源文件进行编译，然后用 L51 将 obj 文件连接即可，关键问题在于 C 函数与汇编函数之间的参数传递问题，C51 中有两种参数传递方法。

（1）通过寄存器传递函数参数

最多只能有 3 个参数通过寄存器传递，规律见表 2-4。

表 2-4　参数传递的工作寄存器选择

参数数目	char	int	long, float	一般指针
1	R7	R6 & R7	R4 ~ R7	R1 ~ R3
2	R5	R4 & R5	R4 ~ R7	R1 ~ R3
3	R3	R2 & R3		R1 ~ R3

（2）通过固定存储区（Fixed Memory）传递

这种方法将 bit 型参数传给一个存储段中：

    ? function_name? BIT

将其他类型参数均传给下面的段:? function_name? BYTE，且按照预选顺序存放。至于这个固定存储区本身在何处，则由存储模式默认。

（3）函数的返回值

函数返回值一律放于寄存器中，存放规律见表 2-5。

表 2-5　函数返回值所占用的工作寄存器

返 回 类 型	寄 存 器	说　明
bit	标志位	由具体标志位返回
char/unsigned char	R7	单字节由 R7 返回
int/unsigned int	R6 & R7	由 R6 和 R7 返回，MSB 在 R6，LSB 在 R7
long&unsigned long	R4 ~ R7	MSB 在 R4，LSB 在 R7
float	R4 ~ R7	32 位 IEEE 格式，指数和符号位在 R7 中
一般指针	R1 ~ R3	存储类型在 R3，高位在 R2，低位在 R1 中

（4）SRC 控制

该控制指令将 C 文件编译生成汇编文件（.SRC），该汇编文件可改名后，生成汇编
.ASM 文件，再用 A51 进行编译。

2.10.3　Keil C51 软件包中的通用文件

在 C51 \ LiB 目录下有几个 C 源文件，这几个 C 源文件有非常重要的作用，对它们稍作
修改，就可以用在自己的专用系统中。

1. 动态内存分配

init_mem.c：此文件是初始化动态内存区的程序源代码。它可以指定动态内存的位置及
大小，只有使用了 init_mem( )才可以调回其他函数，诸如 malloc、calloc、realloc 等。

calloc.c：此文件是给数组分配内存的源代码，它可以指定单位数据类型及该单元数目。

malloc.c：此文件是 malloc 的源代码，分配一段固定大小的内存。

realloc.c：此文件是 realloc.c 源代码，其功能是调整当前分配动态内存的大小。

2. C51 启动文件 STARTUP. A51

启动文件 STARTUP. A51 中包含目标板启动代码，可在每个 project 中加入这个文件，只
要复位，则该文件立即执行，其功能包括：

- 定义内部 RAM 大小、外部 RAM 大小、可重入堆栈位置。
- 清除内部、外部或者以此页为单元的外部存储器。
- 按存储模式初使化重入堆栈及堆栈指针。
- 初始化 8051 硬件堆栈指针。
- 向 main( )函数交权。

开发人员可修改表 2-6 中的数据从而对系统初始化。

表 2-6　STARTUP. A51 里常数名及含义

常 数 名	含　义
IDATALEN	待清内部 RAM 长度
XDATA START	指定待清外部 RAM 起始地址
XDATALEN	待清外部 RAM 长度
IBPSTACK	是否小模式重入堆栈指针需初始化标志，1 为需要。默认为 0
IBPSTACKTOP	指定小模式重入堆栈顶部地址
XBPSTACK	是否大模式重入堆栈指针需初始化标志，默认为 0

常 数 名	含 义
XBPSTACKTOP	指定大模式重入堆栈顶部地址
PBPSTACK	是否 Compact 重入堆栈指针，需初始化标志，默认为 0
PBPSTACKTOP	指定 Compact 模式重入堆栈顶部地址
PPAGEENABLE	P2 初始化允许开关
PPAGE	指定 P2 值
PDATASTART	待清外部 RAM 页首址
PDATALEN	待清外部 RAM 页长度

第3章　STC单片机的指令系统

本章主要介绍 STC 系列单片机的指令系统，对寻址方式内容不作介绍。鉴于目前单片机应用系统编程过程中，主要使用 C 语言，很少使用汇编语言，故本章内容主要是对各个指令进行简单的介绍，让读者了解 STC 系列单片机的指令集。

3.1　STC 系列单片机指令系统概述

3.1.1　CISC 和 RISC

指令系统是指微型单片计算机 CPU 所有指令的集合，反映 CPU 的基本功能，是硬件人员和程序员能见到的机器的主要属性，是硬件构成的计算机系统向外部世界提供的直接界面。一个 CPU 的指令系统是固定的，不同类型的 CPU 的指令系统不同，同一系列向上兼容。如 STC 系列单片机与 AVR 单片机、MSP430 单片机、PIC 单片机等指令系统都不相同。

STC 系列单片机是复杂指令集系统 CISC(Complex Instruction Set Computer)，而 AVR 单片机、MSP430 单片机、PIC 单片机等都是精简指令集系统 RISC(Reduced Instruction Set Computer)。

CISC 和 RISC 分别是 CPU 的两种典型构架，二者的主要差异主要在于：

1) 指令系统：RISC 常用指令具有简单高效的特色。对不常用的功能，一般没有设置专门的指令。而 CISC 的指令系统比较丰富，有专用指令来完成特定的功能。

2) 存储器操作：RISC 对存储器的限制较多，而 CISC 对存储器操作的指令多。

3) 程序：RISC 汇编语言程序一般需要较大的内存空间，实现特殊功能时程序复杂，不容易设计；而 CISC 程序语言相对简单，科学计算及复杂操作的程序设计容易。

4) 用户使用：RISC 结构简单，指令规整，性能容易把握，易学易用；CISC 结构复杂，功能强大，实现特殊功能容易。

5) 应用范围：RISC 是适合于专用机；而 CISC 更适合于通用机。

下面简单介绍一下汇编语言与高级语言的区别。

单片机编程时，无论是汇编语言还是高级语言，如 C 语言，最终都要由编译器将汇编语言或高级语言转换成机器语言，那么什么是机器语言呢？

在理解机器语言前，需要先知道机器指令。所谓机器指令就是用二进制数编码表示的指令，它是 CPU 能直接识别的唯一的语言。

汇编语言是面向机器，反映机器运动的实际过程，与计算机的硬件结构和指令系统密切相关。它占用内存空间小，执行速度快，但是缺点是编程烦琐，调试困难，可读性和可移植性差。

高级语言是独立于机器、面向过程或对象的语言。其算法是按照人的思维方式给出，比较接近人的自然语言。C 语言等高级语言编程效率高、可读性和可移植性强。

3.1.2 指令系统概述

STC 系列单片机内的 8051 CPU 指令集共有 111 条指令，与传统的 MCS – 51 单片机的指令系统完全兼容。8051 CPU 指令集的 111 条指令中，有数据传送类指令 29 条，算术运算类指令 24 条，逻辑运算类指令 24 条，控制转移类指令 17 条，位操作类指令 17 条。STC 单片机指令系统属于复杂指令集系统（CISC）。在 CISC 微控制器中，程序的各条指令是按照程序的顺序串行执行的，每条指令中的各个操作也是按顺序串行执行的。

1. 指令、指令系统和程序

CPU 是一个可以完成一些基本操作的电子器件。下面介绍指令、指令系统和程序的概念。

（1）指令

通常来说，编码表示 CPU 的一个基本操作，称为一条指令。

（2）指令系统

全部指令集称为指令系统。指令系统反映 CPU 的基本功能，是硬件人员和程序员能见到的机器的主要属性，是硬件构成的计算机系统向外部世界提供的直接界面。

一般来说，一个 CPU 的指令系统是固定的，不同类型 CPU 的指令系统是不同的，同一系列 CPU 的指令系统向上兼容。

（3）程序

程序是为要解决的问题编写出来的指令集合。用户为解决自己的问题所编写的程序称为源程序。

2. 机器码和机器语言

（1）机器码

用二进制数编码表示的指令，称为机器指令或机器码。

（2）机器语言

机器码机器使用的一组规则，称为机器语言。所谓机器语言，就像学习外语一样，除了要掌握词汇（指令），还要学习语法。

机器语言的特点是 CPU 能够直接识别的唯一语言；面向机器，可直接被单片机执行；执行速度快，占内存空间小；编程效率低。

3. 汇编语言的指令格式

指令格式是指令码的结构形式。一般来说，指令由操作码和操作数两部分组成。其中操作码部分比较简单，是由指令功能的英文单词的缩写形式组成；操作数部分则比较复杂，分为无操作数、一个操作数和两个操作数等情况。

汇编语言的指令一般由四个部分组成，其格式如下：

［标号:］指令助记符　［操作数 1］　［,操作数 2］　［,操作数 3］　［;注释］

（1）标号

标号是指令的符号地址。通常作为转移指令的操作数。对标号的规定如下：

1）标号名称由 1 ~ 31 个字符组成，首字符不能是数字，可以包括字母、数字、"_" 和 "?" 等字符。

2）不能用已定义的保留字（如指令助记符、伪指令、寄存器名称和运算符）。

3）标号后面必须跟英文冒号":"。

（2）指令助记符

指令助记符是指令功能的英文缩写。它是汇编语句中唯一不能空缺的部分。汇编器在汇编时会将其翻译成对应的二进制代码。

（3）操作数

操作数是指令要操作的数据或数据的地址。操作数可以空缺，也可能是一个、两个或三个。各操作数之间以英文逗号分隔。操作数内容可能包括以下几种。

1）数据。有以下 4 种形式：

- 二进制数，末尾用字母 B 标识。
- 十进制数，末尾用字母 D 标识或字母 D 省略。
- 十六进制数，末尾用字母 H 标识。
- ASCII 码，以单引号对其标识。

2）符号。符号可以用符号名、标号或特定的符号"$"等。

3）表达式。由运算符和数据构成的算式。

（4）注释

注释只是对语句的说明。注释字段可以增加程序的可读性，有助于编程人员的阅读和维护。该字段必须以英文分号";"开头，当一行写不下时，允许换行接着写，但是换行时要注意使用分号";"开头。

指令系统中常用符号说明见表 3-1。

表 3-1　指令系统符号说明

序　号	符　号	含　义
1	Rn	当前选中的工作寄存器组中的寄存器 R0 ~ R7
2	Ri	当前选中的工作寄存器组中的寄存器 R0 或 R1
3	@	间接寻址或变址寻址前缀
4	#data	8 位立即数
5	#data16	16 位立即数
6	direct	片内 RAM 单元地址及 SFR 地址
7	addr11	11 位目标地址
8	addr16	16 位目标地址
9	rel	补码形式表示的 8 位地址偏移量
10	bit	片内 RAM 位地址、SFR 中的位地址
11	(x)	表示 x 地址单元或寄存器的内容
12	((x))	表示以 x 单元或寄存器内容为地址所指定单元的内容
13	/	位操作的取反操作前缀

3.2　寻址方式

汇编指令形成的代码由操作码和操作数组成。操作码表示指令要完成的何种动作，操作数表示参与操作的数据来源及去处。

所谓寻址方式是指寻找操作数所在单元的方法。

基于 51 核的 STC 系列单片机有 7 种寻址方法，下面逐一进行介绍。

3.2.1　立即寻址

在这种寻址方式中，指令多是双字节的。立即数就是存放在程序存储器中的常数，换句话说就是操作数（立即数）是包含在指令字节中的。

立即数可以是一个字节，也可以是两个字节，通常用"#"作前缀。例如：

```
MOV  A,#3AH
```

这条指令的指令代码为 74H、3AH，是双字节指令，这条指令的功能是把立即数 3AH 送入累加器 A 中。

直接寻址是指令中直接给出操作数的地址。例如：

```
MOV  A,30H;
```

这条指令中操作数就在 30H 单元中，也就是 30H 是操作数的地址，并非操作数。

在基于 51 核的 STC 系列单片机中，直接地址只能用来表示内部数据存储器、位地址空间以及特殊功能寄存器，具体来说就是：

1）内部数据存储器 RAM 低 128 单元。在指令中是以直接单元地址形式给出。

低 128 单元的地址是 00H ~ 7FH。在指令中直接以单元地址形式给出，也就是这 0 ~ 127 共 128 位的任何一位，例如 0 位是以 00H 这个单元地址形式给出、1 位就是以 01H 单元地址给出、127 位就是以 7FH 形式给出。

2）位寻址区。20H ~ 2FH 地址单元。

3）特殊功能寄存器。专用寄存器除以单元地址形式给出外，还可以以寄存器符号形式给出。

例如：MOV IE，#85H

上述指令中断允许寄存器 IE 的地址是 80H，那么也就是说此指令也可以以 MOV 80H，#85H 的形式表述。

【注】直接寻址是唯一能访问特殊功能寄存器的寻址方式。

现在分析下面几条指令：

```
MOV  65H,A        ;将 A 的内容送入内部 RAM 的 65H 单元地址中
MOV  A,direct     ;将直接地址单元的内容送入 A 中
MOV  direct,direct ;将直接地址单元的内容送直接地址单元
MOV  IE,#85H      ;将立即数 85H 送入中断允许寄存器 IE
```

数据前面加了"#"的，表示后面的数是立即数，如 #85H，就表示 85H 就是一个立即数。数据前面没有加"#"号的，就表示后面的是一个存储单元地址，如 MOV 65H，A 这条指令的 65H 就是一个单元地址。

3.2.2　直接寻址

直接寻址是在指令中直接给出操作数单元的地址。在这种寻址方式中，指令的操作数部

分直接是操作数的地址。

51 核单片机中，用直接寻址方式只能给出 8 位地址。因此，直接寻址的寻址范围只能限于片内 RAM，具体来说，就是可以访问内部数据 RAM 区中 00～7FH 共 128 个单元以及所有的特殊功能寄存器。在指令助记符中，直接寻址的地址可用两位十六进制数表示。对于特殊功能寄存器，可用它们各自的名称符号来表示，这样可以增加程序的可读性。

例如： MOV A， 1AH

此条指令属于直接寻址，其中 1AH 所表示的是直接地址，即内部 RAM 区中的 1AH 单元。这条指令的功能是将内部 RAM 区中 1AH 地址单元对应的内容传送到累加器 A 中。

【注】直接寻址是访问特殊功能寄存器的唯一方法。

3.2.3 寄存器寻址

操作数存放在工作寄存器 R0～R7、累加器 A 或寄存器 B 中。

例如：MOV A，R2

寄存器寻址的寻址范围是：

1）4 个工作寄存器组共有 32 个通用寄存器，但在指令中只能使用当前寄存器组（工作寄存器组的选择是由程序状态字 PSW 中的 RS1 和 RS0 来确定的），因此在使用前常需要通过对 PSW 中的 RS1、RS0 位的状态设置，来进行对当前工作寄存器组的选择。

2）部分专用寄存器。如累加器 A、通用寄存器 B、地址寄存器 DPTR 和进位位 CY。

寄存器寻址方式是指操作数在寄存器中，因此指定了寄存器名称就能得到操作数。

其实寄存器寻址方式就是对由 PSW 程序状态字确定的工作寄存器组的 R0～R7 进行读/写操作。

3.2.4 寄存器间接寻址

寄存器间接寻址指令中寄存器的内容作为操作数存放的地址，指令中间接寻址寄存器前用"@"表示前缀。

寄存器间接寻址方式是指寄存器中存放的是操作数的地址，即操作数是通过寄存器间接得到的，因此称为寄存器间接寻址。

基于 51 核的 STC 系列单片机规定工作寄存器的 R0、R1 作为间接寻址寄存器，用于寻址内部或外部数据存储器的 256 个单元。例如：

```
MOV   R0,#30H    ;将值 30H 加载到 R0 中
MOV   A,@R0      ;把内部 RAM 地址 30H 内的值放到累加器 A 中
MOVX  A,@R0      ;把外部 RAM 地址 30H 内的值放到累加器 A 中
```

如果用 DPTR 作为间址寄存器，那么它的寻址范围是多少呢？DPTR 是一个 16 位的寄存器，所以它的寻址范围就是 2 的 16 次方 = 65536 = 64 K。因此用 DPTR 作为间址寄存器的寻址空间是 64 KB，所以访问片外数据存储器时，通常就用 DPTR 作为间址寄存器。例如：

```
MOV   DPTR,#1234H   ;将 DPTR 值设为 1234H(16 位)
```

MOVX A,@ DPTR   ;将外部 RAM 或 I/O 地址 1234H 内的值存入累加器 A

在执行 PUSH （入栈）和 POP （出栈）指令时，采用堆栈指针 SP 作寄存器间接寻址。

例如：PUSH　30H   ;把内部 RAM 地址 30H 内的值放到堆栈区中

堆栈区是由 SP 寄存器指定的，如果执行上面这条命令前，SP 为 60H，命令执行后会把内部 RAM 地址 30H 内的值放到 RAM 的 61H 内。

那么作为寄存器间接寻址用的寄存器主要有哪些呢？我们前面提到的有 4 个，R0、R1、DPTR 和 SP。

寄存器间接寻址范围总结：

1）内部 RAM 低 128 单元。对内部 RAM 低 128 单元的间接寻址，应使用 R0 或 R1 作间址寄存器，其通用形式为@ Ri(i = 0 或 1）。

2）外部 RAM 64 KB。对外部 RAM64 KB 的间接寻址，应使用@ DPTR 作间址寻址寄存器，其形式为@ DPTR。

例如：MOVX A, @ DPTR ;把 DPTR 指定的外部 RAM 单元的内容送入累加器 A

3）外部 RAM 的低 256 单元是一个特殊的寻址区，除可以用 DPTR 作间址寄存器寻址外，还可以用 R0 或 R1 作间址寄存器寻址。

例如：MOVX　A, @ R0   ;把 R0 指定的外部 RAM 单元的内容送入累加器 A

4）堆栈操作指令（PUSH 和 POP）也应算作是寄存器间接寻址，即以堆栈指针 SP 作间址寄存器的间接寻址方式。

5）寄存器间接寻址方式不可以访问特殊功能寄存器。寄存器间接寻址也需要以寄存器符号的形式表示，为了区别寄存器寻址和寄存器间接寻址，在寄存器间接寻址方式中，寄存器的名称前面加前缀标志"@"。

3.2.5　变址寻址

变址寻址是以程序计数器 PC 或 DPTR 为基址寄存器，累加器 A 为变址寄存器，变址寻址时，把两者的内容相加，所得到的结果作为操作数的地址。这种方式常用于访问程序存储器 ROM 中的数据表格，即查表操作。

例如：MOVC A,@ A + PC

MOVC A,@ A + DPTR

源操作数地址 = 变地址 + 基地址

基地址寄存器 DPTR 或 PC；变址寄存器 @ A。

变址寻址只能读出程序内存入的值，而不能写入，也就是说，变址寻址这种方式只能对程序存储器进行寻址，或者说它是专门针对程序存储器的寻址方式。

例如：MOVC　A, @ A + DPTR

这条指令的功能是把 DPTR 和 A 的内容相加，再把所得到的程序存储器地址单元的内容送 A。假若指令执行前 A = 54H，DPTR = 3F21H，则这条指令变址寻址形成的操作数地址就是 54H + 3F21H = 3F75H。如果 3F75H 单元中的内容是 7FH，则执行这条指令后，累加器 A 中的内容就是 7FH。

变址寻址的指令只有 3 条，分别如下：

```
JMP         @ A + DPTR
MOVC        A,@ A + DPTR
MOVC        A,@ A + PC
```

第 1 条指令是无条件转移指令，这条指令的意思是 DPTR 加上累加器 A 的内容作为一个 16 位的地址，执行 JMP 这条指令时，程序就转移到 A + DPTR 指定的地址去执行。

第 2 和第 3 条指令 MOVC   A，@ A + DPTR 和 MOVC   A，@ A + PC。这两条指令通常用于查表操作，功能完全一样，但使用起来却有一定的差别，现详细说明如下：

PC 是程序指针，是十六位的。DPTR 是一个 16 位的数据指针寄存器，它们的寻址范围都应是 64 KB。程序计数器 PC 是始终跟踪着程序执行的，也就是说，PC 的值是随程序的执行情况自动改变的，不可以随便给 PC 赋值。而 DPTR 是一个数据指针，可以给空的数据指针 DPTR 进行赋值。再看 MOVC   A，@ A + PC 这条指令的意思是将 PC 的值与累加器 A 的值相加作为一个地址，而 PC 是固定的，累加器 A 是一个 8 位的寄存器，它的寻址范围是 256 个地址单元。

MOVC   A，@ A + PC 这条指令的寻址范围其实就是只能在当前指令下 256 个地址单元。如果需要查询的数据表在 256 个地址单元之内，则可以用 MOVC   A，@ A + PC 这条指令进行查表操作。但如果超过了 256 个单元，则不能用这条指令进行查表操作。

DPTR 是一个数据指针，这个数据指针可以给它赋值操作。通过赋值操作可以使 MOVC   A，@ A + DPTR 这条指令的寻址范围达到 64 KB。这就是这两条指令在实际应用中要注意的问题。

3.2.6 位寻址

基于 51 核的 STC 系列单片机有位处理功能，可以对数据位进行操作，因此就有相应的位寻址方式。所谓位寻址，就是对内部 RAM 或可位寻址的特殊功能寄存器 SFR 内的某个位，直接加以置位为 1 或复位为 0。

位寻址的范围，也就是哪些部分可以进行位寻址：

1）51 单片机的内部数据存储器 RAM 的低 128 单元中有一个区域叫位寻址区。它的单元地址是 20H ~ 2FH。共有 16 个单元，一个单元是 8 位，所以位寻址区共有 128 位。这 128 位都单独有一个位地址，其位地址的对应值是 00H ~ 7FH。

2）对专用寄存器位寻址。一般来说，地址单元可以被 8 整除的专用寄存器，通常都可以进行位寻址，当然并不是全部，大家在应用中应引起注意。（后面有详细介绍）

3.2.7 相对寻址

把指令中给定的地址偏移量与本指令所在单元地址（PC 内容）相加得到真正有效的操作数所存放的地址。

专用寄存器的位寻址表示方法：

下面以程序状态字 PSW 来进行说明。

D7	D6	D5	D4	D3	D2	D1	D0
CY	AC	F0	RS1	RS0	OV		P

1）直接使用位地址表示：由上表可知，PSW 的第五位地址是 D5，所以可以表示为 D5H。

    MOV   C,D5H

2）位名称表示：表示该位的名称，例如 PSW 的位 5 是 F0，所以可以用 F0 表示。

    MOV   C,F0

3）单元（字节）地址加位表示：D0H 单元位 5，表示为 D0H.5。

    MOV   C,D0H.5

4）专用寄存器符号加位表示：例如 PSW.5。

    MOV C,PSW.5

这四种方法实现的功能都是相同的，只是表述的方式不同而已。

3.3　数据传送指令

数据传送指令是单片机的最基本和最主要操作。数据传送操作可以在片内 RAM 和 SFR 内进行，也可以在累加器 A 和片外存储器之间进行。指令中必须指定传送数据的源地址和目的地址，以便机器执行指令时把源地址中的内容传送到目的地址中，但源地址中的内容不变。在这类指令中，除了在以累加器 A 为目的操作数时的传送指令会对奇偶标志位 P 有影响外，其余指令执行时均不会影响任何标志位。

数据传送指令共有 28 条，分为内部数据传送指令、外部数据传送指令、堆栈操作指令和数据交换指令 4 类。

3.3.1　内部数据传送指令

内部数据传送指令共有 15 条，这些指令的源操作数和目的操作数地址都在单片机内部，可以是片内 RAM 的地址，也可以是特殊功能寄存器 SFR 的地址。

指令格式如下：

    MOV < dest > , < src >

其中 < dest > 是目的操作数地址，< src > 是源操作数地址。

1. 立即寻址型传送指令

这类指令共有 4 条，其特点是源操作数是立即数。

    MOV   A,#data
    MOV   Rn,#data
    MOV   @ Ri,#data
    MOV   direct,#data

2. 直接寻址型传送指令

这类指令共有 5 条，其特点是指令码中至少含有一个操作数的直接地址。

```
MOV    A,direct
MOV    direct,A
MOV    Rn,direct
MOV    @Ri,direct
MOV    direct1,direct2
```

这些指令的功能是把源操作数传送到目的存储单元，目的存储单元可以是累加器 A、工作寄存器 Rn 和片内 RAM 单元。

3. 寄存器寻址型传送指令

这类指令共有 3 条。其特点是源操作数和目的操作数有一个是工作寄存器 Rn。

```
MOV    A,Rn
MOV    Rn,A
MOV    direct,Rn
```

4. 寄存器间址型传送指令

这类指令共有 3 条。其特点是 Ri 中存放的不是操作数本身，而是操作数所在存储单元的地址。

```
MOV    A,@Ri
MOV    @Ri,A
MOV    direct,@Ri
```

第 1 条指令的功能是把 Ri 中地址所指 RAM 单元中的操作数传送到累加器 A 中。第 2 条指令的功能是把累加器 A 中的操作数传送到以 Ri 中的内容为地址的存储单元。第 3 条指令的功能是把以 Ri 中内容为地址的源操作数传送到 direct 存储单元。

3.3.2 外部数据传送指令

1. 外部 RAM/ROM 的字传送指令

在基于 51 核的 STC 系列单片机指令系统中，只有唯一的一条字传送指令（16 位数）。

```
MOV    DPTR,#data16
```

该指令的功能是把 16 位立即数传送到 DPTR 寄存器中，其中高 8 位送入 DPH，低 8 位送入 DPL。

【注】DPTR 是一个 16 位的寄存器，可以分为两个单独的 8 位寄存器 DPH 和 DPL 分别使用。

2. 外部 ROM 的字节传送指令

这类指令共有 2 条，均属于变址寻址指令，因为专门用于查表，故又称为查表指令。

```
MOVC   A,@A+DPTR
MOVC   A,@A+PC
```

第 1 条指令采用 DPTR 作为基址寄存器，查表时用来存放表的起始地址。

第 2 条指令以 PC 作为基址寄存器，但指令中 PC 的地址是可以变化的，它随着被执行指令在程序中位置的不同而变化。一旦被执行指令在程序中的位置确定以后，PC 中的内容也被给定。

3. 外部 RAM 的字节传送指令

这类指令共有 4 条，功能是实现外部 RAM 与累加器 A 直接的数据传送。

```
MOVX    A,@ Ri
MOVX    @ Ri,A
MOVX    A,@ DPTR
MOVX    @ DPTR,A
```

前两条指令用于访问外部 RAM 的低地址区，地址范围是 0000H ~ 00FFH；后两条指令用于访问外部 RAM 的 64 KB 存储区，地址范围是 0000H ~ FFFFH。

3.3.3 堆栈操作指令

堆栈操作指令是一种特殊的数据传送指令，共有两条指令，其特点是根据堆栈指针 SP 中栈顶地址进行数据传送操作。

```
PUSH    direct
POP     direct
```

第 1 条指令称为入栈指令，功能是把 direct 为地址的操作数传送到堆栈中。
第 2 条指令称为出栈指令，功能是把堆栈里的操作数传送到 direct 中。

3.3.4 数据交换指令

数据交换指令共有 4 条，其中字节交换指令 3 条，半字节交换指令 1 条。

```
XCH     A,Rn
XCH     A,direct
XCH     A,@ Ri
XCHD    A,@ Ri
```

前 3 条指令的功能是把累加器 A 中的内容和片内 RAM 单元内容相互交换。第 4 条指令是半字节交换指令，用于把累加器 A 中的低 4 位与 Ri 为间址寻址单元的低 4 位相互交换，各自的高 4 位保持不变。

3.4 运算和移位指令

在基于 51 核的 STC 系列单片机的指令系统中，这类指令是核心指令，共有 49 条，分为算术运算指令、逻辑运算指令和移位指令三大类。

3.4.1 算术运算指令

算术运算指令共有 24 条，分为加法、减法、十进制调整和乘除法指令四类。

1. 加法指令

加法指令共有 13 条，由不带 Cy 加法、带 Cy 加法和加 1 指令三类组成。

（1）不带 Cy 加法指令

```
ADD   A,Rn
ADD   A,direct
ADD   A,@ Ri
ADD   A,#data
```

这类指令共 4 条，指令功能是把源地址所指示的操作数和累加器 A 中的操作数相加，并把两数之和保留在累加器 A 中。

（2）带 Cy 加法指令

```
ADDC  A,Rn
ADDC  A,direct
ADDC  A,@ Ri
ADDC  A,#data
```

这类指令共 4 条，指令功能是把源操作数、累加器 A 中的操作数与 Cy 中的值相加，并把相加的结果保留在累加器 A 中。

（3）加 1 指令

加 1 指令又称为增量指令，共有 5 条。

```
INC   A
INC   Rn
INC   direct
INC   @ Ri
INC   DPTR
```

前 4 条指令是 8 位数加 1 指令，用于使源操作数内容加 1。第 5 条指令是对 DPTR 中的内容加 1。

2. 减法指令

减法指令共 8 条，分为带 Cy 减法指令和减 1 指令两类。

（1）带 Cy 减法指令

```
SUBB  A,Rn
SUBB  A,direct
SUBB  A,@ Ri
SUBB  A,#data
```

这组指令的功能是把累加器 A 中的操作数减去源操作数以及指令执行前 Cy 的值，并把结果保留在累加器 A 中。

（2）减 1 指令

```
DEC   A,Rn
DEC   A,direct
DEC   A,@ Ri
DEC   A,#data
```

这组指令的功能是把源操作数的内容减 1，并把结果保留在累加器 A 中。

3. 十进制调整指令

这是一条专用指令，用于实现 BCD 运算。

    DA   A

这条指令通常紧跟在加法指令后，用于对执行加法后累加器 A 中的操作结果进行十进制调整。该指令的功能有两个：若在加法过程中低 4 位向高 4 位（即 AC = 1）或累加器 A 中低 4 位大于 9，则累加器 A 进行加 6 调整；若在加法过程中最高位有进位（即 Cy = 1）或累加器 A 高 4 位大于 9，则累加器 A 进行加 60H 调整（即高 4 位加 6 调整）。

4. 乘法和除法指令

    MUL   AB

    DIV   AB

第 1 条指令是乘法指令，其功能是把累加器 A 和寄存器 B 中的两个 8 位无符号整数相乘，并把积的高 8 位放在 B 寄存器中，低 8 位放在累加器 A 中。

第 2 条指令的除法指令，其功能是把累加器 A 中的 8 位无符号整数除以寄存器 B 中的 8 位无符号整数，所得商的整数部分存放在累加器 A 中，余数保留在 B 中。

3.4.2 逻辑运算指令

逻辑运算指令共有 20 条，分为逻辑与、逻辑或、逻辑非和逻辑异或四类。

1. 逻辑与运算指令

逻辑与运算指令又称逻辑乘指令，共有 6 条。

    ANL   A,Rn

    ANL   A,direct

    ANL   A,@ Ri

    ANL   A,#data

    ANL   direct,A

    ANL   direct,#data

2. 逻辑或运算指令

逻辑或指令共有 6 条。

    ORL   A,Rn

    ORL   A,direct

    ORL   A,@ Ri

    ORL   A,#data

    ORL   direct,A

    ORL   direct,#data

3. 逻辑异或运算指令

逻辑异或指令共有 6 条。

    XRL   A,Rn

    XRL   A,direct

```
XRL    A,@ Ri
XRL    A,#data
XRL    direct,A
XRL    direct,#data
```

4. 累加器清零和取反指令

```
CLR    A
CPL    A
```

第 1 条指令是把累加器 A 清零；第 2 条指令是把累加器 A 取反。取反指令常用于对某个存储单元或某个存储区域中带符号数的求补。

3.4.3 移位指令

移位指令共有 5 条。

```
RL     A
RR     A
RLC    A
RRC    A
SWAP   A
```

这组指令按功能分为 3 类：前 2 条指令属于不带 Cy 标志位的环移指令，累加器 A 中最高位 A7 和最低位 A0 连接后进行左移或右移；后面两条指令为带 Cy 标志位的左移或右移。第 3 和第 4 条指令是带 Cy 标志位的左移或右移。第 5 条指令称为半字交换指令，用于累加器 A 中的高 4 位和低 4 位相互交换。

3.5 控制转移和位操作指令

基于 51 核的 STC 单片机的控制转移和位操作指令共有 34 条。控制转移指令是任何指令系统都具有的一类指令，主要以改变程序计数器 PC 中的内容为目的，以便控制程序执行流向；位操作指令不是以字节为单位对操作数进行操作，而是以字节中的某位为对象进行操作。

3.5.1 控制转移指令

控制转移指令共有 17 条，分为无条件转移指令、条件转移指令、子程序调用和返回指令、空操作指令四类。

无条件转移指令共有 4 条。

```
LJMP   addr16
AJMP   addr11
SJMP   rel
JMP    @ A + DPT
```

第 1 条指令称为长转移指令，可以在 64 KB 范围内转移。

第 2 条指令称为绝对转移指令，可以在 2 KB 范围内转移。

第 3 条指令称为短转移指令，第 4 条指令称为变址寻址转移指令。

3.5.2 位操作指令

位操作指令的操作数不是字节，而是字节中的某一位（其值只能是 0 或 1），故又称为布尔变量操作指令。

位操作指令的操作对象是片内 RAM 的位寻址区（20H～2FH）和 SFR 中的 11 个可以位寻址寄存器。位操作指令共有 17 条，分为位传送、位置位和位清零、位运算以及位控制转移指令四类。

1. 位传送指令

位传送指令共有 2 条。

```
MOV   C,bit
MOV   bit,C
```

第 1 条指令的功能是把位地址 bit 中的内容传送到 PSW 中的进位标志位 Cy。第 2 条指令的功能是把进位标志位 Cy 中的内容传送到位地址 bit 中。

2. 位置位和位清零指令

这类指令共有 4 条。

```
CLR    C
CLR    bit
SETB   C
SETB   bit
```

这类指令的功能是把进位标志位 Cy 和位地址中的内容清零或置位。

3. 位运算指令

这类指令共有 6 条，分为与、或、非三组，每组两条指令。

```
ANL   C,bit
ANL   C,/bit
ORL   C,bit
ORL   C,/bit
CPL   C
CPL   bit
```

在这组指令中，除最后一条外，其余指令执行时均不改变 bit 中的内容。

4. 位控制转移指令

位控制转移指令共有 5 条，分为以 Cy 内容为条件的转移指令和以位地址中的内容为条件的转移指令两类。

1）以 Cy 中内容为条件的转移指令，共两条指令。

```
JC      rel
```

```
        JNC    rel
```

第 1 条指令的功能是当指令执行时，机器先判断 Cy 中的值。若 Cy = 1，则程序发生转移；若 Cy = 0，则程序不转移。

第 2 条指令的功能与第 1 条指令相反。即：若 Cy = 1，则程序不发生转移；若 Cy = 0，则程序转移。

这两条指令是相对转移指令，都是以 Cy 中的值来决定程序是否需要转移。因此，这组指令常常与比较条件转移指令 CJNE 一起使用，以便根据 CJNE 指令执行过程中形成的 Cy 进一步决定程序的流向。

2）以位地址中的内容为条件的转移指令，共 3 条指令。

```
        JB     bit,rel
        JNB    bit,rel
        JBC    bit,rel
```

这 3 条指令可以根据位地址 bit 中的内容来决定程序的流向。其中第 1 条指令和第 3 条指令的作用相同，二者区别是第 3 条指令 JBC 指令执行后，还能把 bit 位清零。

3.6 汇编器的伪指令

伪指令是汇编器能够识别并对汇编过程进行某种指示的命令。伪指令不是单片机可执行的指令，没有对应的可执行机器码，汇编产生的目标程序中不会出现伪指令。

3.6.1 状态控制伪指令

1. 起始地址设定伪指令 ORG

指令格式：ORG 表达式

该伪指令功能是说明紧接在该条指令后面的代码或数据存放的起始地址。表达式通常为十六进制地址，也可以是已定义的符号地址。例如：

```
        ORG    0100H
START：MOV A,#40H
```

上述语句含义是"MOV A,#40H"从地址 0100H 单元开始存放。

通常情况下，在每一个汇编语言源程序的开始，都要利用 ORG 伪指令来指定该程序在存储器存放的开始位置。若缺省，则默认程序段从 0000H 单元开始存放。

【注】可以多次使用 ORG 规定不同程序块或数据表存放的起始地址，但地址必须按由小到大的顺序设置，不允许空间重叠。

2. 汇编器结束汇编伪指令 END

指令格式：END

该伪指令的功能是控制编译器结束汇编。一般是在程序的末尾使用 END 伪指令，在 END 之后的程序汇编器将不进行处理。

3.6.2　符号定义伪指令

1. 定义常值为符号名伪指令 EQU

指令格式：符号名　EQU　常值表达式

该伪指令的功能是将常值定义为一个指定的符号名。汇编器在汇编过程中会将源程序中出现的该符号用定义的常值来取代。例如：

```
SUM   EQU   30H
```

2. 定义位地址为符号伪指令 BIT

指令格式：符号名　BIT　位地址表达式

该伪指令的功能是将位地址赋给指定的符号名。位地址的表达式可以是绝对地址，也可以是符号地址。例如：

```
THF   BIT   P2.5        //将 P2.5 的位地址赋给符号名 THF
JUST  BIT   0F7H        //将位地址为 F7H 的位定义为符号名
```

【注】使用 EQU 或 BIT 定义的符号名不能重新定义或改变。

3.6.3　存储空间初始化伪指令

1. 定义字节数据伪指令 DB

指令格式：［标号：］　DB　字节数据表

该伪指令的功能是从标号指定的地址单元开始，在程序存储器中定义字节数据表，将字节数据表中的数据根据从左到右的顺序依次存放在指定的存储单元中，一个数据占一个存储单元。如：

```
DB   -2,-4,-6,8,10,18
```

将 5 个数转换为十六进制数表示（FRH，FCH，FAH，08H，0AH，12H），并连续地存放在 ROM 单元中。

2. 定义字数据伪指令 DW

指令格式：［标号：］　DW　字数据表

该为指令的功能是从标号指定的地址单元开始，在程序存储器中定义字数据表，将字数据表中的数据根据从左到右的顺序依次存放在指定的存储单元中，一个数据占两个存储单元。如：

```
ORG   1400H
DATA:DW  1234H,56H
```

汇编后，（1400H）= 12H，（1401H）= 34H，（1402H）= 00H，（1403H）= 56H。由此可以看出，在字数据分配存储空间时，遵循"低字节对应高地址，高字节对应低地址"原则。这种情况称为"大段模式存储"。

3. 定义存储空间伪指令 DS

指令格式：［标号：］　DS　表达式

该伪指令的功能是指示汇编程序从它的标号地址（或实际物理地址）开始预留一定数量的内存单元，以备源程序执行过程中使用。这个预留单元的数量由 DS 语句中"表达式"的值决定。例如：

```
        ORG   0500H
START:  MOV   A,#45H
        …
THF:    DS    05H
        DB    10H
        END
```

汇编程序对上述程序汇编时，碰到 DS 语句便自动从 THF 地址开始预留 5 个连续内存单元，第 6 个存储单元存放 10H。

第4章 Keil μVision 集成开发环境

Keil 是公司的名称，有时候也指 Keil 公司的所有软件开发工具，2005 年 Keil 由 ARM 公司收购，成为 ARM 的公司之一。

μVision 是 Keil 公司开发的一个集成开发环境（IDE），与 Eclipse 类似。它包括工程管理、源代码编辑、编译设置、下载调试和模拟仿真等功能，μVision 有 μVision2、μVision3、μVision4、μVision5 四个版本。目前最新的版本是 μVision5，它提供一个环境，让开发者易于操作，并不提供具体的编译和下载功能，需要软件开发者添加。μVision 通用于 Keil 的开发工具中，例如 MDK、PK51、PK166、DK251 等。

MDK（Microcontroller Development Kit），也称 MDK – ARM、Keil MDK、RealView MDK、Keil For ARM，都是同一个东西。ARM 公司现在统一使用 MDK – ARM 的称呼，MDK 的设备数据库中有很多厂商的芯片，是专为微控制器开发的工具，为满足基于 MCU 进行嵌入式软件开发的工程师需求而设计，支持 ARM7、ARM9、Cortex – M4/M3/M1、Cortex – R0/R3/R4 等 ARM 微控制器内核。

目前使用 Keil μVision4 的产品有 Keil MDK – ARM、Keil C51、Keil C166 和 Keil C251。

Keil C51，亦即 PK51，Keil 公司开发的基于 μVision IDE，支持绝大部分 8051 内核的微控制器开发工具。

因此，Keil C51 是 51 系列单片机开发工具，MDK 是 ARM 开发工具。如果想两个都能用就必须两个都得装。

4.1 软件安装过程

1）下载 Keil C51，目前最新的版本是 Version 9.54a。直接单击 c51v954a. exe 文件，出现如图 4-1 所示的界面。

2）单击 "NEXT"，出现如图 4-2 所示的界面，在界面的复选框中打勾 "√"。

3）单击 "NEXT"，出现如图 4-3 所示的界面，可以自由选择安装路径，默认是安装在 C 盘。

4）单击 "NEXT"，出现如图 4-4 所示的界面，填写用户信息。

5）单击 "NEXT"，出现如图 4-5 所示的界面，进行软件安装。

6）安装完成后出现如图 4-6 所示的界面，单击 "Finish" 即可。

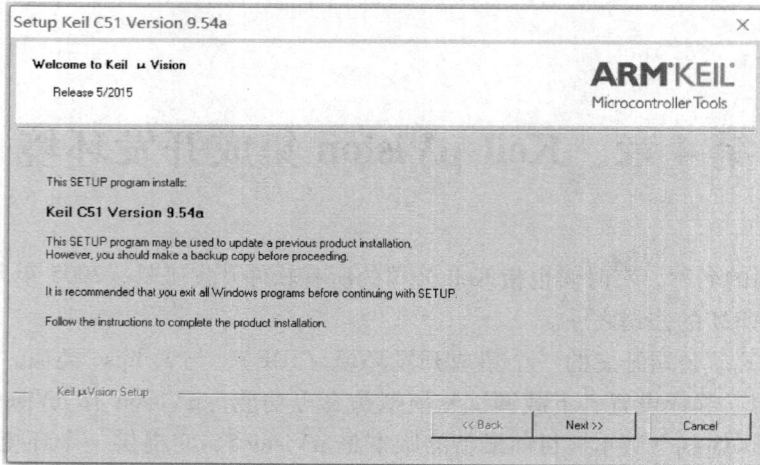

图 4-1　Keil C51 安装界面

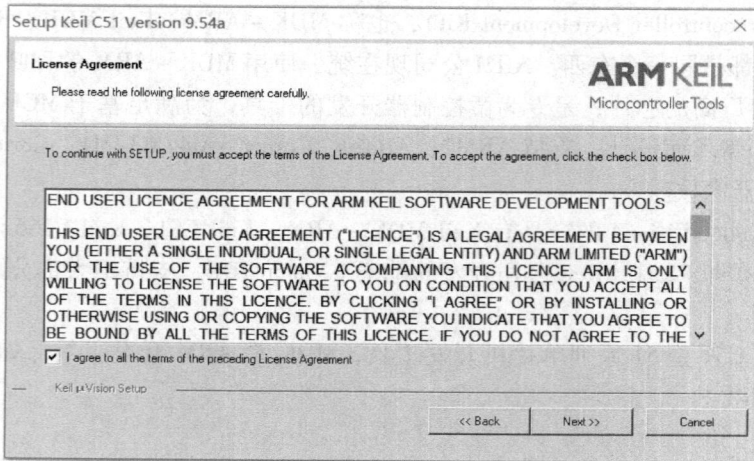

图 4-2　Keil C51 软件准许协议

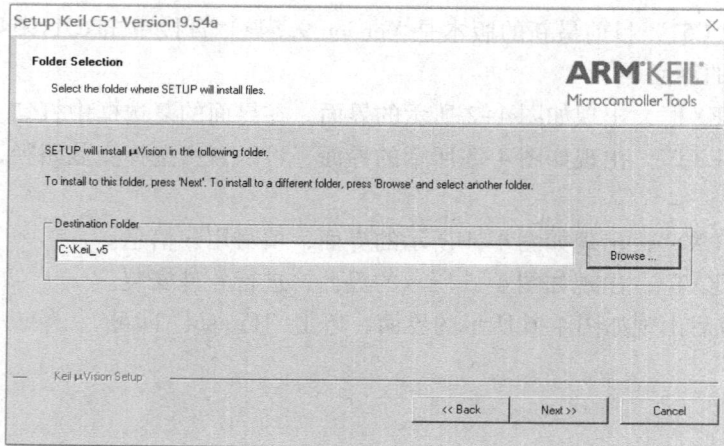

图 4-3　安装路径选择

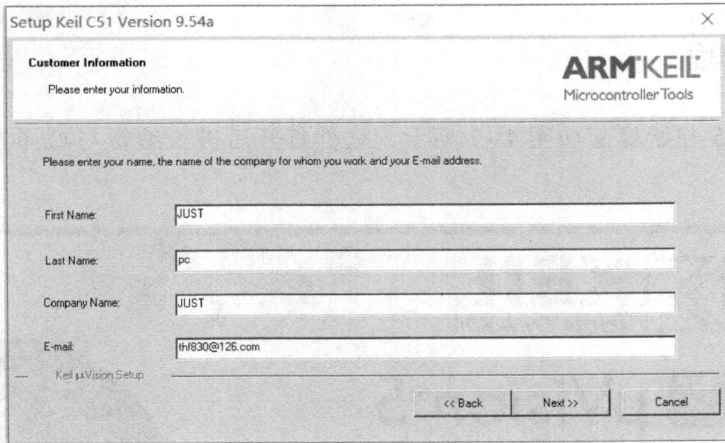

图 4-4　填写用户信息

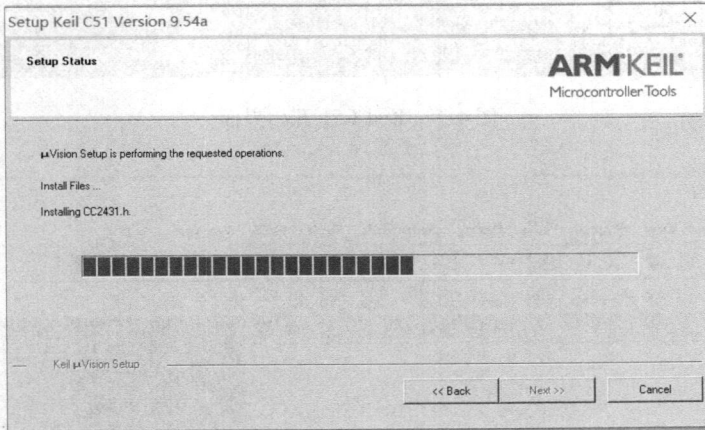

图 4-5　软件安装状态

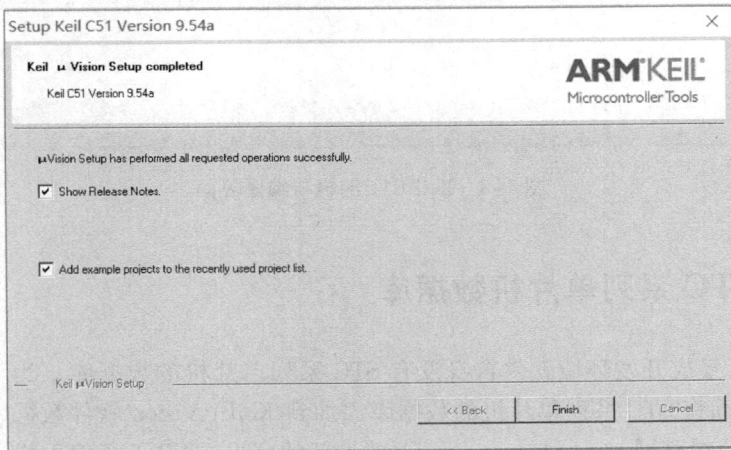

图 4-6　软件安装完成

4.2 建立工程

Keil μVision5 开始界面如图 4-7 所示，软件打开后进入编辑与编译界面，如图 4-8 所示。

图 4-7　Keil C51 开始界面

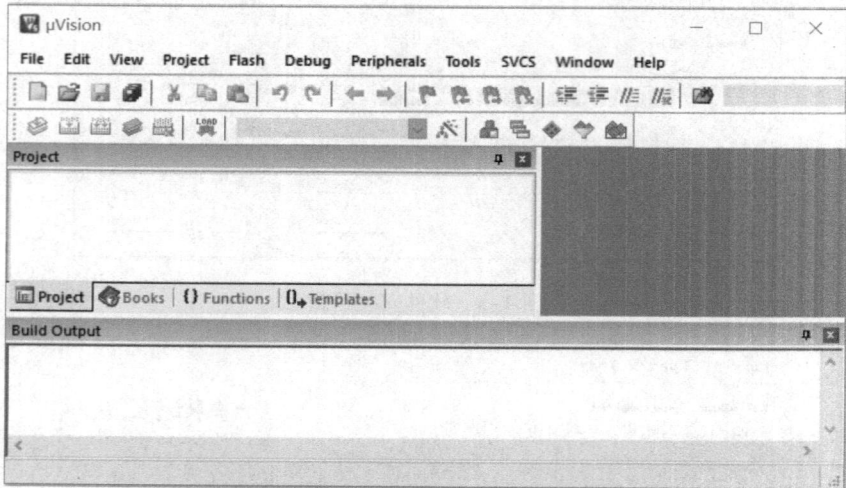

图 4-8　Keil C51 编辑与编译界面

4.3 添加 STC 系列单片机数据库

Keil μVision 集成开发环境软件自身没有 STC 系列单片机的数据库，为了能够仿真 STC 系列单片机，必须将 STC 系列单片机的数据库添加到 Keil μVision 软件数据库中。

1）在 STC 公司官网 www. stcmcu. com 下载最新的 STC – ISP 下载编程烧录软件，目前最新版本是 STC – IAP 软件 V6. 850，STC 公司会定期更新。

下载后，直接单击 ![icon] stc-isp-15xx-v6.850.exe，出现如图 4-9 所示的界面。

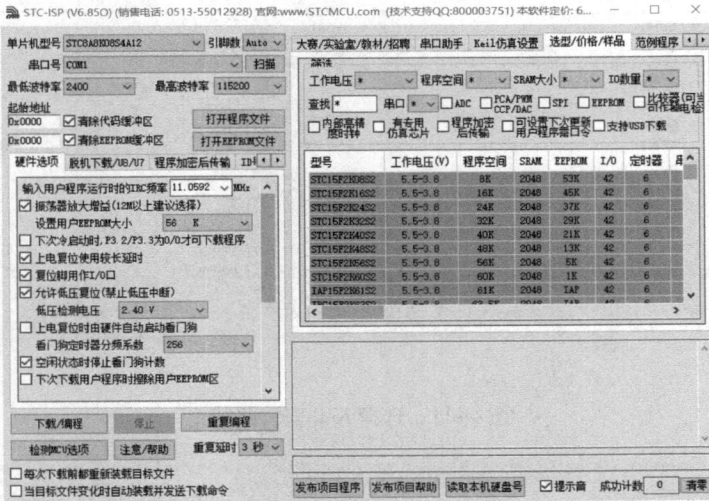

图 4-9　STC - IAP 下载编程烧录软件

2）单击"Keil 仿真设置"，如图 4-10 所示椭圆圈起的部分。此时，会自动出现蓝色矩形方框"添加型号和头文件到 Keil 中，添加 STC 仿真器驱动到 Keil 中"。

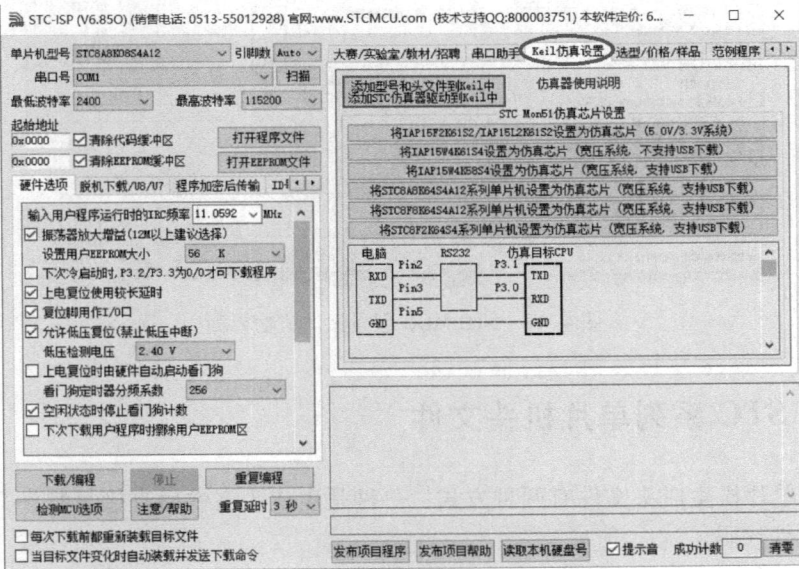

图 4-10　STC - IAP 中的 Keil 仿真设置界面

3）单击该矩形方框，出现如图 4-11 所示的 Keil 安装路径，一般在 C 盘，找到"Keil_v5"，即图中椭圆圈起的部分，再单击"确定"按钮。此时就完成了 STC 系列单片机型号的添加，添加成功会出现如图 4-12 所示的界面。

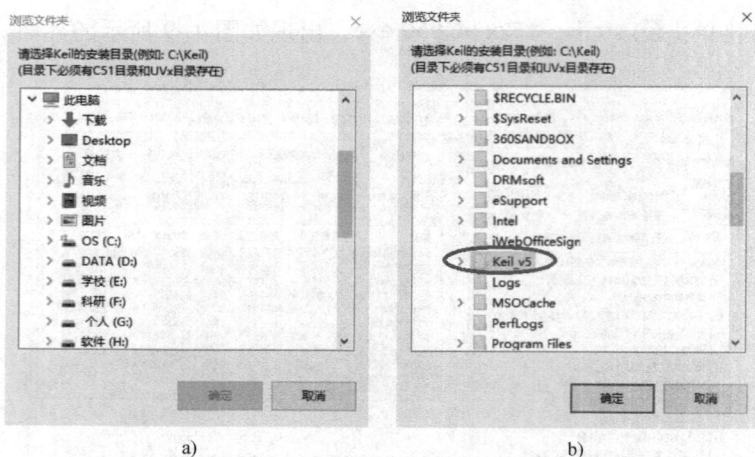

a)   b)

图 4-11　选择 Keil 安装路径

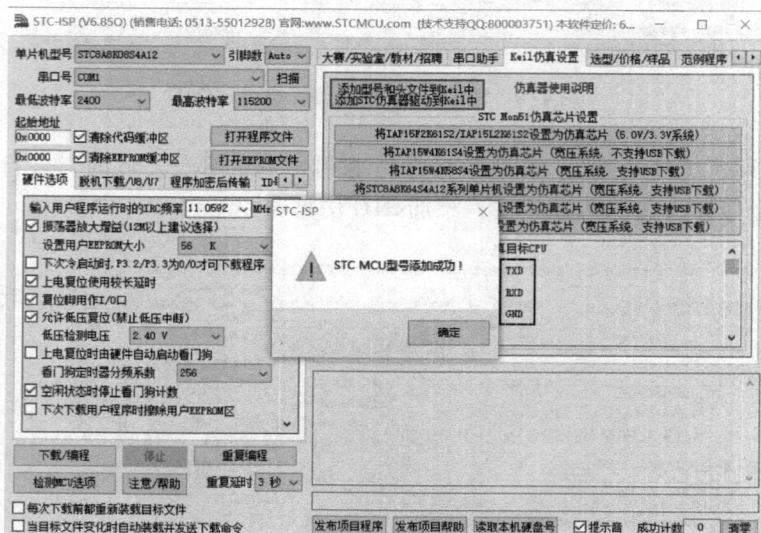

图 4-12　STC MCU 型号添加成功界面

4.4　生成 STC 系列单片机头文件

STC 系列单片机生成头文件有两种方式：一种是生成头文件后直接复制头文件代码，一种是保存头文件代码。

1）运行 STC - ISP 软件。单击界面右上角 ◀ ▶ 按钮，找到"头文件"，如图 4-13a 所示。在界面中的"单片机系列"右边有个下拉菜单，选择需要的 STC 系列单片机，就可以产生相应的头文件，如图 4-13b 所示。此时直接复制头文件就可以了。

2）STC 系列单片机头文件保存的第二种方式是直接单击"保存文件"按钮，即生成保存头文件对话框，选择保存路径，在文件名中输入相应单片机系列名称，单击"保存"按钮，就完成了头文件的生成，如图 4-14 所示。

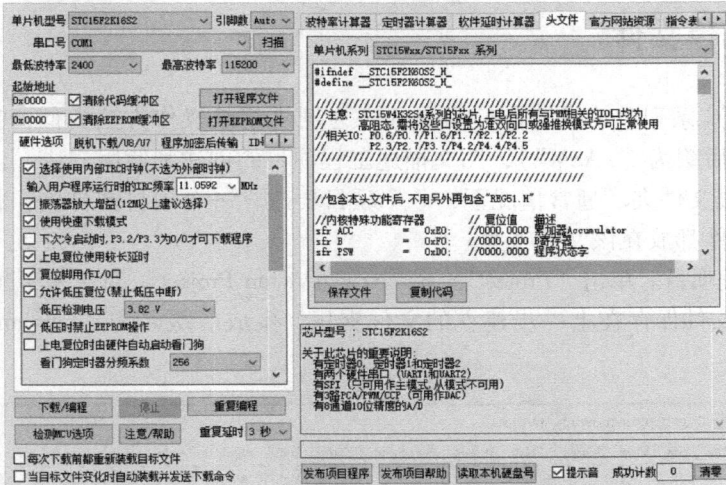

a)

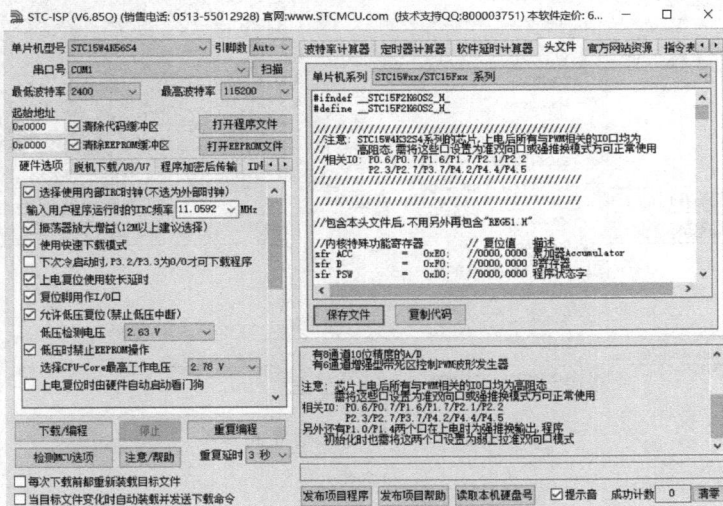

b)

图 4-13　STC 系列单片机头文件界面

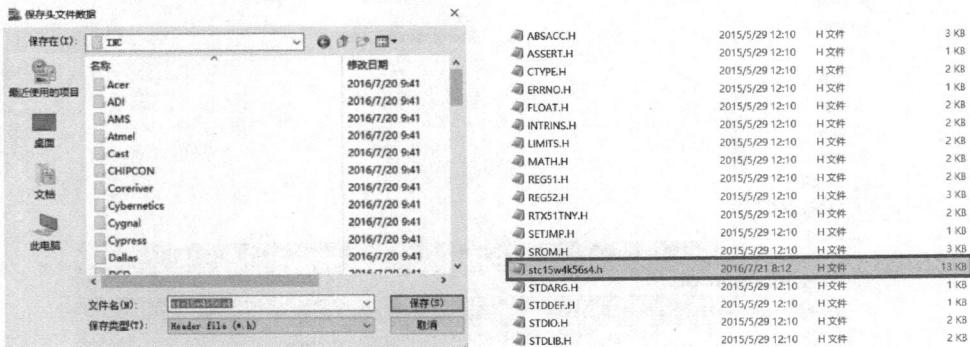

a)

b)

图 4-14　保存头文件界面

4.5 创建工程文件

在这里以 STC 系列单片机结合 C 语言程序为例（汇编操作方法类似，唯一不同的是汇编源程序文件名后缀为 ".ASM"），图文描述工程项目的创建和使用方法。

1）新建工程文件夹。通常情况下，一个项目要建立一个项目文件夹，将与此项目相关的程序和工程文件都放在该文件夹里。

2）新建工程项目。单击 "Project" → "New μVision Project" 新建一个工程，如图 4-15 所示。将该工程文件保存在上一步建立的文件夹里，生成后缀名为 ".uvproj" 的工程文件，如图 4-16 所示。

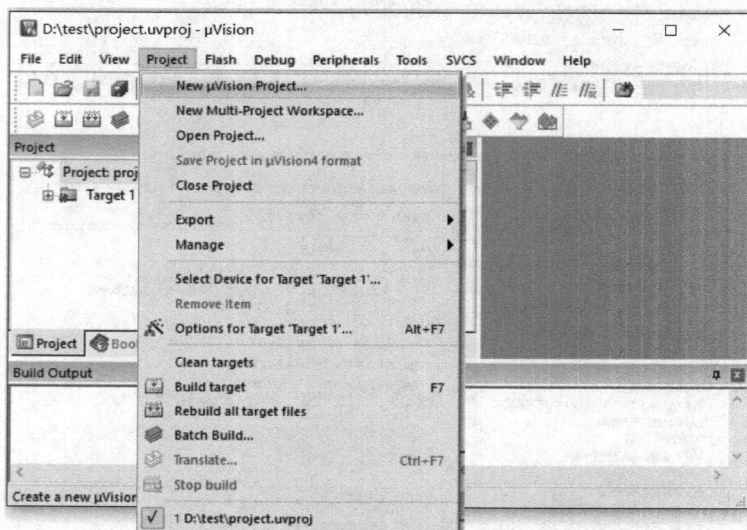

图 4-15　新建工程界面

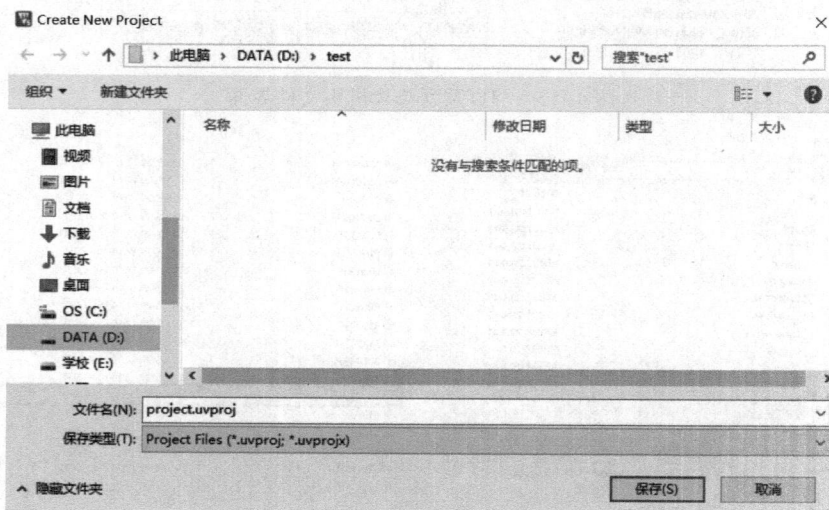

图 4-16　工程文件保存界面

3）选择单片机型号。单击下拉按钮，就会出现"STC MCU Database"，单击该菜单，会出现如图 4-17 的界面。单击图 4-18a 中的"＋"，即出现图 4-18b 的 STC 系列单片机型号。

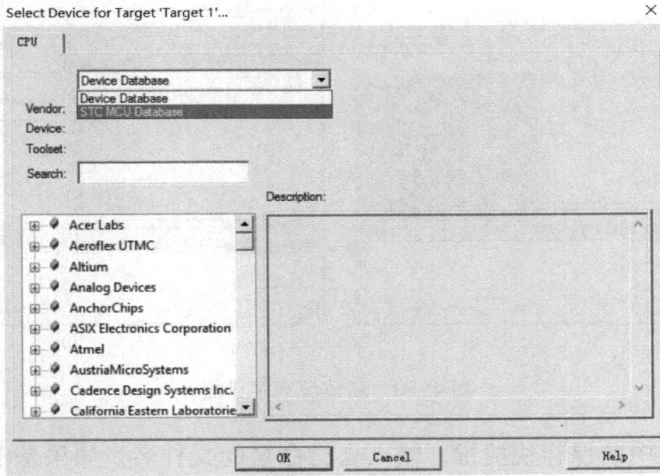

图 4-17　STC MCU 型号添加界面

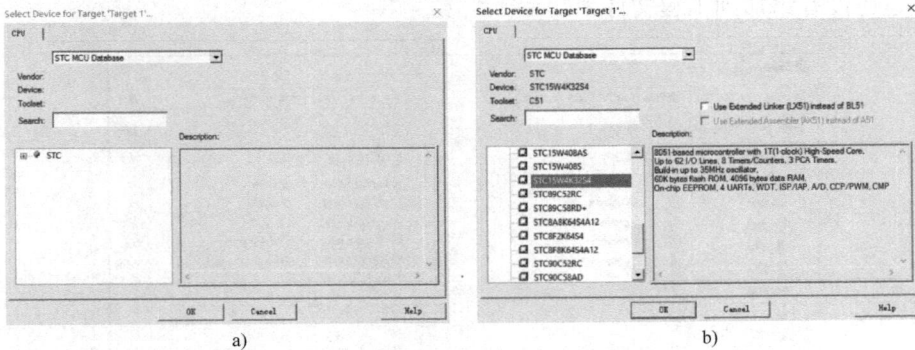

图 4-18　选择 STC MCU 型号

4）选择需要的型号后，单击"OK"按钮，会出现如图 4-19a 所示的界面。该界面是询问是否将标准 51 初始化程序添加到工程中，一般选择"否"，此时完成了工程文件的建立，如图 4-19b 所示。

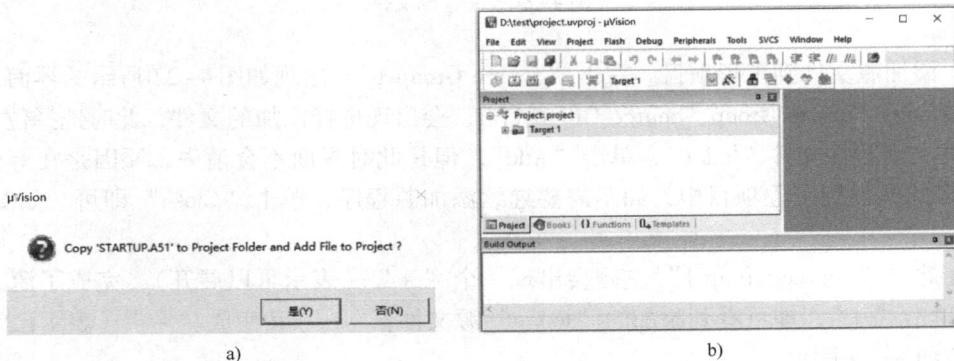

图 4-19　选择 STC MCU 型号

5）新建工源程序文本。在 File 菜单中选择"New"，新建一个源程序文本。此时会出现"Text1 *"空白文本，编辑源程序，如图 4-20 所示。

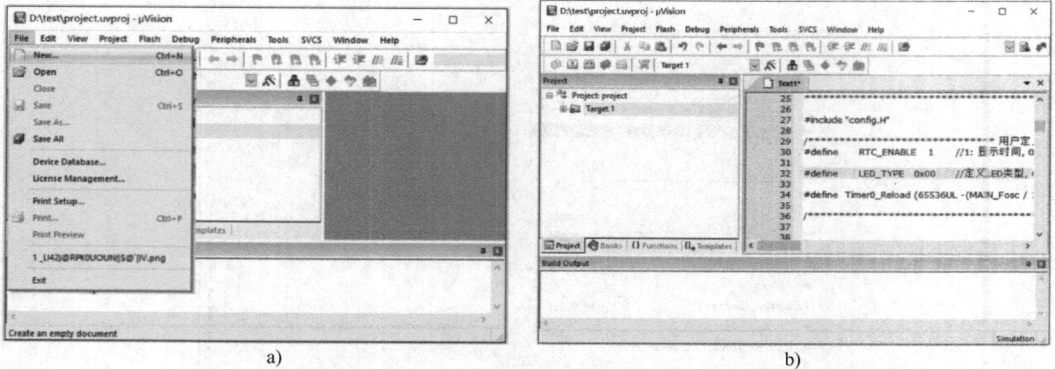

图 4-20　新建源程序界面

6）单击工具栏中的保存快捷键，输入自己命名的文件名，如果是汇编语言后缀名为.asm，如果是 C 语言，则后缀名为.c。此时新建的源文件保存在工程文件夹中，如图 4-21 所示，但是还没有添加到工程文件中。

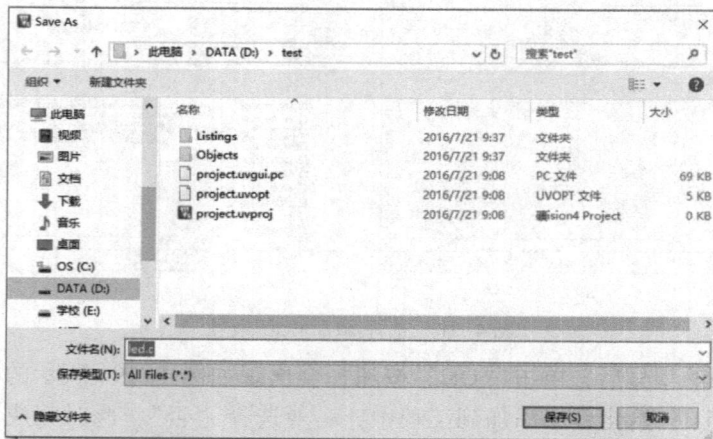

图 4-21　保存源文件

7）添加源文件到工程项目。右击"Source Group 1"，出现如图 4-22 所示的界面，单击"Add Existing Files to Group 'Source Group 1'"，会出现选择添加的文件，此时选择位于工程文件夹里的源程序文件"led.c"，单击"Add"，但是此时界面不会消失，原因是在等待用户添加更多的文件到工程项目中，如不需要继续添加源程序，单击"Close"即可，如图 4-23 所示。

8）此时"Source Group 1"左侧会出现一个" + "（表示可以展开），完成了源文件的添加，单击" + "，即可看到添加的"led.c"源文件，" + "又变成" - "（表示已无法展开），如图 4-24 所示。

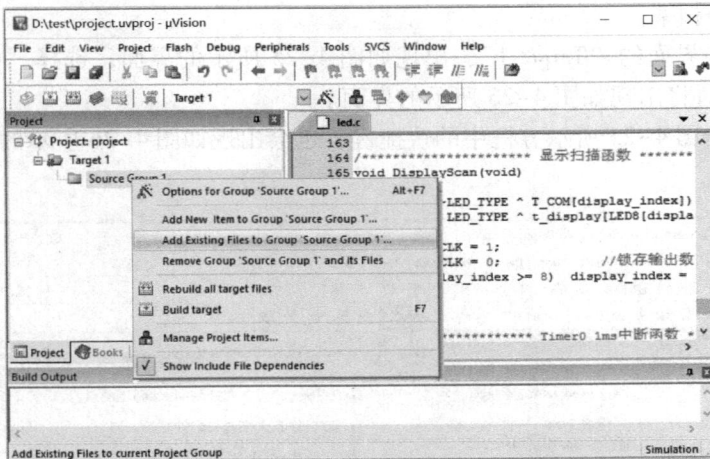

图 4-22　添加源文件到工程项目

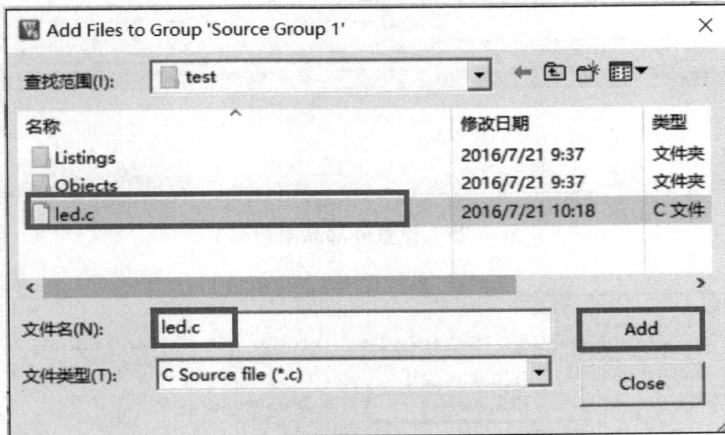

图 4-23　选择需要添加的源程序文件

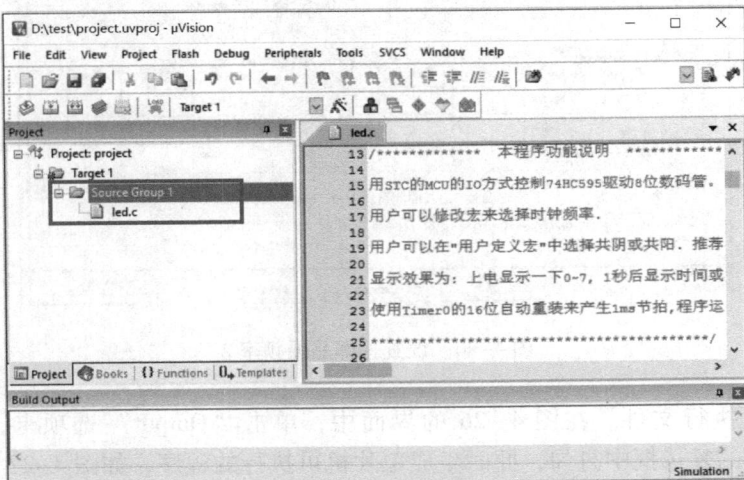

图 4-24　源程序添加到工程项目界面

9）设置晶振频率。

方法1：右击界面的"Target 1"，出现如图4-25所示的界面，选择"Options for Target 'Target 1'"。此时将出现如图4-26所示的界面。

方法2：单击图4-25所示方框中的快捷键，也会出现如图4-26所示的界面，输入需要的晶振频率即可。

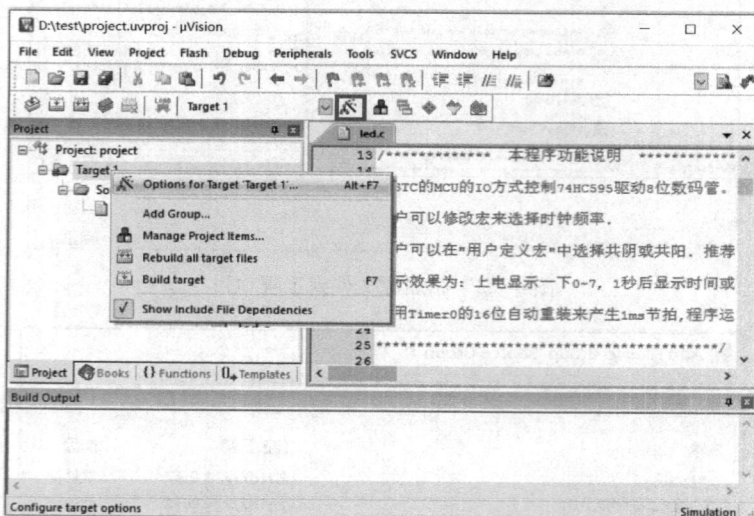

图4-25 设置外部晶振频率1

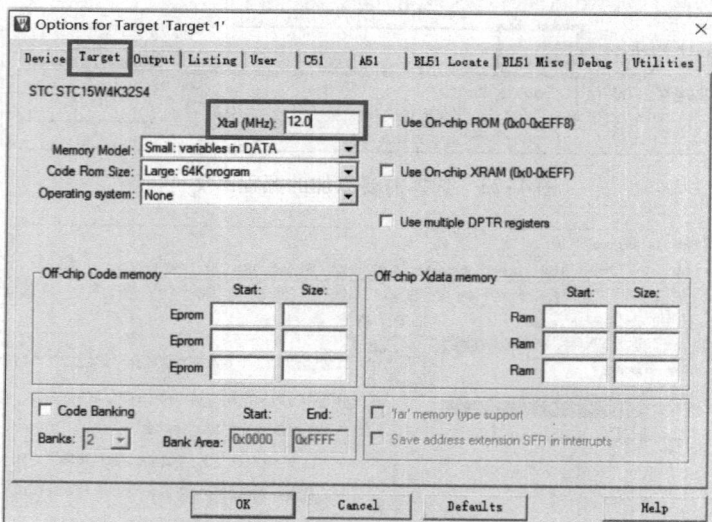

图4-26 设置外部晶振频率2

10）生成可执行文件。在图4-26的界面中，单击"Output"选项卡，并在"Create HEX File"前面的复选框中打勾，此时生成单片机可执行的程序，如图4-27所示。

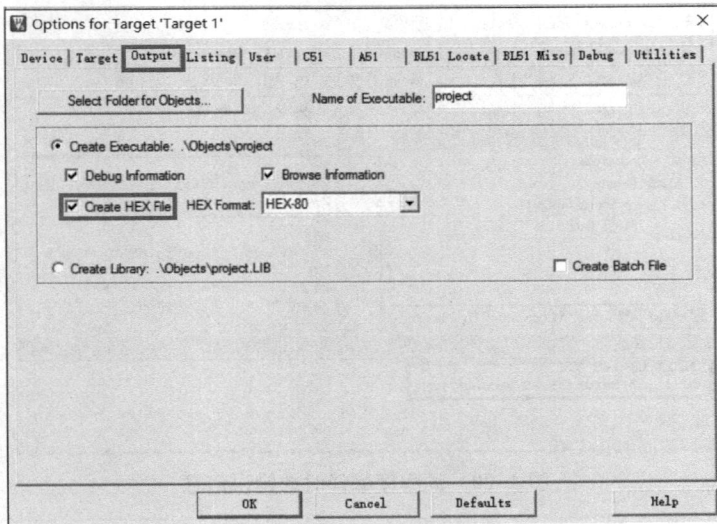

图 4-27 生成单片机可执行的十六进制程序

4.6 应用程序编译与调试

4.6.1 程序编译

在创建的工程项目文件夹中，要包括源程序里面的"config. h"头文件，否则编译源程序时会出现如图 4-28a 的错误界面。同样，也需要把"STC15Fxxxx. H"头文件放在工程项目文件夹，否则编译源程序时也会出现如图 4-28b 所示的错误信息。

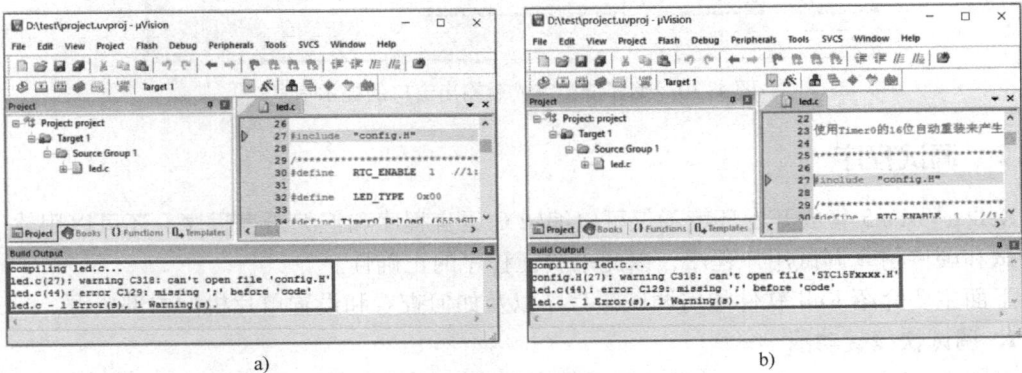

图 4-28 源程序编译时的错误信息

因此，需要将"config. h"头文件、"STC15Fxxxx. H"头文件与"led. c"等源程序放在工程项目文件夹里，此时运行源程序，会出现如图 4-29 所示的编译成功界面。

单击运行快捷键🖳，同样也会在输出窗口"Built Output"出现编译链接提示信息，如图 4-30 所示。

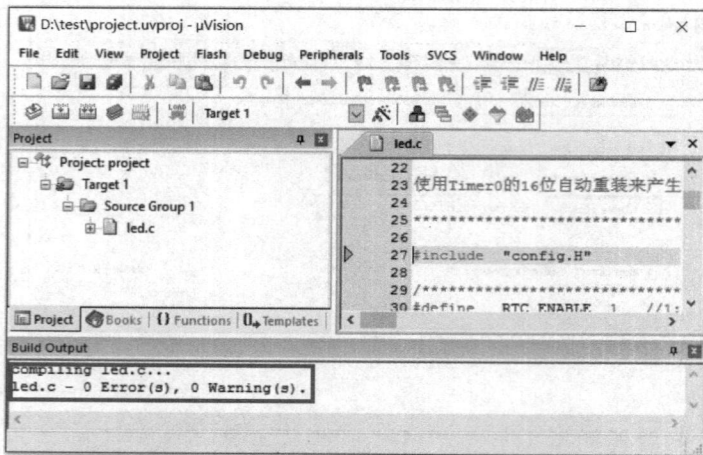

图 4-29　源程序编译时的错误信息

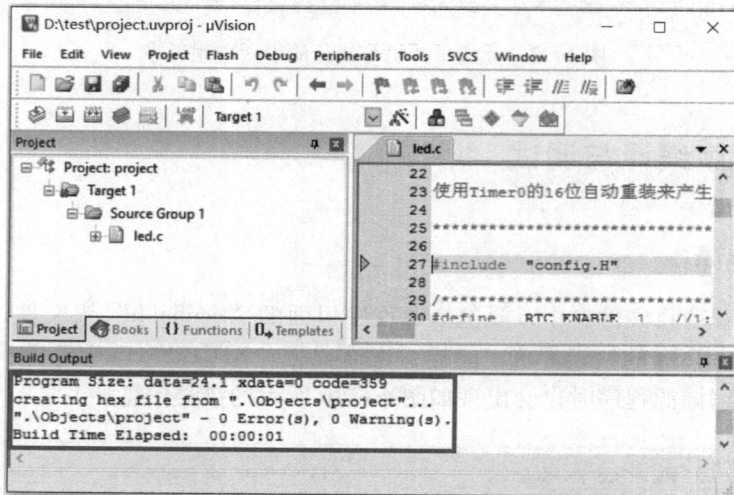

图 4-30　编译链接完成后输出窗口的提示信息

4.6.2　调试程序

Keil μVision5 集成开发环境不仅可以编辑 C 语言程序和汇编语言程序,还可以用软件模拟调试和硬件仿真调试用户程序,以此来验证程序的正确性。

下面主要介绍 Keil 软件如何调试源程序以及如何查看和设置单片机的内部资源。

1. 调试快捷键功能

如图 4-31 所示,方框中的运行工具从左至右分别是 Reset（程序复位）、Run（程序运行）、Stop（程序停止运行）、Step（跟踪运行）、Step Over（单步运行）、Step Out（跳出跟踪）、Run to Cursor Line（运行到光标处）。

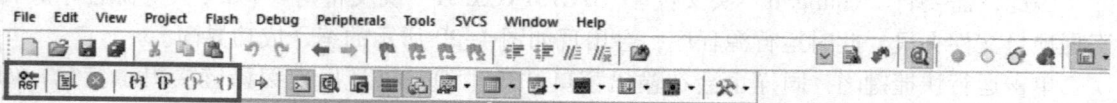

图 4-31　程序运行工具栏

其具体功能如下：

1）程序复位：完成单片机的状态复位到初始状态。

2）程序运行：程序从头开始全速运行，直到遇到断点停止，若无断点，则运行结束。

3）停止运行：终止正在运行的程序。

4）跟踪运行：每单击一次，运行一条指令，如果遇到子程序或函数，也要进入子程序或函数内部，一条指令一条指令地运行。

5）单步运行：每单击一次，运行一条指令，如果遇到子程序或函数，把其当作一条指令，不进入其内部运行。

6）跳出跟踪：当执行跟踪操作进入了一个子程序或函数中，单击该按钮，可以从子程序或函数中跳出，回到调用该子程序或函数的下一条指令处。

7）运行到光标处：单击按钮，程序从当前位置运行到光标所在位置处停止运行。

2. 寄存器查看窗口

在对源程序进行调试过程中，可以查看 CPU 内部寄存器 R0 ~ R7、累加器 A、寄存器 B、数据指针 DPTR、堆栈指针 SP、程序计数器 PC 等的值，并可以通过双击该寄存器的值进行修改，如图 4-32 所示。

3. 存储器查看窗口

在菜单栏命令中单击"View"，然后在"View"下拉菜单中单击"Memory 1"，如图 4-33 所示。此时，出现一个输出对话框，在"Address"地址框中输入存储器类型和地址，即可显示相应的存储内容，共有 3 种输入方式，每行都是显示 27 个字节的内容，如图 4-34 所示。

1）若输入"C:地址"，则显示程序存储区相应地址的内容。

2）若输入"I:地址"，则显示片内数据存储区相应地址的内容。

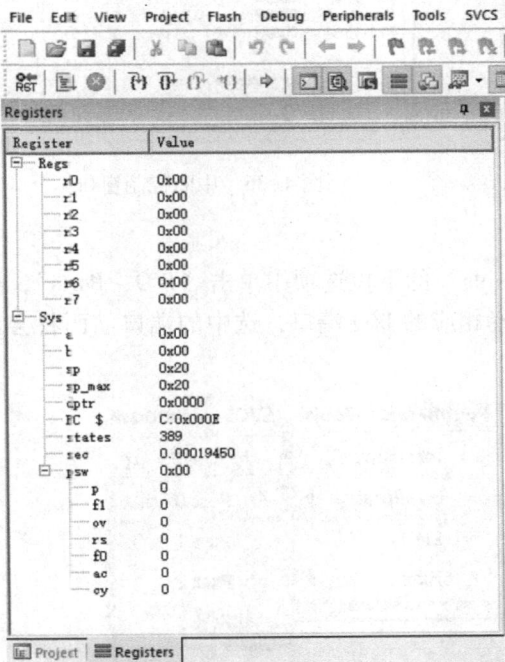

图 4-32　寄存器查看窗口

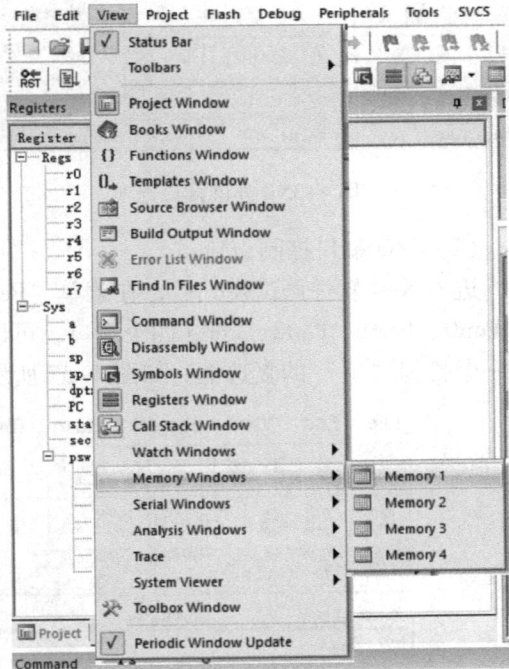

图 4-33　存储器查看窗口 1

3）若输入"X:地址"，则显示片外数据存储区相应地址的内容。

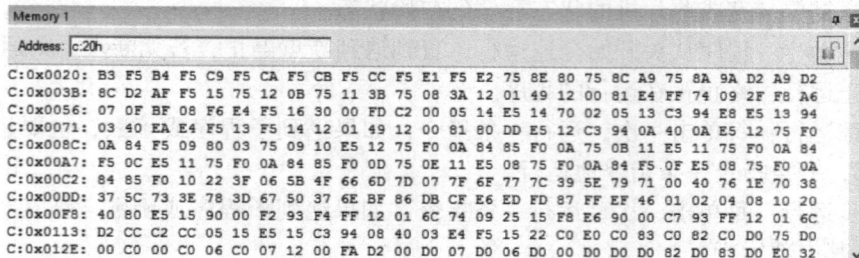

图 4-34　存储器查看窗口 2

4. 外围接口控制窗口

外围接口控制主要有中断控制、I/O 端口控制、串行口控制和定时器控制，如图 4-35 所示。

（1）中断控制窗口

进入 Keil 软件调试模式后，在菜单"Peripherals"的下拉选项中单击"Interrupt"，即可出现中断控制窗口，如图 4-36 所示。在控制窗口中，可以在相应的复选框中打钩"√"，表示允许中断。

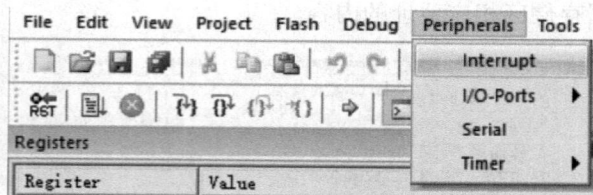

图 4-35　外围接口选项

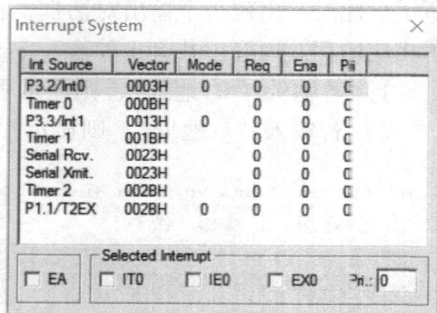

图 4-36　中断控制窗口

（2）I/O 端口控制窗口

进入 Keil 软件调试模式后，在菜单"Peripherals"的下拉选项中单击"I/O – Ports"，共有 Port0、Port1、Port2、Port3 四个端口，可以选择相应的 I/O 端口，选中的端口前面将会出现一个打勾"√"的复选框，如图 4-37 所示。

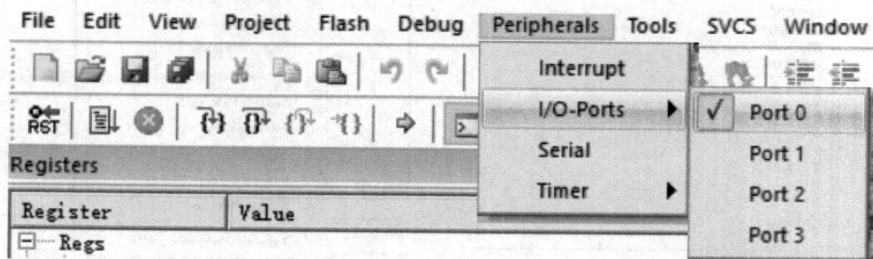

图 4-37　存储器查看窗口

单击"Port0",则出现如图4-38所示的I/O端口控制窗口,上面是相应的I/O端口输出锁存器的值,下面是输入引脚的状态值。可以在复选框中打勾"√",其中"√"表示值为"1",否则为"0"。

(3)串行口控制窗口

进入Keil软件调试模式后,在菜单"Peripherals"的下拉选项中单击"Serial",将会出现串行口的控制窗口,如图4-39所示,通过该窗口可以对串行口通信进行设置。

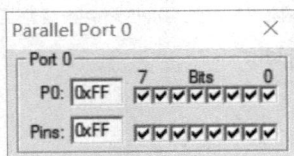

图4-38 I/O端口控制窗口

图4-39 串行口控制窗口

(4)定时器控制窗口

进入调试模式下,在菜单"Peripherals"的下拉选项中单击"Timer",可以选择相应的定时器,共有Timer0、Timer1、Timer2三个定时器,如图4-40所示,通过该窗口可以对定时器进行不同模式的选择,以及可以选择定时功能"Timer"或计数功能"Counter"。

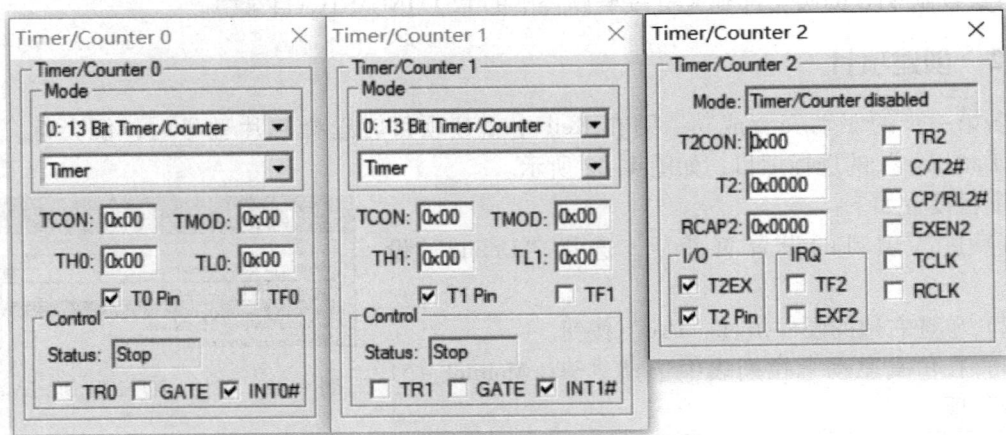

图4-40 定时器T0/T1/T2控制窗口

5. 反汇编窗口

进入调试模式下,在菜单"View"的下拉选项中单击"Disassembly Window",即可出现反汇编窗口,如图4-41所示。如果调试的源程序是用C51编写的,则会同时出现C51和汇编程序,窗口上方为汇编程序,下方为C51程序。

图 4-41 反汇编窗口

4.7 仿真器操作步骤

4.7.1 安装仿真驱动

1）添加 STC 的 MCU 选型数据库文件到 Keil 安装路径下的 UV2\或 UV3\或 UV4\（取决于 Keil 的版本）目录中。

2）安装 STC 仿真器的驱动程序到 Keil 安装路径下的 C51\目录中。

3）复制 STC 的头文件到 Keil 安装路径下的 C51\INC\STC\目录中。

4.7.2 创建项目

若第一步的驱动安装成功，则在 Keil 中新建项目时选择芯片型号时，便会有"STC MCU Database"的选择项目，如图 4-42 所示。

项目设置如下：

1）进入项目的设置页面后，选择"Debug"设置项。

2）单选右边的硬件仿真"Use"按钮。

3）在仿真驱动下拉列表中选择"STC Monitot – 51 Driver"项。

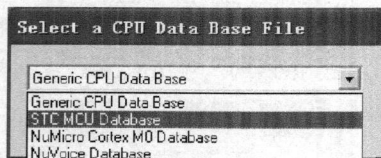

图 4-42 添加 STC MCU Database

4）单击"Settings"按钮，进入"Target Setup"界面。

5）右键单击"我的电脑"选择"设备管理器"，单击"通用串行总线控制器"选择串行口的端口号。

6）设置波特率，波特率一般选择 115200 ~ 384000。

7）单击"OK"，完成项目设置。如图 4-43 所示。

94

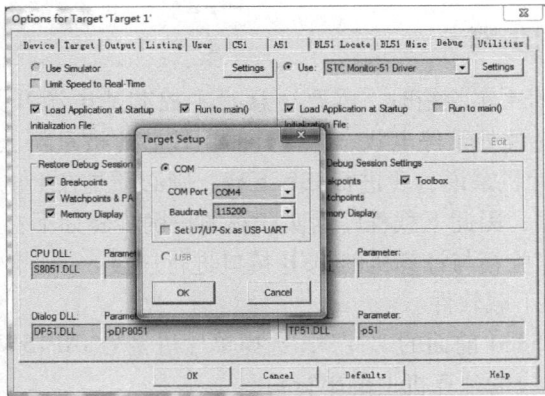

图 4-43　仿真器设置界面

4.8　IAP15W4K58S4 实验箱

4.8.1　实验箱的结构布局

IAP154K58S4 实验箱外围接口较为丰富，能够满足单片机课程的教学和实验要求，其结构布局如图 4-44 所示。

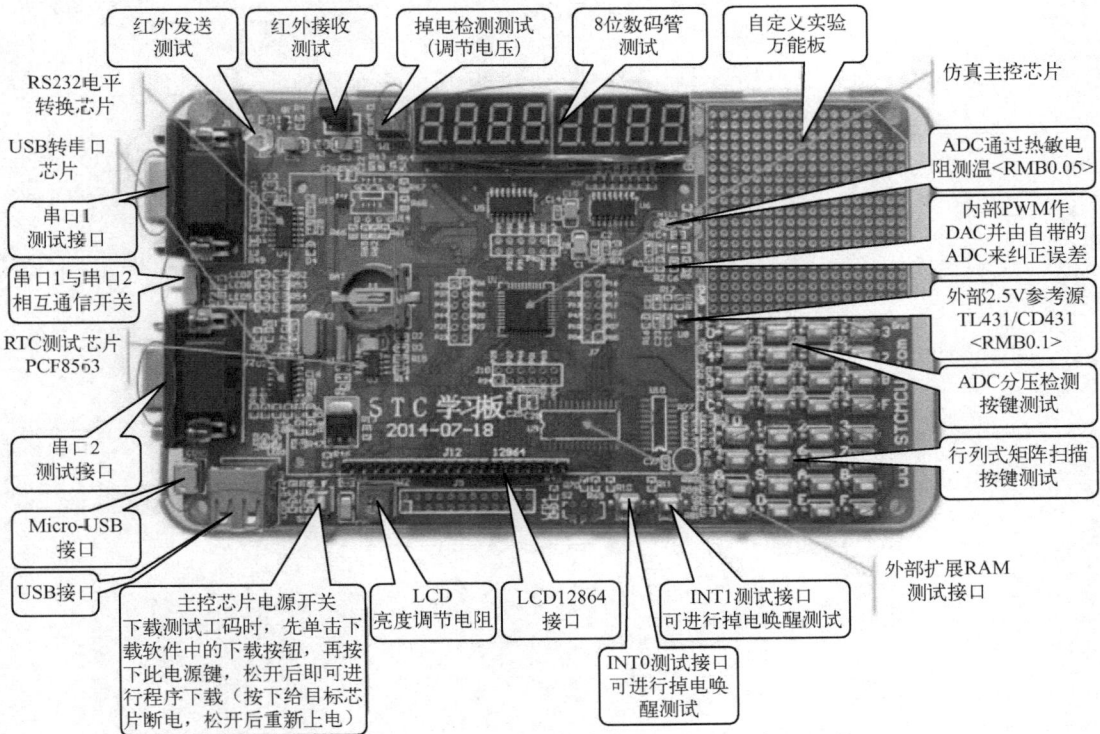

图 4-44　实验箱的结构布局

95

4.8.2 实验箱的使用步骤

在使用 IAP15W4K58S4 实验箱时，需要注意"主控芯片电源开关"按钮的使用。此按钮的功能是按住时主控芯片处于停电状态，松开时主控芯片被重新上电从而进行上电复位。

对于 STC 系列的单片机来说，要进行 ISP 下载，则必须是在上电复位时接收到串行口命令才会开始执行 ISP 程序，因此下载程序到实验箱的正确步骤如下：

1）使用 USB 线将实验箱与计算机的 USB 接口进行连接。

2）打开 STC 的 ISP 下载软件。

3）单击 STC15W4K58S4 前面的"＋"，选择单片机型号 IAP15W4K58S4。

4）选择实验箱所对应的计算机上的串行口。

5）打开目标文件（HEX 格式或 BIN 格式）。

6）单击 ISP 下载软件中的"下载/编程"按钮。

7）按下实验箱上的"主控芯片电源开关"，然后松开即可开始下载程序。

第二篇　提　高　篇

本部分内容主要介绍 IAP15W4K58S4 单片机的 I/O 端口、中断系统、定时器/计数器、串行口通信、同步通信 SPI 和 IIC、A－D 转换、PCA 模块、PWM 模块等知识及其应用。

第 5 章　I/O 口的配置与应用

5.1　I/O 口的工作模式及结构

5.1.1　并行 I/O 口工作模式

IAP15W4K58S4 单片机最多有 62 个 I/O 口：P0.0 ~ P0.7、P1.0 ~ P1.7、P2.0 ~ P2.7、P3.0 ~ P3.7、P4.0 ~ P4.7、P5.0 ~ P5.5、P6.0 ~ P6.7、P7.0 ~ P7.7。其中 IAP15W4K58S4（LQFP44 封装）单片机共有 42 个 I/O 端口线，分别为 P0.0 ~ P0.7、P1.0 ~ P1.7、P2.0 ~ P2.7、P3.0 ~ P3.7、P4.0 ~ P4.7、P5.4、P5.5，本书以 LQFP44 封装为例。其所有 I/O 口均可由软件配置成 4 种工作类型之一，见表 5–1。4 种类型分别为：准双向口/弱上拉（标准 8051 输出模式）、推挽输出/强上拉、仅为输入（高阻）或开漏输出功能。每个口由 2 个控制寄存器中的相应位控制每个引脚工作类型。STC15 系列单片机的 I/O 口上电复位后为准双向口/弱上拉（传统 8051 的 I/O 口）模式。每个 I/O 口驱动能力均可达到 20 mA，但 40 - pin 及 40 - pin 以上单片机的整个芯片最大不要超过 120 mA，20 - pin 以上及 32 - pin 以下（包括 32 - pin）单片机的整个芯片最大不要超过 90 mA。

每个口的工作模式由 PnM1 和 PnM0（n = 0，1，2，3，4，5）两个寄存器的相应位来控制。例如，P0M1 和 P0M0 用于设定 P0 口的工作模式，其中 P0M1.0 和 P0M0.0 用于设置 P0.0 口的工作模式，P0M1.7 和 P0M0.7 用于设置 P0.7 口的工作模式，依次类推。设置关系见表 5–1，除与专用 PWM 模块有关的引脚（P1.6、P1.7、P2.3、P2.2、P2.1、P3.7）为高阻外，IAP15W4K58S4 单片机上电复位后所有的 I/O 口均为准双向模式。

表 5–1　I/O 口工作模式的设置

控制信号		I/O 口工作模式
PnM1[7:0]	PnM0[7:0]	
0	0	准双向口（传统 8051 I/O 口模式）：灌电流可达 20 mA，拉电流为 270 μA，由于制造误差，实际为 150 ~ 270 μA

控制信号		I/O 口工作模式
PnM1[7:0]	PnM0[7:0]	
0	1	推挽输出：强上拉输出，可达 20 mA，要加限流电阻
1	0	仅为输入（高阻）
1	1	开漏（Open Drain）：内部上拉电阻断开。需外加上拉电阻，否则读不到外部状态，也对外输不出高电平。此模式用于 5 V 器件与 3 V 器件电平习换

5.1.2 并行 I/O 口的结构

IAP15W4K58S4 单片机的所有 I/O 口均有 4 种工作模式：准双向口（传统 8051 单片机 I/O 口模式）、推挽模式、仅为输入（高阻状态）与开漏输出模式，由 PnM1 和 PnM0（n = 0，1，2，3，4，5）两个寄存器的相应位来控制 P0 ~ P5 端口的工作模式，下面介绍 IAP15W4K58S4 单片机的并行 I/O 口不同模式的结构与工作原理。

1. 准双向口工作模式

准双向口工作模式下，I/O 口的电路结构如图 5-1 所示。此模式下，I/O 口可用直接输出而不需要重新配置口线输出状态。这是因为当口线输出为 1 时驱动能力很弱，允许外部装置将其拉低。当引脚输出为低时，它的驱动能力很强，可吸收相当大的电流。

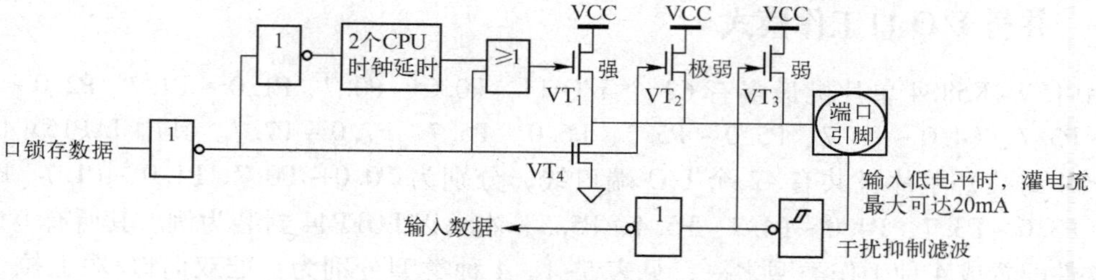

图 5-1 准双向口工作模式下 I/O 口的电路结构

每个端口都包含一个 8 位的锁存器，即特殊功能寄存器 P0 ~ P5。这种结构在数据输出时具有锁存功能，即在重新输出新的数据之前，口线上的数据一直保持不变。但对输入信号是不锁存的，所以外设输入的数据必须保持到取数指令执行为止。

准双向口有 3 个上拉场效应晶体管 VT_1、VT_2、VT_3，以适用不同的需要。其中，VT_1 称为"强上拉"，上拉电流可达 20 mA；VT_2 称为"极弱上拉"，上拉电流一般为 30 μA；VT_3 称为"弱上拉"，一般上拉电流为 150 ~ 270 μA，典型值为 200 μA。输出低电平时，灌电流最大可达 20 mA。

当口线寄存器为"1"且引脚本身也为"1"时，VT_3 导通，VT_3 提供基本驱动电流使准双向口输出为"1"。如果一个引脚输出为"1"而由外部装置下拉到低电平时，VT_3 断开，而 VT_2 维持导通状态，为了把这个引脚强拉成低电平，外部装置必须有足够的灌电流使引脚上的电压降到门槛电压以下。

当口线锁存为"1"时，VT_2 导通。当引脚悬空时，这个极弱的上拉源产生很弱的上拉电流，将引脚上拉为高电平。

当口线锁存器由"0"到"1"跳变时，VT_1 用来加快准双向口由逻辑"0"到逻辑"1"

的转换。当发生这种情况时，VT_1导通约两个时钟，以使引脚能够迅速地上拉到高电平。

准双向口带有一个施密特触发输入以及一个干扰抑制电路。

当从端口引脚上输入数据时，VT_4应一直处于截止状态。假定在输入之前曾输出锁存过数据"0"，则VT_4是导通的，这样引脚上的电位就始终被钳位在低电平，使输入高电平无法读入。若要从端口引脚读入数据，必须先向端口锁存器置"1"，使VT_4截止。

2. 推挽工作模式

推挽输出工作模式下，I/O口的电路结构如图5-2所示。此模式下，I/O口输出的下拉结构、输入电路结构与准双向口模式是一致的，不同的是，推挽输出工作模式下I/O口的上拉是持续的"强上拉"，若输出高电平，输出拉电流最大可达20 mA；若输出低电平时，输出灌电流最大可达20 mA。

当从端口引脚上输入数据时，必须先向端口锁存器置"1"，使VT_2截止。

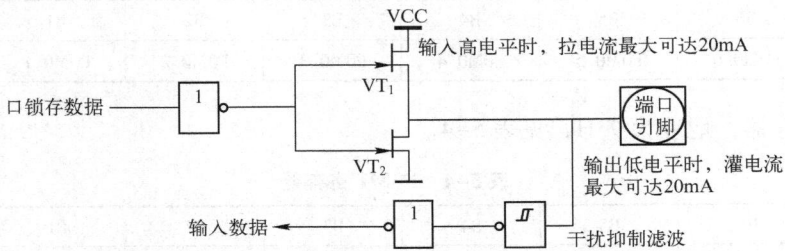

图 5-2 推挽输入输出工作模式下 I/O 口的电路结构

3. 仅输入（高阻）工作模式

仅为输入（高阻）工作模式下，I/O口的电路结构如图5-3所示。此模式下，可直接从端口引脚读入数据，而不需要先对端口锁存器置"1"。

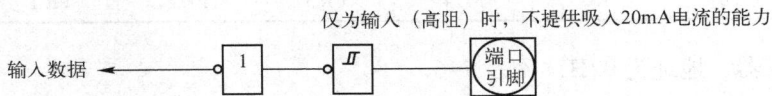

图 5-3 仅为输入（高阻）工作模式下 I/O 口的电路结构

4. 开漏输出工作模式

开漏工作模式下，I/O口电路结构如图5-4所示。此模式下，I/O口输出的下拉结构与推挽输出/准双向口一致，输入电路与准双向口一致，但是输出驱动无任何负载，即开漏状态，输出应用时，必须外接上拉电阻。

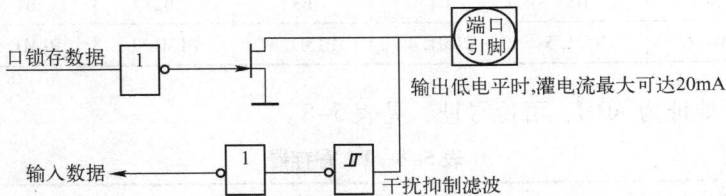

图 5-4 开漏输出工作模式下 I/O 口的电路结构

5.2 与 I/O 口有关的特殊功能寄存器及其地址声明

下面将与 I/O 口相关的寄存器及其地址列于此处，以方便用户查询。

P0 寄存器，地址为 80H，可位寻址，见表 5-2。

表 5-2 P0 寄存器

B7	B6	B5	B4	B3	B2	B1	B0
P0.7	P0.6	P0.5	P0.4	P0.3	P0.2	P0.1	P0.0

P0M0 寄存器，地址为 94H，见表 5-3

表 5-3 P0M0 寄存器

B7	B6	B5	B4	B3	B2	B1	B0
P0M0.7	P0M0.6	P0M0.5	P0M0.4	P0M0.3	P0M0.2	P0M0.1	P0M0.0

P0M1 寄存器，地址为 93H，见表 5-4。

表 5-4 P0M1 寄存器

B7	B6	B5	B4	B3	B2	B1	B0
P0M1.7	P0M1.6	P0M1.5	P0M1.4	P0M1.3	P0M1.2	P0M1.1	P0M1.0

P1 寄存器，地址为 90H，可位寻址，见表 5-5。

表 5-5 P1 寄存器

B7	B6	B5	B4	B3	B2	B1	B0
P1.7	P1.6	P1.5	P1.4	P1.3	P1.2	P1.1	P1.0

P1M0 寄存器，地址为 92H，见表 5-6。

表 5-6 P1M0 寄存器

B7	B6	B5	B4	B3	B2	B1	B0
P1M0.7	P1M0.6	P1M0.5	P1M0.4	P1M0.3	P1M0.2	P1M0.1	P1M0.0

P1M1 寄存器，地址为 91H，见表 5-7。

表 5-7 P1M1 寄存器

B7	B6	B5	B4	B3	B2	B1	B0
P1M1.7	P1M1.6	P1M1.5	P1M1.4	P1M1.3	P1M1.2	P1M1.1	P1M1.0

P2 寄存器，地址为 A0H，可位寻址，见表 5-8。

表 5-8 P2 寄存器

B7	B6	B5	B4	B3	B2	B1	B0
P2.7	P2.6	P2.5	P2.4	P2.3	P2.2	P2.1	P2.0

P2M0 寄存器，地址为 96H，见表 5-9。

表 5-9　P2M0 寄存器

B7	B6	B5	B4	B3	B2	B1	B0
P2M0.7	P2M0.6	P2M0.5	P2M0.4	P2M0.3	P2M0.2	P2M0.1	P2M0.0

P2M1 寄存器，地址为 95H，见表 5-10。

表 5-10　P2M1 寄存器

B7	B6	B5	B4	B3	B2	B1	B0
P2M1.7	P2M1.6	P2M1.5	P2M1.4	P2M1.3	P2M1.2	P2M1.1	P2M1.0

P3 寄存器，地址为 B0H，可位寻址，见表 5-11。

表 5-11　P3 寄存器

B7	B6	B5	B4	B3	B2	B1	B0
P3.7	P3.6	P3.5	P3.4	P3.3	P3.2	P3.1	P3.0

P3M0 寄存器，地址为 B2H，见表 5-12。

表 5-12　P3M0 寄存器

B7	B6	B5	B4	B3	B2	B1	B0
P3M0.7	P3M0.6	P3M0.5	P3M0.4	P3M0.3	P3M0.2	P3M0.1	P3M0.0

P3M1 寄存器，地址为 B1H，见表 5-13。

表 5-13　P3M1 寄存器

B7	B6	B5	B4	B3	B2	B1	B0
P3M1.7	P3M1.6	P3M1.5	P3M1.4	P3M1.3	P3M1.2	P3M1.1	P3M1.0

P4 寄存器，地址为 C0H，可位寻址，见表 5-14。

表 5-14　P4 寄存器

B7	B6	B5	B4	B3	B2	B1	B0
P4.7	P4.6	P4.5	P4.4	P4.3	P4.2	P4.1	P4.0

P4M0 寄存器，地址为 B4H，见表 5-15。

表 5-15　P4M0 寄存器

B7	B6	B5	B4	B3	B2	B1	B0
P4M0.7	P4M0.6	P4M0.5	P4M0.4	P4M0.3	P4M0.2	P4M0.1	P4M0.0

P4M1 寄存器，地址为 B3H，见表 5-16。

表 5-16　P4M1 寄存器

B7	B6	B5	B4	B3	B2	B1	B0
P4M1.7	P4M1.6	P4M1.5	P4M1.4	P4M1.3	P4M1.2	P4M1.1	P4M1.0

P5 寄存器，地址为 C8H，可位寻址，见表 5-17。

表 5-17 P5 寄存器

B7	B6	B5	B4	B3	B2	B1	B0
—	—	P5.5	P5.4	P5.3	P5.2	P5.1	P5.0

P5M0 寄存器，地址为 CAH，见表 5-18。

表 5-18 P5M0 寄存器

B7	B6	B5	B4	B3	B2	B1	B0
—	—	P5M0.5	P5M0.4	P5M0.3	P5M0.2	P5M0.1	P5M0.0

P5M1 寄存器，地址为 C9H，见表 5-19。

表 5-19 P5M1 寄存器

B7	B6	B5	B4	B3	B2	B1	B0
—	—	P5M1.5	P5M1.4	P5M1.3	P5M1.2	P5M1.1	P5M1.0

P6 寄存器，地址为 E8H，可位寻址，见表 5-20。

表 5-20 P6 寄存器

B7	B6	B5	B4	B3	B2	B1	B0
P6.7	P6.6	P6.5	P6.4	P6.3	P6.2	P6.1	P6.0

P6M0 寄存器，地址为 CCH，见表 5-21。

表 5-21 P6M0 寄存器

B7	B6	B5	B4	B3	B2	B1	B0
P6M0.7	P6M0.6	P6M0.5	P6M0.4	P6M0.3	P6M0.2	P6M0.1	P6M0.0

P6M1 寄存器，地址为 CBH，见表 5-22。

表 5-22 P6M1 寄存器

B7	B6	B5	B4	B3	B2	B1	B0
P6M1.7	P6M1.6	P6M1.5	P6M1.4	P6M1.3	P6M1.2	P6M1.1	P6M1.0

P7 寄存器，地址为 F8H，可位寻址，见表 5-23。

表 5-23 P7 寄存器

B7	B6	B5	B4	B3	B2	B1	B0
P7.7	P7.6	P7.5	P7.4	P7.3	P7.2	P7.1	P7.0

P7M0 寄存器，地址为 E2H，见表 5-24。

表 5-24 P7M0 寄存器

B7	B6	B5	B4	B3	B2	B1	B0
P7M0.7	P7M0.6	P7M0.5	P7M0.4	P7M0.3	P7M0.2	P7M0.1	P7M0.0

P7M1 寄存器，地址为 E1H，见表 5-25。

表 5-25　P7M1 寄存器

B7	B6	B5	B4	B3	B2	B1	B0
P7M1.7	P7M1.6	P7M1.5	P7M1.4	P7M1.3	P7M1.2	P7M1.1	P7M1.0

下面分别列出汇编语言和 C 语言情况下，各个 I/O 的地址声明。

1. 汇编语言

```
P5      EQU     0C8H;       OR      P5      DATA    0C8H
P5M1    EQU     0C9H;       OR      P5M1    DATA    0C9H
P5M0    EQU     0CAH;
;以上是 P5 口新增功能寄存器的地址声明
P4      EQU     0C0H;       OR      P4      DATA    0C0H
P4M1    EQU     0B3H;       OR      P4M1    DATA    0B3H
P4M0    EQU     0B4H;
;以上是 P4 口新增功能寄存器的地址声明
P3M1    EQU     0B1H;       OR      P3M1    DATA    0B1H
P3M0    EQU     0B2H;
;以上是 P3 口新增功能寄存器的地址声明
P2M1    EQU     095H;
P2M0    EQU     096H;
;以上是 P2 口新增功能寄存器的地址声明
P1M1    EQU091H;
P1M0    EQU     092H;
;以上是 P1 口新增功能寄存器的地址声明
P0M1    EQU     093H;
P0M0    EQU     094H;
;以上是 P0 口新增功能寄存器的地址声明
```

2. C 语言

```
sfr         P5   = 0xc8;
sfr         P5M1 = 0xc9;
sfr         P5M0 = 0xca;
/* 以上为 P5 新增功能寄存器的 C 语言地址声明 */
sfr         P4   = 0xc0;
sfr         P4M1 = 0xb3;
sfr         P4M0 = 0xb4;
/* 以上为 P4 新增功能寄存器的 C 语言地址声明 */
sfr         P3M1 = 0xb1;
sfr         P3M0 = 0xb2;
/* 以上为 P3 新增功能寄存器的 C 语言地址声明 */
sfr         P2M1 = 0x95;
sfr         P2M0 = 0x96;
```

```
                              /*以上为 P2 新增功能寄存器的 C 语言地址声明*/
sfr         P1M1 = 0x91;
sfr         P1M0 = 0x92;
                              /*以上为 P1 新增功能寄存器的 C 语言地址声明*/
sfr         P0M1 = 0x93;
sfr         P0M0 = 0x94;
                              /*以上为 P0 新增功能寄存器的 C 语言地址声明*/
```

5.3 应用举例

【例 5-1】点亮 LED，启动后 LED1、LED2、LED3 间隔 2 s 后闪烁，原理图如图 5-5
所示。

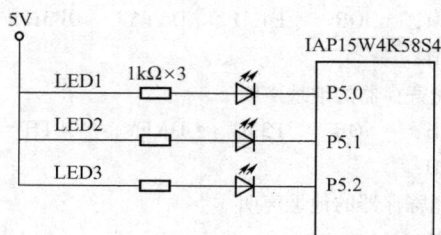

图 5-5 点亮 LED 原理图

解：C 语言参考程序如下：

```
#include "iap15w4k58s4. h"        //IAP15W4K58S4 头文件
#include "delay. h"               //延迟函数头文件
sbit LED1 = P5^0;                 //定义 LED1
sbit LED2 = P5^1;                 //定义 LED2
sbit LED3 = P5^2;                 //定义 LED3
void   main( )                    //主函数
{
    P5M0 = 0X00;                  //定义准双向口模式
    P5M1 = 0X00;
    while(1)
    {
        LED1 = 0;                 //点亮 LED1
        LED2 = 0;                 //点亮 LED2
        LED3 = 0;                 //点亮 LED3
        DelayMS(2000);            //延时 2 s
        LED1 = 1;                 //熄灭 LED1
        LED2 = 1;                 //熄灭 LED2
        LED3 = 1;                 //熄灭 LED3
        DelayMS(2000);            //延时 2 s
```

```
        }

    }
```

【例5-2】 按键检测（晶振频率为18.432 MHz）。按键控制 LED 转换，按键按下后为低电平，未按时为高电平；按键 1 后，LED1 点亮；按键 2 后，LED2 点亮；按键 3 后，LED3 点亮；按键 4 后，LED 全亮。其原理图如图 5-6 所示。

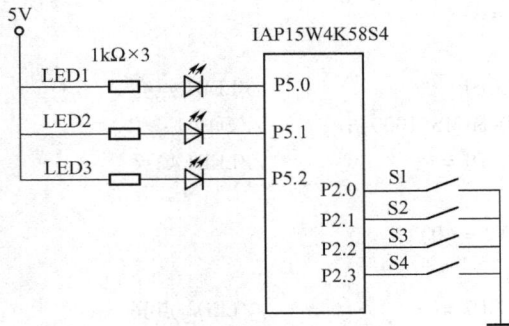

图 5-6　按键检测电路原理图

解: C 语言参考程序如下:

```
#include "iap15w4k58s4. h"          //IAP15W4K58S4 头文件,可以不再加 reg51. h
#include "delay. h"                 //延时函数头文件

sbit KEY1 = P2^0;                   //定义 KEY1 为 P2. 0 脚
sbit KEY2 = P2^1;                   //定义 KEY2 为 P2. 1 脚
sbit KEY3 = P2^2;                   //定义 KEY3 为 P2. 2 脚
sbit KEY4 = P2^3;                   //定义 KEY4 为 P2. 3 脚
sbit LED1 = P5^0;                   //定义 LED1 为 P5. 0 脚
sbit LED2 = P5^1;                   //定义 LED2 为 P5. 1 脚
sbit LED3 = P5^2;                   //定义 LED3 为 P5. 2 脚

void main(    )                     //主函数
    {
    P2M0 = 0X00;
    P2M1 = 0X00;
    P5M0 = 0X00;
    P5M1 = 0X00;
    DelayMS(100);
    DelayUS(100);
    LED1 = 1;
    LED2 = 1;
    LED3 = 1;
    KEY1 = 1;
    KEY2 = 1;
```

```
        KEY3 = 1;
        KEY4 = 1;
        DelayMS(100);
        DelayUS(100);
        while(1)                          //主循环
    {
        if(KEY1 ==0)
            {
                LED1 = 0;                 //LED1 点亮
                DelayMS(1000);            //延时 1 s
                LED1 = 1;                 //LED1 熄灭
            }
        else if(KEY2 ==0)
            {
                LED2 = 0;                 //LED2 点亮
                DelayMS(1000);            //延时 1 s
                LED2 = 1;                 //LED2 熄灭

            }

        else if(KEY3 ==0)
            {
                LED3 = 0;                 //LED3 点亮
                DelayMS(1000);            //延时 1 s
                LED3 = 1;                 //LED3 熄灭
            }
        else if(KEY4 ==0)
            {
                LED1 = 0;                 //LED1 点亮
                LED2 = 0;                 //LED2 点亮
                LED3 = 0;                 //LED3 点亮
                DelayMS(1000);            //延时 1 s
                LED1 = 1;                 //LED1 熄灭
                LED2 = 1;                 //LED2 熄灭
                LED3 = 1;                 //LED3 熄灭

            }
    }
    }
```

【例5-3】单片机驱动 OLED 显示屏试验（12 MHz），0.96 寸 OLED 显示英文字符。原理图如图 5-7 所示。

解：C 语言参考程序如下：

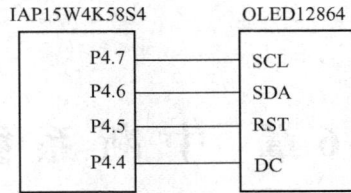

图 5-7   OLED 驱动电路原理图

```
#include "iap15w4k58s4. h "          //IAP15W4K58S4 头文件
#include "delay. h"                   //延迟函数头文件
#include "oled12864. h"               //OLED 头文件
sbit LCD_CS = P4^3;                   //定义片选引脚
void main(void)
{

    P4M0 = 0X00;
    P4M1 = 0X00;
    LCD_CS = 0;
    LCD_Init();                        //OLED 初始化

    LCD_Fill(0xff);
    DelayMS(100);
    LCD_Fill(0x00);
    DelayMS(100);
    LCD_CLS();

    LCD_P8x16Str(25,1,"LCE STUDIO");

    LCD_P6x8Str(10,4,"OLED Test Program");
    LCD_P6x8Str(34,7,"2015 – 06 – 16");
    DelayMS(100);
    DelayUS(100);

    while(1)
    {
    }
}
```

第6章 中断系统

中断的概念是 20 世纪 50 年代针对查询输入/输出的缺点提出的，很多外围设备并不具备时刻处于准备就绪状态的功能，CPU 与这样的外设进行数据通信前，首先应先查询外设当前的状态，如处于就绪状态则进行与外设的数据通信，否则一直处于查询外设的状态，在此期间消耗了宝贵的 CPU 资源，造成 CPU 利用率低下的问题。为此提出了中断技术，其核心思想是当外设未处于就绪时 CPU 处理其他任务，而外设就绪后向 CPU 提出数据通信的请求，CPU 对此请求做出响应后，暂停当前任务的处理，转而处理与外设的数据通信，与外设的数据交换完成后再次回到前面暂停的任务中继续处理原来的工作。

有了中断技术，计算机的工作更加灵活、效率更高。多任务是现代计算机系统的一个显著特征，其基础就是完善的中断技术，也正因为如此，中断功能的强弱已成为衡量一台计算机功能完善与否的一个重要标准。

6.1 中断的基本概念

6.1.1 中断的概念

中断系统是为使 CPU 具有对外界紧急事件的实时处理能力而设置的。

当中央处理器 CPU 正在处理某件事的时候外界发生了紧急事件请求，要求 CPU 暂停当前的工作，转而去处理这个紧急事件，处理完以后，再回到原来被中断的地方，继续原来的工作，这样的过程称为中断。一个完整的中断过程包括中断请求、中断响应、中断服务及中断返回 4 个步骤，如图 6-1 所示。

打个比方，当一位经理正在处理文件时，电话铃响了（中断请求），不得不在文件上做一个记号（断点地址，即返回地址），暂停工作，去接电话（响应中断），并处理电话请求（中断服务），然后，再静下心来（恢复中断前状态），接着处理文件（中断返回）……

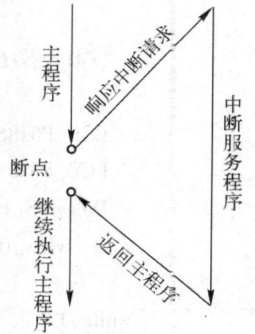

图 6-1 中断响应过程示意图

6.1.2 中断源

引起 CPU 中断的根源或原因，称为中断源。中断源向 CPU 提出的处理请求，称为中断请求或中断申请。

IAP15W4K58S4 系列单片机提供了 21 个中断请求源，它们分别是：外部中断 0（INT0）、定时器 0 中断、外部中断 1（INT1）、定时器 1 中断、串行口 1 中断、A - D 转换中断、低压检测（LVD）中断、CCP/PWM/PCA 中断、串行口 2 中断、SPI 中断、外部中断

$2(\overline{INT2})$、外部中断 $3(\overline{INT3})$、定时器 2 中断、外部中断 $4(\overline{INT4})$、串行口 3 中断、串行口 4 中断、定时器 3 中断、定时器 4 中断、比较器中断、PWM 中断及 PWM 异常检测中断。其结构图如图 6-2 所示。

除外部中断 $2(\overline{INT2})$、外部中断 $3(\overline{INT3})$、定时器 T2 中断、外部中断 $4(\overline{INT4})$、串行口 3 中断、串行口 4 中断、定时器 3 中断、定时器 4 中断及比较器中断固定是最低优先级中断外，其他的中断都具有 2 个中断优先级，可实现 2 级中断服务程序嵌套。

IAP15W4K58S4 单片机的 21 个中断源，详细如下：

1）外部中断 0（INT0）：中断请求信号由 P3.2 引脚输入。通过 IT0 来设置中断请求的触发方式。当 IT0 为 1 时，外部中断 0 为下降沿触发；当 IT0 为 "0" 时，无论是上升沿还是下降沿，都会引发外部中断 0。一旦输入信号有效，则置位 IE0 标志，向 CPU 请求中断。

2）外部中断 1（INT1）：中断请求信号由 P3.3 引脚输入。通过 IT1 来设置中断请求的触发方式。当 IT1 为 1 时，外部中断 0 为下降沿触发；当 IT1 为 "0" 时，无论是上升沿还是下降沿，都会引发外部中断 0。一旦输入信号有效，则置位 IE1 标志，向 CPU 请求中断。

3）定时/计数器 T0 溢出中断：当定时/计数器 T0 计数产生溢出时，定时/计数器 T0 中断请求标志位 TF0 置位，向 CPU 申请中断。

4）定时/计数器 T1 溢出中断：当定时/计数器 T1 计数产生溢出时，定时/计数器 T1 中断请求标志位 TF1 置位，向 CPU 申请中断。

5）串行口 1 中断：当串行口 1 接收完一帧串行数据时置位 RI 或发送完一帧串行数据时置位 TI，向 CPU 申请中断。

6）A – D 转换中断：当 A – D 转换结束后，则置位 ADC_FLAG，向 CPU 申请中断。

7）片内电源低电压检测中断：当检测到电源电压为低电压时，则置位 LVDF。上电复位时，由于电源电压上升有一个过程，低压检测电路会检测到低电压，置位 LVDF，向 CPU 申请中断。单片机上电复位后，LDVF = 1，若需应用 LDVF，则需先对 LDVF 清 0，若干个系统时钟后，再检测 LVDF。

8）PCA/CPP 中断：PCA/CPP 中断的中断请求信号由 CF、CCF0、CCF1 标志共同形成，CF、CCF0、CCF1 中任一标志为 "1"，都可引发 PCA/CPP 中断。

9）串行口 2 中断：当串行口 2 接收完一帧串行数据时置位 S2RI 或发送完一帧串行数据时置位 S2TI，向 CPU 申请中断。

10）SPI 中断：当 SPI 端口一次数据传输完成时，置位 SPIF 标志，向 CPU 申请中断。

11）外部中断 $2(\overline{INT2})$：下降沿触发，一旦输入信号有效，则向 CPU 申请中断，中断优先级固定为低级。

12）外部中断 $3(\overline{INT3})$：下降沿触发，一旦输入信号有效，则向 CPU 申请中断，中断优先级固定为低级。

13）定时器 T2 中断：当定时器/计数器 T2 计数产生溢出时，则向 CPU 申请中断，中断优先级固定为低级。

14）外部中断 $4(\overline{INT4})$：下降沿触发，一旦输入信号有效，则向 CPU 申请中断，中断优先级固定为低级。

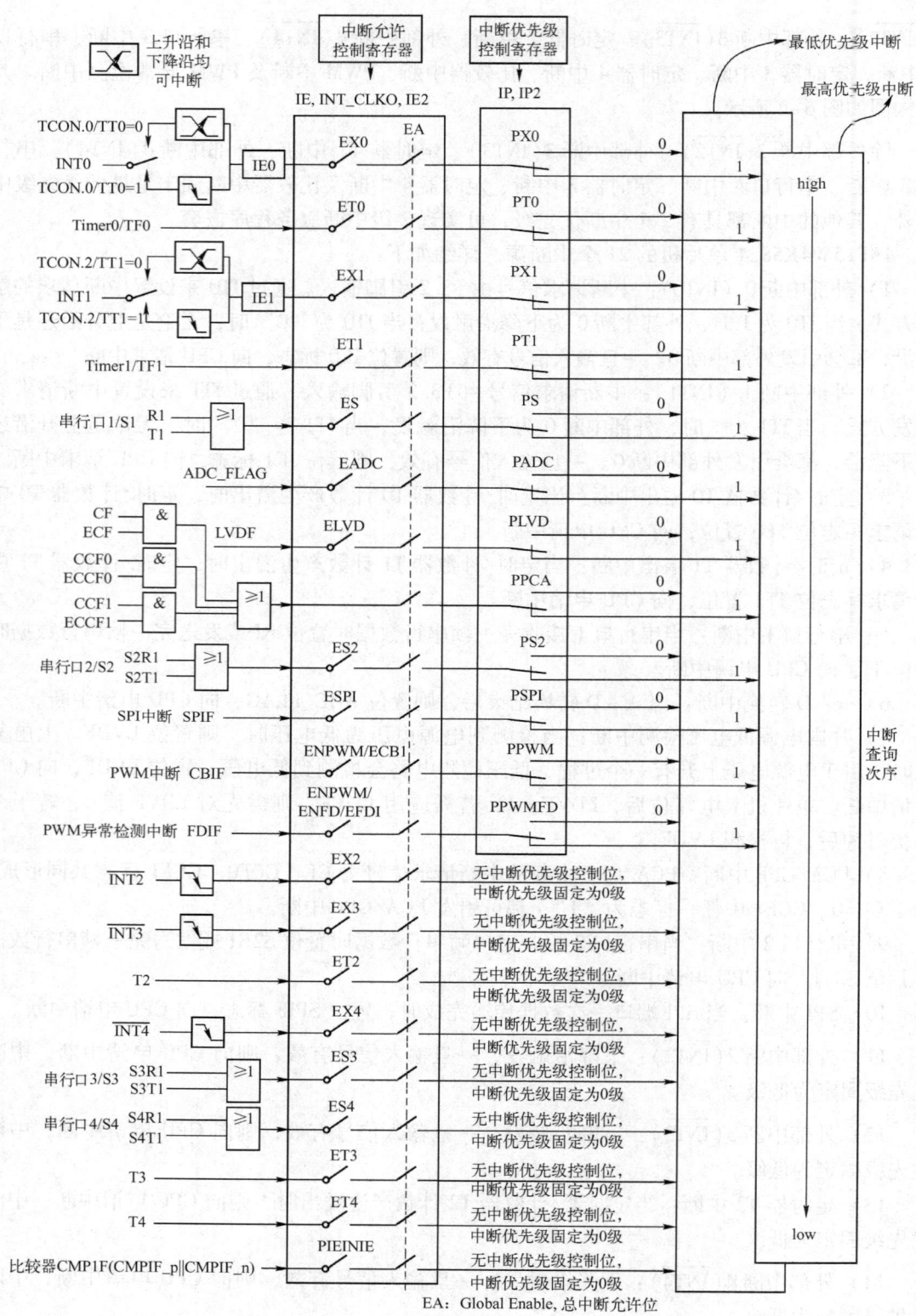

图6-2 IAP15W4K58S4 中断结构图

15）串行口 3 中断：当串行口 3 接收完一帧串行数据时置位 S3RI 或发送完一帧串行数据时置位 S3TI，向 CPU 申请中断，中断优先级固定为低级。

16）串行口 4 中断：当串行口 4 接收完一帧串行数据时置位 S4RI 或发送完一帧串行数据时置位 S4TI，向 CPU 申请中断，中断优先级固定为低级。

17）定时器 T3 中断：当定时/计数器 T3 计数产生溢出时，则向 CPU 申请中断，中断优先级固定为低级。

18）定时器 T4 中断：当定时/计数器 T4 计数产生溢出时，则向 CPU 申请中断，中断优先级固定为低级。

19）比较器中断：当比较器的结果由高到低，或由低到高时，都有可能引发中断，中断优先级固定为低级。

20）PWM 中断：包括 PWM 计数器中断标志位和 PWM2～PWM7 通道的 PWM 中断标志位 C2IF～C7IF。

21）PWM 异常检测中断：当发生 PWM 异常（比较器正极 P5.5/CMP + 的电平比比较器的负极 P5.4/CMP - 的电平高，或比较器正极 P5.5/CMP + 的电平比内部参考电压源 1.28V 高，或者 P2.4 的电平为高电平）时，硬件自动将 FDIF 置 1，向 CPU 申请中断。

6.1.3　中断优先级

当有多个中断源同时向 CPU 提出中断请求时，就存在 CPU 先响应哪个中断请求、后响应哪个中断请求的问题，为此，CPU 要对每个中断源事先确定一个优先级别，称为中断优先级。当多个中断源同时提出中断请求时，CPU 先响应优先级高的中断请求，之后再响应低优先级的中断请求。

6.1.4　中断嵌套

当 CPU 正在处理一个中断请求时，又出现了另外一个优先级更高的中断请求，此时，CPU 暂时中止当前优先级低的中断服务，保护好断点后，转去响应优先级高的中断请求，当执行完优先级高的中断服务程序后，再返回接着执行原来被中止的低优先级中断服务程序，这个过程称为中断嵌套。如图 6-3 所示。

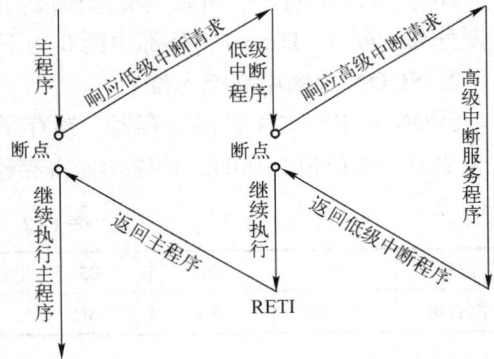

图 6-3　中断嵌套

6.2　单片机中断请求

IAP15W4K58S4 单片机通过以下 16 个特殊功能寄存器实现对各个中断源的控制。

6.2.1　中断请求标志

1. TCON 中的中断标志位

TCON 是定时/计数器 T0 和 T1 的控制寄存器，锁存了 T0、T1 的溢出中断标志位及外部中断 0 和外部中断 1 的中断标志位，地址为 88H，复位值为 00H。特殊功能寄存器 TCON 中的各位分布见表 6-1。

表 6-1 TCON 的标志位

位号	B7	B6	B5	B4	B3	B2	B1	B0
位名称	TF1	TR1	TF0	TR0	IE1	IT1	IE0	IT0

各控制位的意义如下：

TF1：T1 溢出中断标志。T1 被允许计数以后，从初值开始加 1 计数。当产生溢出时，由硬件自动使 TF1 置"1"，向 CPU 请求中断，一直保持到 CPU 响应中断时，才由硬件清"0"（也可由查询软件清"0"）。

TR1：定时器 1 的运行控制位。

TF0：T0 溢出中断标志。T0 被允许计数以后，从初值开始加 1 计数，当产生溢出时，由硬件自动使 TF0 置"1"，向 CPU 请求中断，一直保持 CPU 响应该中断时，才由硬件清"0"（也可由查询软件清"0"）。

TR0：定时器 0 的运行控制位。

IE1：外部中断 1（INT1/P3.3）中断请求标志。IE1 = 1，外部中断 1 向 CPU 请求中断，当 CPU 响应该中断时，由硬件对 IE1 清"0"。

IT1：外部中断 1 中断源类型选择位。IT1 = 0，INT1/P3.3 引脚上的上升沿或下降沿信号均可触发外部中断 1。IT1 = 1，外部中断 1 为下降沿触发方式。

IE0：外部中断 0（INT0/P3.2）中断请求标志。IE0 = 1，外部中断 0 向 CPU 请求中断，当 CPU 响应外部中断时，由硬件对 IE0 清"0"。

IT0：外部中断 0 中断源类型选择位。IT0 = 0，INT0/P3.2 引脚上的上升沿或下降沿均可触发外部中断 0。IT0 = 1，外部中断 0 为下降沿触发方式。

2. SCON 中的中断标志位

SCON 是串行口 1 控制寄存器，锁存了串行口 1 的发送、接收中断标志位 TI 和 RI，地址为 98H，复位值为 00H。特殊功能寄存器 SCON 中各位分布见表 6-2。

表 6-2 SCON 的标志位

位号	B7	B6	B5	B4	B3	B2	B1	B0
位名称	SM0/FE	SM1	SM2	REN	TB8	RB8	TI	RI

TI：串行口 1 发送中断标志。串行口 1 以方式 0 发送时，每当发送完 8 位数据，由硬件置 1；若以方式 1、方式 2 或方式 3 发送时，在发送停止位的开始时置 TI = 1，表示串行口 1 正在向 CPU 申请中断（发送中断）。值得注意的是，CPU 响应发送中断请求，转向执行中断服务程序时并不将 TI 清零，TI 必须由用户在中断服务程序中清零。

RI：串行口 1 接收中断标志。若串行口 1 允许接收且以方式 0 工作，则每当接收到第 8 位数据时置 1；若以方式 1、2、3 工作且 SM2 = 0 时，则每当接收到停止位的中间时置 1；当串行口以方式 2 或方式 3 工作且 SM2 = 1 时，则仅当接收到的第 9 位数据 RB8 为 1 后，同时还要接收到停止位的中间时置 RI 为 1，表示串行口 1 正向 CPU 申请中断（接收中断），RI 必须由用户的中断服务程序清零。

3. S2CON 中的中断标志位

S2CON 是串行口 2 控制寄存器，锁存了串行口 2 的发送、接收中断标志位 S2TI 和 S2RI，地址为 9AH，复位值为 00H。特殊功能寄存器 S2CON 中各位分布见表 6-3。

表 6-3   S2CON 标志位

位号	B7	B6	B5	B4	B3	B2	B1	B0
位名称	S2SM0	—	S2SM2	S2REN	S2TB8	S2RB8	S2TI	S2RI

S2TI：串行口 2 发送中断标志。串行口 2 以方式 0 发送时，每当发送完 8 位数据，由硬件置 1；若以方式 1、方式 2 或方式 3 发送时，在发送停止位的开始时置 S2TI = 1，表示串行口 2 正在向 CPU 申请中断（发送中断）。值得注意的是，CPU 响应发送中断请求，转向执行中断服务程序时并不将 S2TI 清零，S2TI 必须由用户在中断服务程序中清零。

S2RI：串行口 2 接收中断标志。若串行口 2 允许接收且以方式 0 工作，则每当接收到第 8 位数据时置 1；若以方式 1、2、3 工作且 S2SM2 = 0 时，则每当接收到停止位的中间时置 1；当串行口 2 以方式 2 或方式 3 工作且 S2SM2 = 1 时，则仅当接收到的第 9 位数据 S2RB8 为 1 后，同时还要接收到停止位的中间时置 S2RI 为 1，表示串行口 2 正向 CPU 申请中断（接收中断），S2RI 必须由用户的中断服务程序清零。

S2CON 寄存器的其他位与中断无关，在此不作介绍。

4. S3CON 中的中断标志位

S3CON 是串行口 3 控制寄存器，锁存了串行口 3 的发送、接收中断标志位 S3TI 和 S3RI，地址为 ACH，复位值为 00H。特殊功能寄存器 S3CON 中各位分布见表 6-4。

表 6-4   S3CON 标志位

位号	B7	B6	B5	B4	B3	B2	B1	B0
位名称	S3SM0	S3ST3	S3SM2	S3REN	S3TB8	S3RB8	S3TI	S3RI

S3TI：串行口 3 发送中断标志。串行口 3 以方式 0 发送时，每当发送完 8 位数据，由硬件置 1；若以方式 1、方式 2 或方式 3 发送时，在发送停止位的开始时置 S3TI = 1，表示串行口 3 正在向 CPU 申请中断（发送中断）。值得注意的是，CPU 响应发送中断请求，转向执行中断服务程序时并不将 S3TI 清零，S3TI 必须由用户在中断服务程序中清零。

S3RI：串行口 3 接收中断标志。若串行口 3 允许接收且以方式 0 工作，则每当接收到第 8 位数据时置 1；若以方式 1、2、3 工作且 S3SM2 = 0 时，则每当接收到停止位的中间时置 1；当串行口 3 以方式 2 或方式 3 工作且 S3SM2 = 1 时，则仅当接收到的第 9 位数据 S3RB8 为 1 后，同时还要接收到停止位的中间时置 S3RI 为 1，表示串行口 3 正向 CPU 申请中断（接收中断），S3RI 必须由用户的中断服务程序清零。

S3CON 寄存器的其他位与中断无关，在此不作介绍。

5. S4CON 中的中断标志位

S4CON 是串行口 4 控制寄存器，锁存了串行口 4 的发送、接收中断标志位 S4TI 和 S4RI，地址为 84H，复位值为 00H。特殊功能寄存器 S4CON 中各位分布见表 6-5。

表 6-5　S4CON 标志位

位号	B7	B6	B5	B4	B3	B2	B1	B0
位名称	S4SM0	S4ST4	S4SM2	S4REN	S4TB8	S4RB8	S4TI	S4RI

S4TI：串行口 4 发送中断标志。串行口 4 以方式 0 发送时，每当发送完 8 位数据，由硬件置 1；若以方式 1、方式 2 或方式 3 发送时，在发送停止位的开始时置 S4TI = 1，表示串行口 4 正在向 CPU 申请中断（发送中断）。值得注意的是，CPU 响应发送中断请求，转向执行中断服务程序时并不将 S4TI 清零，S4TI 必须由用户在中断服务程序中清零。

S4RI：串行口 4 接收中断标志。若串行口 4 允许接收且以方式 0 工作，则每当接收到第 8 位数据时置 1；若以方式 1、2、3 工作且 S4SM2 = 0 时，则每当接收到停止位的中间时置 1；当串行口 4 以方式 2 或方式 3 工作且 S4SM2 = 1 时，则仅当接收到的第 9 位数据 S4RB8 为 1 后，同时还要接收到停止位的中间时置 S4RI 为 1，表示串行口 4 正向 CPU 申请中断（接收中断），S4RI 必须由用户的中断服务程序清零。

S4CON 寄存器的其他位与中断无关，在此不作介绍。

6. ADC_CONTR 中的中断标志位

ADC_CONTR 是 ADC 控制寄存器，锁存了 A - D 转换结束中断标志 ADC_FLAG，地址为 BCH，复位值为 00H。特殊功能寄存器 ADC_CONTR 中的各位分布见表 6-6。

表 6-6　ADC_CONTR 标志位

位号	B7	B6	B5	B4	B3	B2	B1	B0
位名称	ADC_POWER	SPEED1	SPEED0	ADC_FLAG	ADC_START	CHS2	CHS1	CHS0

ADC_POWER：ADC 电源控制位。当 ADC_POWER = 0 时，关闭 ADC 电源；当 ADC_PWOER = 1 时，打开 ADC 电源。

ADC_FLAG：ADC 转换结束标志位，可用于请求 A - D 转换的中断。当 A - D 转换完成后，ADC_FLAG = 1，要用软件清零。不管是 A - D 转换完成后由该位申请产生中断，还是由软件查询该标志位 A - D 转换是否结束，当 A - D 转换完成后，ADC_FLAG = 1，一定要软件清零。

ADC_START：ADC 转换启动控制位，设置为 "1" 时，开始转换，转换结束后为 0。

A - D 转换控制寄存器 ADC_CONTR 中的其他位与中断无关，在此不作介绍。

7. PCON 中的中断标志位

PCON 是电源控制寄存器，锁存了低压检测中断标志位 LVDF，地址为 87H，复位值为 00H。特殊功能寄存器 PCON 中各位分布见表 6-7。

表 6-7　PCON 标志位

位号	B7	B6	B5	B4	B3	B2	B1	B0
位名称	SMOD	SMOD0	LVDF	POF	GF1	GF0	PD	IDL

LVDF：低压检测标志位，同时也是低压检测中断请求标志位。

在正常工作和空闲工作状态时，如果内部工作电压 VCC 低于低压检测门槛电压，该位自动置 1，与低压检测中断是否被允许无关。即在内部工作电压 VCC 低于低压检测门槛电压时，不管有没有允许低压检测中断，该位都自动为 1。该位要用软件清 0，清 0 后如内部工作电压 VCC 继续低于低压检测门槛电压，该位又被自动设置为 1。

在进入掉电工作状态前，如果低压检测电路未被允许产生中断，则在进入掉电模式后，该低压检测电路不工作以降低功耗。如果被允许可产生低压检测中断，则在进入掉电模式后，该低压检测电路继续工作，在内部工作电压 VCC 低于低压检测门槛电压后，产生低压检测中断，可将 MCU 从掉电状态唤醒。

电源控制寄存器 PCON 中的其他位与低压检测中断无关，在此不作介绍。

8. CCON 中的中断标志位

CCON 是 PCA 控制寄存器，锁存了 PCA 计数器溢出中断标志位 CF 及 CCF2、CCF1、CCF0，地址为 D8H，复位值为 00H。特殊功能寄存器 CCON 中各位分布见表 6-8。

表 6-8　CCON 标志位

位号	B7	B6	B5	B4	B3	B2	B1	B0
位名称	CF	CR	—	—	—	CCF2	CCF1	CCF0

CF：PCA 计数器溢出标志位。当 PCA 计数溢出时，由硬件将 CF 置 1，并向 CPU 发出中断请求。CPU 响应该中断后不能通过硬件将 CF 位清零，用户必须通过软件将该位清零。

CCF2/CCF1/CCF0：PCA 各模块的中断标志位。其中 CCF2 对应模块 2，CCF1 对应模块 1，CCF0 对应模块 0。当出现匹配或捕获时由硬件将对应标志位置 1，并向 CPU 发出中断请求。CPU 响应该中断后不能通过硬件将 CCF2/CCF1/CCF0 位清零，用户必须通过软件将该位清零。在中断服务程序中，通过判断各标志位以确定是哪个模块产生了中断。

9. SPSTAT 中的中断标志位

SPSTAT 是 SPI 状态寄存器，锁存了 SPI 传输完成中断标志位 SPIF，地址为 CDH，复位值为 00H。特殊功能寄存器 SPSTAT 中各位分布见表 6-9。

表 6-9　SPSTAT 标志位

位号	B7	B6	B5	B4	B3	B2	B1	B0
位名称	SPIF	WOOL	—	—	—	—	—	—

SPIF：SPI 传输完成的中断标志位。当一次 SPI 传输完成时，由硬件将 SPIF 位置 1，并向 CPU 发出中断请求。CPU 响应该中断后不能通过硬件将 SPIF 位清零，用户必须通过软件向该位写 1 而清零。

外部中断 2、外部中断 3 及外部中断 4 只能在下降沿触发，且这几个中断标志位对用户可不见。当对应的中断响应后或在 EXn = 0 (n = 2,3,4) 时，这些中断请求标志位会自动被清零。

定时器 T2 的中断请求标志位对用户也是可不见的。当 T2 的中断被响应后或 ET2 = 0 时，该中断标志位会自动被清零。

6.2.2　中断允许的控制

计算机中断系统有两种不同类型的中断：一类称为非屏蔽中断；另一类称为可屏蔽中

断。对于非屏蔽中断，用户不能用软件的方法来禁止，一旦有中断申请，CPU 必须响应。对于可屏蔽中断，用户可以通过软件方法来控制是否允许某中断源的中断请求。允许中断，称为中断开放；不允许中断，称为中断屏蔽。IAP15W4K58S4 单片机的 12 个中断源都是可屏蔽中断。各中断的中断允许控制位如下。

1. 中断允许寄存器 IE

地址为 A8H，可位寻址，复位值为 00H，见表 6–10。

表 6–10　IE 控制位

位号	B7	B6	B5	B4	B3	B2	B1	B0
位名称	EA	ELVD	EADC	ES	ET1	EX1	ET0	EX0

EA：CPU 的总中断允许控制位。EA = 1，CPU 开放中断；EA = 0，CPU 屏蔽所有的中断申请。EA 的作用是使中断允许形成多级控制。即各中断源首先受 EA 控制；其次还受各中断源自己的中断允许控制位控制。

ELVD：低压检测中断允许位。ELVD = 1，允许低压检测中断；ELVD = 0，禁止低压检测中断。

EADC：A – D 转换中断允许位。EADC = 1，允许 A – D 转换中断；EADC = 0，禁止 A – D 转换中断。

ES：串行口 1 中断允许位。ES = 1，允许串行口 1 中断；ES = 0，禁止串行口 1 中断。

ET1：定时/计数器 T1 的溢出中断允许位。ET1 = 1，允许 T1 中断；ET1 = 0，禁止 T1 中断。

EX1：外部中断 1 中断允许位。EX1 = 1，允许外部中断 1 中断；EX1 = 0，禁止外部中断 1 中断。

ET0：T0 的溢出中断允许位。ET0 = 1 允许 T0 中断；ET0 = 0 禁止 T0 中断。

EX0：外部中断 0 中断允许位。EX0 = 1 允许中断；EX0 = 0 禁止中断。

2. 中断允许寄存器 IE2

地址为 AFH，不可位寻址，复位值为 00H，见表 6–11。

表 6–11　IE2 控制位

位号	B7	B6	B5	B4	B3	B2	B1	B0
位名称	—	ET4	ET3	ES4	ES3	ET2	ESPI	ES2

ET4：定时器 4 的中断允许位。ET4 = 1，允许定时器 4 产生中断；ET4 = 0，禁止定时器 4 产生中断。

ET3：定时器 3 的中断允许位。ET3 = 1，允许定时器 3 产生中断；ET3 = 0，禁止定时器 3 产生中断。

ES4：串行口 4 中断允许位。ES4 = 1，允许串行口 4 中断；ES4 = 0，禁止串行口 4 中断。

ES3：串行口 3 中断允许位。ES3 = 1，允许串行口 3 中断；ES3 = 0，禁止串行口 3 中断。

ET2：定时器 2 的中断允许位。ET2 = 1，允许定时器 2 产生中断；ET2 = 0，禁止定时器 2 产生中断。

ESPI：SPI 中断允许位。ESPI = 1，允许 SPI 中断；ESPI = 0，禁止 SPI 中断。

ES2：串行口 2 中断允许位。ES2 = 1，允许串行口 2 中断；ES2 = 0，禁止串行口 2 中断。

3. 外部中断允许和时钟输出寄存器 INT_CLKO（AUXR2）

地址为 8FH，复位值为 00H，见表 6-12。

表 6-12　INT_CLKO 标志位

位号	B7	B6	B5	B4	B3	B2	B1	B0
位名称	—	EX4	EX3	EX2	MCKO_S2	T2CLKO	T1CLKO	T0CLKO

EX4：外部中断 4（$\overline{INT4}$）中断允许位。EX4 = 1 允许中断，EX4 = 0 禁止中断。外部中断 4（$\overline{INT4}$）只能下降沿触发。

EX3：外部中断 3（$\overline{INT3}$）中断允许位。EX3 = 1 允许中断，EX3 = 0 禁止中断。外部中断 3（$\overline{INT3}$）也只能下降沿触发。

EX2：外部中断 2（$\overline{INT2}$）中断允许位。EX2 = 1 允许中断，EX2 = 0 禁止中断。外部中断 2（$\overline{INT2}$）同样只能下降沿触发。

MCKO_S2、T2CLKO、T1CLKO、T0CLKO 与中断无关，在此不作介绍。

IAP15W4K58S4 单片机系统复位后，所有中断源的中断允许控制位以及 CPU 中断控制位（EA）均被清零，即禁止所有中断。

一个中断要处于允许状态，必须满足两个条件：一是总中断（CPU 中断）允许位 EA 为 1，二是该中断允许位为 1。

6.2.3　中断优先的控制

传统 8051 单片机具有两个中断优先级，即高优先级和低优先级，可以实现两级中断嵌套。STC15 系列单片机通过设置特殊功能寄存器（IP 和 IP2）中的相应位，可将部分中断设有 2 个中断优先级，除外部中断 2（$\overline{INT2}$）、外部中断 3（$\overline{INT3}$）及外部中断 4（$\overline{INT4}$）外，所有中断请求源可编程为 2 个优先级中断。

一个正在执行的低优先级中断能被高优先级中断所中断，但不能被另一个低优先级中断所中断，一直执行到结束，遇到返回指令 RETI，返回主程序后再执行一条指令才能响应新的中断申请。以上所述可归纳为下面两条基本规则：

1）低优先级中断可被高优先级中断所中断，反之不能。

2）任何一种中断（不管是高级还是低级），一旦得到响应，不会再被它的同级中断所中断。

STC15 系列单片机的片内各优先级控制寄存器的格式如下。

1. 中断优先级控制寄存器 IP

地址为 B8H，可位寻址，复位值为 00H。其格式见表 6-13。

表 6-13 IP 标志位

位号	B7	B6	B5	B4	B3	B2	B1	B0
位名称	PPCA	PLVD	PADC	PS	PT1	PX1	PT0	PX0

PPCA：PCA 中断优先级控制位。当 PPCA = 0 时，PCA 中断为最低优先级中断（优先级 0）；当 PPCA = 1 时，PCA 中断为最高优先级中断（优先级 1）。

PLVD：低压检测中断优先级控制位。当 PLVD = 0 时，低压检测中断为最低优先级中断（优先级 0）；当 PLVD = 1 时，低压检测中断为最高优先级中断（优先级 1）。

PADC：A – D 转换中断优先级控制位。当 PADC = 0 时，A – D 转换中断为最低优先级中断（优先级 0）；当 PADC = 1 时，A – D 转换中断为最高优先级中断（优先级 1）。

PS：串行口 1 中断优先级控制位。当 PS = 0 时，串行口 1 中断为最低优先级中断（优先级 0）；当 PS = 1 时，串行口 1 中断为最高优先级中断（优先级 1）。

PT1：定时器 1 中断优先级控制位。当 PT1 = 0 时，定时器 1 中断为最低优先级中断（优先级 0）；当 PT1 = 1 时，定时器 1 中断为最高优先级中断（优先级 1）。

PX1：外部中断 1 优先级控制位。当 PX1 = 0 时，外部中断 1 为最低优先级中断（优先级 0）；当 PX1 = 1 时，外部中断 1 为最高优先级中断（优先级 1）。

PT0：定时器 0 中断优先级控制位。当 PT0 = 0 时，定时器 0 中断为最低优先级中断（优先级 0）；当 PT0 = 1 时，定时器 0 中断为最高优先级中断（优先级 1）。

PX0：外部中断 0 优先级控制位。当 PX0 = 0 时，外部中断 0 为最低优先级中断（优先级 0）；当 PX0 = 1 时，外部中断 0 为最高优先级中断（优先级 1）。

2. 中断优先级控制寄存器 IP2

地址为 B5H，不可位寻址，复位值为 00H。其格式见表 6-14。

表 6-14　IP2 标志位

位号	B7	B6	B5	B4	B3	B2	B1	B0
位名称	—	—	—	PX4	PPWMFD	PPWM	PSPI	PS2

PX4：外部中断 4（$\overline{INT4}$）优先级控制位。当 PX4 = 0 时，外部中断 4（$\overline{INT4}$）为最低优先级中断（优先级 0）；当 PX4 = 1 时，外部中断 4（$\overline{INT4}$）为最高优先级中断（优先级 1）。

PPWMFD：PWM 异常检测中断优先级控制位。当 PPWMFD = 0 时，PWM 异常检测中断为最低优先级中断（优先级 0）；当 PPWMFD = 1 时，PWM 异常检测中断为最高优先级中断（优先级 1）。

PPWM：PWM 中断优先级控制位。当 PPWM = 0 时，PWM 中断为最低优先级中断（优先级 0）；当 PPWM = 1 时，PWM 中断为最高优先级中断（优先级 1）。

PSPI：SPI 中断优先级控制位。当 PSPI = 0 时，SPI 中断为最低优先级中断（优先级 0）；当 PSPI = 1 时，SPI 中断为最高优先级中断（优先级 1）。

PS2：串行口 2 中断优先级控制位。当 PS2 = 0 时，串行口 2 中断为最低优先级中断（优先级 0）；当 PS2 = 1 时，串行口 2 中断为最高优先级中断（优先级 1）。

当系统复位后，所有的中断优先管理控制位全部清零，所有中断源均设定为优先级中断。

如果几个同一优先级的中断源同时向 CPU 申请中断，CPU 通过内部硬件查询逻辑，按自然优先级顺序确定先响应哪个中断请求。自然优先级由内部硬件电路形成，排列见表6–15。

表 6–15　中断优先级

中　断　源	同级自然优先级顺序
外部中断 0	
定时器 T0 中断	
外部中断 1	
定时器 T1 中断	
串行口 1 中断	
A – D 转换中断	
LVD 中断	最高
PCA 中断	
串行口 2 中断	
SPI 中断	
外部中断 2	
外部中断 3	
定时器 T2 中断	
外部中断 4	
串行口 3 中断	最低
串行口 4 中断	
定时器 T3 中断	
定时器 T4 中断	
比较器中断	
PWM 中断	
PWM 异常中断	

6.3　中断响应

中断响应是 CPU 对中断源中断请求的响应，包括保护断点和将程序转向中断响应后的入口地址（也称中断向量地址）。CPU 并非任何时刻都响应中断请求，而是在中断响应条件满足之后才会响应。

6.3.1　中断响应时间

在中断允许的条件下，中断源发出中断请求后，CPU 肯定会响应中断，但若有下列任何一种情况存在，中断响应会受到阻断，会不同程度地增加 CPU 响应中断的时间。

1）CPU 正在执行同级或高级优先级的中断。

2）正在执行 RETI 中断返回指令或访问与中断有关的寄存器指令，如访问 IE 和 IP 的指令。

3）当前指令未执行完。

若存在上述任何一种情况，中断查询结果即被取消，CPU 不响应中断请求，而在下一指令周期继续查询；若条件满足，CPU 在下一指令周期响应中断。

在每个指令周期的最后时刻，CPU 对各中断源采样，并设置相应的中断标志位；CPU 在下一个指令周期的最后时刻按优先级顺序查询各中断标志，如查到某个中断标志为"1"，将在下一个指令周期按优先级的高低顺序进行处理。

6.3.2 中断响应过程

中断响应过程包括保护断点和将程序转向中断服务程序的入口地址。

CPU 响应中断时，将相应的优先级状态触发器置"1"，然后由硬件自动产生一个长调用指令 LCALL。此指令首先把断点地址压入堆栈保护，再将中断服务程序的入口地址送到程序计数器 PC，使程序转向相应的中断服务程序。

IAP15W4K58S4 单片机各个中断源中断响应的入口地址由硬件事先设定，见表 6-16。

表 6-16 中断源中断响应的入口地址与中断号

中 断 源	入口地址（中断向量）	中 断 号
外部中断 0	0003H	0
定时器/计数器 T0 中断	000BH	1
外部中断 1	0013H	2
定时器/计数器 T1 中断	001BH	3
串行口 1 中断	0023H	4
A – D 转换中断	002BH	5
LVD 中断	0033H	6
PCA 中断	003BH	7
串行口 2 中断	0043H	8
SPI 中断	004BH	9
外部中断 2	0053H	10
外部中断 3	005BH	11
定时器 T2 中断	0063H	12
预留中断	006BH、0073H、007BH	13、14、15
外部中断 4	0083H	16
串行口 3 中断	008BH	17
串行口 4 中断	0093H	18
定时器 T3 中断	009BH	19
定时器 T4 中断	00A3H	20
比较器中断	00ABH	21
PWM 中断	00B3H	22
PWM 异常中断	00BBH	23

其中，中断号是在 C 语言程序中编写中断函数使用的。在中断函数中，中断号与各中断源是一一对应的，不能混淆。

6.3.3 中断请求标志的撤销问题

CPU 响应中断请求后即进入中断服务程序。在中断返回前，应撤除该中断请求；否则，会重复引起中断而导致错误。IAP15W4K58S4 单片机各中断源中断请求撤除的方法不尽相同，如下所示：

1）定时器中断请求的撤除：对于定时器/计数器 T0 或 T1 溢出中断，CPU 在响应中断后，即由硬件自动清除其中标志位 TF0 或 TF1，无须采取其他措施。

定时器 T2、T3、T4 中断的中断请求标志位被隐藏起来，对用户是不可见的。当响应的服务程序执行后，这些中断请求标志位自动被清零。

2）串行口 1 中断请求的撤除：对于串行口 1 中断，CPU 在响应之后，硬件不会自动清除中断请求标志位 TI 或 RI，必须在中断服务程序中，在判别出是 TI 还是 RI 引起的中断后，再用软件将其清除。

3）外部中断请求的撤除：外部中断 0 和外部中断 1 的触发方式由 ITx（x = 0,1）设置，但无论 ITx（x = 0,1）设置为"0"还是"1"，都属于边沿触发。CPU 在响应中断后，由硬件自动清除其中断请求标志位 IE0 或 IE1，无须采取其他措施。外部中断 2、外部中断 3、外部中断 4 的中断请求标志虽然是隐含的，但同样属于边沿触发。CPU 在响应中断后，由硬件自动清除其中断标志位，无须采取其他措施。

4）电源低电压检测中断：电源低电压检测中断的中断请求标志位，在中断响应后，不会自动清零，需用软件清除。

6.4 中断服务与中断返回

中断请求的识别、中断优先级的判断、响应中断的各种动作是由 CPU 自动完成的，而中断处理与中断返回需要由开发者编写的中断服务程序来完成。在编写中断服务程序时要考虑下列问题：

1）因为各中断源的中断服务程序入口地址仅相隔 8 个字节，一般容纳不下中断服务程序的执行代码，所以通常在中断服务程序的入口处存放一条无条件转移指令，在 CPU 响应中断时转移到实际中断服务程序的入口去执行。

2）如果在执行实际中断服务程序的过程中不允许其他高级中断打断程序的执行，需要在实际中断服务程序的入口处用软件屏蔽 CPU 的中断，而在中断返回前再用软件打开 CPU 中断。

3）如果在中断服务程序中要使用主程序（或能够被该中断源中断的其他程序）所用的寄存器或存储单元，就需要对它们进行保护，即保护现场。当然，在保护现场之前应先屏蔽 CPU 的中断。

4）因为在 CPU 响应串行口发送/接收中断时 CPU 不能使中断标志位自动复位，所以要在中断服务程序中使用软件将其中断标志位复位。对电平型外部信号触发中断也要考虑类似的问题。

5）如果在中断服务程序中进行了现场保护，在中断返回前一定要恢复现场。如果 CPU 的中断被屏蔽了，一定要用软件再打开 CPU 中断。然后才是中断服务程序的最后一条语句 RETI，从中断服务程序返回主程序。

6）为了使应用系统能够及时响应各中断源的中断请求，中断服务程序要尽可能简短，一些可以在主程序中完成的操作，应安排在主程序中来完成，这样可以减少中断处理占用的时间，提高响应速度。

6.5 中断服务函数

中断服务函数定义的一般形式为：

函数类型　　函数名（形式参数表）［interrupt］［using m］

其中，关键字 interrupt 后面的 n 是中断号，n 的取值范围为 0 ~ 31。编译器从 8n + 3 处产生中断向量，具体的中断号 n 和中断向量取决于不同的单片机芯片。

关键字 using 用于选择工作寄存器组，m 为对应的寄存器组号，m 取值为 0 ~ 3，对应 51 单片机的 0 ~ 3 寄存器组。

IAP15W4K58S4 单片机各中断源的中断号见表 6-17。

表 6-17　常用中断源与中断向量表

中　断　源	中断号 n	中断向量 8n + 3
外部中断 0	0	0003H
定时器/计数器中断 T0	1	000BH
外部中断 1	2	0013H
定时器/计数器中断 T1	3	001BH
串行口 1 中断	4	0023H

对于汇编语言，通常在这些中断响应的入口地址处存放一条无条件转移指令，使程序跳转到用户安排的中断服务程序的起始地址上去。例如：

```
ORG      001BH          ;T1 中断响应的入口
LJMP     T1_ISR         ;转向 T1 中断服务程序
```

中断号是在 C 语言程序中编写中断函数使用的，在中断函数中中断号与各中断源是一一对应的，不能混淆。例如：

```
void INT0_ISR(void)interrupt0{}          //外部中断 0 中断函数
void Timer0_ISR(void)interrupt1{}        //定时器 T0 中断函数
void INT1_ISR(void)interrupt2{}          //外部中断 1 中断函数
void Timer1_ISR(void)interrupt3{}        //定时器 T1 中断函数
void UART_ISR(void)interrupt4{}          //串行口 1 中断函数
void LVD_ISR(void)interrupt5{}           //LVD 中断函数
```

6.6 IAP15W4K58S4 单片机中断应用举例

【例6-1】外部中断应用。

利用外部中断0、外部中断1控制LED灯，当外部中断0输入时，使LED1、LED2取反；当外部中断1输入时，使LED3、LED4取反。原理图如图6-4所示。

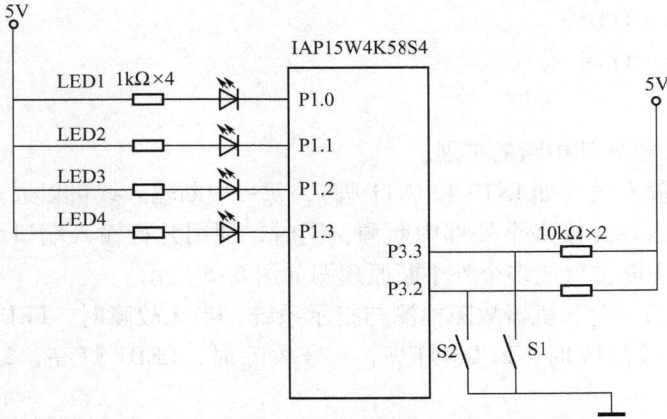

图6-4 外部中断原理图

解： C语言参考程序如下：

```
#include "iap15w4k58s4. h"
#define uchar unsigned char
#define uint unsigned int
sbit LED1 = P1^0;
sbit LED2 = P1^1;
sbit LED3 = P1^2;
sbit LED4 = P1^3;

void   main(  )
{
    P1M0 = 0X00;
    P1M1 = 0X00;
    IT0 = 1;                //外部中断0为下降沿触发方式
    IT1 = 1;                //外部中断1为下降沿触发方式

    EX0 = 1;                //允许外部中断0
    EX1 = 1;                //允许外部中断1
    EA = 1;                 //总中断允许
    while(1);
}
```

```
void INT0_ISR(void) interrupt 0
{
    LED1 = ~LED1;
    LED2 = ~LED2;
}
void INT1_ISR(void) interrupt 2
{
    LED3 = ~LED3;
    LED4 = ~LED4;
}
```

【例6-2】单片机外部中断的扩展。

利用外部中断输入线（如 INT0 和 INT1 脚），每一中断输入线可以通过逻辑与（或逻辑或非）门电路的输入端连接多个外部中断源，同时，利用并行输入端口线作为多个中断源的识别线。一个外中断扩展成多个外中断原理图如图6-5所示。

如图6-6所示为一台3机器故障检测与指示系统，当无故障时，LED3灯亮；当有故障时，LED3灯灭，0号故障时，LED0灯亮，1号故障时，LED1灯亮，2号故障时，LED2灯亮。

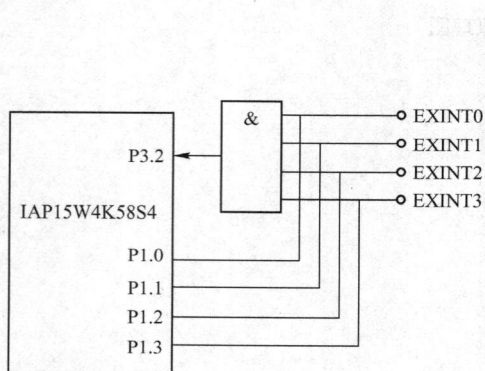

图6-5　一个外中断扩展成多个外中断原理图

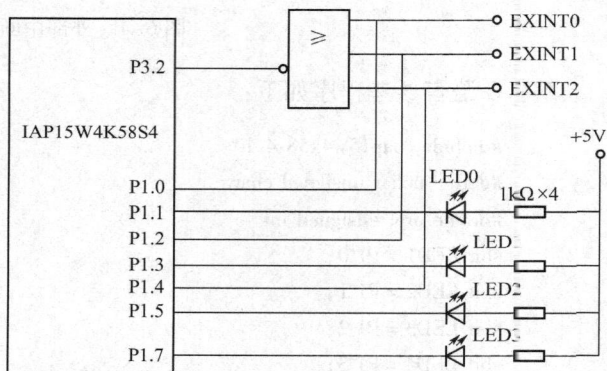

图6-6　机器故障检测与指示系统原理图

解： C 语言参考程序如下：

```
#include "iap15w4k58s4.h"
sbit  P10 = P1^0;
sbit  P11 = P1^1;
sbit  P12 = P1^2;
sbit  P13 = P1^3;
sbit  P14 = P1^4;
sbit  P15 = P1^5;
sbit  P16 = P1^6;
sbit  P17 = P1^7;
```

```
void  INT0_ISR(void)interrupt 0
{
    P11 = ~ P10;                     //故障指示灯状态与故障信号状态相反
    P13 = ~ P12;
    P15 = ~ P14;
}


void main(void)
{
    unsigned  char  i;
    IT0 = 1;                         //外部中断 0 为下降沿触发方式
    EX0 = 1;                         //允许外部中断 0
    EA = 1;                          //总中断允许
    while(1)
    {
        i = P1;
        if(! (i& = 0x15))            //若没有故障,点亮工作指示灯 LED3
        P17 = 0;
        else
        P17 = 1;                     //若有故障,熄灭工作指示灯 LED3
    }
}
```

【例6-3】 利用定时器中断。

用 T1 方式 0 实现定时, 在 P1.0 引脚输出周期为 10ms 的方波。

解: 根据题意, 采用 T1 方式 0 进行定时, 因此, (TMOD)=00H。

因为方波周期是 10 ms, 所以 T1 的定时时间应为 5 ms, 每 5 ms 时间到对 P1.0 取反, 就可实现在 P1.0 引脚输出周期为 10 ms 的方波。系统采用 12MHz 晶振, 分频系数为 12, 即定时脉钟周期为 1 μs, 则 T1 的初值为

$$X = M - 计数值 = 65536 - 5000 = 60536 = EC78H$$

即: TH1 = ECH, TL1 = 78H。

C 语言参考程序如下:

```
#include "iap15w4k58s4.h"          //单片机 IAP15W4K58S4 头文件,可以不加 reg51.h
sbit Wave_out = P1^0;


void Timer1Init(void)               //5ms@ 12MHz
{
    AUXR & = 0xBF;                  //定时器时钟 12T 模式
    TMOD & = 0x00;                  //设置定时器模式
    TL1 = 0x78;                     //设置定时初值
    TH1 = 0xEC;                     //设置定时初值
    TF1 = 0;                        //清除 TF1 标志
```

```
        TR1 = 1;                      //定时器 1 开始计时
        EA = 1;                       //总中断打开
        ET1 = 1;                      //定时器 1 中断打开

}

void main( )                          //主函数
{
    P1M1 = 0X00;
    P1M0 = 0X00;
    Timer1Init(   );

    while (1);                        //主循环

}

void Timer1_isr(void) interrupt 3 using 1    //中断函数
{
    TL1 = 0x78;                       //定时器初值
    TH1 = 0xEC;                       //定时器初值
    //每 5ms 取反,即产生 10ms 的方波
    Wave_out = ~ Wave_out;

}
```

【例6-4】 利用串行口 1 中断。

串行口 1 收到数据,如果数据为 "turnonled",LED 点亮 2 s 后,再熄灭。波特率 9600 bit/s,数据位 8,奇偶效验无,停止位 1,数据流控制无。

解: C 语言参考程序如下:

```
/****************************************************************
主程序,其中串行口初始化部分程序参照例 8-1
****************************************************************/
#include "iap15w4k58s4. h"           //单片机 IAP15W4K58S4 头文件
#include < intrins. h >               //加入此头文件后,可使用_nop_库函数
#include "delay. h"                   //延时函数头文件
#include "uart. h"                    //串行通信函数头文件
#include < string. h >

#define Buf_Max 20                    //串行口数据缓存长度

unsigned char Rec_Buf[ Buf_Max];      //串行口数据缓存
unsigned char i = 0;                  //缓存指针
void CLR_Buf(void);                   //数据清零
bit   Hand(unsigned char ∗ a);
```

126

//对串口缓存数据进行识别,是否包含已知的命令

```c
sbit LED1 = P5^0;                    //定义 LED1 为 P5.0
sbit LED2 = P5^1;                    //定义 LED2 为 P5.1
sbit LED3 = P5^2;                    //定义 LED3 为 P5.2


void main( )                         //主函数
{
    DelayMS(100);
    UartInit( );                     //初始化串行口
    DelayUS(100);
    ES = 1;                          //开串行口 1 中断
    EA = 1;                          //开总中断
    LED1 = 1;
    SendString("Please enter your command:\r\n");
    while (1)                        //主循环
    {
        if( Hand("turnonled1"))
        {
            ES = 0;
            LED1 = 0;
            DelayMS(1000);
            DelayMS(1000);
            LED1 = 1;
            CLR_Buf( );
            SendString("Command: Turn on LED1   has been executed! \r\n");
            ES = 1;
        }
        else if( Hand("turnonled2"))
        {
            ES = 0;
            LED2 = 0;
            DelayMS(1000);
            DelayMS(1000);
            LED2 = 1;
            CLR_Buf( );
            SendString("Command: Turn on LED2 has been executed! \r\n");
            ES = 1;
        }
        else if( Hand("turnonled3"))
        {
            ES = 0;
```

```
                    LED3 = 0;
                    DelayMS(1000);
                    DelayMS(1000);
                    LED3 = 1;
                    CLR_Buf();
                    SendString("Command: Turn on LED3   has been executed! \r\n");
                    ES = 1;
                }

            }


    }

    bit Hand(unsigned char * a)              //串行口命令识别函数
    {
        if(strstr(Rec_Buf,a)! = NULL)
        return 1;
    else
        return 0;
}


    void CLR_Buf(void)                       //串行口缓存清理
    {
        unsigned char k;
        for(k = 0;k < Buf_Max;k ++ )
    {
        Rec_Buf[k] = 0;
    }
    i = 0;
    }


    void Usart() interrupt 4 using 1         //串行口中断函数
    {
        ES = 0;
        if (RI)
    {
            RI = 0;                          //清除 RI 位
        Rec_Buf[i] = SBUF;
        if (Rec_Buf[0] == 0xd9)
            {
                IAP_CONTR = 0x60;
            }

        i ++ ;
```

```
        if( i > 20)
            {
            i = 0;
            }

        }
    if ( TI )
        {
        TI = 0;                          //清除 TI 位

        }
    ES =   1;
    }
```

第7章 定时器/计数器

定时器/计数器的核心部件是一个加法计数器,其本质是对脉冲进行计数。只不过在用作定时器时是对微机内部时钟脉冲进行计数,而在用作计数器时是对微机外部输入的脉冲进行计数。如果输入脉冲的周期相同,也可将计数器作为定时器来使用。

在控制系统中,定时器/计数器具有计时、定时或延时控制、脉冲计数和测量脉冲宽度或频率功能(捕获功能)。

一般采用以下方法实现:

1)软件延迟方法:让 CPU 循环执行一段程序,实现软件定时。这种方法通用性和灵活性好,但是占用系统的时间,降低了 CPU 的利用率,因此软件定时的时间不宜太长。

2)不可编程的硬件方法:采用时基电路(如 555 定时器),外接必要的元器件,构成硬件定时电路。这种方法不占用 CPU 时间,但是通用性和灵活性差。在电路连接好后,定时值和定时范围不能由软件控制和修改,即不可编程。早期的外置"看门狗"电路就是这种定时电路。

3)可编程定时/计数器方法:由软件设定定时与计数功能,设定后与 CPU 并行工作。这种方法不占用 CPU 时间,功能强,使用灵活。例如使用 8253 可编程芯片。

定时器/计数器已经成为单片机的标准配置,而一款单片机中定时/计数器数量的多少与功能强弱,也称为衡量单片机的重要指标之一。

IAP15W4K58S4 单片机集成了 5 个 16 位可编程定时器/计数器,即定时器/计数器 0、1、2、3 和 4,简称 T0、T1、T2、T3 和 T4。

7.1 定时器 T0 和 T1

7.1.1 定时器/计数器 T0/T1 的结构和工作原理

定时器 T0、T1 结构框图如图 7-1 所示。

TL0、TH0 是定时/计数器 T0 的低 8 位、高 8 位状态值,TL1、TH1 是定时/计数器 T1 的低 8 位、高 8 位状态值。TMOD 是定时/计数器的工作方式寄存器,由它确定定时/计数器的工作方式和功能;TCON 是定时/计数器的控制寄存器,用于控制 T0、T1 的启动与停止以及记录计数计满溢出时中断请求标志;AUXR 称为辅助寄存器,其中 T0x12、T1x12 用于设定 T0、T1 内部计数脉冲的分频系数。P3.4、P3.5 分别为定时/计数器 T0、T1 的外部计数脉冲输入端。

定时/计数器的核心电路是一个加 1 计数器,如图 7-2 所示。加 1 计数器的脉冲有两个来源:一个是外部脉冲源 T0(P3.4)、T1(P3.5),另一个是系统的时钟信号。计数器对两个脉冲源之一进行输入计数,每输入一个脉冲,计数值加 1。当计数到计数器为全 1 时,再输

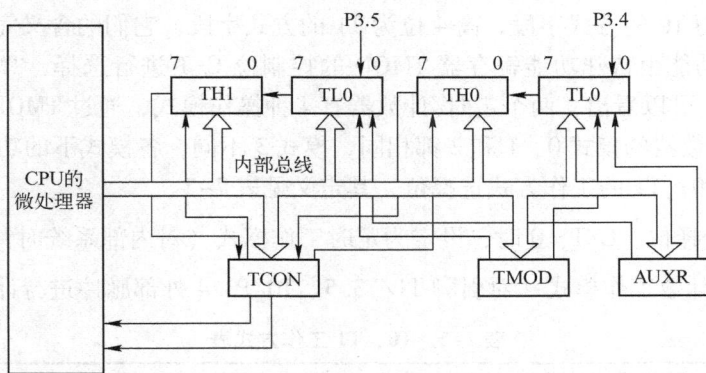

图 7-1 T0、T1 结构框图

入一个脉冲就使计数值回零，同时使计数器计满溢出标志位 TF0 或 TF1 置 1，并向 CPU 发出中断请求。

定时功能：当脉冲源为系统时钟（等间隔脉冲序列）时，由于计数脉冲为一时间基准，脉冲数乘以计数脉冲周期（系统周期或 12 倍系统周期）就是定时时间。

计数功能：当脉冲源为间隔不等的外部输入脉冲（由 T0 或 T1 引脚输入）时，就是外部事件的计数器。计数器在其对应的外输入端 T0 或 T1 有一个负跳变时计数器的状态值加 1。外部输入信号的速率是不受限制的，但必须保证给出的电平在变化前至少被采样一次。

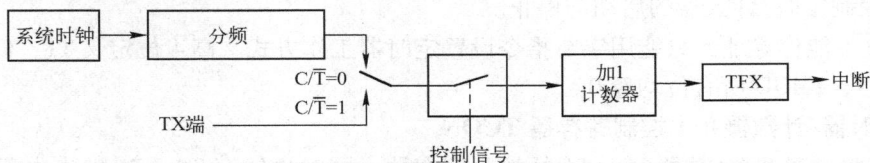

图 7-2 IAP15W4K58S4 单片机计数器电路框图

7.1.2 IAP15W4K58S4 单片机定时/计数器（T0/T1）的控制

IAP15W4K58S4 单片机内部定时/计数器（T0/T1）的工作方式和控制由 TMOD、TCON 和 AUXR 三个特殊功能寄存器进行管理。

TMOD：设定定时/计数器（T0/T1）的工作方式与功能。

TCON：控制定时/计数器（T0/T1）的启动与停止，并包含定时/计数器（T0/T1）的溢出标志位。

AUXR：设定定时计数脉冲的分频系数。

1. 工作方式寄存器 TMOD

TMOD 为 T0、T1 的工作方式寄存器，地址为 89H，复位值为 00H。其格式见表 7-1。

表 7-1　TMOD 控制字

位　号	B7	B6	B5	B4	B3	B2	B1	B0
位名称	GATE	C/$\overline{\text{T}}$	M1	M0	GATE	C/$\overline{\text{T}}$	M1	M0

131

其中低 4 位为 T0 的方式字段，高 4 位为 T1 的方式字段，它们的含义完全相同。

定时和计数功能由特殊功能寄存器 TMOD 的控制位 C/T 进行选择，TMOD 寄存器的各位信息见表 7-2。可以看出，两个定时/计数器有 4 种操作模式，通过 TMOD 的 M1 和 M0 选择。两个定时/计数器的模式 0、1 和 2 都相同，模式 3 不同，各模式下的功能如下所述。

M1 和 M0：T0、T1 的工作方式选择位，其定义见表 7-2。

C/$\overline{\text{T}}$：功能选择位。C/$\overline{\text{T}}$ = 0 时，设定为定时工作模式（对内部系统时钟进行计数）；C/$\overline{\text{T}}$ = 1 时，设定为计数工作模式（对引脚 T1/P3.5、T0/P3.4 外部脉冲进行计数）。

表 7-2 T0、T1 工作方式表

M1	M0	工作方式	功能说明
0	0	方式 0	自动重装初始值的 16 位定时/计数器（推荐）
0	1	方式 1	不可自动重装的 16 位定时/计数器
1	0	方式 2	自动重装初始值的 8 位定时/计数器
1	1	方式 3	定时器 0：不可屏蔽中断的 16 位自动重装定时器 定时器 1：停止计数

GATE：门控位。当 GATE = 0 时，软件控制位 TR0 或 TR1 置 1 即可启动定时/计数器；当 GATE = 1 时，软件控制位 TR0 或 TR1 须置 1，同时还须 INT0(P3.2) 或 INT1(P3.3) 引脚输入为高电平方可启动定时/计数器，即允许外部中断 INT0(P3.2)、INT1(P3.3) 输入引脚信号参与控制定时/计数器的启动与停止。

TMOD 不能位寻址，只能用字节指令设置定时器工作方式，高 4 位定义 T1，低 4 位定义 T0。复位时，TMOD 所有位均置 0。

2. 定时器/计数器 0/1 控制寄存器 TCON

TCON 为定时器/计数器 T0、T1 的控制寄存器，同时也锁存 T0、T1 溢出中断源和外部请求中断源等，地址为 88H，可位寻址，复位值为 00H。TCON 格式见表 7-3。

表 7-3 TCON 控制字

位号	B7	B6	B5	B4	B3	B2	B1	B0
位名称	TF1	TR1	TF0	TR0	IE1	IT1	IE0	IT0

TF1：T1 溢出中断标志。T1 被允许计数以后，从初值开始加 1 计数。当产生溢出时由硬件对 TF1 置 "1"，向 CPU 请求中断，一直保持到 CPU 响应中断时，才由硬件清 "0"（也可由查询软件清 "0"）。

TR1：定时器 T1 的运行控制位。该位由软件置位和清零。当 GATE(TMOD.7) = 0，TR1 = 1 时允许 T1 开始计数，TR1 = 0 时禁止 T1 计数。当 GATE(TMOD.7) = 1，TR1 = 1 且 INT1 输入高电平时，才允许 T1 计数。

TF0：T0 溢出中断标志。T0 被允许计数以后，从初值开始加 1 计数，当产生溢出时，由硬件对 TF0 置 "1"，向 CPU 请求中断，一直保持到 CPU 响应该中断时，才由硬件清 "0"（也可由查询软件清 "0"）。

TR0：定时器 T0 的运行控制位。该位由软件置位和清零。当 GATE(TMOD.3) = 0，TR0 = 1 时允许 T0 开始计数，TR0 = 0 时禁止 T0 计数。当 GATE(TMOD.3) = 1，TR0 = 1 且 INT0

输入高电平时，才允许 T0 计数，TR0 = 0 时禁止 T0 计数。

TCON 低 4 位用于控制外部中断，与定时/计数器无关，在第 6 章中已介绍。当系统复位时，TCON 所有位均清零。

3. 辅助寄存器 AUXR

辅助寄存器 AUXR 的 T0x12、T1x12 用于设置 T0、T1 定时计数脉冲的分频系数，地址为 8EH，复位值为 00H。其格式见表 7-4。

表 7-4　AUXR 控制位

位号	B7	B6	B5	B4	B3	B2	B1	B0
位名称	T0x12	T1x12	UART_M0x6	T2R	T2_C/$\overline{\text{T}}$	T2x12	EXTRAM	S1ST2

T0x12：用于设置定时/计数器 0 定时计数脉冲的分频系数。当 T0x12 = 0，定时计数脉冲完全与传统 8051 单片机的计数脉冲一样，计数脉冲周期为系统时钟周期的 12 倍，即 12 分频；当 T0x12 = 1，定时计数脉冲为系统时钟脉冲，计数脉冲周期等于系统时钟周期，即无分频。

T1x12：用于设置定时/计数器 1 定时计数脉冲的分频系数。当 T1x12 = 0，定时计数脉冲完全与传统 8051 单片机的计数脉冲一样，计数脉冲周期为系统时钟周期的 12 倍，即 12 分频；当 T1x12 = 1，定时计数脉冲为系统时钟脉冲，计数脉冲周期等于系统时钟周期，即无分频。

7.1.3　IAP15W4K58S4 单片机定时/计数器（T0/T1）的工作方式

定时/计数器 T0、T1 有 4 种工作方式，通过 TMOD 的 M1 和 M0 选择。两个定时/计数器的方式 0、1 和 2 都相同，方式 3 不同。下面以定时器/计数器 T0 为例，介绍定时/计数器的 4 种工作方式。

1. 方式 0

方式 0 是一个 16 位可自动重装初始值的定时/计数器，其结构如图 7-3 所示，T0 定时/计数器有两个隐含的寄存器 RL_TH0、RL_TL0，用于保存 16 位定时/计数器的重装初始值，当 TH0、TL0 构成的 16 位计数器计满溢出时，RL_TH0、RL_TL0 的值自动装入 TH0、TL0 中。RL_TH0 与 TH0 共用同一个地址，RL_TL0 与 TL0 共用同一个地址。

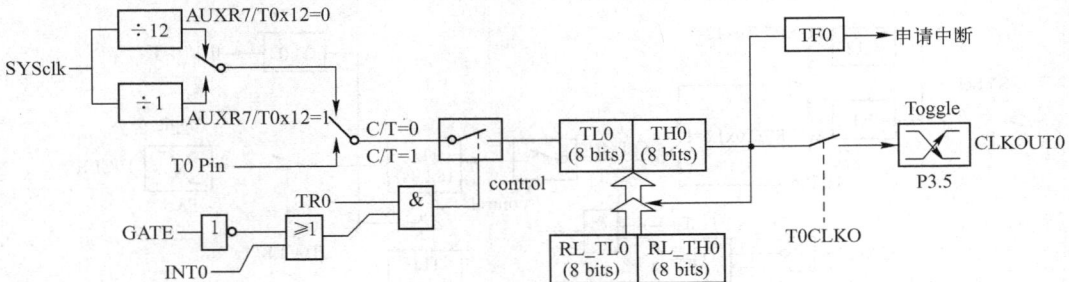

图 7-3　定时/计数器的工作方式 0

当 TR0 = 0 时，对 TH0、TL0 寄存器写入数据时，也会同时写入 RL_TH0、RL_TL0 寄存器中；当 TR0 = 1 时，对 TH0、TL0 寄存器写入数据时，只写入 RL_TH0、RL_TL0 寄存器中，而不会写入 TH0、TL0 寄存器中，这样不会影响 T0 的正常计数。对 TH0、TL0 寄存器读取数据时，读取的是 TH0、TL0 的状态值。

当 GATE = 0（TMOD. 3）时，如 TR0 = 1，则定时器计数。GATE = 1 时，TR0 为 1 且 INT0 引脚输入高电平时，定时/计数器 0 才能启动计数，这样可实现脉宽测量。

当 $C/\overline{T}$ = 0 时，多路开关连接到系统时钟的分频输出，T0 对内部系统时钟计数，T0 工作在定时方式。由 T0x12 决定分频系数，当 T0x12 = 0 时，使用 12 分频（与 8051 单片机兼容），T0x12 = 1 时，直接使用系统时钟（即不分频）。

当 $C/\overline{T}$ = 1 时，多路开关连接到外部脉冲输入 P3.4/T0，即 T0 工作在计数方式。

当 T0 工作在定时方式时，定时时间的计算公式如下：

$$定时时间 = (2^{16} - T0 \ 定时器的初始值) \times 系统时钟周期 \times 12^{(1-T0x12)}$$

2. 方式 1

定时/计数器 0 方式 1 下的电路框图如图 7-4 所示。

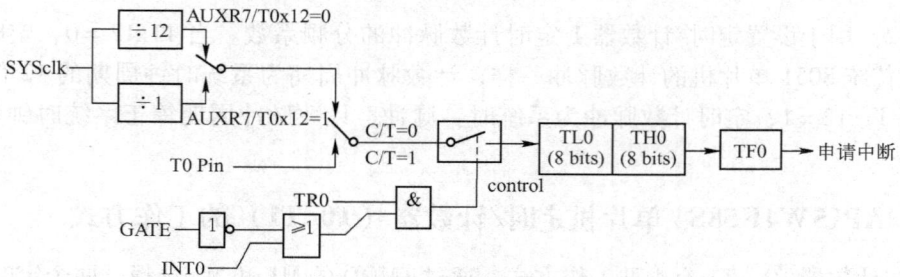

图 7-4　定时/计数器的工作方式 1

方式 1 和方式 0 都是 16 位的定时/计数器，由 TH0 作为高 8 位，TL0 作为低 8 位，方式 1 定时时间的计算公式与方式 0 相同。不同点：方式 0 是可重装初始值的 16 位的定时/计数器，而方式 1 是不可重装初始值的 16 位的定时/计数器，因此，有了方式 0，方式 1 的意义不大。

3. 方式 2

方式 2 是 8 位可自动重装初始值的定时/计数器，其电路框图如图 7-5 所示。

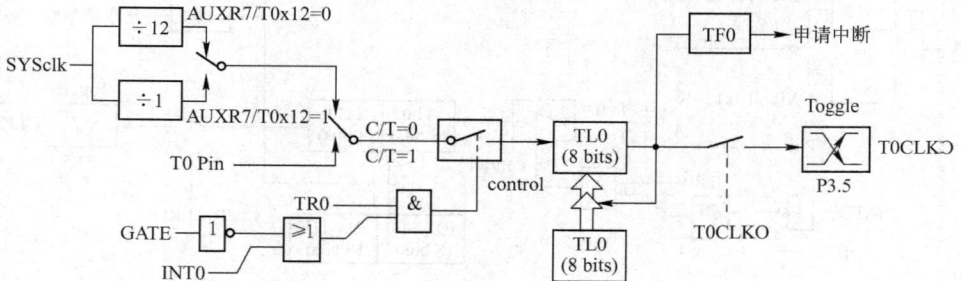

图 7-5　定时/计数器 T0 的工作方式 2

在这种工作方式中，16 位计数器被分成两部分，即以 TL0 为计数器，以 TH0 作为预置寄存器，定时/计数器初始化时把计数初值分别装载至 TL0 和 TH0 中，当计数溢出时，不再像方式 0 那样由软件重新赋值，而是由预置寄存器 TH 通过硬件自动给计数器 TL0 重新装载初值。

在程序初始化时，给 TL0 和 TH0 同时赋以初值，当 TL0 计数溢出时，在将 TF0 置 1 的同时把预置寄存器 TH0 中的初值重新装载到 TL0，TL0 重新计数，如此反复。这样省去了程序需要不断给计数器赋初值的麻烦，而且计数准确度也提高了。但这种方式也有其不利的一面，就是实际能使用的计数器只有 8 位，计数值有限，最大只能达到 255。

方式 2 定时时间的计算公式如下：

$$定时时间 = (2^8 - 定时器的初始值) \times 系统时钟周期 \times 12^{(1-T0x12)}$$

4. 方式 3

对定时器/计数器 1，在模式 3 时，定时器 1 停止计数，效果与将 TR1 设置为 0 相同。

对定时器/计数器 0，其工作模式 3 与工作模式 0 是一样的，如图 7-6 所示。唯一不同的是：当定时器/计数器 0 工作在模式 3 时，只需允许 ET0/IE.1（定时器/计数器 0 中断允许位）不需要允许 EA/IE.7（总中断使能位）就能打开定时器/计数器 0 的中断，此模式下的定时器/计数器 0 中断与总中断使能位 EA 无关；一旦工作在模式 3 下的定时器/计数器 0 中断被打开（ET0 = 1），那么该中断是不可屏蔽的，该中断的优先级是最高的，即该中断不能被任何中断所打断，而且该中断打开后既不受 EA/IE.7 控制，也不再受 ET0 控制。当 EA = 0 或 ET0 = 0 时都不能屏蔽此中断。故将此模式称为不可屏蔽中断的 16 位自动重装载模式。

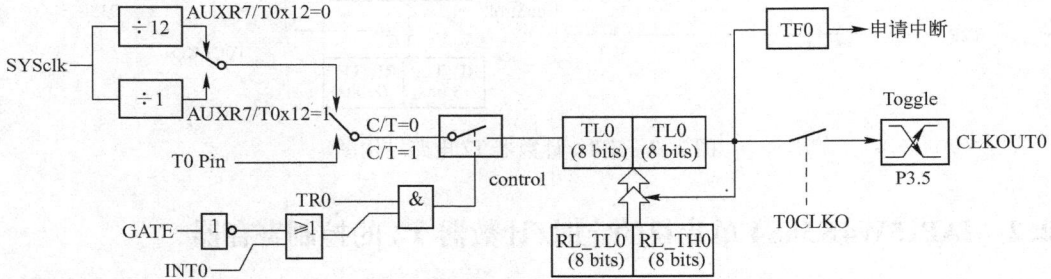

图 7-6　定时/计数器 T0 工作方式 3

那么当定时器/计数器 0 工作在模式 3 时，如何打开定时器/计数器 0 的中断呢？

下面的语句可以令定时器/计数器 0 工作在模式 3（不可屏蔽中断的 16 位自动重装在模式）并打开定时器/计数器 0 的中断（此时该中断是最高优先级，任何中断都不能屏蔽它）。

C 语言设置：

```
TMOD = 0x11;        //设置定时器为模式 3(不可屏蔽中断的 16 位自动重装载)
TR0 = 1;            //定时器 0 开始计时
//EA = 1;           //定时器 0 工作在模式 3(不可屏蔽中断的 16 位自动重装载模式)
                    //时,不需要使能总中断允许位 EA
ET0 = 1;            //使能定时器 0 工作在模式 3(不可屏蔽中断的 16 位自动重装载模式)
                    //时的中断
```

汇编语言设置：

```
MOV      TMOD,#00H          //设置定时器为模式 0(16 位自动重装载)
SETB     TR0                //定时器 0 开始计时
//SETB   EA                 //定时器 0 工作在模式 3(不可屏蔽中断的 16 位自动
                            //重装载模式)时,不需要使能总中断允许位 EA
SETB     ET0                //使能定时器 0 工作在模式 3(不可屏蔽中断的 16 位自
                            //动重装载模式)时的中断
```

7.2 IAP15W4K58S4 单片机的定时器/计数器 T2

7.2.1 IAP15W4K58S4 单片机的定时/计数器 T2 电路结构

IAP15W4K58S4 单片机的定时/计数器 T2 电路结构如图 7-7 所示,T2 的电路结构与 T0、T1 基本一致,但 T2 的工作模式固定为 16 位自动重装初始模式。T2 可以当作定时器、计数器用,也可以当作串行口的波特率发生器和可编程时钟输出源。

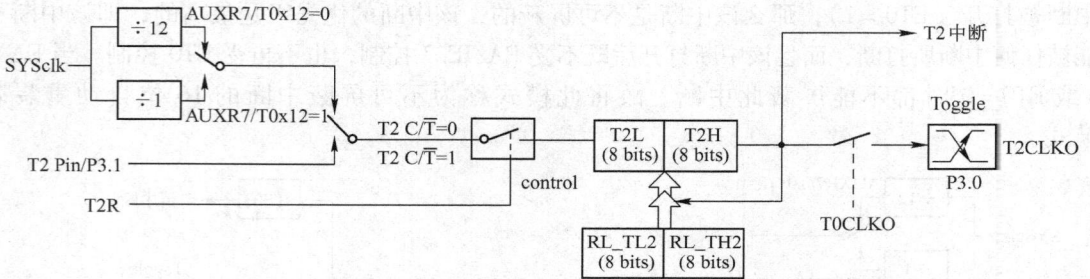

图 7-7 定时/计数器 T2 电路结构图

7.2.2 IAP15W4K58S4 单片机的定时/计数器 T2 的控制寄存器

与 T2 有关的特殊寄存器是 T2H、T2L、AUXR、INT_CLKO、IE2,其中 T2H、T2L 是状态寄存器,T2 的控制与管理由 AUXR、INT_CLKO、IE2 承担。

1. 辅助寄存器 AUXR

地址为 8EH,复位值为 00H,AUXR 格式见表 7-5。

表 7-5 AUXR 控制位

位号	B7	B6	B5	B4	B3	B2	B1	B0
位名称	T0x12	T1x12	UART_M0x6	T2R	T2_C/$\overline{\text{T}}$	T2x12	EXTRAM	S1ST2

T2R:定时器 2 允许控制位。T2R =0,不允许定时器 2 运行;T2R =1,允许定时器 2 运行。

T2_C/$\overline{\text{T}}$:控制定时器 2 用作定时器或计数器。T2_C/$\overline{\text{T}}$ =0,用作定时器(对内部系统时钟进行计数);T2_C/$\overline{\text{T}}$ =1,用作计数器(对引脚 T2/P3.1 的外部脉冲进行计数)。

T2x12:定时器 2 速度控制位。T2x12 =0,定时器 2 是传统 8051 速度,12 分频;T2x12 =1,定时器 2 的速度是传统 8051 的 12 倍,不分频。如果串行口 1 或串行口 2 用 T2 作为波特率发生器，则由 T2x12 决定串行口 1 或串行口 2 是 12T 还是 1T。

S1ST2：串行口 1（UART1）选择波特率发生器的控制位。S1ST2 = 0 时，选择定时器 1 作为串行口 1（UART1）的波特率发生器；S1ST2 = 1 时，选择定时器 2 作为串行口 1（UART1）的波特率发生器，此时定时器 1 得到释放，可以作为独立定时器使用。

2. 外部中断允许和时钟输出寄存器 INT_CLKO

地址为 8FH，复位值为 00H，其格式见表 7-6。

表 7-6　INT_CLKO 控制位

位号	B7	B6	B5	B4	B3	B2	B1	B0
位名称	—	EX4	EX3	EX2	MCKO_S2	T2CLKO	T1CLKO	T0CLKO

T2CLKO：是否允许将 P3.0 脚配置为定时器 2（T2）的时钟输出口。

T2CLKO = 1 时，允许将 P3.0 脚配置为定时器 T2 的时钟输出口，输出时钟频率 = T2 溢出率/2。

如果 T2_C/$\overline{T}$ = 0，定时器/计数器 T2 是对内部系统时钟计数，则：

T2 工作在 1T 模式（AUXR. 2/T2x12 = 1）时的输出频率 = (SYSclk)/(65536 − [RL_TH2，RL_TL2])/2；

T2 工作在 12T 模式（AUXR. 2/T2x12 = 0）时的输出频率 = (SYSclk)/12/(65536 − [RL_TH2，RL_TL2])/2。

如果 T2_C/$\overline{T}$ = 1，定时器/计数器 T2 是对外部脉冲输入（P3.1/T2）计数，则：

输出时钟频率 = (T2_Pin_CLK)/(65536 − [RL_TH2，RL_TL2])/2。

T2CLKO = 0 时，不允许将 P3.0 脚配置为定时器 2（T2）的时钟输出口。

3. 中断允许寄存器 IE2

地址为 AFH，复位值为 00H，不可位寻址，其格式见表 7-7。

表 7-7　IE2 控制字

位号	B7	B6	B5	B4	B3	B2	B1	B0
位名称	—	ET4	ET3	ES4	ES3	ET2	ESPI	ES2

ET2：定时器 2 的中断允许位。ET2 = 0 时，禁止定时器 2 产生中断；ET2 = 1 时，允许定时器 2 产生中断。

7.3　IAP15W4K58S4 单片机的定时器/计数器 T3/T4

IAF15W58S4 单片机还新增了两个 16 位的定时/计数器：T3 和 T4。T3、T4 和 T2 一样，它们的工作模式固定为 16 位自动重装载模式。T3 和 T4 既可以当定时器/计数器使用，也可以当编程时钟输出和串行口的波特率发生器。

7.3.1　IAP15W4K58S4 单片机的定时/计数器 T3/T4 电路结构

定时器/计数器 3 的电路结构图如图 7-8 所示。

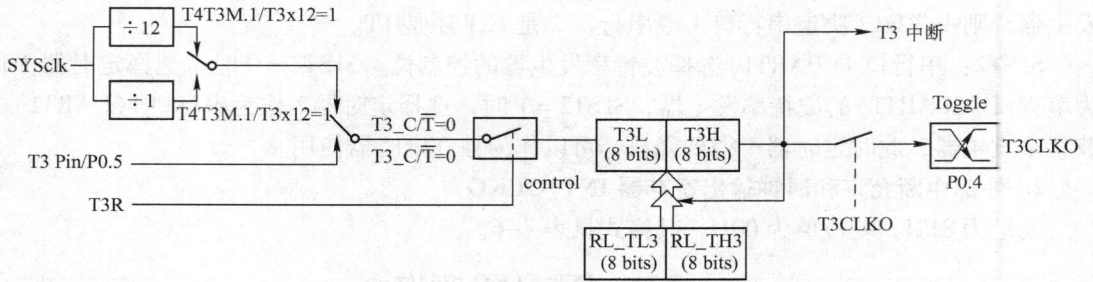

图 7-8　定时器/计数器 3 的电路结构图

定时器/计数器 4 的电路结构图如图 7-9 所示。

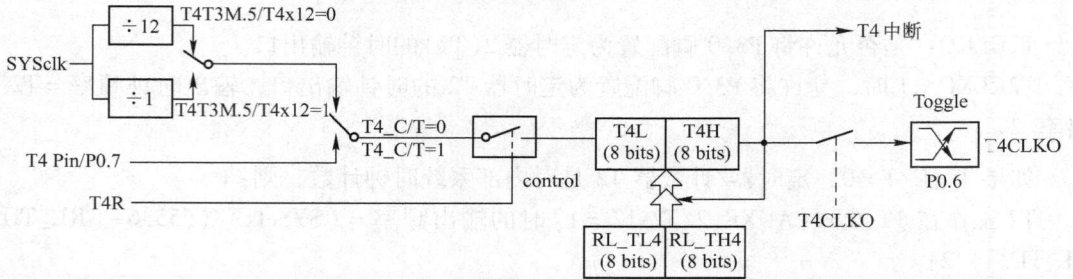

图 7-9　定时/计数器 4 的电路结构图

7.3.2　IAP15W4K58S4 单片机的定时/计数器 T3/T4 的控制寄存器

定时/计数器 3 的状态寄存器是 T3H、T3L，T4 的状态寄存器是 T4H、T4L。T3 和 T4 既可以当定时器/计数器使用，也可以当编程时钟输出和串行口的波特率发生器。其控制由特殊功能寄存器 T4T3M、IE2、S3CON、S4CON 来承担。

1. 定时器 T3/T4 的控制寄存器 T4T3M

地址为 D1H，复位值为 00H，不可位寻址，其格式见表 7-8。

表 7-8　T4T3M 控制字

位号	B7	B6	B5	B4	B3	B2	B1	B0
位名称	T4R	T4_ C/$\overline{\text{T}}$	T4x12	T4CLKO	T3R	T3_C/$\overline{\text{T}}$	T3x12	T3CLKO

T4R：定时器 4 运行控制位。T4R = 0 时，不允许定时器 4 运行；T4R = 1 时，允许定时器 4 运行。

T4_C/$\overline{\text{T}}$：控制定时器 4 用作定时器或计数器。T4_C/$\overline{\text{T}}$ = 0，用作定时器（对内部系统时钟进行计数）；T4_C/$\overline{\text{T}}$ = 1，用作计数器（对引脚 T4/P0.7 的外部脉冲进行计数）。

T4x12：定时器 4 速度控制位。T4x12 = 0，定时器 4 速度是 8051 单片机定时器的速度，即 12 分频；T4x12 = 1，定时器 4 速度是 8051 单片机定时器速度的 12 倍，即不分频。

T4CLKO：是否允许将 P0.6 脚配置为定时器 4(T4) 的时钟输出口。

T4CLKO = 1 时，允许将 P0.6 脚配置为定时器 4 的时钟输出口，输出时钟频率 = T4 溢出率/2。

如果 T4_C/$\overline{\text{T}}$ = 0，定时器/计数器 T4 是对内部系统时钟计数，则：

138

T4 工作在 1T 模式（T4T3M. 5/T4x12 = 1）时的输出频率 = （SYSclk）/（65536 - [RL_TH4, RL_TL4]）/2；

T4 工作在 12T 模式（T4T3M. 5/T4x12 = 0）时的输出频率 = （SYSclk）/12/（65536 - [RL_TH4, RL_TL4]）/2。

如果 T4_C/$\overline{\text{T}}$ = 1，定时器/计数器 T4 是对外部脉冲输入（P0.7/T4）计数，则：

输出时钟频率 = （T4_Pin_CLK）/（65536 - [RL_TH4, RL_TL4]）/2。

T4CLKO = 0 时，不允许将 P0.6 脚配置为定时器 4（T4）的时钟输出口。

T3R：定时器 3 运行控制位。T3R = 0 时，不允许定时器 3 运行；T3R = 1 时，允许定时器 3 运行。

T3_C/$\overline{\text{T}}$：控制定时器 3 用作定时器或计数器。T3_C/$\overline{\text{T}}$ = 0，用作定时器（对内部系统时钟进行计数）；T3_C/$\overline{\text{T}}$ = 1，用作计数器（对引脚 T3/P0.5 的外部脉冲进行计数）。

T3x12：定时器 3 速度控制位。T3x12 = 0，定时器 3 速度是 8051 单片机定时器的速度，即 12 分频；T3x12 = 1，定时器 3 速度是 8051 单片机定时器速度的 12 倍，即不分频。

T3CLKO：是否允许将 P0.4 脚配置为定时器 3（T3）的时钟输出口。

T3CLKO = 1 时，允许将 P0.4 脚配置为定时器 3 的时钟输出口，输出时钟频率 = T3 溢出率/2。

如果 T3_C/$\overline{\text{T}}$ = 0，定时器/计数器 T3 是对内部系统时钟计数，则：

T3 工作在 1T 模式（T4T3M. 1/T3x12 = 1）时的输出频率 = （SYSclk）/（65536 - [RL_TH3, RL_TL3]）/2；

T3 工作在 12T 模式（T4T3M. 1/T3x12 = 0）时的输出频率 = （SYSclk）/12/（65536 - [RL_TH3, RL_TL3]）/2。

如果 T3_C/$\overline{\text{T}}$ = 1，定时器/计数器 T3 是对外部脉冲输入（P0.4/T3）计数，则：

输出时钟频率 = （T3_Pin_CLK）/（65536 - [RL_TH3, RL_TL3]）/2

T3CLKO = 0 时，不允许将 P0.4 脚配置为定时器 3（T3）的时钟输出口。

2. 定时器 T3/T4 的中断控制寄存器 IE2

地址为 AFH，复位值为 00H，不可位寻址，其格式见表 7-9。

表 7-9　IE2 控制字

位号	B7	B6	B5	B4	B3	B2	B1	B0
位名称	—	ET4	ET3	ES4	ES3	ET2	ESPI	ES2

ET4：定时器 4 的中断允许位。ET4 = 1，允许定时器 4 产生中断；ET4 = 0，禁止定时器 4 产生中断。

ET3：定时器 3 的中断允许位。ET3 = 1，允许定时器 3 产生中断；ET3 = 0，禁止定时器 3 产生中断。

3. 串行口 3 控制寄存器

串行口 3 默认选择定时器 2 作为其波特率发生器，但通过设置 S3ST3/S3CON. 6，串行口 3 也可以选择定时器 3 作为其波特率发生器。地址为 ACH，复位值为 00H，其格式见表 7-10。

表 7-10 S3CON 控制字

位号	B7	B6	B5	B4	B3	B2	B1	B0
位名称	S3SM0	S3ST3	S3SM2	S3REN	S3TB8	S3RB8	S3TI	S3RI

S3ST3：串行口 3（UART3）选择定时器 3 作波特率发生器的控制位。S3ST3 = 0，选择定时器 2 作为串行口 3（UART3）的波特率发生器；S3ST3 = 1，选择定时器 3 作为串行口 3（UART3）的波特率发生器。

串行口 3 的工作模式只有两种：模式 0（8 位 UART，波特率可变）和模式 1（9 位 UART，波特率可变）。当串行口 3 被设置为选择定时器 3 作为其波特率发生器时，串行口 3 的波特率按如下公式计算：

串行口 3 的波特率 =（定时器 T3 的溢出率）/4

当 T3 工作在 1T 模式（T4T3M. 1/T3x12 = 1）时，定时器 3 的溢出率 = SYSclk/($65536-$ [RL_TH3, RL_TL3]）；即此时，串行口 3 的波特率 = SYSclk/($65536-$[RL_TH3, RL_TL3]）/4。

当 T3 工作在 12T 模式（T4T3M. 1/T3x12 = 0）时，定时器 3 的溢出率 = SYSclk/12/（$65536-$[RL_TH3, RL_TL3]）；即此时，串行口 3 的波特率 = SYSclk/12/（$65536-$[RL_TH3, RL_TL3]）/4。

上面所有的式子中 RL_TH3 是 T3H 的重装载寄存器，RL_TL3 是 T3L 的重装载寄存器。

4. 串行口 4 控制寄存器 S4CON

串行口 4 默认选择定时器 2 作为其波特率发生器，但通过设置 S4ST4/S4CON. 6，串行口 4 也可以选择定时器 4 作为其波特率发生器。地址为 84H，复位值为 00H，其格式见表 7-11。

表 7-11 S4CON 控制字

位号	B7	B6	B5	B4	B3	B2	B1	B0
位名称	S4SM0	S4ST4	S4SM2	S4REN	S4TB8	S4RB8	S4TI	S4RI

S4ST4：串行口 4（UART4）选择定时器 4 作波特率发生器的控制位。S4ST4 = 0，选择定时器 2 作为串行口 4（UART4）的波特率发生器；S4ST4 = 1，选择定时器 4 作为串行口 4（UART4）的波特率发生器。

串行口 4 的工作模式只有两种：模式 0（8 位 UART，波特率可变）和模式 1（9 位 UART，波特率可变）。当串行口 4 被设置为选择定时器 4 作为其波特率发生器时，串行口 4 的波特率按如下公式计算：

串行口 4 的波特率 =（定时器 T4 的溢出率）/4

当 T4 工作在 1T 模式（T4T3M. 5/T4x12 = 1）时，定时器 4 的溢出率 = SYSclk/（$65536-$[RL_TH4, RL_TL4]）；即此时，串行口 4 的波特率 = SYSclk/（$65536-$[RL_TH4, RL_TL4]）/4。

当 T4 工作在 12T 模式（T4T3M. 5/T4x12 = 0）时，定时器 4 的溢出率 = SYSclk/12/（$65536-$[RL_TH4, RL_TL4]）；即此时，串行口 4 的波特率 = SYSclk/12/（$65536-$[RL_TH4, RL_TL4]）/4。

上面所有的式子中 RL_TH4 是 T4H 的重装载寄存器，RL_TL4 是 T4L 的重装载寄存器。

7.4 IAP15W4K58S4 单片机定时器应用

IAP15W4K58S4 单片机的定时/计数器是可编程的。因此，在利用定时/计数器进行定时或计数之前，先要通过软件对它进行初始化。

定时/计数器初始化程序应完成如下工作：

1）对 TMOD 赋值，以确定 T0 和 T1 的工作方式。

2）对 AUXR 赋值，确定定时脉冲的分频系数，默认为 12 分频，与传统 8051 单片机兼容。

3）计算初值，并将其写入 TH0、TL0 或 TH1、TL1。

4）为中断方式时，则对 IE 赋值，开放中断，必要时，还需对 IP 操作，确定各中断源的优先等级。

5）置位 TR0 或 TR1，启动 T0 和 T1 开始定时或计数。

【例 7-1】请用 T1 方式 0 实现定时，在 P1.0 引脚输出周期为 10 ms 的方波。

解： 根据题意，采用 T1 方式 0 进行定时，因此，（TMOD）= 00H。

因为方波周期是 10 ms，所以 T1 的定时时间应为 5 ms，每 5 ms 时间到就对 P1.0 取反，就可实现在 P1.0 引脚输出周期为 10 ms 的方波。系统采用 12 MHz 晶振，分频系数为 12，即定时脉钟周期为 1 μs，则 T1 的初值为

$$X = M - 计数值 = 65536 - 5000 = 60536 = EC78H$$

即：TH1 = ECH，TL1 = 78H。

C 语言参考程序如下：

```
#include "iap15w4k58s4.h"        //单片机 IAP15W4K58S4 头文件,可以不加 reg51.h
sbit Wave_out = P1^0;

void main()                       //主函数
{
    P1M1 = 0X00;
    P1M0 = 0X00;
    AUXR &= 0xBF;                  //定时器时钟 12T 模式
    TMOD &= 0x00;                  //设置定时器模式
    TL1 = 0x78;                    //设置定时初值
    TH1 = 0xEC;                    //设置定时初值
    TF1 = 0;                       //清除 TF1 标志
    TR1 = 1;                       //定时器 1 开始计时

    while (1)                      //主循环
    {
        while(TF1 == 0);
        TF1 = 0;
        Wave_out = ~ Wave_out;     //指示灯取反
    }

}
```

【例 7-2】实际应用中常常需要产生 1 s 周期的定时信号，试用晶振频率为 12 MHz 的单片机系统产生 1 s 的定时信号。

解： 在晶振频率为 12 MHz 时，单片机的定时/计数器所能产生的最大定时时间如下：

工作方式 0、1

$$\frac{2^{16} \times 12}{12 \times 10^6} = 65.536 \text{ms}$$

工作方式 2

$$\frac{2^8 \times 12}{12 \times 10^6} = 256 \text{μs}$$

工作方式 3

$$\frac{2^{16} \times 12}{12 \times 10^6} = 65.536 \text{ms}$$

可以看出，直接用定时器哪种工作方式都不能满足要求，故采用累积计数的方式来实现 1 s 定时。采用 T0 的定时时间为 50 ms，累计 20 次，即为 1 s。

系统采用 12 MHz 晶振，分频系数为 12，即定时脉钟周期为 1 μs，则 T0 的初值为

$$X = M - 计数值 = 65536 - 50000 = 3CB0$$

即：TH0 = 0X3C，TL0 = 0XB0。

C 语言参考程序如下：

```
#include " iap15w4k58s4. h"            //单片机 IAP15W4K58S4 头文件
#difine uchar unsigned char
sbit Wave_out = P1^0;
uchar count = 20;                      //软件计数器赋初值
void main( )                           //主函数
{
    P1M1 = 0X00;
    P1M0 = 0X00;
    AUXR & = 0x7F;                     //定时器时钟 12T 模式
    TMOD & = 0xF0;                     //设置定时器模式
    TL0 = 0XB0;                        //设置定时初值
    TH0 = 0X3C;                        //设置定时初值
    TF0 = 0;                           //清除 TF0 标志
    TR0 = 1;                           //定时器 0 开始计时
    ET0 = 1;                           //允许 T0 中断
    EA = 1;                            //总中断打开
    while (1) ;                        //主循环

}
void Timer0_ISR( ) interrupt 1
{
    TL0 = 0XB0;                        //设置定时初值
    TH0 = 0X3C;                        //设置定时初值
    count -- ;
    if( count == 0)
    {
        Wave_out = ~ Wave_out;
```

```
            count = 20;
    }


}
```

【例7-3】 应用 IAP15W4K58S4 单片机设计一个简单的秒表，要求计时范围为60 s，精度为1 s，秒表具有计时显示。同时设置两个按键，具有启动、暂停、继续、清零的功能。其原理图如图7-10所示。

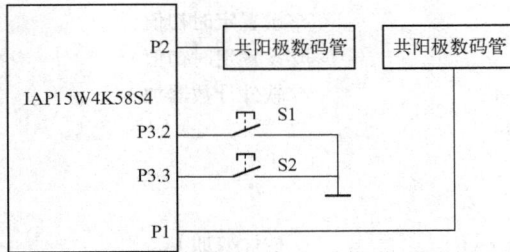

图7-10 秒表控制电路示意图

解： C 语言参考程序如下：

```
#include "iap15w4k58s4.h"          //单片机 IAP15W4K58S4 头文件,可以不加 reg51.h
                                    //定义数字0~9字型码表
unsigned char tab[ ] = {0xc0,0xf9,0xa4,0xb0,0x99,0x92,0x82,0xf8,0x80,0x90};
unsigned char count = 0;           //全局变量软件计数器赋初值
unsigned char time = 0;            //全局变量秒计数器赋初值
void init(void)
{
    TMOD & = 0xF0;                 //设置定时器模式
    TL0 = 0XB0;                    //设置定时初值
    TH0 = 0X3C;                    //设置定时初值
    TF0 = 0;                       //清除 TF0 标志
    TR0 = 1;                       //定时器0开始计时
    ET0 = 1;                       //允许 T0 中断
    EA = 1;                        //总中断打开
}


void display(unsigned char t)      //显示函数子程序
{
    P2 = tab[t/10];                //十位字型码输出
    P1 = tab[t%10];                //个位字型码输出
}


void main( )
{
    intit( );                      //调用初始化函数
```

143

```
        while(1)
        {
            display(time);              //调用显示程序
        }
    }

    void Timer0_ISR( ) interrupt 1      //定时器 0 中断服务程序
    {
        TL0 = 0XB0;                     //设置定时初值
        TH0 = 0X3C;                     //设置定时初值
        count = count + 1;              //软件计数器加 1
        if( count == 20)
        {
            count = 0;
            time = time + 1;            //秒计数加 1
            if( time == 60)             //判断秒计数器是否到 60s
            TR0 = 0;                    //定时器 0 停止定时
        }
    }

    void INT0( ) interrupt 0            //外部中断 0 中断服务程序
    {
        PCF = ! PCF;                    //暂停/继续标志反转
        if( PCF == 0)                   //判断是否暂停
        TR0 = 1;                        //启动定时器
        else
        TR0 = 0;                        //停止定时器
    }

    void INT1( ) interrupt 2            //外部中断 1 服务程序
    {
        count = 0;                      //软件计数器重新赋值
        time = 0;                       //秒计数器重新赋值
        TR0 = 1;                        //启动定时器
        EA = 1;                         //开中断
    }
```

【例 7-4】 定时器 0 做 16 位自动重装，中断频率为 1000 Hz，中断函数从 P1.7 取反输出 500 Hz 方波信号。定时器 1 做 16 位自动重装，中断频率为 2000 Hz，中断函数从 P1.6 取反输出 1000 Hz 方波信号。定时器 2 做 16 位自动重装，中断频率为 3000 Hz，中断函数从 P4.7 取反输出 1500 Hz 方波信号。

解：C 语言参考程序如下：

```
#defineMAIN_Fosc24000000UL              //定义主时钟
#include" STC15Fxxxx. H"
```

```c
#defineTimer0_Reload    (MAIN_Fosc/1000)        //Timer 0 中断频率,1000 次/s
#defineTimer1_Reload    (MAIN_Fosc/2000)        //Timer 1 中断频率,2000 次/s
#defineTimer2_Reload    (MAIN_Fosc/3000)        //Timer 2 中断频率,3000 次/s

voidTimer0_init(void);
voidTimer1_init(void);
voidTimer2_init(void);
// ========================================================
//函数: void main(void)
//描述: 主函数.
//参数: none.
//返回: none.
// ========================================================
void main(void)
{
        P0M1 = 0;P0M0 = 0;              //设置为准双向口
        P1M1 = 0;P1M0 = 0;              //设置为准双向口
        P4M1 = 0;P4M0 = 0;              //设置为准双向口
        EA = 1;                        //打开总中断
        Timer0_init();
        Timer1_init();
        Timer2_init();

        while (1)
        {


        }

}


// ========================================================
//函数: voidTimer0_init(void)
//描述: timer0 初始化函数.
//参数: none.
//返回: none.
// ========================================================
voidTimer0_init(void)
{
    TR0 = 0;                            //停止计数
    #if (Timer0_Reload < 64)           //如果用户设置值不合适,则不启动定时器
        #error "Timer0 设置的中断过快!"
    #elif ((Timer0_Reload/12) < 65536UL)  //如果用户设置值不合适,则不启动定时器

        ET0 = 1;                       //允许中断

        TMOD & = ~0x03;
```

145

```c
    TMOD | = 0;                          //工作模式,0：16 位自动重装,1：16 位定时/计数,2：8
                                         //位自动重装,3：16 位自动重装,不可屏蔽中断

    TMOD & = ~0x04;                      //定时

    INT_CLKO & = ~0x01;                  //不输出时钟

    #if (Timer0_Reload < 65536UL)
        AUXR | =    0x80;                //1T mode
        TH0 = (u8)((65536UL – Timer0_Reload)/256);
        TL0 = (u8)((65536UL – Timer0_Reload) % 256);
    #else
        AUXR & = ~0x80;                  //12T mode
        TH0 = (u8)((65536UL – Timer0_Reload/12)/256);
        TL0 = (u8)((65536UL – Timer0_Reload/12) % 256);
    #endif

        TR0 = 1;                         //开始运行


    #else
        #error "Timer0 设置的中断过慢!"
    #endif
}


// ============================================================
//函数：voidTimer1_init(void)
//描述：timer1 初始化函数.
//参数：none.
//返回：none.
// ============================================================
voidTimer1_init(void)
{
    TR1 = 0;                             //停止计数
    #if (Timer1_Reload < 64)             //如果用户设置值不合适,则不启动定时器
        #error "Timer1 设置的中断过快!"
    #elif ((Timer1_Reload/12) < 65536UL)    //如果用户设置值不合适,则不启动定时器
        ET1 = 1;                         //允许中断
        TMOD & = ~0x30;
        TMOD | = (0 << 4);               //工作模式,0：16 位自动重装,1：16 位定时/
                                         //计数,2：8 位自动重装
        TMOD & = ~0x40;                  //定时
        INT_CLKO & = ~0x02;              //不输出时钟

        #if (Timer1_Reload < 65536UL)
            AUXR | =    0x40;            //1T mode
```

146

```c
            TH1 = (u8)((65536UL – Timer1_Reload)/256);
            TL1 = (u8)((65536UL – Timer1_Reload) % 256);
    #else
        AUXR & = ~0x40;              //12T mode
            TH1 = (u8)((65536UL – Timer1_Reload/12)/256);
            TL1 = (u8)((65536UL – Timer1_Reload/12) % 256);
    #endif

        TR1 = 1;                     //开始运行
    #else
        #error "Timer1 设置的中断过慢!"
    #endif
}


// ============================================================
//函数：voidTimer2_init(void)
//描述：timer2 初始化函数.
//参数：none.
//返回：none.
// ============================================================
voidTimer2_init(void)
{
    AUXR & = ~0x1c;                  //停止计数,定时模式,12T 模式

    #if (Timer2_Reload < 64)         //如果用户设置值不合适,则不启动定时器
        #error "Timer2 设置的中断过快!"

    #elseif ((Timer2_Reload/12) < 65536UL)  //如果用户设置值不合适,则不启动定时器

        IE2   | =   (1 << 2);        //允许中断

        INT_CLKO & = ~0x04;          //不输出时钟

        INT_CLKO & = ~0x02;          //不输出时钟

    #if (Timer1_Reload < 65536UL)
        AUXR | =   (1 << 2);    //1T mode
        T2H = (u8)((65536UL – Timer2_Reload)/256);
        T2L = (u8)((65536UL – Timer2_Reload) % 256);
    #else
        T2H = (u8)((65536UL – Timer2_Reload/12)/256);
        T2L = (u8)((65536UL – Timer2_Reload/12) % 256);
    #endif

        AUXR | =   (1 << 4);    //开始运行
```

```
        #else
            #error "Timer2 设置的中断过慢!"
        #endif
    }


    // ===========================================================
    //函数: void timer0_int (void) interrupt TIMER0_VECTOR
    //描述:  timer0 中断函数.
    //参数: none.
    //返回: none.
    // ===========================================================
    void timer0_int(void) interrupt TIMER0_VECTOR
    {
        P17 = ~ P17;
    }


    // ===========================================================
    //函数: void timer1_int (void) interrupt TIMER1_VECTOR
    //描述: timer1 中断函数.
    //参数: none.
    //返回: none.
    // ===========================================================
    void timer1_int (void) interrupt TIMER1_VECTOR
    {
        P16 = ~ P16;
    }


    // ===========================================================
    //函数: void timer2_int (void) interrupt TIMER2_VECTOR
    //描述: timer2 中断函数.
    //参数: none.
    //返回: none.
    // ===========================================================
    void timer2_int (void) interrupt TIMER2_VECTOR
    {
        P47 = ~ P47;
    }
```

【例 7-5】实验箱例子。

用 STC 的 MCU 的 I/O 方式控制 74HC595 驱动 8 位数码管。

显示效果: 数码时钟。

使用 Timer0 的 16 位自动重装来产生 1ms 节拍, 程序运行于这个节拍下, 用户修改 MCU 主时钟频率时, 自动定时于 1ms, 原理图如图 7-11 所示。

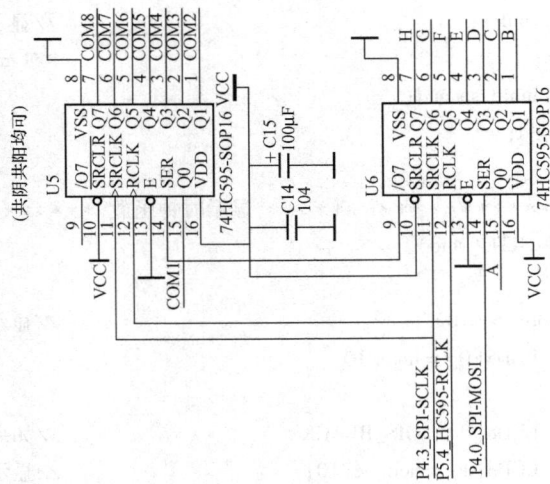

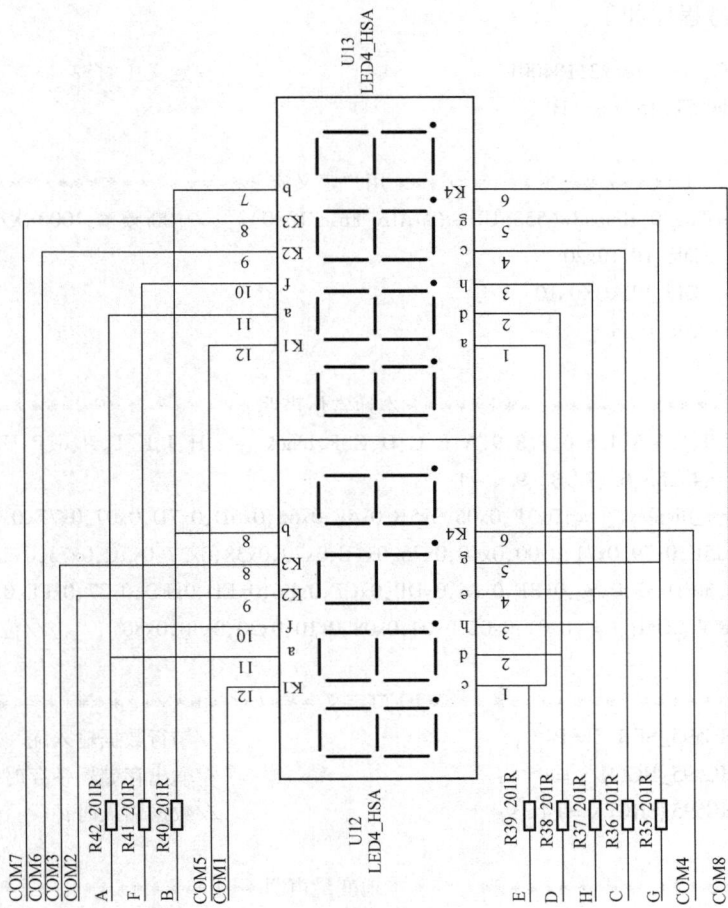

图7-11　74HC595驱动8位数码管原理图

149

解: C 语言参考程序如下:

```c
#defineMAIN_Fosc22118400L                    //定义主时钟
#include" STC15Fxxxx. H"


/ ************************** 用户定义宏 ************************/
#define Timer0_Reload(65536UL - (MAIN_Fosc/1000))  //中断频率,1000 次/ s
#define   DIS_DOT0x20
#define   DIS_BLACK0x10
#define   DIS_0x11


********************** 本地常量声明 *******************=****/
//标准字库 0、1、2、3、4、5、6、7、8、9、A、B、C、D、E、F、black、 - 、H、J、K、L、N、o、P、U、t、G、Q、r、M、y、
0. 、1. 、2. 、3. 、4. 、5. 、6. 、7. 、8. 、9. 、 - 1
u8 code t_display[ ] = {0x3F,0x06,0x5B,0x4F,0x66,0x6D,0x7D,0x07,0x7F,0x6F,0x77,0x7C,
0x39,0x5E,0x79,0x71,0x00,0x40,0x76,0x1E,0x70,0x38,0x37,0x5C,0x73,0x3E,0x73,0x3d,
0x67,0x50,0x37,0x6e,0xBF,0x86,0xDB,0xCF,0xE6,0xED,0xFD,0x87,0xFF,0xEF,0x46};
u8 code T_COM[ ] = {0x01,0x02,0x04,0x08,0x10,0x20,0x40,0x80};     //位码


/ ***************** IO 口定义 ********************=****/
sbitP_HC595_SER    = P4^0;                    //串行数据输入端
sbitP_HC595_RCLK   = P5^4;                    //输出存储器锁存时钟
sbitP_HC595_SRCLK = P4^3;                     //数据输入时钟


/ ******************** 本地变量声明 *********************/
u8LED8[8];                                    //显示缓冲
u8display_index;                              //显示位索引
bitB_1ms;                                     //1 ms 标志
u8hour,minute,second;
u16msecond;


/ ***************** 显示时钟函数 ********************/
voidDisplayRTC( void)
{
    if( hour >= 10)                           //显示时的高位
        LED8[0] = hour/10;
    else
        LED8[0] = DIS_BLACK;                  //如果小于 10,不显示
        LED8[1] = hour % 10;                  //显示时的个位
        LED8[2] = DIS_;                       //显示 - 间隔
        LED8[3] = minute/10;                  //显示分的高位
        LED8[4] = minute % 10;                //显示分的个位
```

```
        LED8[5] = DIS_;                          //显示 - 间隔
        LED8[6] = second/10;                     //显示秒的高位
        LED8[7] = second % 10;                   //显示秒的个位


}


/ ********************** RTC 演示函数 ***********************/
voidRTC( void)
{
    if( ++ second >= 60)
    {
        second = 0;
        if( ++ minute >= 60)
        {
            minute = 0;
            if( ++ hour >= 24)
            hour = 0;
        }
    }
}



/ ********************** 主函数 *******************************/
void main( void)
{
    u8i,k;

    P0M1 = 0;P0M0 = 0;                           //设置为准双向口
    P1M1 = 0;P1M0 = 0;                           //设置为准双向口
    P2M1 = 0;P2M0 = 0;                           //设置为准双向口
    P3M1 = 0;P3M0 = 0;                           //设置为准双向口
    P4M1 = 0;P4M0 = 0;                           //设置为准双向口
    P5M1 = 0;P5M0 = 0;                           //设置为准双向口
    P6M1 = 0;P6M0 = 0;                           //设置为准双向口
    P7M1 = 0;P7M0 = 0;                           //设置为准双向口

    AUXR = 0x80;                                 //定时器 T0 设置为 1T,16 位自动重载模式
    TH0 = ( u8) ( Timer0_Reload/256);
    TL0 = ( u8) ( Timer0_Reload % 256);
    ET0 = 1;                                     //允许定时器 T0 中断
    TR0 = 1;                                     //启动定时器 T0
    EA = 1;                                      //打开总中断
```

```
        display_index = 0;
        hour   = 11;                                    //初始化时间值
        minute = 59;
        second = 58;
        RTC( );
        DisplayRTC( );

        for( i = 0; i < 8; i ++ )
            LED8[ i ] = DIS_BLACK;                      //上电消隐
        k = 0;

        while( 1 )
        {
            if( B_1ms )                                 //1 ms 到
            {
                B_1ms = 0;
                if( ++ msecond >= 1000 )                //1 s 到
                {
                    msecond = 0;
                    RTC( );
                    DisplayRTC( );
                }
            }
        }
    }


/ ******************* 向 HC595 发送一个字节函数 ******************* /
void Send_595( u8 dat)
{
    u8 i;
    for( i = 0; i < 8; i ++ )
    {
        dat   <<= 1;
        P_HC595_SER = CY;
        P_HC595_SRCLK = 1;
        P_HC595_SRCLK = 0;
    }
}


/ ******************** 显示扫描函数 ************************* /
void DisplayScan( void)
{
    Send_595( ~ T_COM[ display_index ] );               //输出位码
```

```
        Send_595(t_display[LED8[display_index]]);     //输出段码
        P_HC595_RCLK = 1;
        P_HC595_RCLK = 0;                              //锁存输出数据
        if( ++ display_index >= 8) display_index = 0;  //8 位结束回 0
}



/ ****************** Timer0 1 ms 中断函数 ***************************/
void timer0 (void) interrupt TIMER0_VECTOR
{
        DisplayScan();                                 //1 ms 扫描显示一位
        B_1ms = 1;                                     //1 ms 标志
}
```

第8章 串行口通信

串行口通信是指单片机与外部设备之间进行数据传输的一种通信方式。

8.1 串行通信基础

常用的串行口通信方式可分为两种：并行通信和串行通信。

并行通信是通过多条数据线同时传送数据的每一位，如图8-1所示。其特点是：传送速度快，但所需数据线多，适用于近距离通信。

串行通信是通过单条数据线一位一位按顺序传送数据，如图8-2所示。其特点是：传送速度慢，但仅需一条数据线，故适用于远距离通信。

串行通信有两种方式：异步串行通信和同步串行通信。

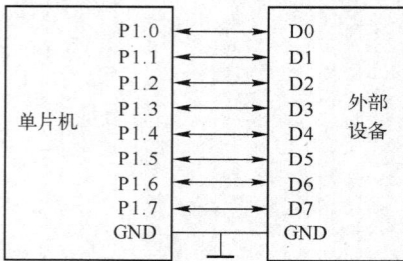

图8-1 并行通信

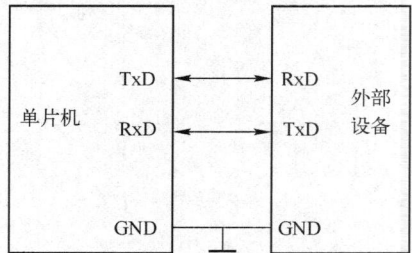

图8-2 串行通信

1. 串行通信的分类

（1）同步通信

同步通信传送信息的位数几乎不受限制，一次通信传输的数据有几十到几千个字节，通信效率较高，但在通信中必须始终保持精确的同步时钟，即收发双方要严格的同步（常用的做法是两个设备使用同一个时钟源）。同步通信的字符帧结构由同步字符、数据字符和校验字符三部分组成。其中，同步字符可以采用统一的标准格式，也可以由用户约定。用于同一电路板内各元件之间数据传送的SPI接口就是典型的同步通信接口。

由于IAP15W4K58S4单片机的串行口属于通用异步接收器，所以我们只讨论异步通信。

（2）异步通信

异步通信是以字符为单位组成字符帧进行数据传输的，字符之间没有固定的时间间隔要求，而每个字符中的各位则以固定的时间传送。收发双方可以由各自的时钟来控制数据的发送和接收。这两个时钟源彼此独立，互不同步，但要求传送速率一致。

收发双方依靠字符帧格式来协调数据的发送和接收。具体来说就是，在一个有效字符正式发送之前，发送方先发送一个起始位，然后发送有效字符位，在字符结束时再发送一个停

154

止位，起始位至停止位构成一帧。停止位至下一个起始位之间是不定长的空闲位，并且规定起始位为低电平（逻辑值为 0），停止位和空闲位都是高电平（逻辑值为 1），这样就保证了起始位开始处一定会有一个下跳沿，由此就可以标志一个字符传输的起始。而根据起始位和停止位也就很容易实现了字符的界定和同步。

异步通信的数据格式如图 8-3 所示。

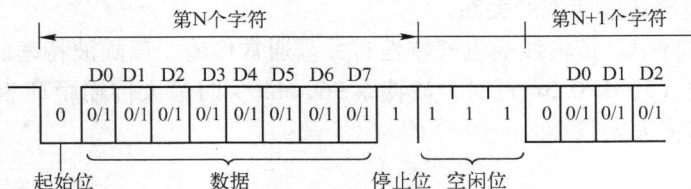

图 8-3　异步通信数据格式

- 起始位：起始位必须是持续一个比特时间的逻辑 0 电平，标志传输一个字符的开始，接收方可用起始位使自己的接收时钟与发送方的数据同步。
- 数据位：数据位紧跟在起始位之后，是通信中的真正有效信息。数据位的位数可以由通信双方共同约定，一般可以是 5 位、7 位或 8 位，标准的 ASCII 码是 0～127（7 位），扩展的 ASCII 码是 0～255（8 位）。传输数据时先传送字符的低位，后传送字符的高位。
- 奇偶校验位：奇偶校验位仅占一位，用于进行奇校验或偶校验，奇偶检验位不是必须有的。如果是奇校验，需要保证传输的数据总共有奇数个逻辑高位；如果是偶校验，需要保证传输的数据总共有偶数个逻辑高位。
- 停止位：停止位可以是 1 位、1.5 位或 2 位，可以由软件设定。它一定是逻辑 1 电平，标志着传输一个字符的结束。
- 空闲位：空闲位是指从一个字符的停止位结束到下一个字符的起始位开始，表示线路处于空闲状态，必须由高电平来填充。

异步通信的特点：不要求收发双方时钟的严格一致，字符帧长度不受限制，故易于实现，但每个字符帧因包含了起始位和停止位而降低了有效数据的传输速率。

在单片机与单片机之间，单片机与计算机之间通信时，通常采用异步串行通信方式。

2. 串行通信的传输方式

串行通信根据数据传输的方向及时间关系可分为：单工、半双工和全双工。

单工是指数据仅能沿着一个方向传输，不能实现反向传输，如图 8-4a 所示。半双工是指数据可以沿两个方向传输，但需要分时进行，如图 8-4b 所示。全双工是指数据可以同时进行双向传输，如图 8-4c 所示。

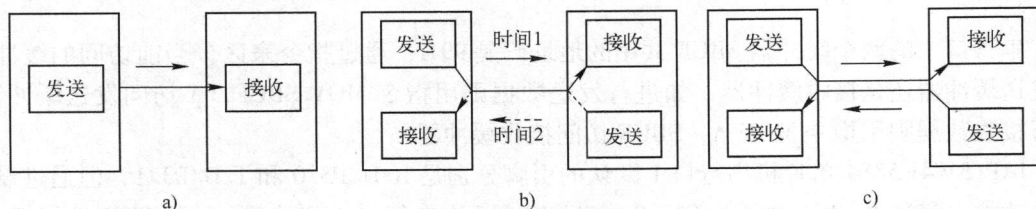

图 8-4　串行通信的三种传输方式
a）单工　b）半双工　c）全双工

3. 传输速率与传输距离

（1）传输速率

传输速率常用波特率描述，定义为每秒钟传送二进制数码的位数。单位是：位/秒（bit/s）。波特率越高，数据传输速度越快。串口典型的传输波特率为 600 bit/s、1200 bit/s、2400 bit/s、4800 bit/s、9600 bit/s、19200 bit/s 和 38400 bit/s。

（2）传输距离与传输速率的关系

传输距离与波特率及传输线的电气特性有关。通常传输距离随波特率的增加而减小。如使用非屏蔽双绞线（50pF/0.3m）时，波特率 9600 bit/s 时最大传输距离为 76 m，若再提高波特率，传输距离将大大减小。

8.2　IAP15W4K58S4 单片机的串行口 1

IAP15W4K58S4 单片机集成有 4 个可编程的全双工串行通信接口，它们具有 UART 的全部功能。每个串行口由两个数据缓冲器 SBUF、一个移位寄存器、一个串行控制寄存器和一个波特率发生器组成。每个串行口的数据缓冲器 SBUF 由两个互相独立的接收、发送缓冲器构成，可以同时发送和接收数据。发送缓冲器 SBUF 只能写入而不能读出，接收缓冲器 SBUF 只能读出而不能写入，因而两个缓冲器可以共用一个地址码。串行口 1 的内部简化结构如图 8-5 所示。

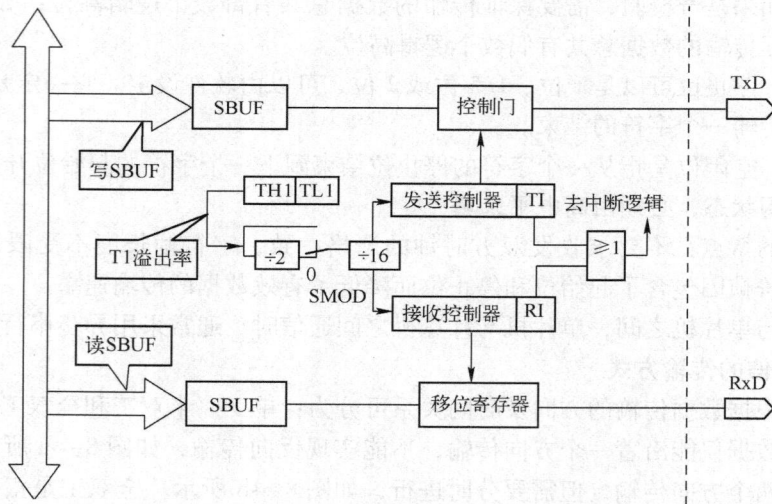

图 8-5　串行口简化结构

串行口 1 的两个缓冲器 SBUF 共用的地址码是 99H，通过指令来区分当前访问的缓冲器是发送缓冲器还是接收缓冲器，如进行发送数据则用指令 MOV SBUF，A 访问发送缓冲器，进行接收数据则用指令 MOV A，SBUF 访问接收缓冲器。

IAP15W4K58S4 单片机串行口 1 默认的引脚分别是 RxD/P3.0 和 TxD/P3.1，但通过设置特殊功能寄存器 P_SW1 中的位 S1_S1、S1_S0，可将串行口 1 切换到[RxD_2/P3.6,TxD_2/P3.7]或[RxD_3/P1.6,TxD_3/P1.7]。

8.2.1 串行口 1 的控制寄存器

1. 串行口 1 的控制寄存器 SCON 和 PCON

串行口 1 设有两个控制寄存器：串行控制寄存器 SCON 和波特率选择特殊功能寄存器 PCON。

串行控制寄存器 SCON 用于选择串行通信的工作方式和某些控制功能。其地址为 98H，可位寻址，格式见表 8-1。

表 8-1 SCON 寄存器

B7	B6	B5	B4	B3	B2	B1	B0
SM0/FE	SM1	SM2	REN	TB8	RB8	TI	RI

SM0/FE：当 PCON 寄存器中的 SMOD0/PCON.6 位为 1 时，该位用于帧错误检测。当检测到一个无效停止位时，通过 UART 接收器设置该位。它必须由软件清零。

当 PCON 寄存器中的 SMOD0/PCON.6 位为 0 时，该位和 SM1 一起指定串行通信的工作方式，见表 8-2。

SM0、SM1：串行口工作方式选择位，可选择 4 种工作方式，见表 8-2。

表 8-2 串行口工作方式（位数注意核对）

SM0	SM1	工 作 方 式	功 能 说 明	波 特 率
0	0	方式 0	移位寄存器方式	SYSclk/12 或 SYSclk/2
0	1	方式 1	8 位 UART	可变，取决于 T1 或 T2 的溢出率
1	0	方式 2	9 位 UART	($2^{SMOD}/64$）× SYSclk 系统工作时钟频率
1	1	方式 3	9 位 UART	可变，取决于 T1 或 T2 的溢出率

SM2：允许方式 2 或方式 3 多机通信控制位。

在方式 2 或方式 3 时，如果 SM2 位为 1 且 REN 位为 1，则接收机处于地址帧筛选状态。此时可以利用接收到的第 9 位（即 RB8）来筛选地址帧：若 RB8 = 1，说明该帧是地址帧，地址信息可以进入 SBUF，并使 RI 为 1，进而在中断服务程序中再进行地址号比较；若 RB8 = 0，说明该帧不是地址帧，应丢掉且保持 RI = 0。在方式 2 或方式 3 中，如果 SM2 位为 0 且 REN 位为 1，则接收机处于地址帧筛选被禁止状态。不论收到的 RB8 为 0 或 1，均可使接收到的信息进入 SBUF，并使 RI = 1，此时 RB8 通常为校验位。

方式 1 和方式 0 是非多机通信方式，在这两种方式时，要设置 SM2 为 0。

REN：允许/禁止串行接收控制位。由软件置位 REN，即 REN = 1 为允许串行接收状态，可启动串行接收器 RxD，开始接收信息。软件复位 REN，即 REN = 0，则禁止接收。

TB8：在方式 2 或方式 3 时，它为要发送的第 9 位数据，按需要由软件置位或清 0。例如，可用作数据的校验位或多机通信中表示地址帧/数据帧的标志位。在方式 0 和方式 1 中，该位不用。

RB8：在方式 2 或方式 3 时，是接收到的第 9 位数据，作为奇偶校验位或地址帧/数据帧的标志位。方式 0 中不用 RB8（置 SM2 = 0）。方式 1 中也不用 RB8（置 SM2 = 0，RB8 是接收到的停止位）。

TI：发送中断请求标志位。在方式 0，当串行发送数据第 8 位结束时，由内部硬件自动置位，即 TI = 1，向主机请求中断，响应中断后 TI 必须用软件清零，即 TI = 0。在其他方式中，则在停止位开始发送时由内部硬件置位，即 TI = 1，响应中断后 TI 必须用软件清零。

RI：接收中断请求标志位。在方式 0，当串行接收到第 8 位结束时由内部硬件自动置位，RI = 1，向主机请求中断，响应中断后 RI 必须用软件清零，即 RI = 0。在其他方式中，串行接收到停止位的中间时刻由内部硬件置位，即 RI = 1，向 CPU 发中断申请，响应中断后 RI 必须由软件清零。

2. 串行口 1 的电源控制寄存器 PCON

电源控制寄存器 PCON 中的 SMOD/PCON.7 用于设置方式 1、方式 2、方式 3 的波特率是否加倍。

其地址为 87H，不可位寻址，格式见表 8-3。

表 8-3　PCON 寄存器

B7	B6	B5	B4	B3	B2	B1	B0
SMOD	SMOD0	LVDF	POF	GF1	GF0	PD	IDL

SMOD：波特率选择位。当用软件置位 SMOD，即 SMOD = 1 时，则使串行通信方式 1、2、3 的波特率加倍；SMOD = 0，则各工作方式的波特率不加倍。复位时 SMOD = 0。

SMOD0：帧错误检测有效控制位。当 SMOD0 = 1 时，SCON 寄存器中的 SM0/FE 位用于 FE（帧错误检测）功能；当 SMOD0 = 0 时，SCON 寄存器中的 SM0/FE 位用于 SM0 功能，和 SM1 一起指定串行口的工作方式。复位时 SMOD0 = 0。

PCON 中的其他位都与串行口 1 无关，在此不作介绍。

8.2.2　串行口 1 的工作方式

IAP15W4K58S4 系列单片机的串行口 1 有 4 种工作方式，可通过软件编程对 SCON 中的 SM0、SM1 的设置进行选择。

1. 方式 0

在方式 0 下，串行口 1 工作在同步移位寄存器模式，主要用于扩展并行输入或输出口。串行口数据由 RxD/P3.0 端输入，同步移位脉冲（SHIFTCLOCK）由 TxD/P3.1 输出，发送、接收的是 8 位数据，低位在先。其波特率为 SYSclk/12（UART_M0x6/AUXR.5 = 0）或 SYSclk/2（UART_M0x6/AUXR.5 = 1）。

1）发送：执行"写入 SBUF"指令后，启动发送过程。串行口即将 8 位数据从 RxD 引脚输出（从低位到高位），发送完中断标志 TI 置"1"，TxD 引脚输出同步移位脉冲（SHIFTCLOCK）。其时序图如图 8-6 所示。当写信号有效后，相隔一个时钟，发送控制端 SEND 有效（高电平），允许 RxD 发送数据，同时允许 TxD 输出同步移位脉冲。一帧（8 位）数据发送完毕时，各控制端均恢复原状态，只有 TI 保持高电平，呈中断申请状态。在再次发送数据前，必须用软件将 TI 清 0。

2）接收：复位接收中断请求标志 RI，即 RI = 0，置位允许接收控制位 REN = 1 时启动方式 0 接收过程。RxD 为串行输入端，TxD 为同步脉冲输出端。其时序图如图 8-7 所示。当接收完成一帧数据（8 位）后，控制信号复位，中断标志 RI 被置"1"，呈中断申请状态。

当再次接收时，必须通过软件将 RI 清 0。

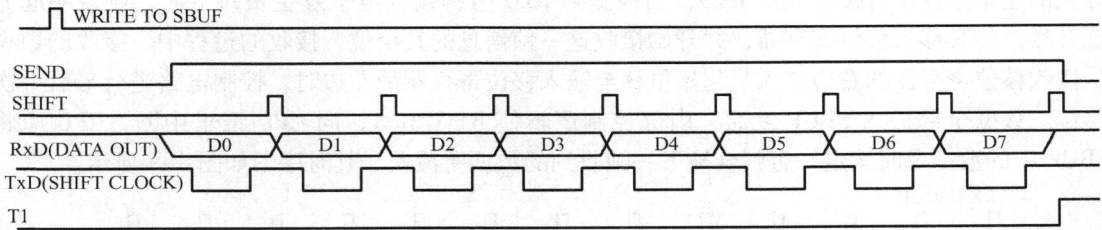

图 8-6 串行口 1 模式 0 发送时序图

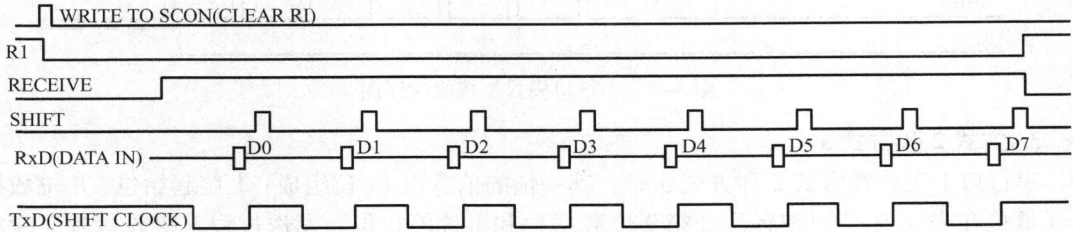

图 8-7 串行口 1 模式 0 接收时序图

工作于方式 0 时，必须清 0 多机通信控制位 SM2，使不影响 TB8 位和 RB8 位。由于波特率固定为 SYSclk/12 或 SYSclk/2，无须定时器提供，直接由单片机的时钟作为同步移位脉冲。

2. 方式 1

当软件设置 SCON 的 SM0、SM1 为"01"时，串行口 1 则以模式 1 工作。此模式为 8 位 UART 格式，一帧信息为 10 位：1 位起始位，8 位数据位（低位在先）和 1 位停止位。波特率可变，即可根据需要进行设置。TxD/P3.1 为发送信息，RxD/P3.0 为接收端接收信息，串行口为全双工接收/发送串行口。

1）发送：当主机执行一条写"SBUF"的指令就启动串行通信的发送，写"SBUF"信号还把"1"装入发送移位寄存器的第 9 位，并通知 TX 控制单元开始发送。发送各位的定时是由 16 分频计数器同步。移位寄存器将数据不断右移送 TxD 端口发送，在数据的左边不断移入"0"作补充。当数据的最高位移到移位寄存器的输出位置，紧跟其后的是第 9 位"1"，在它的左边各位全为"0"，这个状态条件，使 TX 控制单元作最后一次移位输出，然后使允许发送信号"SEND"失效，完成一帧信息的发送，并置位中断请求位 TI，即 TI = 1，向主机请求中断处理。其时序图如图 8-8 所示。

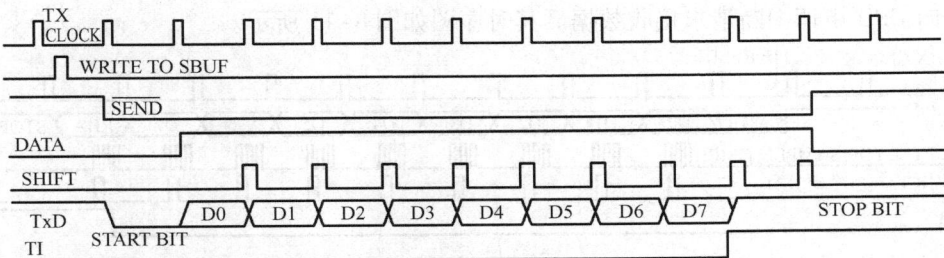

图 8-8 串行口模式 1 发送时序图

2）接收：当软件置位接收允许标志位 REN，即 REN = 1 时，接收器便以选定波特率的 16 分频的速率采样串行接收端口 RxD，当检测到 RxD 引脚输入电平发生负跳变时，则说明起始位有效，将其移入移位寄存器，并开始接收这一帧信息的其余位。接收的过程中，接收的数据从接收移位寄存器的右边移入，起始位移至输入移位寄存器最左边时，控制电路进行最后一次移位。数据全部进入 SBUF 之后，内部控制逻辑使 R1 置位 1，向 CPU 请求中断，CPU 应将 SBUF 中的数据及时读走，否则会被下一帧收到的数据所覆盖。其时序图如图 8-9 所示。

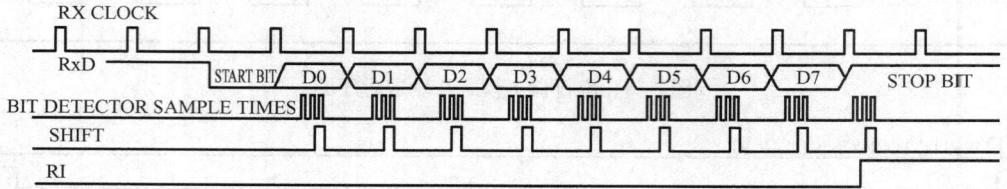

图 8-9　串行口模式 1 接收时序图

3. 方式 2 和方式 3

串行口 1 工作在方式 2 和方式 3 时，其一帧的信息由 11 位组成：1 位起始位、8 位数据位（低位在先）、1 位可编程位（第 9 位数据）和 1 位停止位。发送过程与接收过程，除发送、接收速率不同以外，其他过程完全相同。

1）发送：发送时数据由 TxD 端输出，可编程位（第 9 位数据）由 SCON 中的 TB8 提供，CPU 执行一条写入 SBUF 的指令后，便立即启动发送，送完一帧信息时，置 TI = 1 中断标志。其时序图如图 8-10 所示。

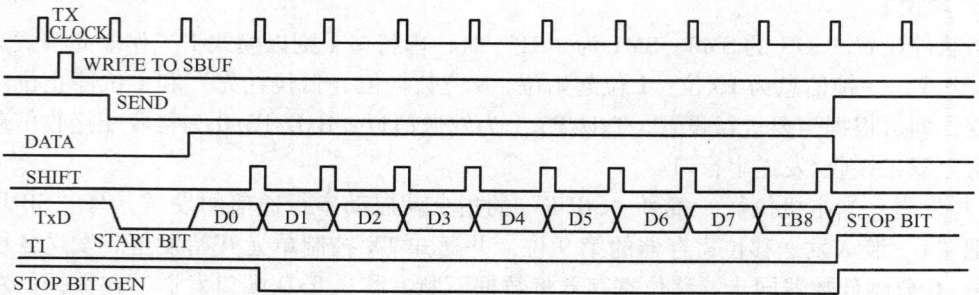

图 8-10　串行口模式 2 发送时序图

2）接收：与方式 1 类似。当 REN = 1 时，CPU 便以选定波特率的 16 分频的速率不断采样串行接收端口 RxD，当检测到 RxD 引脚输入电平发生负跳变时，说明起始位有效，将其移入移位寄存器，开始接收这一帧数据。当 SM2 = 0 或 SM2 = 1 且接收到的 RB8 = 1 时，置位 RI，向 CPU 申请中断请求接收数据。其时序图如图 8-11 所示。

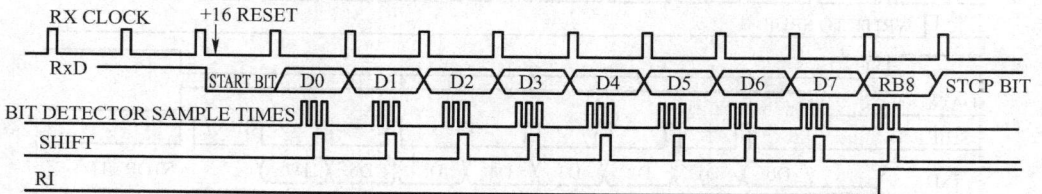

图 8-11　串行口模式 2 接收时序图

8.2.3 串行口 1 的波特率设置

方式 0 和方式 2 的波特率是固定的，计算公式为

方式 0 波特率 = SYSclk/12

方式 2 波特率 = $2^{SMOD}/64 \times$（SYSclk 系统工作时钟频率）

其中，SMOD 为特殊功能寄存器 PCON 中的第 8 位特征位。

方式 1 和方式 3 的波特率可变，与定时器的溢出率有关。用 T1 作为波特率发生器时，典型的用法是使得 T1 工作在定时方式 2，此时溢出率取决于 TH1 中的初值：

T1 溢出率 = SYSclk/（256 − TH1）

由此得方式 1 和方式 3 波特率的计算公式为

波特率 = （$2^{SMOD}/32$）×（T1 溢出率）

表 8-4 给出各种常用波特率与定时器/计数器 1 各参数之间的关系。

表 8-4　常用波特率与定时器/计数器 1 各参数关系（T1x12/AUXR. 6 = 0）

波特率/（bit/s）	SYSclk/MHz	SMOD	定时器 T1		
			C/$\overline{\text{T}}$	模式	定时常数
62500	12	1	0	2	FFH
19200	11.0592	1	0	2	FDH
9600	11.0592	0	0	2	FDH
4800	11.0592	0	0	2	FAH
2400	11.0592	0	0	2	F4H
1200	11.0592	0	0	2	F8H

STC – ISP 在线编程软件如 stc – isp – 15xx – v6.85I. exe 内部集成了波特率计数器，经一些简单的配置由软件直接生成波特率配置子程序，如图 8-12 所示。

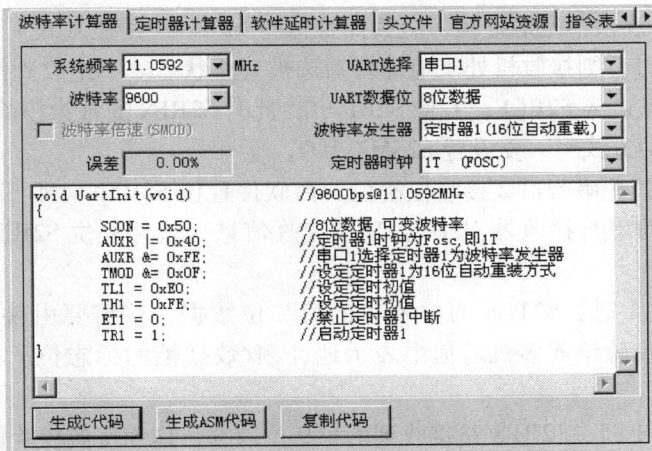

图 8-12　STC – ISP 软件窗口中波特率发生器参数及子程序

8.3 IAP15W4K58S4 单片机的串行口 2

STC15W4K32S4 系列单片机串行口 2 对应的硬件部分是 TxD2 和 RxD2。串行口 2 可以在两组引脚之间进行切换。通过设置特殊功能寄存器 P_SW2 中的位 S2_S/P_SW2.0，可以将串行口 2 从 [RxD2/P1.0,TxD2/P1.1] 切换到 [RxD2_2/P4.6,TxD2_2/P4.7]。

1. 串行口 2 的控制寄存器 S2CON

串行口 2 控制寄存器 S2CON 用于确定串行口 2 的工作方式和某些控制功能。其地址为 9AH，不可位寻址，格式见表 8-5。

表 8-5　S2CON 寄存器

B7	B6	B5	B4	B3	B2	B1	B0
S2SM0	—	S2SM2	S2REN	S2TB8	S2RB8	S2TI	S2RI

S2SM0：指定串行口 2 的工作方式，见表 8-6。

表 8-6　串行口 2 工作方式选择

S2SM0	工 作 方 式	功 能 说 明	波 特 率
0	方式 0	8 位 UART，波特率可变	（定时器 T2 的溢出率）/4
1	方式 1	9 位 UART，波特率可变	（定时器 T2 的溢出率）/4

注：当 AUXR.2/T2x12 = 1 时，定时器 T2 的溢出率 = SYSclk/(65536 − [RL_TH2,RL_TL2])；
　　当 AUXR.2/T2x12 = 0 时，定时器 T2 的溢出率 = SYSclk/12/(65536 − [RL_TH2,RL_TL2])。
　　式中，RL_TH2 是 T2H 的重装载寄存器，RL_TL2 是 T2L 的重装载寄存器。

S2SM2：允许方式 1 多机通信控制位。

在方式 1 时，如果 S2SM2 位为 1 且 S2REN 位为 1，则接收机处于地址帧筛选状态。此时可以利用接收到的第 9 位（即 S2RB8）来筛选地址帧：若 S2RB8 = 1，说明该帧是地址帧，地址信息可以进入 S2BUF，并使 S2RI 为 1，进而在中断服务程序中再进行地址号比较；若 S2RB8 = 0，说明该帧不是地址帧，应丢掉且保持 S2RI = 0。在方式 1 中，如果 S2SM2 位为 0 且 S2REN 位为 1，则接收机处于地址帧筛选被禁止状态。不论收到的 S2RB8 为 0 或 1，均可使接收到的信息进入 S2BUF，并使 S2RI = 1，此时 S2RB8 通常为校验位。方式 0 是非多机通信方式，在这种方式时，要设置 S2SM2 为 0。

S2REN：允许/禁止串行口 2 接收控制位。由软件置位 S2REN，即 S2REN = 1 为允许串行接收状态，可启动串行接收器 RxD2，开始接收信息。软件复位 S2REN，即 S2REN = 0，则禁止接收。

S2TB8：在方式 1 时，S2TB8 为要发送的第 9 位数据，按需要由软件置位或清 0。例如，可用作数据的校验位或多机通信中表示地址帧/数据帧的标志位。在方式 0 中，该位不用。

S2RB8：在方式 1 时，S2RB8 是接收到的第 9 位数据，作为奇偶校验位或地址帧/数据帧的标志位。方式 0 中不用 S2RB8（置 S2SM2 = 0，S2RB8 是接收到的停止位）。

S2TI：发送中断请求标志位。在停止位开始发送时由 S2TI 内部硬件置位，即 S2TI = 1，响应中断后 S2TI 必须用软件清零。

S2RI：接收中断请求标志位。在串行接收到停止位的中间时刻 S2RI 由内部硬件置位，即 S2RI = 1，向 CPU 发中断申请，响应中断后 S2RI 必须由软件清零。

2. 串行口 2 的数据缓冲寄存器 S2BUF

串行口 2 数据缓冲寄存器（S2BUF）的地址是 9BH，实际是两个缓冲器，写 S2BUF 的操作完成待发送数据的加载，读 S2BUF 的操作可获得已接收到的数据。两个操作分别对应两个不同的寄存器，一个是只写寄存器，一个是只读寄存器。

串行通道内设有数据寄存器。在所有的串行通信方式中，在写入 S2BUF 信号（MOVS2BUF，A）的控制下，把数据装入相同的 9 位移位寄存器，前面 8 位为数据字节，其最低位为移位寄存器的输出位。根据不同的工作方式会自动将"1"或 S2TB8 的值装入移位寄存器的第 9 位，并进行发送。

串行通道的接收寄存器是一个输入移位寄存器。在方式 0 和方式 1 时均为 9 位。当一帧接收完毕，移位寄存器中的数据字节装入串行数据缓冲器 S2BUF 中，其第 9 位则装入 S2CON 寄存器中的 S2RB8 位。如果由于 S2SM2 使得已接收到的数据无效时，S2RB8 和 S2BUF 中内容不变。

由于接收通道内设有输入移位寄存器和 S2BUF 缓冲器，从而能使一帧接收完将数据由移位寄存器装入 S2BUF 后，可立即开始接收下一帧信息，主机应在该帧接收结束前从 S2BUF 缓冲器中将数据取走，否则前一帧数据将丢失。S2BUF 以并行方式送往内部数据总线。

3. 与串行口 2 中断相关的寄存器

串行口 2 中断允许位 ES2 位于中断允许寄存器 IE2 中，中断允许寄存器 IE2 地址为 AFH，不可位寻址，其格式见表 8-7。

表 8-7　中断允许寄存器 IE2

B7	B6	B5	B4	B3	B2	B1	B0
—	—	—	—	—	—	ESPI	ES2

ES2：串行口 2 中断允许位。ES2 = 1，允许串行口 2 中断；ES2 = 0，禁止串行口 2 中断。中断允许寄存器 IE 地址为 A8H，可位寻址，其格式见表 8-8。

表 8-8　中断允许寄存器 IE

B7	B6	B5	B4	B3	B2	B1	B0
EA	ELVD	EADC	ES	ET1	EX1	ET0	EX0

EA：CPU 的总中断允许控制位。EA = 1，CPU 开放中断；EA = 0，CPU 屏蔽所有的中断申请。EA 的作用是使中断允许形成多级控制，即各中断源首先受 EA 控制，其次还受各中断源自己的中断允许控制位控制。

串行口 2 中断优先级控制位 PS2 位于中断优先级控制寄存器 IP 中，中断优先级控制寄存器的地址为 B5H，不可位寻址，其格式见表 8-9。

表 8-9　中断优先级控制寄存器 IP2

B7	B6	B5	B4	B3	B2	B1	B0
—	—	—	—	—	—	PSPI	PS2

PS2：串行口 2 中断优先级控制位。

当 PS2 = 0 时，串行口 2 中断为最低优先级中断（优先级 0）。

当 PS2 = 1 时，串行口 2 中断为最高优先级中断（优先级 1）。

8.4　IAP15W4K58S4 单片机的串行口 3

STC15W4K32S4 系列单片机串行口 3 对应的硬件部分是 TxD3 和 RxD3。串行口 3 可以在两组引脚之间进行切换。通过设置特殊功能寄存器 P_SW2 中的位 S3_S/P_SW2.1，可以将串行口 3 从 [RxD3/P0.0,TxD3/P0.1] 切换到 [RxD3_2/P5.0,TxD3_2/P5.1]。

1. 串行口 3 的控制寄存器 S3CON

串行口 3 控制寄存器 S3CON 用于确定串行口 3 的工作方式和某些控制功能。其地址为 ACH，不可位寻址，格式见表 8-10。

表 8-10　S3CON 寄存器

B7	B6	B5	B4	B3	B2	B1	B0
S3SM0	S3ST3	S3SM2	S3REN	S3TB8	S3RB8	S3TI	S3RI

S3SM0：指定串行口 3 的工作方式，见表 8-11。

表 8-11　串行口 3 工作方式选择

S3SM0	工作方式	功能说明	波特率
0	方式 0	8 位 UART，波特率可变	（定时器 T2 的溢出率）/4 或（定时器 T3 的溢出率）/4
1	方式 1	9 位 UART，波特率可变	

S3ST3：串行口 3（UART3）选择定时器 3 作波特率发生器的控制位。S3ST3 = 0，串行口 3 选择定时器 2 作为其波特率发生器；S3ST3 = 1，串行口 3 选择定时器 3 作为其波特率发生器

S3SM2：允许方式 1 多机通信控制位。在方式 1 时，如果 S3SM2 位为 1 且 S3REN 位为 1，则接收机处于地址帧筛选状态。此时可以利用接收到的第 9 位（即 S3RB8）来筛选地址帧：若 S3RB8 = 1，说明该帧是地址帧，地址信息可以进入 S3BUF，并使 S3RI 为 1，进而在中断服务程序中再进行地址号比较；若 S3RB8 = 0，说明该帧不是地址帧，应丢掉且保持 S3RI = 0。在方式 1 中，如果 S3SM2 位为 0 且 S3REN 位为 1，则接收机处于地址帧筛选被禁止状态。不论收到的 S3RB8 为 0 或 1，均可使接收到的信息进入 S3BUF，并使 S3RI = 1，此时 S3RB8 通常为校验位。方式 0 是非多机通信方式，在这种方式时，要设置 S3SM2 为 0。

S3REN：允许/禁止串行口 3 接收控制位。由软件置位 S3REN，即 S3REN = 1 为允许串行接收状态，可启动串行接收器 RxD3，开始接收信息。软件复位 S3REN，即 S3REN = 0，则禁止接收。

S3TB8：在方式 1 时，S3TB8 为要发送的 9 位数据，按需要由软件置位或清 0 。例如，可用作数据的校验位或多机通信中表示地址帧数据帧的标志位。在方式 0 中，该位不用。

S3RB8：在方式 1 时，S3RB8 是接收到的第 9 位数据，作为奇偶校验位或地址帧/数据帧的标志位。方式 0 中不用 S3RB8（置 S3SM2 = 0，S3RB8 是接收到的停止位）。

S3TI：发送中断请求标志位。在停止位开始发送时由 S3TI 内部硬件置位，即 S3TI = 1，响应中断后 S3TI 必须用软件清零。

S3RI：接收中断请求标志位。在串行接收到停止位的中间时刻 S3RI 由内部硬件置位，即 S3RI = 1，向 CPU 发中断申请，响应中断后 S3RI 必须由软件清零。

S3CON 的所有位可通过整机复位信号复位为全"0"。S3CON 的字节地址为 ACH，不可位寻址。串行通信的中断请求：当一帧发送完成，内部硬件自动置位 S3TI，即 S3TI = 1，请求中断处理；当接收完一帧信息时，内部硬件自动置位 S3RI，即 S3RI = 1，请求中断处理。由于 S3TI 和 S3RI 以"或逻辑"关系向主机请求中断，所以主机响应中断时事先并不知道是 S3TI 还是 S3RI 请求的中断，必须在中断服务程序中查询 S3TI 和 S3RI 进行判别，然后分别处理。因此，两个中断请求标志位均不能由硬件自动置位，必须通过软件清 0，否则将出现一次请求多次响应的错误。

2. 串行口 3 的数据缓冲寄存器 S3BUF

串行口 3 数据缓冲寄存器（S3BUF）的地址是 ADH，实际是 2 个缓冲器，写 S3BUF 的操作完成待发送数据的加载，读 S3BUF 的操作可获得已接收到的数据。两个操作分别对应两个不同的寄存器，一个是只写寄存器，一个是只读寄存器。

串行通道内设有数据寄存器。在所有的串行通信方式中，在写入 S3BUF 信号（MOV S3BUF，A）的控制下，把数据装入相同的 9 位移位寄存器，前面 8 位为数据字节，其最低位为移位寄存器的输出位。根据不同的工作方式会自动将"1"或 S3TB8 的值装入移位寄存器的第 9 位，并进行发送。

串行通道的接收寄存器是一个输入移位寄存器。在方式 0 和方式 1 时均为 9 位。当一帧接收完毕，移位寄存器中的数据字节装入串行数据缓冲器 S3BUF 中，其第 9 位则装入 S3CON 寄存器中的 S3RB8 位。如果由于 S3SM2 使得已接收到的数据无效时，S3RB8 和 S3BUF 中内容不变。

由于接收通道内设有输入移位寄存器和 S3BUF 缓冲器，从而能使一帧接收完将数据由移位寄存器装入 S3BUF 后，可立即开始接收下一帧信息，主机应在该帧接收结束前从 S3BUF 缓冲器中将数据取走，否则前一帧数据将丢失。S3BUF 以并行方式送往内部数据总线。

3. 与串行口 3 中断相关的寄存器 IE2

串行口 3 中断允许位 ES3 位于中断允许寄存器 IE2 中，中断允许寄存器 IE2 地址为 AFH，不可位寻址，其格式见表 8-12。

表 8-12　中断允许寄存器 IE2

B7	B6	B5	B4	B3	B2	B1	B0
—	ET4	ET3	ES4	ES3	ET2	ESPI	ES2

ET4：定时器 4 的中断允许位。

　　1，允许定时器 4 产生中断；

　　0，禁止定时器 4 产生中断。

ET3：定时器 3 的中断允许位。

　　1，允许定时器 3 产生中断；

0，禁止定时器 3 产生中断。

ES4：串行口 4 中断允许位。

　　1，允许串行口 4 中断；

　　0，禁止串行口 4 中断。

ES3：串行口 3 中断允许位。

　　1，允许串行口 3 中断；

　　0，禁止串行口 3 中断。

ET2：定时器 2 的中断允许位。

　　1，允许定时器 2 产生中断；

　　0，禁止定时器 2 产生中断。

ESPI：SPI 中断允许位。

　　1，允许 SPI 中断；

　　0，禁止 SPI 中断。

ES2：串行口 2 中断允许位。

　　1，允许串行口 2 中断；

　　0，禁止串行口 2 中断。

中断允许寄存器 IE 地址为 A8H，可位寻址，其格式见表 8-13。

表 8-13　中断允许寄存器 IE

B7	B6	B5	B4	B3	B2	B1	B0
EA	ELVD	EADC	ES	ET1	EX1	ET0	EX0

EA：CPU 的总中断允许控制位。

　　1，CPU 开放中断；

　　0，CPU 屏蔽所有的中断申请。

EA 的作用是使中断允许形成多级控制。即各中断源首先受 EA 控制；其次还受各中断源自己的中断允许控制位控制。

8.5　IAP15W4K58S4 单片机的串行口 4

STC15W4K32S4 系列单片机串行口 4 对应的硬件部分是 TxD4 和 RxD4。串行口 4 可以在两组引脚之间进行切换。通过设置特殊功能寄存器 P_SW2 中的位 S4_S/P_SW2.2，可以将串行口 4 从[RxD4/P0.2,TxD4/P0.3]切换到[RxD4_2/P5.2,TxD4_2/P5.3]。

1. 串行口 4 的控制寄存器 S4CON

串行口 4 控制寄存器 S4CON 用于确定串行口 4 的工作方式和某些控制功能。其地址为 84H，不可位寻址，格式见表 8-14。

表 8-14　S4CON 寄存器

B7	B6	B5	B4	B3	B2	B1	B0
S4SM0	S4ST4	S4SM2	S4REN	S4TB8	S4RB8	S4TI	S4RI

S4SM0：指定串行口 4 的工作方式，见表 8-15。

表 8-15　串行口 4 工作方式选择

S4SM0	工 作 方 式	功 能 说 明	波 特 率
0	方式 0	8 位 UART，波特率可变	（定时器 T4 的溢出率）/4
1	方式 1	9 位 UART，波特率可变	（定时器 T4 的溢出率）/4

S4ST4：串行口 4（UART4）选择定时器 4 作波特率发生器的控制位。S4ST4 = 0，串行口 4 选择定时器 2 作为其波特率发生器；S4ST4 = 1，串行口 4 选择定时器 4 作为其波特率发生器。

S4SM2：允许方式 1 多机通信控制位。

在方式 1 时，如果 S4SM2 位为 1 且 S4REN 位为 1，则接收机处于地址帧筛选状态。此时可以利用接收到的第 9 位（即 S4RB8）来筛选地址帧：若 S4RB8 = 1，说明该帧是地址帧，地址信息可以进入 S4BUF，并使 S4RI 为 1，进而在中断服务程序中再进行地址号比较；若 S4RB8 = 0，说明该帧不是地址帧，应丢掉且保持 S4RI = 0。在方式 1 中，如果 S4SM2 位为 0 且 S4REN 位为 1，则接收机处于地址帧筛选被禁止状态。不论收到的 S4RB8 为 0 或 1，均可使接收到的信息进入 S4BUF，并使 S4RI = 1，此时 S4RB8 通常为校验位。

方式 0 是非多机通信方式，在这种方式时，要设置 S4SM2 为 0。

S4REN：允许/禁止串行口 4 接收控制位。

由软件置位 S4REN，即 S4REN = 1 为允许串行接收状态，可启动串行接收器 RxD4，开始接收信息。软件复位 S4REN，即 S4REN = 0，则禁止接收。

S4TB8：在方式 1 时，S4TB8 为要发送的第 9 位数据，按需要由软件置位或清 0。例如，可用作数据的校验位或多机通信中表示地址帧/数据帧的标志位。在方式 0 中，该位不用。

S4RB8：在方式 1 时，S4RB8 是接收到的第 9 位数据，作为奇偶校验位或地址帧/数据帧的标志位。方式 0 中不用 S4RB8（置 S4SM2 = 0，S4RB8 是接收到的停止位）。

S4TI：发送中断请求标志位。在停止位开始发送时由 S4TI 内部硬件置位，即 S4TI = 1，响应中断后 S4TI 必须用软件清零。

S4RI：接收中断请求标志位。在串行接收到停止位的中间时刻 S4RI 由内部硬件置位，即 S4RI = 1，向 CPU 发中断申请，响应中断后 S4RI 必须由软件清零。

2. 串行口 4 的数据缓冲寄存器 S4BUF

STC15W4K32S4 系列单片机的串行口 4 数据缓冲寄存器（S4BUF）的地址是 85H，实际是 2 个缓冲器，写 S4BUF 的操作完成待发送数据的加载，读 S4BUF 的操作可获得已接收到的数据。两个操作分别对应两个不同的寄存器，1 个是只写寄存器，1 个是只读寄存器。

串行通道内设有数据寄存器。在所有的串行通信方式中，在写入 S4BUF 信号（MOV S4BUF，A）的控制下，把数据装入相同的 9 位移位寄存器，前面 8 位为数据字节，其最低位为移位寄存器的输出位。根据不同的工作方式会自动将"1"或 S4TB8 的值装入移位寄存器的第 9 位，并进行发送。

串行通道的接收寄存器是一个输入移位寄存器。在方式 0 和方式 1 时均为 9 位。当一帧接收完毕，移位寄存器中的数据字节装入串行数据缓冲器 S4BUF 中，其第 9 位则装入

S4CON 寄存器中的 S4RB8 位。如果由于 S4SM2 使得已接收到的数据无效时，S4RB8 和 S4BUF 中内容不变。

由于接收通道内设有输入移位寄存器和 S4BUF 缓冲器，从而能使一帧接收完将数据由移位寄存器装入 S4BUF 后，可立即开始接收下一帧信息，主机应在该帧接收结束前从 S4BUF 缓冲器中将数据取走，否则前一帧数据将丢失。S4BUF 以并行方式送往内部数据总线。

3. 与串行口 4 中断相关的寄存器 IE2

串行口 4 中断允许位 ES4 位于中断允许寄存器 IE2 中，中断允许寄存器 IE2 地址为 AFH，不可位寻址，格式见表 8-16。

表 8-16　中断允许寄存器 IE2

B7	B6	B5	B4	B3	B2	B1	B0
—	ET4	ET3	ES4	ES3	ET2	ESPI	ES2

ET4：定时器 4 的中断允许位。

　　1，允许定时器 4 产生中断；

　　0，禁止定时器 4 产生中断。

ET3：定时器 3 的中断允许位。

　　1，允许定时器 3 产生中断；

　　0，禁止定时器 3 产生中断。

ES4：串行口 4 中断允许位。

　　1，允许串行口 4 中断；

　　0，禁止串行口 4 中断。

ES3：串行口 3 中断允许位。

　　1，允许串行口 3 中断；

　　0，禁止串行口 3 中断。

ET2：定时器 2 的中断允许位。

　　1，允许定时器 2 产生中断；

　　0，禁止定时器 2 产生中断。

ESPI：SPI 中断允许位。

　　1，允许 SPI 中断；

　　0，禁止 SPI 中断。

ES2：串行口 2 中断允许位。

　　1，允许串行口 2 中断；

　　0，禁止串行口 2 中断。

中断允许寄存器 IE 的地址为 A8H，可位寻址，格式见表 8-17。

表 8-17　中断允许寄存器 IE

B7	B6	B5	B4	B3	B2	B1	B0
EA	ELVD	EADC	ES	ET1	EX1	ET0	EX0

EA：CPU 的总中断允许控制位。

EA = 1，CPU 开放中断；

EA = 0，CPU 屏蔽所有的中断申请。

EA 的作用是使中断允许形成多级控制。即各中断源首先受 EA 控制；其次还受各中断源自己的中断允许控制位控制。

8.6 串行口通信应用实例

IAP15W4K58S4 单片机的串行通信根据其通信对象可分为单片机与单片机之间的通信和单片机与计算机之间的通信两种。

8.6.1 单片机与单片机之间的通信

（1）双机通信

如果两个 8051 应用系统相距很近，可将它们的串行端口直接相连（TxD – RxD，RxD – TxD，GND – GND – 地），即可实现双机通信。为了增加通信距离，减少通道及电源干扰，可采用 RS – 232C 或 RS – 422、RS – 485 标准进行双机通信，两通信系统之间采用光 – 电隔离技术，以减少通道及电源的干扰，提高通信可靠性。

对于双机异步通信的程序通常采用两种方法：查询方式和中断方式。但在很多应用中，双机通信的接收方采用中断方式来接收数据，以提高 CPU 的工作效率；发送方仍然采用查询方式发送。

（2）程序举例

【例 8-1】单片机 A 与单片机 B 通信，A 机通过按键控制 B 机的灯亮灭，具体如下：按一次 A 机按键，B 机灯亮，再按一次 A 机按键，B 机灯灭。电路原理图如图 8-13 所示。

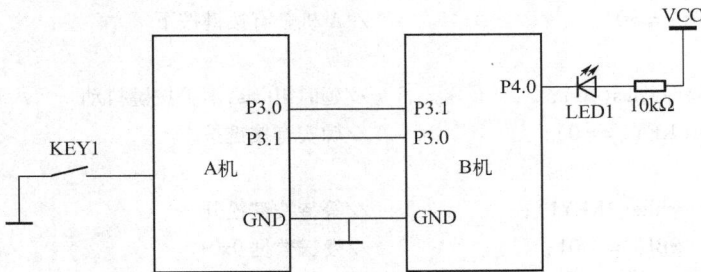

图 8-13　双机通信连接示意图

解：设串行口 1 工作在方式 1，选用定时器 T1 为波特发生器。晶振频率为 11.0592 MHz，数据传输波特率为 9600 bit/s。

A 机程序代码如下：

```
#include "STC15Fxxxx. H"          //包含单片机头文件
#define uint unsigned int
uint temp,i;                      //定义参量
sbit KEY1 = P2^0;                 //定义 KEY1 为 P2.0 脚
```

```c
void Delay_ms(uint ms)                      //延时函数
{
    while((ms--)!=0)
    {
        for(i=0;i<580;i++);
    }
}

void UartInit(void)                         //串行口初始化函数,9600bps@11.0592MHz
{
    SCON = 0x50;                            //方式1,允许串行接收
    AUXR  |=0x40;                           //定时器1时钟为Fosc,即1T
    AUXR &=0xFE;                            //串行口1选择定时器1为波特率发生器
    TMOD &=0x0F;                            //设定定时器1为16位自动重装方式
    TL1 = 0xE0;                             //设定定时初值
    TH1 = 0xFE;                             //设定定时初值
    ET1 = 0;                                //禁止定时器1中断
    TR1 = 1;                                //启动定时器1
}

void main()                                 //主函数
{
    UartInit();                             //调用串行口初始化函数
    while(1)
    {
        if(KEY1 ==0)                        //A机若有按键按下
        {
            Delay_ms(10);                   //延时10ms,消去按键抖动
            if(KEY1 ==0)                    //确实有按键按下
            {
                while(!KEY1);               //等待按键松开
                SBUF = 0x01;                //发送数据0x01
                while(!TI);
                TI = 0;
            }
        }
    }
}
```

B机程序代码如下:

```c
#include "iap15w4k58s4.h"                   //单片机IAP15W4K58S4头文件
#define uint unsigned int
```

```
uint a;                              //定义参量
sbit LED1 = P4^0;                    //定义 LED1 为 P4.0 脚
void UartInit(void)                  //串行口初始化函数 9600bps@ 11.0592 MHz
{
    SCON = 0x50;                     //方式 1,允许串行接收
    AUXR |= 0x40;                    //定时器 1 时钟为 Fosc,即 1T
    AUXR &= 0xFE;                    //串行口 1 选择定时器 1 为波特率发生器
    TMOD &= 0x0F;                    //设定定时器 1 为 16 位自动重装方式
    TL1 = 0xE0;                      //设定定时初值
    TH1 = 0xFE;                      //设定定时初值
    ET1 = 0;                         //禁止定时器 1 中断
    TR1 = 1;                         //启动定时器 1
}

void main()                          //主函数
{
    UartInit();                      //调用串行口初始化函数
    LED1 = 1;                        //B 机的灯初始状态为灭
    while(1)                         //主循环
    {
        if(RI)                       //若接收到数据
        {
            RI = 0;
            a = SBUF;                //把缓冲器中的数据赋予 a
            if(a == 0x01)            //比较 a 中数据和 0x01,若相等
            {
                LED1 = ~ LED1;       //B 机的灯状态取反
            }
        }
    }
}
```

8.6.2 单片机与 PC 间通信

在单片机应用系统中,与上位机的数据通信主要采用异步串行通信。在设计通信接口时,必须根据需要选择标准接口,并考虑传输介质、电平转换等问题。

PC 的串口是 RS – 232 标准,采取负逻辑,即:

逻辑 "0" 表示 + 5 ~ + 15 V;

逻辑 "1" 表示 – 5 ~ – 15 V。

而 STC15W4K32S4 单片机的串口是 TTL 标准,采取正逻辑,即:

逻辑 "0" 表示 0 ~ + 0.4 V;

逻辑 "1" 表示 2.4 ~ + 5 V。

因此, PC 与 STC15W4K32S4 单片机不能直接相连,使用时必须进行电平转换。常用的

电平转换芯片为 MAX232。

MAX232 芯片是 MAXIM 公司生产的，包含两路收发器和驱动器的芯片，内部有电源电变换器，可把输入的 +5 V 电源电压变换为 RS – 232 输出电平所需要的电压，应用十分广泛。

（1）STC15W4K32S4 单片机与 PC 的接口电路

MAX232 有两路收发器，可任选一路作为单片机与 PC 间的接口。连接时需特别注意引脚的对应关系。PC 的 9 针串口只连接其中的 3 根线，即第 5 脚的 GND、第 2 脚的 RxD 和第 3 脚的 TxD。

目前，RS – 232 串口已不再是 PC 的标配了。PC 常用的串口通信接口是 USB 接口。为了使单片机与 PC 进行串行通信，可采用 CH340G 芯片将 USB 总线转串口 UART。实际上，STC 单片机与 PC 的通信线路也就是 STC 单片机的在线编程电路。

单片机与 PC 的通信程序可分为上位机（PC）程序设计和下位机（单片机）程序设计两部分。其中上位机通常是用各种高级语言来开发，例如 VC、VB 等。在实际开发调试中，也可以直接使用 STC 系列单片机下载程序中内嵌的串口调试程序来模拟 PC 端的串口通信程序。

（2）程序举例

【例 8-2】PC 向单片机发送数据，单片机收到后通过串口把收到的数据原样返回。PC 采用 STC – ISP 在线编程软件工具中内嵌的串口调试助手程序进行数据发送和接收并显示。（该例程序来自试验箱 STC – STUDY – BOARD4 – SCH – C – ASM – VER2 提供的例程文件）。

解：程序代码如下：

```
#define    MAIN_Fosc   22118400L          //定义主时钟
#include    "STC15Fxxxx. H"               //包含头文件
#define    Baudrate1   15200L
#define    UART1_BUF_LENGTH   32
u8    TX1_Cnt;                            //发送计数
u8    RX1_Cnt;                            //接收计数
bit    B_TX1_Busy;                       //发送忙标志
u8    idata RX1_Buffer[UART1_BUF_LENGTH]; //接收缓冲
void UART1_config(u8 brt);               //选择波特率,2:使用 Timer2 作波特率,
                                         //其他值:使用 Timer1 作波特率
void    PrintString1(u8 * puts);
void main(void)
{
    P0M1 = 0;P0M0 = 0;                   //设置为准双向口
    P1M1 = 0;P1M0 = 0;                   //设置为准双向口
    P2M1 = 0;P2M0 = 0;                   //设置为准双向口
    P3M1 = 0;P3M0 = 0;                   //设置为准双向口
    P4M1 = 0;P4M0 = 0;                   //设置为准双向口
    P5M1 = 0;P5M0 = 0;                   //设置为准双向口
    P6M1 = 0;P6M0 = 0;                   //设置为准双向口
```

```c
    P7M1 = 0;P7M0 = 0;                              //设置为准双向口
    UART1_config(1);                                //选择波特率,2:使用 Timer2 作波特率,
                                                    //其他值:使用 Timer1 作波特率
    EA = 1;                                         //允许总中断
    PrintString1("STC15F2K60S2 UART1 Test Prgramme! \r\n");//SUART1 发送一个字符串
    while(1)
    {
        if((TX1_Cnt != RX1_Cnt)&&(!B_TX1_Busy))     //收到数据,发送空闲
        {
            SBUF = RX1_Buffer[TX1_Cnt];             //把收到的数据原样返回
            B_TX1_Busy = 1;
            if( ++TX1_Cnt >= UART1_BUF_LENGTH)TX1_Cnt = 0;
        }
    }
}
void PrintString1(u8 * puts)                        //串口 1 发送字符串函数
{
    for( ; * puts !=0;puts ++ )                     //遇到停止符 0 结束
    {
        SBUF = * puts;
        B_TX1_Busy = 1;
        while(B_TX1_Busy);
    }
}
voidSetTimer2Baudraye(u16 dat)                      //设置 Timer2 作波特率发生器
{
    AUXR & = ~(1 <<4);                              //停止定时器 2
    AUXR & = ~(1 <<3);                              //选择定时器 2 作为波特率发生器
    AUXR |=   (1 <<2);                              //定时器 2 的速度是传统 8051 的 12 倍,即不分频
    TH2 = dat/256;
    TL2 = dat % 256;
    IE2  & = ~(1 <<2);                              //禁止中断
    AUXR |=   (1 <<4);                              //定时器使能
}
voidUART1_config(u8 brt)                            //选择波特率,2:使用 Timer2 作波特率,其他值:
                                                    //使用 Timer1 作波特率

{
    if(brt == 2)                                    //波特率使用定时器 2
    {
        AUXR |=0x01;                                //选择定时器 2 作为波特率发生器
        SetTimer2Baudraye(65536UL - (MAIN_Fosc/4)/Baudrate1);
    }
```

```
    else                                            //波特率使用定时器1
    {
        TR1 = 0;
        AUXR & = ~0x01;                             //选择定时器1作为波特率发生器
        AUXR |=    (1 << 6);                         //定时器1的速度是传统8051的12倍,即不分频
        TMOD & = ~(1 << 6);                          //定时器1工作在定时器模式
        TMOD & = ~0x30;                              //定时器1选择16位自动重新加载模式
        TH1 = (u8)((65536UL - (MAIN_Fosc/4)/Baudrate1)/256);
        TL1 = (u8)((65536UL - (MAIN_Fosc/4)/Baudrate1)% 256);
        ET1 = 0;                                     //禁止中断
        INT_CLKO & = ~0x02;                          //不输出时钟
        TR1    = 1;
    }
    SCON = (SCON & 0x3f) |0x40;   //UART1 模式,0x00:同步移位输出,0x40:8 位数据,
                                  //可变波特率,0x80:9 位数据,固定波特率,0xc0:9 位
                                  //数据,可变波特率
    ES   = 1;                     //允许中断
    REN = 1;                      //允许接收
    P_SW1 & = 0x3f;
    P_SW1 |= 0x80;                //UART1 选择,0x00:P3.0 P3.1,
                                  //0x40:P3.6 P3.7,0x80:P1.6 P1.7(必须使用内部时钟)
    B_TX1_Busy = 0;
    TX1_Cnt = 0;
    RX1_Cnt = 0;
}
void UART1_int(void) interrupt 4      //UART1 中断函数
{
    if(RI)
    {
        RI = 0;
        RX1_Buffer[RX1_Cnt] = SBUF;
        if( ++ RX1_Cnt  >= UART1_BUF_LENGTH) RX1_Cnt = 0;   //防止溢出
    }
    if(TI)
    {
        TI = 0;
        B_TX1_Busy = 0;
    }
}
```

第 9 章　同 步 通 信

当前常用的单片机与外设之间进行数据传输的串行总线主要有 SPI 和 I^2C 总线。其中 SPI 总线是以同步串行三线方式进行通信（一条串行时钟线 SCLK，一条主出从入线 MOSI，一条主入从出线 MISO），而 I^2C 总线以同步串行二线方式进行通信（一条时钟线 CLK，一条数据线 DATA）。

9.1　SPI 接口

IAP15W4K58S4 单片机集成了同步串行外设接口（Serial Periphral Interface，SPI）。SPI 接口是一种全双工、高速、同步的通信总线，有两种操作模式：主模式和从模式。在主模式中支持高达 3 Mbit/s 的速度，还具有传输完成标志和写冲突标志保护。

9.1.1　SPI 的结构

IAP15W4K58S4 单片机 SPI 接口功能框图如图 9-1 所示。

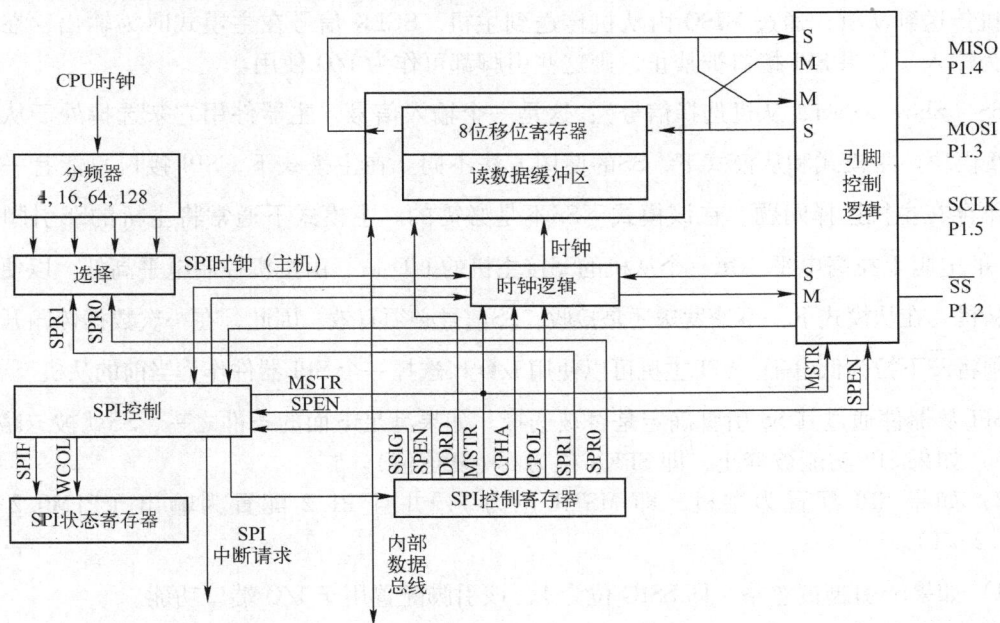

图 9-1　SPI 接口功能框图

SPI 的核心是一个 8 位移位寄存器和数据缓冲器，数据可以同时发送和接收。在 SPI 数据的传输过程中，发送和接收的数据都存储在数据缓冲器中。

对于主模式，若要发送一字节数据，只需将这个数据写到 SPDAT 寄存器中。主模式下 $\overline{SS}$ 信号不是必需的；但是在从模式下，必须在 $\overline{SS}$ 信号变为有效并接收到合适时钟信号后，方可进行数据传输。在从模式下，如果一个字节传输完成后，$\overline{SS}$信号变为高电平，这个字节立即被硬性逻辑标志为接收完成，SPI 接口准备接收下一个数据。

9.1.2 SPI 接口的引脚

SPI 接口有 4 个引脚：SCLK、MISO、MOSI 和 $\overline{SS}$，可在 3 组引脚之间进行切换。

MOSI（Master Out Slave In，主出从入）：主器件的输出和从器件的输入，用于主器件到从器件的串行数据传输。当 SPI 作为主器件时，该信号是输出；当 SPI 作为从器件时，该信号是输入。数据传输时最高位在先，低位在后。根据 SPI 规范，多个从机共享一根 MOSI 信号线。在时钟边界的前半周期，主机将数据放在 MOSI 信号线上，从机在该边界处获取该数据。

MISO（Master In Slave Out，主入从出）：从器件的输出和主器件的输入，用于实现从器件到主器件的数据传输。SPI 规范中，一个主机可连接多个从机，因此，主机的 MISO 信号线会连接到多个从机上，或者说，多个从机共享一根 MISO 信号线。当主机与一个从机通信时，其他从机应将其 MISO 引脚驱动置为高阻状态。

SCLK（SPI Clock，串行时钟信号）：串行时钟信号是主器件的输出和从器件的输入，用于同步主器件和从器件之间在 MOSI 和 MOSO 线上的串行数据传输。当主器件启动一次数据传输时，自动产生 8 个 SCLK 时钟周期信号给从机。在 SCLK 的每个跳变处（上升沿或下降沿）移出一位数据。所以，一次数据传输可以传输一个字节的数据。

SCLK、MOSI 和 MISO 通常用于将两个或更多个 SPI 器件连接在一起。数据通过 MOSI 由主机传送到从机，通过 MISO 由从机传送到主机。SCLK 信号在主模式时为输出，在从模式时为输入。如果 SPI 接口被禁止，则这些引脚都可作为 I/O 使用。

$\overline{SS}$（Slave Select，从机选择信号）：这是一个输入信号，主器件用它来选择处于从模式的 SPI 模块。主模式和从模式下，$\overline{SS}$的使用方法不同。在主模式下，SPI 接口只能有一个主机，不存在主机选择问题。在该模式下 $\overline{SS}$ 不是必需的。主模式下通常将主机的 $\overline{SS}$ 引脚通过 $10k\Omega$ 的电阻上拉高电平。每一个从机的 $\overline{SS}$ 接主机的 I/O 口，由主机控制电平高低，以便主机选择从机。在从模式下，不论发送还是接收，$\overline{SS}$ 信号必须有效。因此，在一次数据传输开始之前必须将 $\overline{SS}$ 下拉为低电平。SPI 主机可以使用 I/O 口选择一个 SPI 器件作为当前的从机。

SPI 从器件通过其 SS 引脚确定是否被选择。如果满足下面的条件之一，$\overline{SS}$ 就被忽略。

1）如果 SPI 功能被禁止，即 SPEN 位为 0（复位值）。

2）如果 SPI 配置为主机，即 MSTR 位为 1，并且 P1.2 配置为输出（P1M0.2 = 0，P1M1.2 = 1）。

3）如果 $\overline{SS}$ 引脚被忽略，即 SSIG 位为 1，该引脚配置用于 I/O 端口功能。

9.1.3 SPI 接口的相关特殊功能寄存器

与 SPI 接口有关的特殊功能寄存器有 SPI 控制寄存器 SPCTL、SPI 状态寄存器 SPSTAT 和 SPI 数据寄存器 SPDAT。下面详细介绍各寄存器的功能含义。

（1）SPI 控制寄存器 SPCTL

SPI 控制寄存器 SPCTL 的每一位都有控制含义，地址为 CEH，复位值为 0000 0000B，各位定义见表9-1。

表 9-1　SPI 控制寄存器 SPCTL 各位定义

位号	B7	B6	B5	B4	B3	B2	B1	B0
位名称	SSIG	SPEN	DORD	MSTR	CPOL	CPHA	SPR1	SPR0

SSIG：$\overline{SS}$引脚忽略控制位。若（SSIG）=1，由 MSTR 确定器件是主机还是从机，$\overline{SS}$引脚被忽略，并可配置为 I/O 功能；若（SSIG）功能 =0，由 $\overline{SS}$引脚的输入信号确定器件是主机还是从机。

SPEN：SPI 使能位。若（SPEN）=1，SPI 使能；若（SPEN）=0，SPI 被禁止，所有 SPI 信号引脚用作 I/O 功能。

DORD：SPI 数据发送与接收顺序的控制位。若（DORD）=1，SPI 数据的传送顺序为由低到高；若（DORD）=0，SPI 数据的传送顺序为由高到低。

MSTR：SPI 主/从模式位。若（MSTR）=1，主机模式；若（MSTR）=0，从机模式。SPI 接口的工作状态还与其他控制位有关，具体选择方法见表9-2。

表 9-2　SPI 接口的主从工作模式选择

SPEN	SSIG	$\overline{SS}$	MSTR	SPI 模式	MISO	MOSI	SCLK	备　注
0	X	P1.2	X	禁止	P1.4	P1.3	P1.5	SPI 信号引脚作普通 I/O 使用
1	0	0	0	从机	输出	输入	输入	选择为从机
1	0	1	0	从机（未选中）	高阻	输入	输入	未被选中，MISO 引脚处于高阻状态，以避免总线冲突
1	0	0	1→0	从机	输出	输入	输入	$\overline{SS}$配置为输入或准双向口，SSIG 为 0，如果选择$\overline{SS}$为低电平，则被选择为从机；当$\overline{SS}$变为低电平时，会自动将 MSTR 控制位清 0
1	0	1	1	主机（空闲）	输入	高阻	高阻	当主机空闲时，MOSI 和 SCLK 为高阻状态以避免总线冲突。用户必须将 SCLK 上拉或下拉（根据 CPOL 确定）以避免 SCLK 出现悬浮状态
				从机（激活）	输入	输出	输出	主机激活时，MOSI 和 SCLK 为强退挽输出
1	1	P1.2	0	从机	输出	输入	输入	
			1	主机	输入	输出	输出	

CPOL：SPI 时钟信号极性选择位。若 CPOL =1，SPI 空闲时 SCLK 为高电平，SCLK 的前跳变沿为下降沿，后跳变沿为上升沿；若 CPOL =0，SPI 空闲时 SCLK 为低电平，SCLK 的前跳变沿为上升沿，后跳变沿为下降沿。

CPHA：SPI 时钟信号相位选择位。若 CPHA =1，SPI 数据由前跳变沿驱动到口线，后跳变沿采样；若 CPHA =0，当$\overline{SS}$引脚为低电平（且 SSIG 为 0）时数据被驱动到口线，并在 SCLK 的后跳变沿被改变，在 SCLK 的前跳变沿被采样。注意：SSIG 为 1 时操作未定义。

SPR1、SPR0：主模式时 SPI 时钟速率选择位。00 表示 $f_{SYS}/4$；01 表示 $f_{SYS}/16$；10 表示

fsys/64；11 表示 fsys/128。

（2）SPI 状态寄存器 SPSTAT

SPI 状态寄存器 SPSTAT 记录了 SPI 接口的传输完成标志与写冲突标志，地址为 CDH，复位值为 00xx xxxxB，各位定义见表 9-3。

表 9-3　SPI 状态寄存器 SPSTAT 各位定义

位号	B7	B6	B5	B4	B3	B2	B1	B0
位名称	SPIF	WCOL	—	—	—	—	—	–

SPIF：SPI 传输完成标志。当一次传输完成时，SPIF 置位。此时，如果 SPI 中断允许，则向 CPU 申请中断。当 SPI 处于主模式且（SSIG）=0 时，如果$\overline{SS}$为输入且为低电平，则 SPIF 也将置位，表示"模式改变"（由主机模式变为从机模式）。

SPIF 标志通过软件向其写"1"而清零。

WCOL：SPI 写冲突标志。当 1 个数据还在传输，又向数据寄存器 SPDAT 写入数据时，WCOL 被置位以指示数据冲突。在这种情况下，当前发送的数据继续发送，而新写入的数据将丢失。WCOL 标志通过软件向其写"1"而清零。

（3）SPI 数据寄存器 SPDAT

其地址是 CFH，用于保存通信数据字节。

（4）与 SPI 中断管理有关的控制位

SPI 中断允许控制位 ESPI：位于 IE2 寄存器的 B1 位。（ESPI）=1，允许 SPI 中断；（ES-PI）=0，禁止 SPI 中断。如果允许 SPI 中断，发生 SPI 中断时，CPU 就会跳转到中断服务程序的入口地址 004BH 处执行中断服务程序。注意，在中断服务程序中，必须把 SPI 中断请求标志清零（通过写 1 实现）。

SPI 中断优先级控制器 PSPI：PSPI 位于 IP2 的 B1 位。利用 PSPI 可以将 SPI 中断设置为 2 个优先级。

9.1.4　SPI 接口的数据通信

1. SPI 接口的数据通信方式

IAP15W4K58S4 单片机 SPI 接口的数据通信方式有 3 种：单主机 - 单从机方式、双器件方式（器件可互为主机和从机）和单主机 - 多从机方式。

（1）单主机 - 单从机方式

此方式电路连接如图 9-2 所示。主机将 SPI 控制寄存器 SPCTL 的 SSIG 及 MSTR 位置 1，选择主机模式，此时主机可使用任何一个 I/O 端口（包括$\overline{SS}$引脚，可当作普通 I/O）来控制从机的$\overline{SS}$引脚；从机将 SPI 控制寄存器 SPCTL 的 SSIG 及 MSTR 位置 0，选择从机模式，当从机$\overline{SS}$引脚被拉为低电平时，从机被选中。

当主机向 SPI 数据寄存器 SPDAT 写入一个字节时，立即启动一个连续的 8 位数据移位通信过程：主机的 SCLK 引脚向从机的 SCLK 引脚发出一串脉冲，在这串脉冲的控制下，刚写入主机的 SPI 数据寄存器 SPDAT 的数据从主机 MOSI 引脚移出，送到从机的 MOSI 引脚，同时之前写入从机 SPI 数据寄存器 SPDAT 的数据从从机的 MISO 引脚移出，送到主机的 MI-

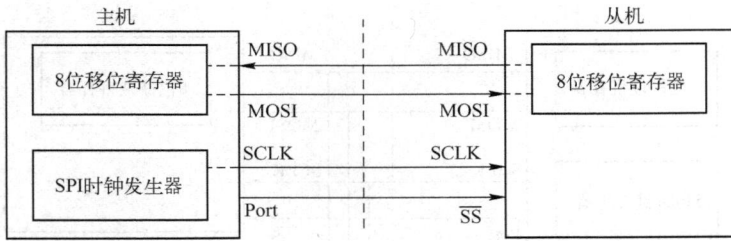

图 9-2　SPI 接口的单主机 - 单从机方式

SO 引脚。因此，主机既可主动向从机发送数据，又可主动读取从机中的数据，从机既可接收主机所发送的数据，也可以在接收主机所发数据的同时，向主机发送数据，但这个过程不可以由从机主动发送。

（2）双器件方式（器件可互为主机和从机）

此方式的电路连接如图 9-3 所示，两片单片机可以互相为主机或从机。初始化后两片单片机都将各自设置成由 $\overline{SS}$ 引脚（P1.2）的输入信号确定的主机模式，即将各自的 SPI 控制寄存器 SPCTL 中的 MSTR、SPEN 位置 1，SSIG 位清 0，P1.2 引脚（SS）配置为准双向（复位模式）并输出高电平。

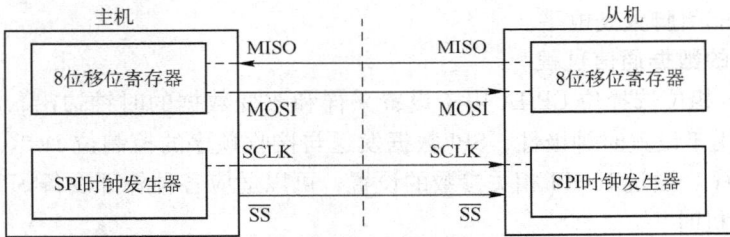

图 9-3　SPI 接口的互为主从方式

当一方要求向另一方主动发送数据时，先检测 $\overline{SS}$ 引脚的电平状态，如果 $\overline{SS}$ 引脚是高电平，就将自己的 SSIG 位置 1 设置成忽略 $\overline{SS}$ 引脚的主机模式，并将 $\overline{SS}$ 引脚拉低，强制将对方设置为从机模式，这样就是单主单从数据通信方式。通信完毕当前主机再次将 $\overline{SS}$ 引脚置高电平，将自己的 SSIG 为清 0，回到初始状态。

把 SPI 配置为主机模式（MSTR = 1，SPEN = 1），并且 SSIG = 0 配置为由 $\overline{SS}$ 引脚（P1.2）的输入信号确定主机或从机的情况下，$\overline{SS}$ 引脚可配置为输入或准双向模式，只要 $\overline{SS}$ 引脚被拉低，即可实现模式的转变，成为从机，并将状态寄存器 SPSTAT 中的中断标志位 SPIF 置 1。

【注】互为主从模式时，双方的 SPI 通信速率必须相同。如果使用外部晶体振荡管，双方的晶体频率也要相同。

（3）单主机 - 多从机方式

此方式的电路连接如图 9-4 所示。主机将 SPI 控制寄存器 SPCTL 的 SSIG 及 MSTR 位置 1，选择主机模式，此时主机使用不同的 I/O 端口来控制不同从机的 $\overline{SS}$ 引脚；从机将 SPI 控制寄存器 SPCTL 的 SSIG 及 MSTR 位置 0，选择从机模式。

179

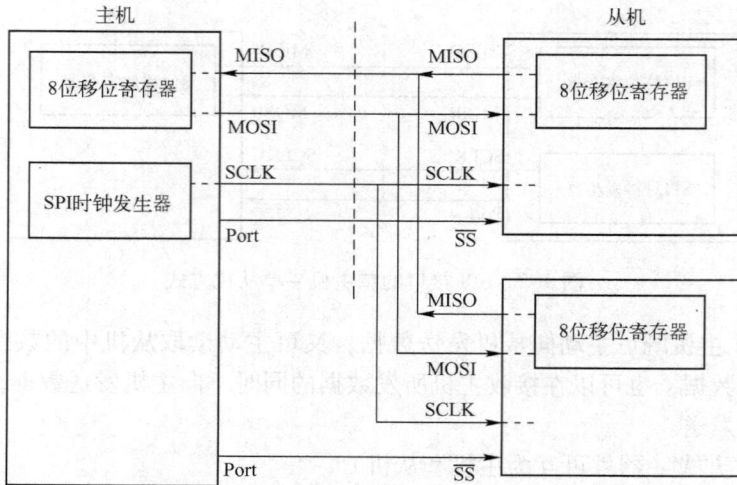

图 9-4　SPI 接口的单主多从方式

当主机要与某一个从机通信时，只要将对应从机的$\overline{SS}$引脚拉低，该从机被选户。其他从机的$\overline{SS}$引脚保持高电平，这时主机与该从机的通信已成为单主单从的通信。通信完毕主机再将该从机的$\overline{SS}$引脚置高电平。

2. SPI 接口的数据通信过程

SPI 时钟信号相位选择位 CPHA 用于设置采样和改变数据的时钟边沿，SPI 时钟信号极性选择位 CPOL 用于设置时钟极性，SPI 数据发送与接收顺序的控制位 DORD 用于设置数据传送高低位的顺序。通过对 SPI 相关参数的设置，可以适应各种外部设备 SPI 通信的要求。

（1）作为从机时

当 CPHA = 0 时，从机 SPI 总线数据传输时序如图 9-5 所示。数据在时钟的第一个边沿被采样，第二个边沿被改变。主机将数据写入发送数据寄存器 SPDAT 后，首位即可呈现在 MOSI 引脚上，从机的$\overline{SS}$引脚被拉低时，从机发送数据寄存器 SPDAT 的首位即可呈现在 MISO 引脚上。数据发送完毕不再发送其他数据时，时钟恢复至空闲状态，MOSI、MISO 两根线上均保持最后一位数据的状态，从机的$\overline{SS}$引脚被拉高时，从机的 MISO 引脚呈现高阻态。

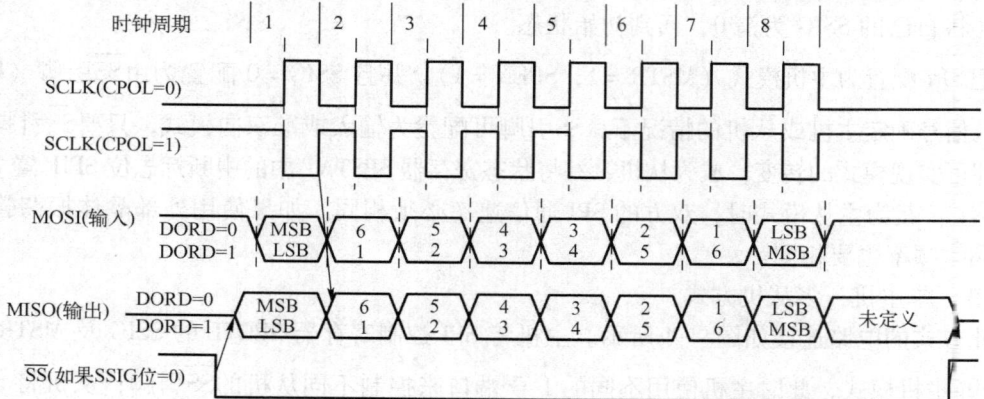

图 9-5　CPHA = 0，SPI 从机传输格式

180

【注】当 CPHA =0，SSIG 必须为 0，也就是不能忽略 $\overline{SS}$ 引脚，$\overline{SS}$ 引脚必须置 0 并且在每个连续的串行字节发送完后需重新设置为高电平。如果 SPDAT 寄存器在 $\overline{SS}$ 有效（低电平）时执行写操作，那么将导致一个写冲突错误。CPHA =0 且 SSIG =0 时的操作未定义。

当 CPHA =1 时，从机 SPI 总线数据传输时序如图 9-6 所示，数据在时钟的第一个边沿被改变，第二个边沿被采样。

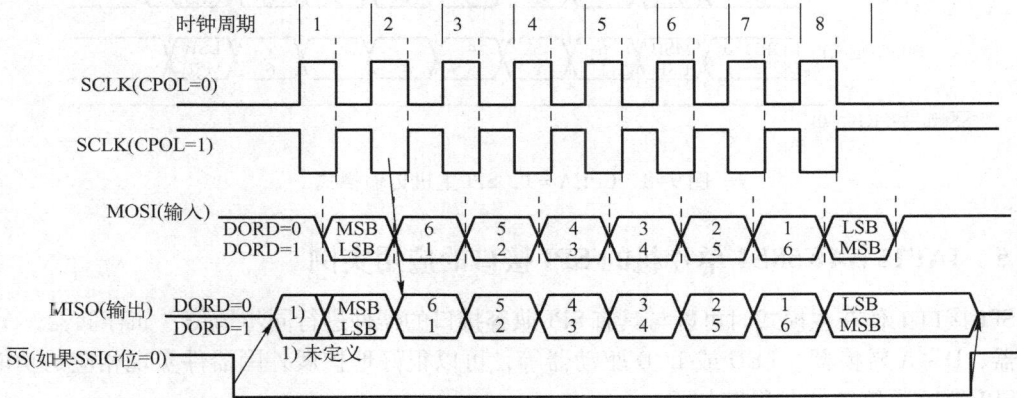

图 9-6　CPHA =1，SPI 从机传输格式

【注】当 CPHA =1 时，SSIG 可以为 1 或 0。如果 SSIG =0，则 $\overline{SS}$ 引脚可在连续传输之前保持低有效（即一直固定为低电平）。这种方式有时适用于具有固定主机和单从机驱动 MISO 数据线的系统。

（2）作为主机时

当 CPHA =0 时，主机 SPI 总线数据传输时序如图 9-7 所示，数据在时钟的第一个边沿被采样，第二个边沿被改变。在通信时，主机将一个字节发送完毕，不再发送其他数据时，时钟恢复至空闲状态，MOSI、MISO 两根线上均保持最后一位数据的状态。

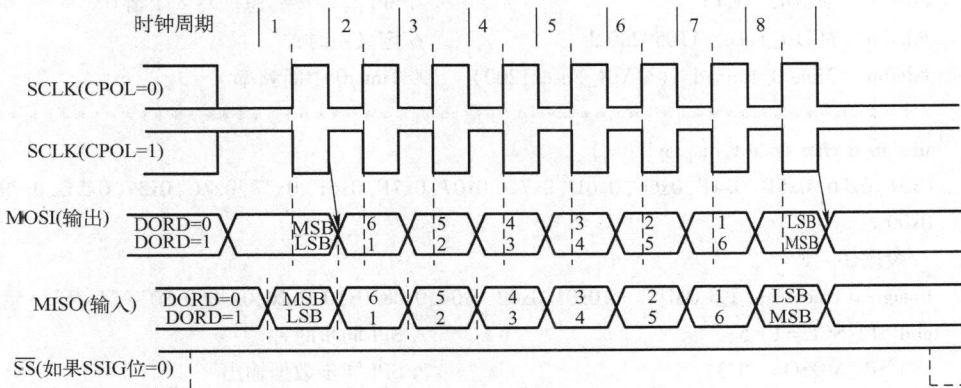

图 9-7　CPHA =0，SPI 主机传输格式

当 CPHA =1 时主机 SPI 总线数据传输时序如图 9-8 所示，数据在时钟的第一个边沿被改变，第二个边沿被采样。

時鐘周期

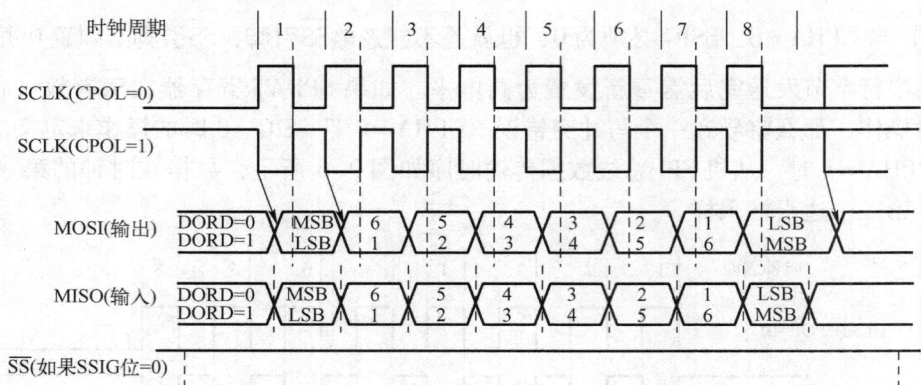

图9-8　CPHA=1，SPI 主机传输格式

9.1.5　IAP15W4K58S4 单片机的 SPI 接口的应用实例

SPI 接口工作在主模式时可以与具有 SPI 兼容接口的器件进行同步通信，如存储器、A - D 转换器、D - A 转换器、LED 或 LCD 驱动器等，可以很好地扩展外围器件实现相应的功能。

SPI 串行通信初始化思路如下：

1）设置 SPI 控制寄存器 SPCTL。设置 SPI 接口的主从工作模式等。

2）设置 SPI 状态寄存器 SPSTAT。写入 0COH，清 0 标志位 SPIF 和 WCOL。

3）根据需要打开 SPI 中断 ESPI 和总中断 EA。

【例9-1】利用 IAP15W4K58S4 单片机的 SPI 接口功能控制 74HC595 驱动 8 位数码管（串口扩展，3 根线）循环显示 0～F。电路原理图如图 9-9 所示。

解：C 语言源程序如下：

```
#include "STC15Fxxxx. H"                //包含单片机头文件
#define   SPIF   0x80                   //SPI 传输完成标志。写入 1 清 0
#define   WCOL   0x40                   //SPI 写冲突标志。写入 1 清 0
#define   MAIN_Fosc   11059200ul        //定义主时钟
#define   Timer0_Reload  （MAIN_Fosc/1200） //Timer0 中断频率
/********************* 常量声明 **************************/
unsigned char code t_display[] = {
0x3F,0x06,0x5B,0x4F,0x66,0x6D,0x7D,0x07,0x7F,0x6F,0x77,0x7C,0x39,0x5E,0x79,0x71,
0x00};
//段码,0～F
unsigned char code T_COM[] = {0x01,0x02,0x04,0x08,0x10,0x20,0x40,0x80};//位码
sbit SPI_SCL = P1^5;                    //SPI 同步时钟
sbit SPI_MOSO = P1^3；                  //SPI 同步数据输出
sbit P_HC595_RCLK  = P4^1;              //SPI 片选
unsigned char LED8[8];                  //显示缓冲
unsigned char display_index;           //显示位索引
bit   B_1ms;                            //1ms 标志
/********************* 常量声明 **************************/
```

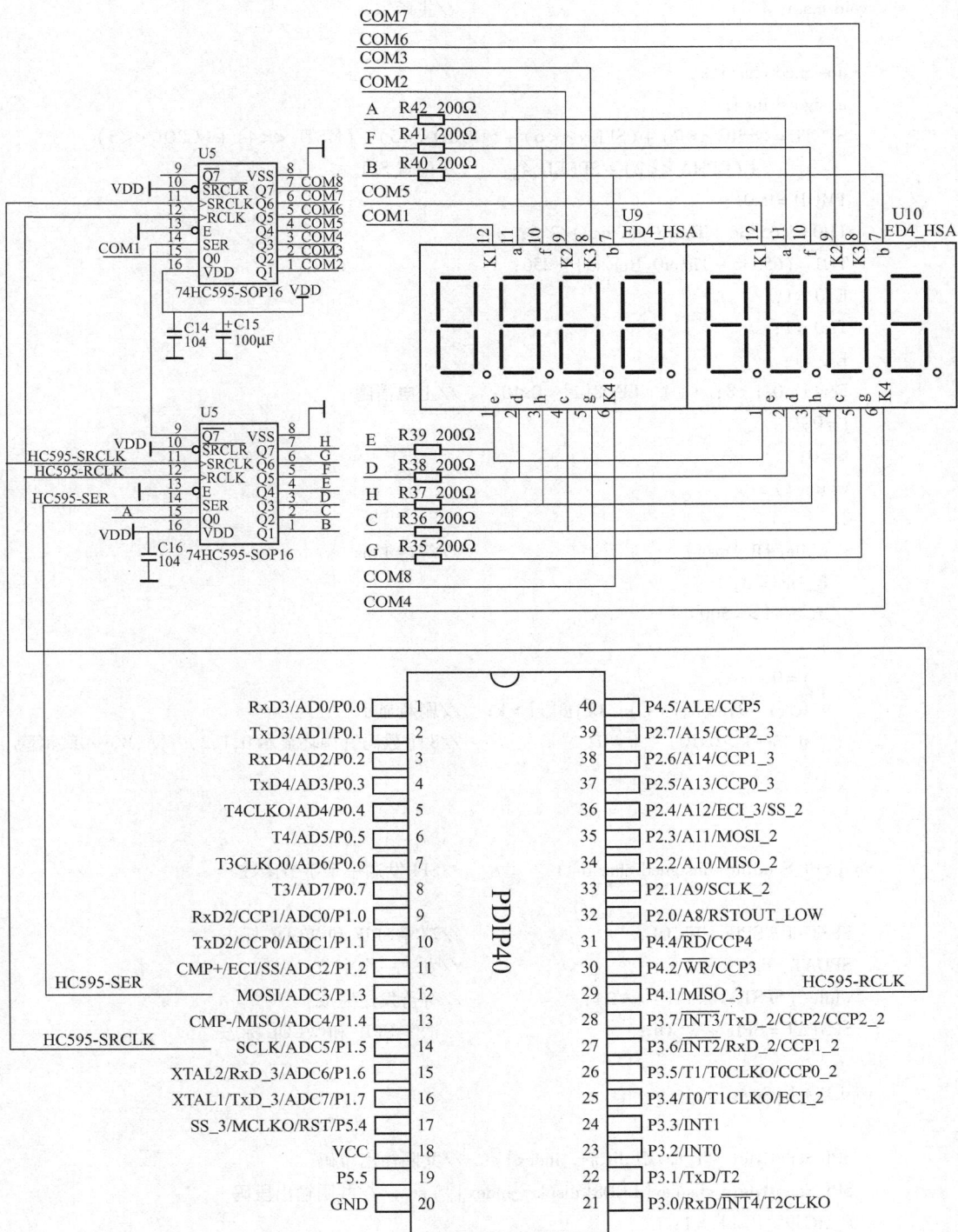

图 9-9 SPI 控制 74HC595 驱动 8 位数码管原理图

```c
void main(void)                                    //主函数
{
    unsigned char i,k;
    unsigned int j;
    SPCTL = (SSIG <<7) + (SPEN <<6) + (DORD <<5) + (MSTR <<4) + (CPOL <<3)
            + (CPHA <<2) + SPEED_4;                //配置 SPI
    TMOD = 0x01;
    TH0 = (65536 - Timer0_Reload)/256;
    TL0 = (65536 - Timer0_Reload)%256;
    ET0 = 1;
    TR0 = 1;
    EA = 1;
    For(i = 0;i < 8;i ++)   LED8[i] = 0x10;        //上电消隐
    j = 0;
    k = 0;
    while(1)
    {
        while(!B_1ms);                             //等待 1 ms
        B_1ms = 0;
        if( ++j >= 500)
        {
            j = 0;
            for(i = 0;i < 8;i ++)   LED8[i] = k;   //刷新显示
            if( ++k > 0x10)   k = 0;               //8 个数码管循环显示 0,1,2,…,A,B,… F,消隐
        }
    }
}
void SPI_SendBte(unsigned char dat)                //SPI 发送一个字节函数
{
    SPSTAT = SPIF + WCOL;                          //清零 SPIF 和 WCOL 标志
    SPDAT = dat;                                   //发送一个字节
    while((SPSTAT&SPIF) == 0);                     //等待发送完成
    SPSTAT = SPIF + WCOL;                          //清零 SPIF 和 WCOL 标志
}
void DisplayScan(void)
{
    SPI_SendByte( ~T_COM[display_index]);          //共阴输出位码
    SPI_SendByte(t_display[LED8[display_index]]);     //共阴输出段码
    P_HC595_RCLK = 1;
    P_HC595_RCLK = 0;                              //锁存输出数据
    if( ++display_index >= 8)   display_index = 0;     //8 位结束回 0
}
void timer0(void)interrupt 1                        //Timer0 1 ms 中断函数
```

```
    {
        TH0 = (65536 – Timer0_Reload)/256;          //重装定时值
        TL0 = (65536 – Timer0_Reload)%256;
        DisplayScan( );                             //1 ms 扫描显示一位
        B_1ms = 1;                                  //1 ms 标志
    }
```

9.2 I²C 通信技术

I²C（Inter – Integrated Circuit）总线是一种由 PHILIPS 公司开发的两线制串行总线，用于连接微控制器及其外围设备，具有接口线少、通信速率较高等优点。由于接口直接在组件之上，因此 I²C 总线占用的空间非常小，减少了电路板的空间和芯片引脚的数量，降低了互联成本。总线的长度可高达 25 英尺（7.62 m），能够以 10 kbit/s 的最大传输速率支持 40 个组件。

9.2.1 I²C 总线构成

I²C 总线是由数据线 SDA 和时钟 SCL 构成的串行总线，可发送和接收数据。在 CPU 与被控 IC 之间、IC 与 IC 之间进行双向传送，最高传送速率 100 kbit/s。各种被控制电路都并联在这条总线上，就像电话机一样只有拨通各自的号码才能工作，所以每个电路和模块都有唯一的地址，在信息传输过程中，I²C 总线上并接的每一模块电路取决于所要完成的功能，可以既是主控器（或被控器）又是发送器（或接收器）。

CPU 发出的控制信号分为地址码和控制量两部分，地址码用来选择地址，即接通需要控制的电路，确定控制的种类；控制量用来决定该调整的类别及需要调整的量，如对比度、亮度等。这样，各控制电路虽然挂在同一条总线上，但彼此独立，互不相关。

9.2.2 I²C 总线的数据传送

1. 数据位的有效性规定

I²C 总线进行数据传送时，时钟信号为高电平期间，数据线上的数据必须保持稳定，只有在时钟线上的信号为低电平期间，数据线上的高电平或低电平状态才允许变化，规定如图 9–10 所示。

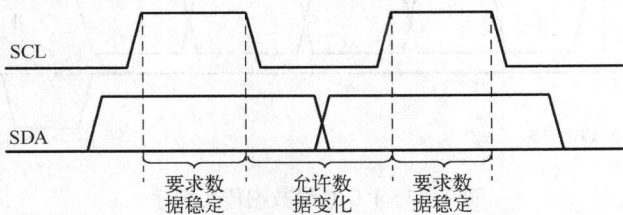

图 9–10 I²C 总线数据位的有效性规定

2. 起始和终止信号

SCL 线为高电平期间，SDA 线由高电平向低电平的变化表示起始信号；SCL 线为高电平期间，SDA 线由低电平向高电平的变化表示终止信号。起始信号和终止信号时序如图 9–11

所示。

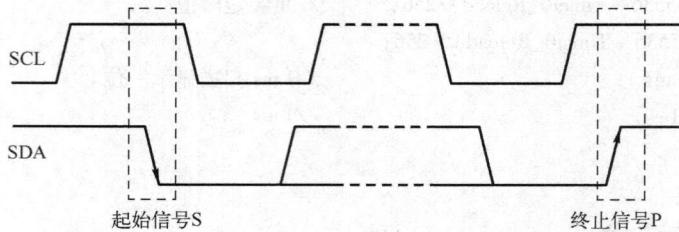

图9-11　起始信号和终止信号时序

　　起始和终止信号都是由主机发出的，在起始信号产生后，总线就处于被占用的状态；在终止信号产生后，总线就处于空闲状态。

　　连接到 I^2C 总线上的器件，若具有 I^2C 总线的硬件接口，则很容易检测到起始和终止信号。

　　接收器件收到一个完整的数据字节后，有可能需要完成一些其他工作，如处理内部中断服务等，可能无法立刻接收下一个字节，这时接收器件可以将 SCL 线拉成低电平，从而使主机处于等待状态。直到接收器件准备好接收下一个字节时，再释放 SCL 线使之为高电平，从而使数据传送可以继续进行。

3. 数据传送格式

（1）字节传送与应答

　　I^2C 规程运用主/从双向通信，器件发送数据到总线上，则定义为发送器，器件接收数据则定义为接收器。主器件和从器件都可以工作于接收和发送状态。总线必须由主器件（微控制器）控制，主器件产生串行时钟（SCL）控制总线的传输方向，并产生起始和停止条件。SDA 线上的数据状态仅在 SCL 为低电平的期间才能改变，SCL 为高电平的期间，SDA 状态的改变被用来表示起始和停止条件，其串行总线上数据传送顺序如图9-12 所示。每一个字节必须保证是 8 位长度。数据传送时，先传送最高位（MSB），每一个被传送的字节后面都必须跟随一位应答位（即一帧共有 9 位）。

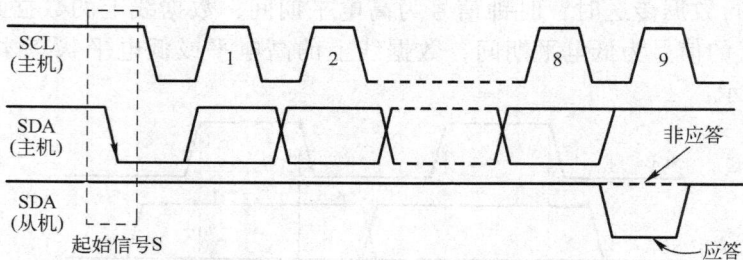

图9-12　I^2C 总线数据传送顺序

（2）控制字节

　　在起始条件之后是器件的控制字节，其中高 4 位为器件类型识别符（EEPROM 一般应为 1010，不同的芯片定义不同），接着 3 位为片选，最后 1 位为读写位，当为 1 时为读操作，为 0 时为写操作，如图9-13 所示。

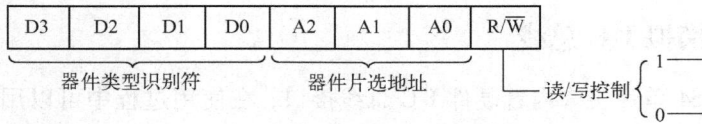

D3	D2	D1	D0	A2	A1	A0	R/$\overline{W}$

器件类型识别符 　　　器件片选地址 　　　读/写控制 $\left\{\begin{array}{l}1\\0\end{array}\right.$

图 9-13　I^2C 总线数据传送的控制字节

（3）写操作

写操作分为字节写和页面写两种操作，对于页面写，根据芯片的一次装载的字节不同有所不同。页面写的地址、应答和数据传送的时序如图 9-14 所示。

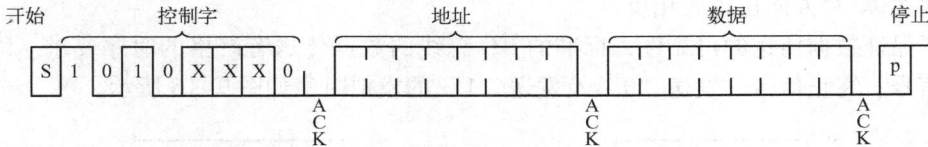

开始	控制字		地址		数据		停止

S 1 0 1 0 X X X 0 　ACK　 　　ACK　 　　ACK　 p

图 9-14　I^2C 总线的页面写时序图

写入字节指令每次只能向芯片中的一个地址写入一个字节的数据。先发送开始位来通知芯片开始进行指令传输，然后传送设置好的器件地址字节，R/W 位置 0，接着分开传送 16 位地址的高低字节，再传送要写入的数据，最后发送停止位表示本次指令结束。

页写入模式的操作基本和字节写入模式一样，不同在于它需要发送第一个字节的地址，然后一次性发送多个字节的写入数据后，再发送停止位。写入过程中其余的地址增量由芯片内部完成。

无论哪种写入方式，指令发送完成后，芯片内部开始写入，SDA 会被芯片拉高，直到写入完成后 SDA 才会重新变为有效，编写程序写入时不停发送伪指令并查询是否有 ACK 返回，如果有 ACK 返回则可以进行下一步操作。

（4）读操作

该操作有三种基本操作：当前地址读、随机读和顺序读。图 9-15 所示是顺序读的时序图。应当注意的是，为了结束读操作，主机必须在第 9 个周期间发出停止条件或者在第 9 个时钟周期内保持 SDA 位高电平，然后发出停止条件。

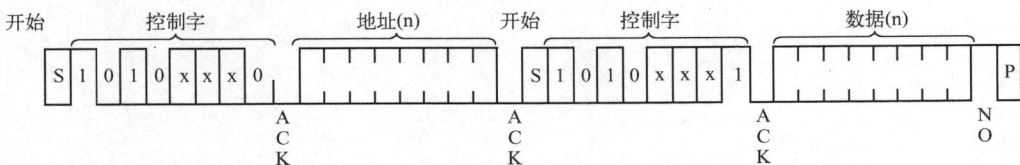

开始	控制字		地址(n)	开始	控制字		数据(n)	

S 1 0 1 0 x x x 0 　ACK　 　　ACK　 S 1 0 1 0 x x x 1 　ACK　 　NO　 P

图 9-15　I^2C 总线顺序读时序图

当前地址读取模式是读取当前芯片内部的地址指针指向的数据。每次读写操作后，芯片就会把最后一次操作过的地址作为当前地址。在 CPU 接收完芯片传送的数据后不必发送低电平的 ACK 给芯片，直接拉高 SDA 等待一个时钟后发送停止位。

读当前地址是读基本指令，读任意地址时只是在这个基本指令前加一个"伪操作"，这个伪操作传送一个写指令，但这个写指令在地址传送完成后就结束，这时芯片内部的地址指针指到这个地址上，再用读当前地址指令就可以读出该地址的数据。

9.2.3 单片机模拟 I²C 总线

IAP15W4K58S4 单片机未内置硬件 I²C 总线接口，在使用过程中可以用普通的 I/O 端口模拟 I²C 总线的工作时序，就可以方便地扩展 I²C 总线接口的外设器件。

在总线的一次数据传送过程中，可以有以下几种组合方式：

1) 主机向从机发送数据，数据传送方向在整个传送过程中不变。

2) 主机在第一个字节后，立即从从机读数据。

3) 在传送过程中，当需要改变传送方向时，需将起始信号和从机地址各重复产生一次，而两次读/写方向位正好相反。

为了保证数据传送的可靠性，标准的 I²C 总线的数据传送有严格的时序要求。I²C 总线的起始信号、终止信号、发送 "0" 及发送 "1" 的模拟时序如图 9-16 所示。

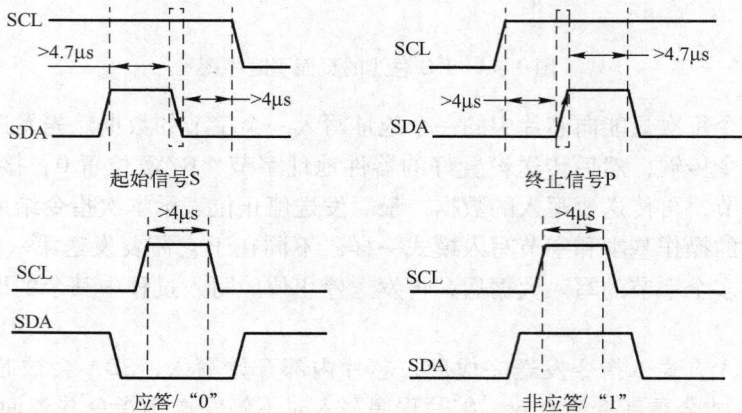

图 9-16 I²C 总线模拟时序图

188

第 10 章 A – D 转换

自然界中的物理量大多是模拟信号，如温度、压力、位移、转速等，单片机在采集模拟信号时，一般先根据实际的物理量借助相应的传感器将其转为电信号，然后再将电信号转换为对应的数字量输入到单片机进行信号处理，在这过程中，把实现模拟量转换为数字量的器件称为模数转换器，也称 A – D 转换器。

10.1 A – D 转换原理及性能指标

一般的 A – D 转换过程包括三个部分：采样保持、量化和编码。首先对输入的模拟电压信号采样即将模拟信号在时间上离散化，结束后进入保持时间，在这段时间内将采样的电压量转化为数字量即在幅度上离散化，最后将每个量化后的样值用一定的二进制码来表示转换结果。

为确保转换结果的准确度，A – D 转换器必须满足一定的转换精度和速度。转换精度和转换速度是衡量 A – D 转换器的重要技术指标，此外还有分辨率、量程、量化误差、线性度等。

1. 分辨率

分辨率表示 A – D 转换器对微小输入信号变化的敏感程度，通常用转换后数字量的位数来表示。N 位转换器，其数字量变化范围为 $0 \sim 2^N - 1$。例如 8 位 A – D 转换器，输入 5 V 满量程电压，则分辨率为 $5/2^8 = 19.5 \text{ mV}$。

2. 转换精度

转换精度是指与数字输出量所对应的模拟输入量的实际值与理论值之间的差值。A – D 转换电路中与每个数字量对应的模拟输入量并非是一个单一的数值，而是一个范围值 Δ，其中 Δ 的大小理论上取决于分辨率。定义 Δ 为数字量的最小有效位 LSB。

3. 量化误差

量化误差是 A – D 转换器实际输出的数字量与理论输出数字量之间的差值。一般是由于 A – D 转换器的分辨率有限引起的。量化误差在 ±1/2LSB（最低有效位）之间。

4. 转换时间

转换时间是 A – D 转换器完成一次转换所需的时间，单位为 SPS (Sample Per Second，每秒采样点数，常称为采样频率)。一般转换速率越快越好，常见的有高速（转换时间 <1 μs），中速（转换时间 <1 ms）和低速（转换时间 <1 s）等。

在实际应用中，应从系统数据总的位数、精度要求、输入模拟信号的范围及输入信号极性等方面综合考虑 A – D 转换器的选用。

10.2 IAP15W4K58S4 单片机 A – D 模块的结构

IAP15W4K58S4 单片机集成有 8 路 10 位高速电压输入型模拟转换器 (ADC)，转换方式为逐次逼近式，频率可达 300 kHz（30 万次/s）。

10.2.1　A－D 转换器的结构

IAP15W4K58S4 单片机 ADC（A－D 转换器）的结构如图 10-1 所示。其输入通道与 P1 端口复用，系统上电复位后，P1 口默认为弱上拉 I/O 口，可通过设置 P1ASF 寄存器的相应位将对应引脚设置为 ADC 输入通道。

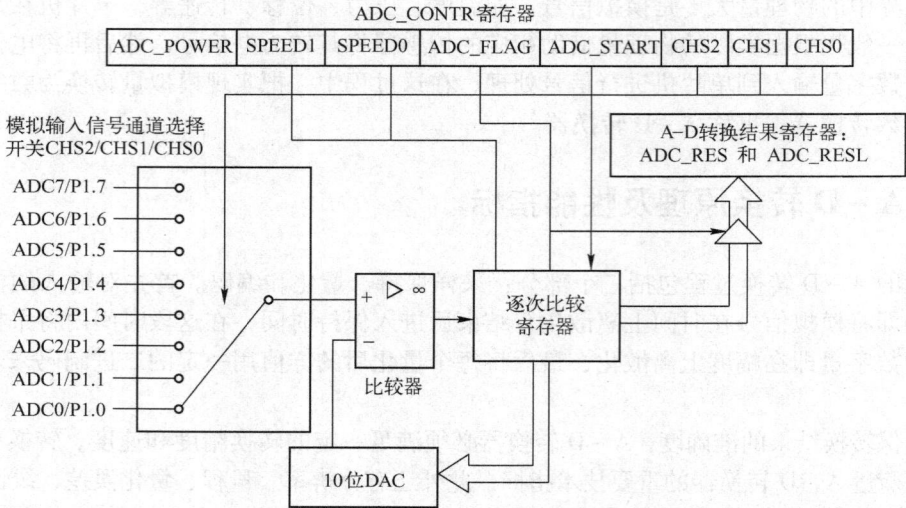

图 10-1　IAP15W4K58S4 单片机 ADC 转换器结构图

IAP15W4K58S4 单片机的 ADC 由多路选择开关、比较器、逐次比较寄存器、10 位 DAC、转换结果寄存器（ADC_RES 和 ADC_RESL）以及 ADC 控制寄存器（ADC_CONTR）等构成。

IAP15W4K58S4 单片机的 ADC 是逐次比较型 ADC，由一个比较器和 D－A 转换器构成，通过逐次比较，从最高位（MSB）开始，顺序地对每一输入电压与内置 D－A 转换器输出进行比较，经过多次比较，使转换所得的数字量逐次逼近输入模拟量对应值，转换结束，将转换结果保存到 ADC 转换结果寄存器 ADC_RES 和 ADC_RESL，同时，置位 ADC 控制寄存器 ADC_CONTR 中的 A－D 转换结束标志位 ADC_FLAG，以供程序查询或发出中断申请。

10.2.2　A－D 转换器的相关寄存器

IAP15W4K58S4 单片机的 ADC 相关寄存器主要有 P1 口模拟功能控制寄存器 P1ASF、ADC 控制寄存器 ADC_CONTR 和 A－D 转换结果寄存器 ADC_RES、ADC_RESL。

1. P1 口模拟功能控制寄存器 P1ASF

寄存器 P1ASF 控制 P1 口 8 个 I/O 的功能。P1ASF 寄存器（地址为 9DH，复位值为 0000 0000B）的各位定义见表 10-1。

表 10-1　寄存器 P1ASF 各位定义

位号	B7	B6	B5	B4	B3	B2	B1	B0
位名称	P17ASF	P16ASF	P15ASF	P14ASF	P13ASF	P12ASF	P11ASF	P10ASF

P1nASF(n=0~7)，P1.0~P1.7 为功能控制位。

当 P1nASF=0 时，对应引脚为基本 I/O。

当 P1nASF=1 时，对应引脚为 ADC 的相应输入通道。

P1ASF 寄存器不能位寻址，可采用字节操作。实际程序中可采用控制位与 1 相或实现置1 的原理，如执行语句 P1ASF|1=0X01，使 P1. 作为模拟输入通道。

2. ADC 控制寄存器 ADC_CONTR

ADC_CONTR 寄存器主要用于设定 ADC 转换输入通道、转换速度和启动、转换结束标志等。ADC_CONTR 寄存器（地址为 BCH，复位值为 0000 0000B）的各位定义见表 10-2。

表 10-2　ADC 控制寄存器 ADC_CONTR 各位定义

位号	B7	B6	B5	B4	B3	B2	B1	B0
位名称	ADC_POWER	SPEED1	SPEED0	ADC_FLAG	ADC_START	CHS2	CHS1	CHS0

● ADC_POWER：ADC 电源控制位。

ADC_POWER=0，关闭 ADC 电源。

ADC_POWER=1，打开 ADC 电源。

建议进入空闲模式和掉电模式前，将 ADC 电源关闭，可降低功耗。

启动 A-D 转换前一定要确认 A-D 电源已打开，A-D 转换结束后可关闭 A-D 电源，也可不关闭。初次打开内部 A-D 转换模拟电源，需适当延时，等内部模拟电源稳定后，再启动 A-D 转换。建议在转换结束之前，不改变任何 I/O 口的状态，这样有利于高精度 A-D 转换。

IAP15W4K58S4 单片机的参考电压源是输入工作电压 VCC，一般不用外接参考电压源。若 VCC 不稳定，则在 8 路 A-D 转换的任意一个通道外接一个稳定的参考电压源，来计算出此时的工作电压 VCC，再计算出其他 A-D 转换通道的电压。

● SPEED1，SPEED0：ADC 转换速度控制位。其控制设置见表 10-3。

表 10-3　ADC 转换速度设置

SPEED1	SPEED0	A-D 转换所需时间
1	1	90 个时钟周期
1	0	180 个时钟周期
0	1	360 个时钟周期
0	0	540 个时钟周期

● ADC_FLAG：A-D 转换结束标志位。

ADC_FLAG=0，ADC 转换没有结束。

ADC_FLAG=1，ADC 转换结束。

不管 A-D 转换是工作于中断还是查询方式，当 A-D 转换结束后，必须通过软件将 ADC_FLAG 清 0。

● ADC_START：ADC 转换启动控制位。

ADC_START=0，ADC 转换停止。

ADC_START=1，ADC 转换开始。

- CHS2/CHS1/CHS0：模拟输入通道选择控制位。通道设置见表 10-4。

表 10-4 模拟输入通道选择

CHS2	CHS1	CHS0	模拟输入通道选择
0	0	0	ADC0/P1.0
0	0	1	ADC1/P1.1
0	1	0	ADC2/P1.2
0	1	1	ADC3/P1.3
1	0	0	ADC4/P1.4
1	0	1	ADC5/P1.5
1	1	0	ADC6/P1.6
1	1	1	ADC7/P1.7

3. ADC 转换结果调整寄存器位 ADRJ

ADC 转换结果调整寄存器位 ADRJ 位于寄存器 CLK_DIV/PCON 中，用于控制 ADC 转换结果存放的位置，其各位定义见表 10-5。

表 10-5 寄存器 CLK_DIV/PCON

CLK_DIV	B7	B6	B5	B4	B3	B2	B1	B0
97H	MCKO_S1	MCKO_S0	ADRJ	Tx_Rx	Tx2_Rx2	CLKS2	CLKS1	CLKS0

ADRJ：ADC 转换结果存储格式调整控制位。

ADRJ = 0：ADC_RES 存放高 8 位 ADC 结果，ADC_RESL 存放低 2 位 ADC 结果。

ADRJ = 1：ADC_RES 存放高 2 位 ADC 结果，ADC_RESL 存放低 8 位 ADC 结果。

4. A - D 转换结果寄存器 ADC_RES、ADC_RESL

特殊功能寄存器 ADC_RES 和 ADC_RESL 用于保存 A - D 转换结果，其存储格式见表 10-6 和 10-7。

表 10-6 ADRJ = 0 时 ADC_RES 和 ADC_RESL 存储格式

位号	B7	B6	B5	B4	B3	B2	B1	B0
ADC_RES	ADC_RES9	ADC_RES8	ADC_RES7	ADC_RES6	ADC_RES5	ADC_RES4	ADC_RES3	ADC_RES2
ADC_RESL							ADC_RES1	ADC_RES0

表 10-7 ADRJ = 1 时 ADC_RES 和 ADC_RESL 存储格式

位号	B7	B6	B5	B4	B3	B2	B1	B0
ADC_RES							ADC_RES9	ADC_RES8
ADC_RESL	ADC_RES7	ADC_RES6	ADC_RES5	ADC_RES4	ADC_RES3	ADC_RES2	ADC_RES1	ADC_RES0

A - D 转换结果计算公式如下：

ADRJ = 0，取 10 位结果（ADC_RES[7:0]，ADC_REL[1:0]）= 1024XVin/VCC

ADRJ = 0，取 8 位结果（ADC_RES[7:0]，）= 256XVin/VCC

ADRJ = 1，取 10 位结果（ADC_RES[1:0]，ADC_REL[7:0]，）= 1024XVin/VCC

式中，Vin 为模拟输入通道输入电压；VCC 为单片机实际工作电压，用单片机工作电压作为模拟参考电压。

5. 与 A – D 转换中断相关的寄存器

（1）中断允许寄存器 IE

中断允许寄存器 IE 地址为 A8H，可位寻址，其格式见表 10-8。

表 10-8　中断允许寄存器 IE

B7	B6	B5	B4	B3	B2	B1	B0
EA	ELVD	EADC	ES	ET1	EX1	ET0	EX0

- EA：CPU 的中断总控制标志。

EA = 1，CPU 允许中断；

EA = 0，CPU 屏蔽所有的中断申请。

- EADC：A – D 转换中断允许位。

EADC = 1，允许 A – D 转换中断；

EADC = 0，禁止 A – D 转换中断。

（2）中断优先级控制寄存器 IP

中断优先级控制寄存器地址为 B8H，可位寻址，其格式见表 10-9。

表 10-9　中断优先级控制寄存器 IP

B7	B6	B5	B4	B3	B2	B1	B0
PPCA	PLVD	PADC	PS	PT1	PX1	PT0	PX0

PADC：A – D 转换中断优先级控制位。

当 PADC = 0 时，A – D 转换中断为最低优先级中断（优先级 0）。

当 PADC = 1 时，A – D 转换中断为最高优先级中断（优先级 1）。

10.3　IAP15W4K58S4 单片机 A – D 转换的应用

IAP15W4K58S4 单片机 A – D 转换的应用编程要点如下：

1）设置 ADC_CONTR 寄存器中的 ADC_POWER = 1，打开 ADC 电源。

2）延时大约 1 ms，等待 ADC 内部电源稳定。

3）设置 P1ASF 寄存器的相关位，选择 P1 口相应引脚为 A – D 转换模拟输入通道。

4）设置 ADC_CONTR 寄存器中的 CHS2 ~ CHS0，选择 ADC 输入通道。

5）设置 CLK_DIV 寄存器中的 ADRJ，选择转换结果存储格式。

6）启动 ADC。

7）若采取查询法，查询 ADC_FLAG 位判断转换是否完成，完成则读取转换结果。若采取中断法，开 ADC 中断，在中断服务程序中读取转换结果并清除 ADC_FLAG 位。

【例 10-1】利用 IAP15W4K58S4 单片机中的 ADC 转换器对输入电压进行测量并显示在数码管上。请编写单片机程序。

解：C 语言源程序代码如下：

```c
#include "stc15w4k32s4.h"              //包含单片机头文件
#include "tm1638.h"                    //包含数码管显示头文件
#include < intrins.h >                 //包含该文件可以使用_nop_()函数
#define VCC    5000                    //定义电源电压
#define ADC_POWER       0x80           //ADC 控制位定义,ADC 电源控制位
#define ADC_FLAG        0x10           //ADC 转换完成标记
#define ADC_START       0x08           //ADC 开始转换标记
#define ADC_SPEEDLL     0x00           //ADC 转换速率 540 时钟周期转换一次
#define ADC_SPEEDL      0x20           //ADC 转换速率 360 时钟周期转换一次
#define ADC_SPEEDH      0x40           //ADC 转换速率 180 时钟周期转换一次
#define ADC_SPEEDHH     0x60           //ADC 转换速率 90 时钟周期转换一次
#define ADC_CHANNEL0    0x00           //ADC 通道定义,转换通道 P1.0
#define ADC_CHANNEL1    0x01           //转换通道 P1.1
#define ADC_CHANNEL2    0x02           //转换通道 P1.2
#define ADC_CHANNEL3    0x03           //转换通道 P1.3
#define ADC_CHANNEL4    0x04           //转换通道 P1.4
#define ADC_CHANNEL5    0x05           //转换通道 P1.5
#define ADC_CHANNEL6    0x06           //转换通道 P1.6
#define ADC_CHANNEL7    0x07           //转换通道 P1.7
#define P1ASF_0         0x01           //ADC 端口模拟功能,设置 P1.0 为 ADC 端口
#define P1ASF_1         0x02           //设置 P1.1 口为 ADC 端口
#define P1ASF_2         0x04           //设置 P1.2 口为 ADC 端口
#define P1ASF_3         0x08           //设置 P1.3 口为 ADC 端口
#define P1ASF_4         0x10           //设置 P1.4 口为 ADC 端口
#define P1ASF_5         0x20           //设置 P1.5 口为 ADC 端口
#define P1ASF_6         0x40           //设置 P1.6 口为 ADC 端口
#define P1ASF_7         0x80           //设置 P1.7 口为 ADC 端口
unsigned char ADCCnt = 0;             //全局变量
unsigned int ADCResult = 0;
unsigned long int ADCSum = 0;
void IO_Init(void);                    //函数声明
void ADC_Init(void);
void ADC_Process(void);
void Delay_ms(unsigned int ms);
unsigned int ADC_GetResult(unsigned char ch);
/************************* 主函数 *************************/
void main(void)
    {
    IO_Init();                         //端口初始化
    ADC_Init();                        //ADC 初始化
    TM1638_Init();                     //TM1638 初始化

    while(1)
```

```c
    {
        ADC_Process();                          //ADC 数据采集并且处理
        Delay_ms(10);                           //适当延时,无须采集过快
    }
}
/ ********************** ADC 数据处理函数 *********************/
void ADC_Process(void)
{
    ADCSum + = ADC_GetResult(ADC_CHANNEL2);   //从 AD 通道采集数据,并且进行累加
    ADCCnt ++ ;                                //计数器加 1
    if(ADCCnt == 32)                           //如果累加到 32 个数据,则开始处理
    {
        ADCCnt = 0;
        ADCSum = ADCSum >> 5;    //(ADCSum >> 5)等价于(ADCSum/32),对 32 个数据取平均
        ADCSum = ADCSum * VCC/1024;  //ADC = (Vin/Vref) * 1024,根据 ADC 计算公式进行转换
        ADCResult = (unsigned int)ADCSum;       //保存转换结果并进行类型转换,方便显示
        ADCSum = 0;                             //清除 AD 暂存变量
        ToDisplayBuf(ADCResult);                //显示测量结果
    }
}
/ *********************** 延时函数 ***********************/
void Delay_ms(unsigned int ms)
{
    unsigned int i;
    while((ms -- )!= 0)
    {
        for(i = 0; i < 580; i ++ );
    }
}
/ ******************** ADC 初始化函数 *********************/
void ADC_Init(void)
{
    P1ASF |= P1ASF_2;                           //P1.2 口作为 AD 转换通道
    ADC_RES = 0;                                //ADC 数据寄存器清零
    ADC_CONTR = ADC_POWER | ADC_SPEEDLL;   //打开 AD 转换器电源,设置转换速率
    Delay_ms(2);                                //延时 2ms,等待 ADC 上电稳定
}
/ ****************** 获取 ADC 转换的结果 *******************/
unsigned int ADC_GetResult(unsigned char ch)
{
    unsigned int ADC_Value;
    ADC_CONTR = ADC_POWER | ADC_SPEEDLL | ch | ADC_START;//启动 ADC
```

```
        _nop_();                                      //延时
        _nop_();
        _nop_();
        _nop_();
        while(!(ADC_CONTR & ADC_FLAG));                //等待 AD 转换完成
        ADC_CONTR & = ~ ADC_FLAG;                      //清除转换完成标记
        ADC_Value = ADC_RES;                           //读取 ADC 高八位
        ADC_Value = (ADC_Value <<2) | ADC_RESL;        //读取 ADC 低两位,且数据合并
        return ADC_Value;                              //返回数据
}
/****************** 单片机 I/O 端口模式初始化函数 ******************/
void IO_Init(void)
{
        P2M1 & = ~((1 <<5) | (1 <<6) | (1 <<7)); //初始化 P25,P26,P27 口为准双向口
        P2M0 & = ~((1 <<5) | (1 <<6) | (1 <<7));
        P1M1 | = (1 <<2);                              //初始化 P12 为输入
        P1M0 & = ~(1 <<2);
        P1M1 & = ~((1 <<0) | (1 <<4));
        P1M0 & = ~((1 <<0) | (1 <<4));
}
```

【例 10-2】 利用 IAP15W4K58S4 单片机中的 ADC 内部基准对单片机的工作电压进行测量并显示在数码管上。

【注】 该例程序来自试验箱 STC – STUDY – BOARD4 – SCH – C – ASM – VER2 提供的例程文件。

解：C 语言源程序代码如下：

```
#define MAIN_Fosc 22118400L          //定义主时钟
#include" STC15Fxxxx. H"
#define DIS_DOT 0x20
#define DIS_BLACK 0x10
#define DIS_ 0x11
#define P1n_pure_input(bitn) P1M1 | =  (bitn),P1M0 & = ~ (bitn)
#defineLED_TYPE 0x00                  //定义 LED 类型,0x00—共阴,0xff—共阳
#define  Timer0_Reload  (65536UL – (MAIN_Fosc/1000))//Timer 0 中断频率,1000 次/s

/****************** 本地常量声明 ******************/
//标准字库 0、1、2、3、4、5、6、7、8、9、A、B、C、D、E、F、black、-、H、J、K、
//L、N、o、P、U、t、G、Q、r、M、y、0. 、1. 、2. 、3. 、4. 、5. 、6. 、7. 、8. 、9. 、/ – 1
u8 code t_display[] = {0x3F,0x06,0x5B,0x4F,0x66,0x6D,0x7D,0x07,0x7F,0x6F,0x77,0x7C,0x39,
0x5E,0x79,0x71,0x00,0x40,0x76,0x1E,0x70,0x38,0x37,0x5C,0x73,0x3E,0x78,0x3d,0x67,0x50,
0x37,0x6e,0xBF,0x86,0xDB,0xCF,0xE6,0xED,0xFD,0x87,0xFF,0xEF,0x46};
u8 code T_COM[] = {0x01,0x02,0x04,0x08,0x10,0x20,0x40,0x80};//位码
```

```
/ ************************* I/O 口定义 *************************/
sbit P_HC595_SER    = P4^0;                    //定义 P4.0 为数据输入端
sbit P_HC595_RCLK   = P5^4;                    //定义 P5.4 为数据锁存控制器
sbit P_HC595_SRCLK  = P4^3;                    //定义 P4.3 为数据移位控制器


/ ************************* 本地变量声明 *************************/
u8    LED8[8];                                 //显示缓冲
u8    display_index;                           //显示位索引
bit   B_1ms;                                   //1 ms 标志
u8    msecond;
u16   Get_ADC10bitResult(u8 channel);         //选择通道 0 ~ 7


/ ************************* 主函数 *************************/
void main(void)
{
    u8   i;
    u16   j;
    P0M1 = 0;P0M0 = 0;                         //设置为准双向口
    P1M1 = 0;P1M0 = 0;                         //设置为准双向口
    P2M1 = 0;P2M0 = 0;                         //设置为准双向口
    P3M1 = 0;P3M0 = 0;                         //设置为准双向口
    P4M1 = 0;P4M0 = 0;                         //设置为准双向口
    P5M1 = 0;P5M0 = 0;                         //设置为准双向口
    P6M1 = 0;P6M0 = 0;                         //设置为准双向口
    P7M1 = 0;P7M0 = 0;                         //设置为准双向口
    display_index = 0;
    P1ASF = 0;                                 //对内部基准做 ADC
    ADC_CONTR = 0xE0;                          //90T,ADC 上电
    AUXR = 0x80;                               //定时器 0 选择 16 位自动重新加载模式
    TH0 = (u8)(Timer0_Reload/256);
    TL0 = (u8)(Timer0_Reload % 256);
    ET0 = 1;//Timer0 interrupt enable
    TR0 = 1;//Tiner0 run
    EA = 1;                                    //打开总中断
    for(i = 0;i < 8;i ++)LED8[i] = 0x10;       //上电消隐
    while(1)
    {
        if(B_1ms)                              //1 ms 到
        {
            B_1ms = 0;
            if( ++ msecond >= 200)             //200ms 到
            {
```

```
                    msecond = 0;
                    for(j = 0,i = 0;i < 16;i ++)
                    j + = Get_ADC10bitResult(0);        //读内部基准 ADC,P1ASF = 0,读 0 通道
                    j = (u32)128000UL * 16/j;           //ADC = 1024 * Uref/Ux,则 Ux = 1024
                                                        // * Uref/ADC = 1024 * 1.25/ADC =
                                                        //1280/ADC
                    LED8[5] = j/100 + DIS_DOT;          //显示 MCU 电压值,计算时放大 100 倍,
                                                        //电压有两位小数
                    LED8[6] = (j % 100)/10;
                    LED8[7] = j % 10;
                }
            }
        }
    }
```

```
/ ****************** 查询法读一次 ADC 结果 ********************/
u16Get_ADC10bitResult(u8 channel)                       //选择通道 0 ~ 7
{
    ADC_RES = 0;
    ADC_RESL = 0;
    ADC_CONTR = (ADC_CONTR & 0xe0) │0x08│ channel;      //启动 ADC
    NOP(4);
    while((ADC_CONTR & 0x10) == 0);                     //等待 ADC 完成
    ADC_CONTR & = ~ 0x10;                               //清除 ADC 结束标志
    return(((u16)ADC_RES << 2) │(ADC_RESL & 3));
}
```

```
/ ****************** 向 HC595 发送一个字节函数 *****************==*/
void Send_595(u8 dat)
{
    u8   i;
    for(i = 0;i < 8;i ++)
    {
        dat << = 1;
        P_HC595_SER    = CY;
        P_HC595_SRCLK = 1;
        P_HC595_SRCLK = 0;
    }
}
```

```
/ ******************** 显示扫描函数 ********************/
void DisplayScan(void)
{
```

```
        Send_595( ~ LED_TYPE^T_COM[display_index]);              //输出位码
        Send_595( LED_TYPE^t_display[LED8[display_index]]);       //输出段码
        P_HC595_RCLK = 1;
        P_HC595_RCLK = 0;                                         //锁存输出数据
        if( ++ display_index >= 8) display_index = 0;             //8 位结束回 0
}


/ ****************** Timer0 1 ms 中断函数 ********************/
void timer0(void) interrupt TIMER0_VECTOR
{
        DisplayScan( );                                          //1 ms 扫描显示一位
        B_1ms = 1;                                               //1 ms 标志
}
```

第 11 章　STC15 系列单片机的 PCA 模块

11.1　PCA 的结构

IAP15W4K58S4 单片机内部集成了 2 路可编程计数器阵列（PCA）模块，可用于软件定时（Compare）、外部脉冲捕获（Capture）、高速输出以及脉宽调制（PWM）输出等功能，常简称为 PCA 模块的 CCP 功能。

IAP15W4K58S4 单片机的 PCA 模块含有一个特殊的 16 位定时器（CH 和 CL），有 2 个 16 位的捕获/比较模块与之相连，PCA 模块结构如图 11-1 所示。

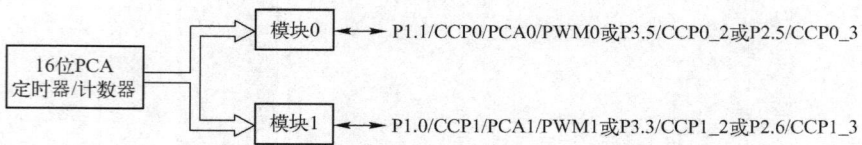

图 11-1　PCA 模块结构

每个模块可编程工作在 4 种模式下：

- 上升/下降沿捕获。
- 软件定时器。
- 高速脉冲输出。
- 可调制脉冲输出。

其中，模块 0 连接到 P1.1/CCP0 或 P3.5/CCP0_2 或 P2.5/CCP0_3；

模块 1 连接到 P1.0/CCP1 或 P3.6/CCP1_2 或 P2.6/CCP1_3。

16 位 PCA 定时器/计数器是 2 个模块的公共时间基准，其结构如图 11-2 所示。

寄存器 CH 和 CL 构成 16 位 PCA 的自动递增计数器，CH 是高 8 位，CL 是低 8 位。PCA 计数器的时钟源有以下几种：1/12 系统时钟、1/8 系统时钟、1/6 系统时钟、1/4 系统时钟、1/2 系统时钟、定时器 T0 溢出脉冲或 ECI 引脚的输入脉冲（ECI 引脚为 P1.2 或通过设置为 P2.4 或 P3.4）。定时器的计数源由 CMOD 特殊功能寄存器中的 CPS2、CPS1 和 CPS0 位来确定（见 CMOD 特殊功能寄存器说明）。

11.2　PCA 模块控制寄存器

PCA 计数器主要由 PCA 工作模式寄存器 CMOD 和 PCA 控制寄存器 CCON 进行管理和控制。

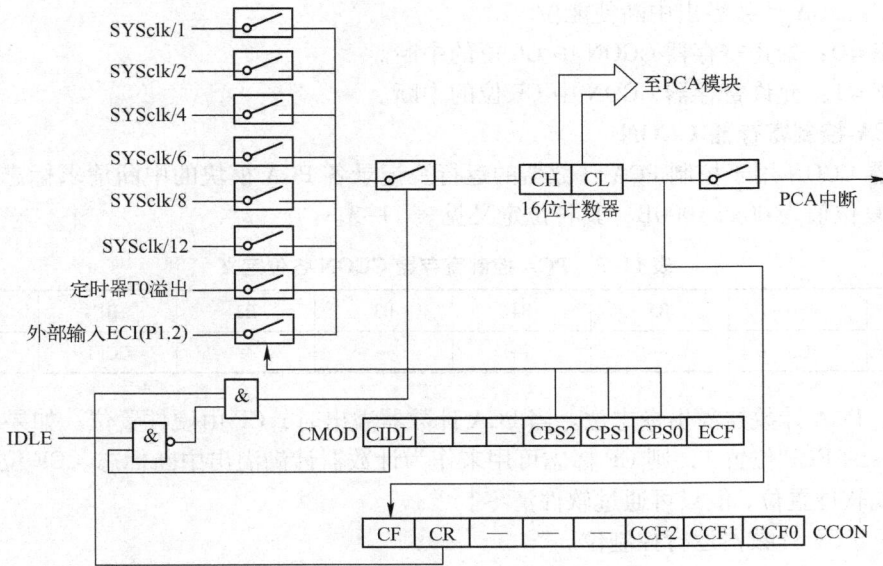

图 11-2　PCA 定时器/计数器结构

1. PCA 工作模式寄存器 CMOD

寄存器 CMOD 用于选择 PCA 计数器的脉冲源及计数溢出中断管理。地址为 D9H，复位值为 0xxx 0000B，其各位定义见表 11-1。

表 11-1　PCA 工作模式寄存器 CMOD 各位定义

B7	B6	B5	B4	B3	B2	B1	B0
CIDL	—	—	—	CPS2	CPS1	CPS0	ECF

- CIDL：空闲模式下是否停止 PCA 计数的控制位。

  CIDL = 0：空闲模式下 PCA 计数器继续计数。

  CIDL = 1：空闲模式下 PCA 计数器停止计数。

- CPS2、CPS1、CPS0：PCA 计数脉冲源选择控制位。PCA 计数脉冲选择见表 11-2。

表 11-2　PCA 计数脉冲源的选择

CPS2	CPS1	CPS0	PCA 计数脉冲源
0	0	0	SYSclk/12
0	0	1	SYSclk/2
0	1	0	定时器 0 的溢出脉冲
0	1	1	ECI 引脚（P1.2（或 P3.4 或 P2.4），输入脉冲（最大速率 = SYSCLK/2）
1	0	0	SYSclk
1	0	1	YSclk/4
1	1	0	SYSclk/6
1	1	1	SYSclk/8

- ECF：PCA 计数溢出中断使能位。

  ECF = 0：禁止寄存器 CCON 中 CF 位的中断。

  ECF = 1：允许寄存器 CCON 中 CF 位的中断。

2. PCA 控制寄存器 CCON

寄存器 CCON 用于控制 PCA 计数器的运行及记录各 PCA 模块的中断请求标志位。地址为 D8H，复位值为 00xx x000B，其各位定义见表 11-3。

表 11-3　PCA 控制寄存器 CCON 各位定义

B7	B6	B5	B4	B3	B2	B1	B0
CF	CR	—	—	—	—	CCF1	CCF0

- CF：PCA 计数器溢出标志位。当 PCA 计数器溢出时，CF 由硬件置位。如果 CMOD 寄存器的 ECF 位置 1，则 CF 标志可用来作为计数器计满溢出中断标志。CF 位可通过硬件或软件置位，但只可通过软件清零。
- CR：PCA 计数器运行控制位。

  CR = 0：关闭 PCA 计数器计数。

  CR = 1：启动 PCA 计数器计数。
- CCF1：PCA 模块 1 中断标志。当出现匹配或捕获时该位由硬件置位。该位必须通过软件清零。
- CCF0：PCA 模块 0 中断标志。当出现匹配或捕获时该位由硬件置位。该位必须通过软件清零。

3. PCA 模块比较/捕获寄存器 CCAPMn(n = 0,1)

比较/捕获寄存器 CCAPM0 对应 PCA 模块 0，CCAPM1 对应 PCA 模块 1。地址为 DBH，复位值均为 x000 0000B。CCAPMn 寄存器的各位定义见表 11-4。

表 11-4　PCA 模块比较/捕获寄存器 CCAPMn（n 为 0 或 1）各位定义

B7	B6	B5	B4	B3	B2	B1	B0
—	ECOMn	CAPPn	CAPNn	MATn	TOGn	PWMn	ECCFn

- ECOMn：比较器功能使能位。

当 ECOM0 = 1 时，允许比较器功能。
- CAPPn：正捕获控制位。

当 CAPP0 = 1 时，允许上升沿捕获。
- CAPNn：负捕获控制位。

当 CAPN0 = 1 时，允许下降沿捕获。
- MATn：匹配控制位。

当 MATn = 1，PCA 计数器（CH、CL）的计数值与模块 n 的比较/捕获寄存器（CCAPnH、CCAPnL）的值匹配时，将置位 CCON 寄存器中的中断请求标志位 CCFn。
- TOGn：翻转控制位。

当 TOGn = 1 时，PCA 模块工作在高速脉冲输出模式。即 PCA 计数器（CH、CL）的数值与模块 n 的比较/捕获存器（CCAPnH、CCAPnL）的值匹配时，PCA 模块 n 引脚的输出状态翻转。

- PWMn：脉宽调制模式控制位。

当 PWMn = 1 时，PCA 模块工作在脉宽调制模式，PCA 模块 n 引脚用于脉宽调制输出。

- ECCFn：PCA 模块 n 中断使能控制位。

ECCFn = 1：允许 PCA 模块 n 的 CCFn 标志位被置 1，产生中断。

ECCFn = 0：禁止中断。

CCAPMn 寄存器各位的不同取值对应 PCA 模块 n 不同的工作模式，见表 11-5。

表 11-5 PCA 模块工作模式设定（CCAPMn 寄存器，n = 0, 1, 2）

ECOMn	CAPPn	CAPNn	MATn	TOGn	PWMn	ECCFn	模 块 功 能
0	0	0	0	0	0	0	无操作
1	0	0	0	0	1	0	8 位 PWM，无中断
1	1	0	0	0	1	1	8 位 PWM，上升沿触发中断
1	0	1	0	0	1	1	8 位 PWM，下降沿触发中断
1	1	1	0	0	1	1	8 位 PWM，上升、下降沿均触发中断
X	1	0	0	0	0	X	16 位捕获模式，CCPn/PCAn 上升沿触发
X	0	1	0	0	0	X	16 位捕获模式，CCPn/PCAn 下降沿触发
X	1	1	0	0	0	X	16 位捕获模式，CCPn/PCAn 上升/下降沿触发
1	0	0	1	0	0	X	16 位软件定时/计数器
1	0	0	1	1	0	X	16 位高速脉冲输出

4. PCA 的 16 位计数器 CH、CL

寄存器 CH 是 PCA 计数器的高 8 位，其地址为 F9H。寄存器 CL 是 PCA 计数器的低 8 位，其地址为 E9H，复位值均为 0000 0000B，用于保存 PCA 的装载值。

5. PCA 的捕捉/比较寄存器 CCAPnH、CCAPnL（n = 0,1）

当 PCA 模块工作在捕获或比较模式时，CCAPnH、CCAPnL 寄存器用于存储 16 位捕获计数值；当 PCA 模块工作在 PWM 模式时，CCAPnH、CCAPnL 寄存器用于控制输出的占空比。其复位值均为 00H。它们对应的地址分别为：

CCAP0L—EAH、CCAP0H—FAH：模块 0 的捕捉/比较寄存器。

CCAP1L—EBH、CCAP1H—FBH：模块 1 的捕捉/比较寄存器。

6. PCA 模块 PWM 寄存器 PCA_PWMn（n = 0,1）

PCA 模块 PWM 寄存器 PCA_PWMn 用于设置 PCA 模块工作在 PWM 模式时的功能选择。PCA_PWM0 对应模块 0，其地址为 F2H，PCA_PWM1 对应模块 1，其地址为 F3H，复位值均为 00H，各位定义见表 11-6。

表 11-6 PCA 模块 0 的 PWM 寄存器 PCA_PWMn

位号	B7	B6	B5	B4	B3	B2	B1	B0
位名称	EBSn_1	EBSn_0	—	—	—	—	EPCnH	EPCnL

- EBSn_1、EBSn_0：PCA 模块 n 工作于 PWM 模式时的功能选择位。位数选择见表 11-7。

表 11-7　PCA 模块位数选择

EBSn_1	EBSn_0	PWM 的位数
0	0	8 位
0	1	7 位
1	0	6 位
1	1	10 位

- EPCnH：在 PWM 模式下，与 CCAPnH 组成 9 位数。
- EPCnL：在 PWM 模式下，与 CCAPnL 组成 9 位数。

11.3　PCA 模块的工作模式与应用

11.3.1　捕获模式

CCAPMn 寄存器的 CAPPn 和 CAPNn 两位中至少一位为 1 时，PCA 模块 n 工作在捕获模式，其结构如图 11-3 所示。

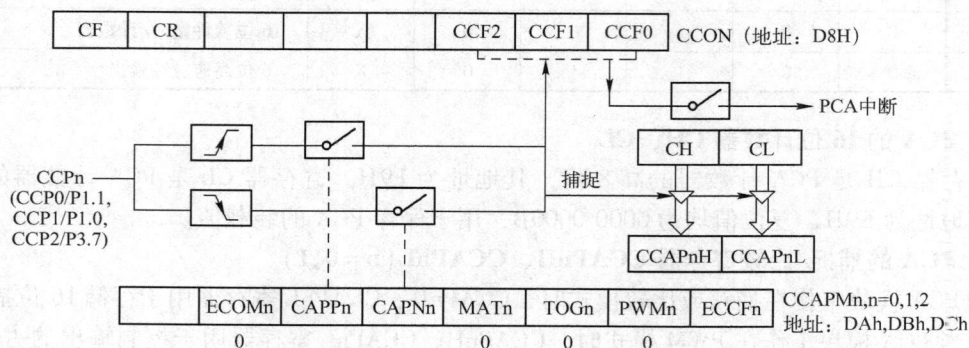

图 11-3　PCA 捕获模式

PCA 模块工作于捕获模式时，对模块的外部 CCPn 输入（CCP0/P1.1，CCF1/P1.0，CCP2/P3.7）的跳变进行采样。当采样到有效跳变时，PCA 硬件就将 PCA 计数器阵列寄存器（CH 和 CL）的值装载到模块的捕获寄存器（CCAPnL 和 CCAPnH）中。

如果 CCON 特殊功能寄存器中的位 CCFn 和 CCAPMn 特殊功能寄存器中的位 ECCFn 被置位，将产生中断。可在中断服务程序中判断哪一个模块产生了中断，并注意中断标志位的软件清零问题。

【例 11-1】利用 IAP15W4K58S4 单片机 PCA 模块的捕获模式功能，对按键输入信号的下降沿进行捕获，控制流水灯的方向。电路原理如图 11-4 所示。请编写程序。

解： C 语言源程序代码如下：

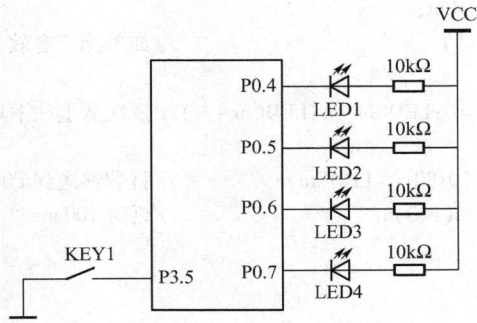

图 11-4 PCA 例题

```c
#include "stc15w4k32s4. h"                //包含单片机头文件
bit LEDGoFlag = 0;                        //定义标志,流水灯方向
bit HaveInt = 0;                          //有中断产生标记
void IO_Init(void);                       //函数声明
void PCA_Init(void);
void LED_Go(void);
void Delay_ms(unsigned int ms);
/ * * * * * * * * * * * * * * * * * * * * * 主程序 * * * * * * * * * * * * * * * * * * * * * * * * * * /
void main(void)
{
    IO_Init();                            //I/O 口初始化
    PCA_Init();                           //PCA 模块初始化
    while(1)
    {
        LED_Go();                         //运行流水灯
        if(HaveInt == 1)                  //有中断产生
        {
          LEDGoFlag = !LEDGoFlag;         //流水灯反向
          HaveInt = 0;
        }
    }
}
/ * * * * * * * * * * * * * * * * * * * * * 延时函数 * * * * * * * * * * * * * * * * * * * * * * * * * /
void Delay_ms(unsigned int ms)
{
    unsigned int i;
    while((ms -- ) != 0)
    {
        for(i = 0;i < 580;i ++);
    }
}
/ * * * * * * * * * * * * * * * * * * * * * 流水灯函数 * * * * * * * * * * * * * * * * * * * * * * * * /
void LED_Go(void)
{
```

```
    unsigned char LEDCnt;
    if(LEDGoFlag == 1)                          //如果标记有效
    {
        for(LEDCnt = 0;LEDCnt < 4;LEDCnt ++)//依次从上往下单个点亮
        {
            P0 = ~(0x80 >> LEDCnt);             //将数据送到 P0 口
            Delay_ms(100);                      //延时 100 ms
        }
    }
    else
    {
        for(LEDCnt = 0;LEDCnt < 4;LEDCnt ++)//依次从下往上单个点亮
        {
            P0 = ~(0x10 << LEDCnt);             //将数据送到 P0 口
            Delay_ms(100);                      //延时 100 ms
        }
    }
}
/*********** PCA 计数模块初始化函数,使用 PCA 模块的输入捕捉功能 *************/
void PCA_Init(void)
{
    AUXR1 |= 0x10;                              //CCP 端口切换至 P3.4,P3.5,P3.6
    AUXR1 & = 0xdf;
    CCON = 0;                                   //初始化 PCA 控制寄存器,停止 PCA 计数器
                                                //清除 CF 标记,清除 PCA 各个模块中断
    CCAPM0 = 0x11;                              //初始化 PCA 的比较/捕获寄存器 0,允许下
                                                //降沿,捕获使能 CCF0 中断
    CL = 0;                                     //清除 PCA 计数器
    CH = 0;
    CMOD = 0x82;                                //设置 PCA 计数器时钟源为 fosc/2
                                                //PCA 计数器空闲模式停止计数,禁止 PCA
                                                //计数溢出中断
    CR = 1;                                     //运行 PCA 计数器
    EA = 1;                                     //启用中断
}
/***************** PCA 模块捕获中断处理函数 *********************/
void PCA_ISR(void)interrupt 7
{
    if(CCF0 == 1)                              //捕获中断
    {
        HaveInt = 1;                          //有中断产生标记
        CCF0 = 0;                    //PCA 模块 0 比较/捕获中断标记必须软件清零
    }
}
/***************** 单片机 I/O 端口模式初始化 *********************/
void IO_Init(void)
```

```
    }
//初始化 P0.4,P0.5,P0.6,P0.7 为准双向口
    POM1 & = ~((1<<4 | (1<<5) | (1<<6)(1<<7));
    POM0 & = ~((1<<4 | (1<<5) | (1<<6)(1<<7));
    }
```

11.3.2 16 位软件定时器模式

16 位软件定时器模式结构图如图 11-5 所示。

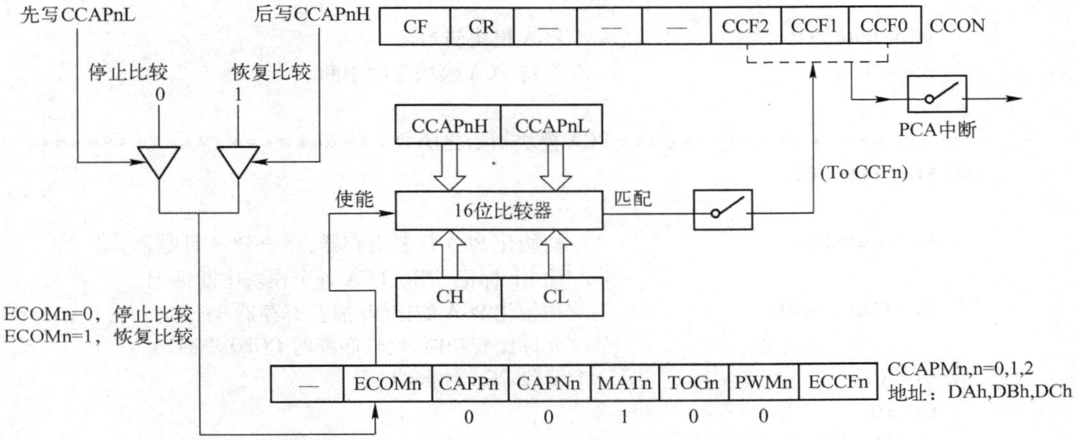

图 11-5　PCA 模块的 16 位软件定时器模式/PCA 比较模式

通过置位 CCAPMn 寄存器的 ECOM 和 MAT 位，可使 PCA 模块用作软件定时器。PCA 定时器的值与模块捕获寄存器的值相比较，当两者相等时，如果位 CCFn（在 CCON 特殊功能寄存器中）和位 ECCFn（在 CCAPMn 特殊功能寄存器中）都置位，将产生中断。

[CH,CL]每隔一定的时间自动加 1，时间间隔取决于选择的时钟源。例如，当选择的时钟源为 SYSclk/12，每 12 个时钟周期[CH,CL]加 1。当[CH,CL]增加到等于[CCAPnH,CCAPnL]时，CCFn = 1，产生中断请求。如果每次 PCA 模块中断后，在中断服务程序中断给[CCAPnH,CCAPnL]增加一个相同的数值，那么下次中断来临的间隔时间 T 也是相同的，从而实现了定时功能。定时时间的长短取决于时钟源的选择以及 PCA 计数器计数值的设置。下面举例说明 PCA 计数器计数值的计算方法。

假设系统时钟频率 SYSclk = 18.432 MHz，选择的时钟源为 SYSclk/12，定时时间 T 为 5 ms，则 PCA 计数器计数值为

$$PCA \text{ 计数器的计数值} = T/((1/SYSclk) \times 12)$$
$$= 0.005/((1/18432000) \times 12)$$
$$= 7680(\text{十进制数})$$
$$= 1E00H(\text{十六进制数})$$

也就是说，PCA 计数器计数 1E00H 次，定时时间才是 5 ms，这也就是每次给[CCAPnH,CCAPnL]增加的数值（步长）。

【例 11-2】 利用 IAP15W4K58S4 单片机 PCA 模块的软件定时功能，在 P0.4 引脚输出 1 s 的方波控制 LED 指示灯的亮灭。请编写程序。

解：C 语言源程序如下：

```
#include "stc15w4k32s4.h"          //包含单片机头文件
unsigned char PCA_Cnt = 0;         //全局变量定义
sbit LED = P0^4;                   //LED 端口
void PCA_Init(void);               //函数声明
/*************************** 主程序 ***************************/
void main(void)
{
    PCA_Init();                    //PCA 模块初始化
    while(1);                      //等待 PCA 模块定时中断
}
/******************* PCA 模块初始化函数 *******************/
void PCA_Init(void)
{
    CCON = 0x80;                   //初始化 PCA 控制寄存器,停止 PCA 计数器,清
                                   //除 CF 标记,清除 PCA 各个模块中断标记
    CCAPM0 = 0x49;                 //初始化 PCA 的比较/捕获寄存器 0,
                                   //允许比较功能,比较匹配时 CCF0 中断
    CL = 0;                        //清除 PCA 计数器
    CH = 0;
    CCAP0L = 0x00;                 //定时初值 50 ms 11.0592 MHz
    CCAP0H = 0xb4;
    CMOD = 0x80;                   //设置 PCA 计数器时钟源为 fosc/12,PCA 计数器空闲
                                   //模式停止计数,禁止 PCA 计数溢出中断
    CR = 1;                        //运行 PCA 计数器
    EA = 1;                        //启用中断
}
/***************** PCA(计数器阵列)中断处理函数 *****************/
void PCA_ISR(void) interrupt 7
{
    if(CCF0 == 1)                  //比较中断
    {
        CL = 0;                    //清除 PCA 计数器
        CH = 0;
        PCA_Cnt ++ ;
        if(PCA_Cnt == 10)          //定时 500 ms
        {
            PCA_Cnt = 0;
            LED = !LED;            //LED 灯状态改变
        }
        CCF0 = 0;                  //PCA 模块 0 比较/捕获中断标记必须软件清零
    }
}
```

208

```
/ ***************** I/O 端口初始化函数 *****************/
void IO_Init(void)
{
    P0M1 & = ~(1 <<4);                //初始化 P0.4 为准双向口
    P0M0 & = ~(1 <<4);
}
```

11.3.3 高速脉冲输出模式

PCA 高速脉冲输出模式如图 11-6 所示。该模式中，当 PCA 计数器的计数值与模块捕获寄存器的值相匹配时，PCA 模块的 CCPn 输出将发生翻转。要激活高速脉冲输出模式，CCAPMn 寄存器的 TOGn、MATn 和 ECOMn 位必须都置位。

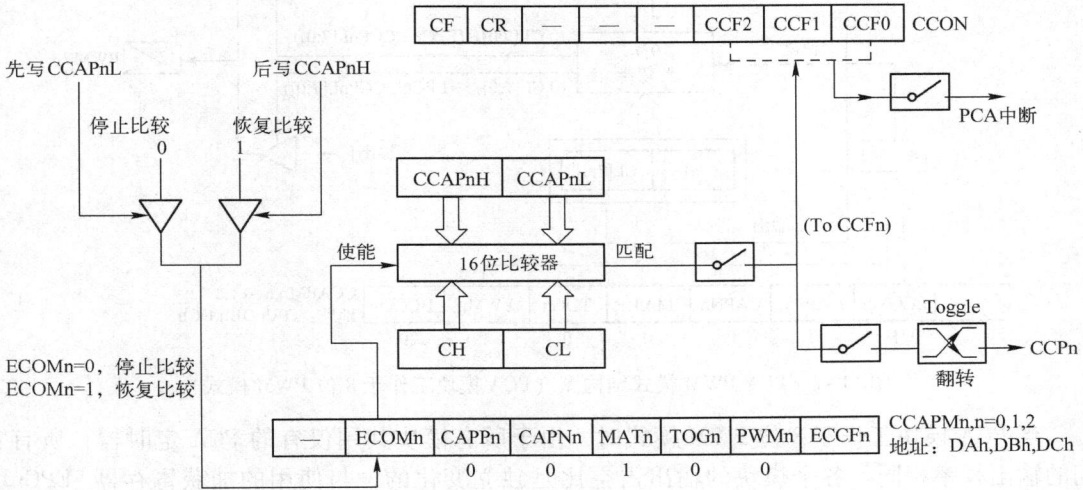

图 11-6　PCA 高速脉冲输出模式

CCAPnL 的值决定了 PCA 模块 n 的输出脉冲频率。当 PCA 时钟源是 SYSclk/2 时，输出脉冲的频率 f 为

$$f = SYSclk/(4 \times CCAPnL)$$

式中，SYSclk 为系统时钟频率。由此，可以得到 CCAPnL 的值 $CCAPnL = SYSclk/(4 \times f)$。

如果计算出的结果不是整数，则进行四舍五入取整，即

$$CCAPnL = INT(SYSclk/(4 \times f) + 0.5)$$

式中，INT( ) 为取整运算，直接去掉小数。例如，假设 SYSclk = 20 MHz，要求 PCA 高速脉冲输出 125 kHz 的方波，则 CCAPnL 中的值应为

$$CCAPnL = INT(20000000/(4 \times 125000) + 0.5) = INT(40 + 0.5) = 40 = 28H$$

11.3.4 脉宽调节模式（PWM）

脉宽调制（Pulse Width Modulation，PWM）是一种使用程序来控制波形占空比、周期、相位波形的技术，在三相电动机驱动、D - A 转换等场合有广泛的应用。

STC15 系列单片机的 PCA 模块可以通过设定各自的寄存器 PCA_PWMn（n = 0, 1, 2, 下

同）中的位 EBSn_1/PCA_PWMn.7 及 EBSn_0/PCA_PWMn.6，使其工作于 8 位 PWM 或 7 位 PWM 或 6 位 PWM 模式。本节以 8 位脉宽调节模式（PWM）为例介绍 PCA 工作于 PWM 模式。

当[EBSn_1,EBSn_0] = [0,0]或[1,1]时，PCA 模块 n 工作于 8 位 PWM 模式，此时将{0, CL[7:0]}与捕获寄存器[EPCnL,CCAPnL[7:0]]进行比较。PCA PWM 模式的结构如图 11-7 所示。

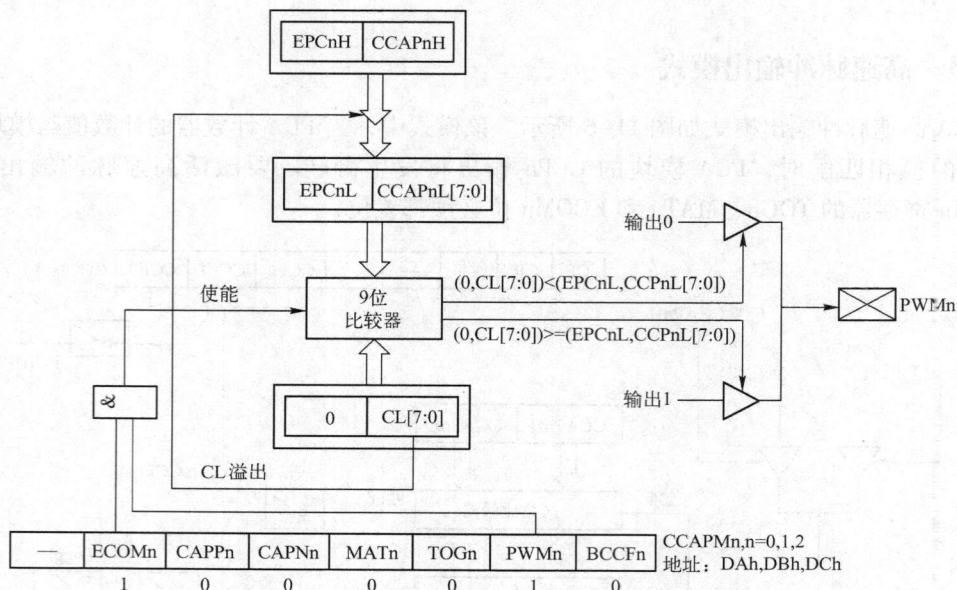

图 11-7　PCA PWM 模式结构图（PCA 模块工作于 8 位 PWM 模式）

当 PCA 模块工作于 8 位 PWM 模式时，由于所有模块共用仅有的 PCA 定时器，所有它们的输出频率相同。各个模块的输出占空比是独立变化的，与使用的捕获寄存器 {EPCnL, CCAPnL[7:0]}有关。当{0,CL[7:0]}的值小于{EPCnL,CCAPnL[7:0]}时，输出为低；当 {0,CL[7:0]}的值等于或大于{EPCnL,CCAPnL[7:0]}时，输出为高。当 CL 的值由 FF 变为 00 溢出时，{EPCnH,CCAPnH[7:0]}的内容装载到{EPCnL,CCAPnL[7:0]}中。这样就可实现无干扰地更新 PWM。要使能 PWM 模式，模块 CCAPMn 寄存器的 PWMn 和 ECOMn 位必须置位。当 PWM 是 8 位的时，PWM 的频率 = PCA 时钟输入源频率/256。

PCA 时钟输入源可以从以下 8 种中选择一种：SYSclk，SYSclk/2，SYSclk/4，SYSclk/6，SYSclk/8，SYSclk/12，定时器 0 的溢出，ECI/P1.2 输入。

举例：设 PCA 模块工作于 8 位 PWM 模式。要求 PWM 输出频率为 38 kHz，选 SYSclk 为 PCA/PWM 时钟输入源，求出 SYSclk 的值。

由计算公式 38000 = SYSclk/256，得到外部时钟频率

$$SYSclk = 38000 \times 256 \times 1 = 9,728,000$$

如果要实现可调频率的 PWM 输出，可选择定时器 0 的溢出率或者 ECI 脚的输入作为 PCA/PWM 的时钟输入源。

当 EPCnL = 0 及 CCAPnL = 00H 时，PWM 固定输出高。

当 EPCnL = 1 及 CCAPnL = FFH 时，PWM 固定输出低。

当某个 I/O 口作为 PWM 使用时，该口的状态见表 11-8。

表 11-8 I/O 端口作为 PWM 使用时的状态

PWM 之前口的状态	PWM 输出时口的状态
弱上拉/准双向	强推挽输出/强上拉输出,要加输出限流电阻 1~10 kΩ
强推挽输出/强上拉输出	强推挽输出/强上拉输出,要加输出限流电阻 1~10 kΩ
仅为输入/高阻	PWM 无效
开漏	开漏

【例 11-3】利用 IAP15W4K58S4 单片机 PCA 模块的 PWM 功能,使用 PCA0 从 P3.5 输出 8 位的 PWM 作 DAC,输出的 PWM 经过 RC 滤波成直流电压送 P1.5 作 ADC 并用数码管显示出来。(该例程序来自试验箱 STC - STUDY - BOARD4 - SCH - C - ASM - VER2 提供的例程文件。)

解:相关说明如下:串口 1 配置为 115200 bit/s, 8, n, 1,切换到 P3.0 P3.1,下载后就可以直接测试。主时钟为 22.1184 MHz,通过串口 1 设置占空比,串口命令使用 ASCII 码的数字,比如:10,就是设置占空比为 10/256,100 就是设置占空比为 100/256,可以设置的值为 C~256,0 为连续低电平,256 为连续高电平。左边 4 位数码管显示 PWM 的占空比值,右边 4 位数码管显示 ADC 值。

C 语言源程序如下:

```
#define    MAIN_Fosc        22118400L          //定义主时钟
#include   "STC15Fxxxx. H"
#define    LED_TYPE         0x00               //定义 LED 类型,0x00—共阴,0xff—共阳
#define    Timer0_Reload    (65536UL - (MAIN_Fosc/1000))    //Timer 0 中断频率,1000 次/s
#define DIS_DOT             0x20
#define DIS_BLACK           0x10
#define DIS_                0x11
/ * * * * * * * * * * * * * * * * * * * * * * * * 本地常量声明 * * * * * * * * * * * * * * * * * * * * * * * * /
u8 code t_display[] = {                         //标准字库
//      0    1    2    3    4    5    6    7    8    9    A    B    C    D    E    F
    0x3F,0x06,0x5B,0x4F,0x66,0x6D,0x7D,0x07,0x7F,0x6F,0x77,0x7C,0x39,0x5E,0x79,0x71,
//black    -    H    J    K    L    N    o    P    U    t    G    Q    r    M    y
    0x00,0x40,0x76,0x1E,0x70,0x38,0x37,0x5C,0x73,0x3E,0x78,0x3d,0x67,0x50,0x37,0x6e,
    0xBF,0x86,0xDB,0xCF,0xE6,0xED,0xFD,0x87,0xFF,0xEF,0x46};      //0. 1. 2. 3. 4. 5.
6. 7. 8. 9. -1

u8 code T_COM[] = {0x01,0x02,0x04,0x08,0x10,0x20,0x40,0x80};        //位码


/ * * * * * * * * * * * * * * * * * * * * * * * * I/O 口定义 * * * * * * * * * * * * * * * * * * * * * * * * /
sbit    P_HC595_SER = P4^0;     //定义 P4.0 为数据输入端
sbit    P_HC595_RCLK = P5^4;    //定义 P5.4 为数据锁存控制器
sbit    P_HC595_SRCLK = P4^3;   //定义 P4.3 为数据移位控制器
/ * * * * * * * * * * * * * * * * * * * * * * * * 本地变量声明 * * * * * * * * * * * * * * * * * * * * * * * * /
```

```
u8      LED8[8];                                    //显示缓冲
u8      display_index;                              //显示位索引
bit     B_1ms;                                      //1ms 标志
u8      cnt200ms;
#define     Baudrate1     115200L
#define     UART1_BUF_LENGTH      128               //串口缓冲长度
u8      RX1_TimeOut;
u8      TX1_Cnt;                                    //发送计数
u8      RX1_Cnt;                                    //接收计数
bit     B_TX1_Busy;                                 //发送忙标志
u8      xdata     RX1_Buffer[UART1_BUF_LENGTH];     //接收缓冲
bit     B_Capture0,B_Capture1,B_Capture2;
u8      PCA0_mode,PCA1_mode,PCA2_mode;
u16     CCAP0_tmp,PCA_Timer0;
u16     CCAP1_tmp,PCA_Timer1;
u16     CCAP2_tmp,PCA_Timer2;

void    UART1_config(u8 brt);      // 选择波特率,2：使用 Timer2 作波特率,其他值：使用
                                   //Timer1 作波特率
void    PrintString1(u8 * puts);
void    UART1_TxByte(u8 dat);
void    UpdatePwm(u16 pwm_value);
u16     adc;
u16     Get_ADC10bitResult(u8 channel);            //channel = 0 ~ 7


/ * * * * * * * * * * * * * * * * * * * * 主函数 * * * * * * * * * * * * * * * * * * * * * * * * * * * /
void main(void)
{
    u8      i;
    u16     j;
    P0M1 = 0;       P0M0 = 0;               //设置为准双向口
    P1M1 = 0;       P1M0 = 0;               //设置为准双向口
    P2M1 = 0;       P2M0 = 0;               //设置为准双向口
    P3M1 = 0;       P3M0 = 0;               //设置为准双向口
    P4M1 = 0;       P4M0 = 0;               //设置为准双向口
    P5M1 = 0;       P5M0 = 0;               //设置为准双向口
    P6M1 = 0;       P6M0 = 0;               //设置为准双向口
    P7M1 = 0;       P7M0 = 0;               //设置为准双向口
    display_index = 0;
    / * * * * * * * * * * * * * * * * Timer0 初始化 * * * * * * * * * * * * * * * * * /
    AUXR = 0x80;     //定时器 0 选择 16 位自动重新加载模式
    TH0 = (u8)(Timer0_Reload/256);
    TL0 = (u8)(Timer0_Reload%256);
```

```c
    ET0 = 1;                                    //允许定时器 0 中断
    TR0 = 1;                                    //启动定时器 0
/ * * * * * * * * * * * * * * * * * * * PCA0 初始化 * * * * * * * * * * * * * * * * * * * * * * * * * /
    AUXR1 & = ~0x30;
    AUXR1 |= 0x10;      //切换 I/O 口,0x00: P1.2 P1.1 P1.0 P3.7,0x10: P3.4 P3.5 P3.6
                       //P3.7,0x20: P2.4 P2.5 P2.6 P2.7
    CCAPM0 = 0x42;                             //工作模式 PWM
    PCA_PWM0 = (PCA_PWM0 & ~0xc0) |0x00;       //PWM 宽度,0x00: 8bit,0x40: 7bit,
                                              //0x80: 6bit
    CMOD = (CMOD & ~0xe0) |0x08;      //选择时钟源,0x00: 12T,0x02: 2T,0x04: Timer0 溢
                                      //出,0x06: ECI,0x08: 1T,0x0A: 4T,0x0C: 6T,
                                      //0x0E: 8T
    CR = 1;
    UpdatePwm(128);
    / * * * * * * * * * * * * * * * * * * * * ADC 初始化 * * * * * * * * * * * * * * * * * * * * * * * /
    P1ASF = (1 <<5);                           //P1.5 作 ADC
    ADC_CONTR = 0xE0;                          //90T,ADC 启动
    UART1_config(1);  // 选择波特率,2:使用 Timer2 作波特率,其他值:使用 Timer1 作波特率
    EA = 1;                                    //打开总中断
    for(i = 0;i < 8;i ++)    LED8[i] = DIS_;    //上电全部显示

    LED8[0] = 1;                               //显示 PWM 默认值
    LED8[1] = 2;
    LED8[2] = 8;
    LED8[3] = DIS_BLACK;                       //这位不显示
    PrintString1("PWM 和 ADC 测试程序,输入占空比为 0 ~ 256! \r\n");      //SUART1 发送一
                                                                   //个字符串

    while(1)
    {
        if(B_1ms)                             //1ms 到
        {
            B_1ms = 0;
            if( ++ cnt200ms >= 200)           //200ms 读一次 ADC
            {
                cnt200ms = 0;
                j = Get_ADC10bitResult(5);    //参数 0 ~ 7,查询方式做一次 ADC,
                                              //返回值就是结果, == 1024 为错误
                if(j >= 1000)    LED8[4] = j/1000;   //显示按键 ADC 值
                else             LED8[4] = DIS_BLACK;
                LED8[5] = (j% 1000)/100;
                LED8[6] = (j% 100)/10;
                LED8[7] = j% 10;
```

```
                }
            if( RX1_TimeOut > 0 )                                    //超时计数
                {
            if( -- RX1_TimeOut == 0 )
                {
                    if( ( RX1_Cnt > 0 ) && ( RX1_Cnt <= 3 ) )    //限制为 3 位数字
                        {
                        F0 = 0;                                   //错误标志
                        j = 0;
                        for( i = 0; i < RX1_Cnt; i ++ )
                            {
                            if( ( RX1_Buffer[i] >= '0' ) && ( RX1_Buffer[i] <= '9' ) ) //限定
                                                                            //为数字
                                {
                                j = j * 10 + RX1_Buffer[i] - '0';
                                }
                            else
                                {
                                F0 = 1;                   //接收到非数字字符,错误
                                PrintString1( "错误! 接收到非数字字符! 占空比为 0 ~ 256!
\r\n" );

                                break;
                                }
                            }
                        if( !F0 )
                            {
                            if( j > 256 )        PrintString1( "错误! 输入占空比过大,请不要大于
256! \r\n" );

                            else
                                {
                                UpdatePwm( j );
                                if( j >= 100 )   LED8[0] = j/100,  j % = 100; //显示
                                                                    //PWM 默认值
                                else              LED8[0] = DIS_BLACK;
                                LED8[1] = j%100/10;
                                LED8[2] = j%10;
                                PrintString1( "已更新占空比! \r\n" );
                                }
                            }
                        }
                    else    PrintString1( "错误! 输入字符过多! 输入占空比为 0 ~ 256! \r\n" );
                    RX1_Cnt = 0;
```

214

```
                    }
                }
            }
        }
    }

/***************** 发送一个字节 ***************************/
void      UART1_TxByte(u8 dat)
{
    SBUF = dat;
    B_TX1_Busy = 1;
    while(B_TX1_Busy);
}

/***************** 串口1发送字符串函数 ***************************/
void PrintString1(u8 * puts)                              //发送一个字符串
{
    for( ; * puts!=0;      puts ++ )   UART1_TxByte( * puts);      //遇到停止符0结束
}

/***************** 设置 Timer2 作波特率发生器 ***************************/
void      SetTimer2Baudraye(u16 dat)      // 选择波特率,2: 使用 Timer2 作波特率,其他值: 使用
                                          //Timer1 作波特率
{
    AUXR & = ~ (1 <<4);          //停止定时器2
    AUXR & = ~ (1 <<3);          //选择定时器2作为波特率发生器
    AUXR |= (1 <<2);             //定时器2的速度是传统8051的12倍,即不分频
    TH2 = dat/256;
    TL2 = dat%256;
    IE2   & = ~ (1 <<2);         //禁止中断
    AUXR |= (1 <<4);             //启动定时器2
}
/***************** UART1 初始化函数 ***************************/

void      UART1_config(u8 brt)      // 选择波特率,2: 使用 Timer2 作波特率,其他值: 使用 Timer1
                                    //作波特率
{
    /***************** 波特率使用定时器2 ***************************/
    if( brt ==2)
    {
        AUXR |= 0x01;             //选择定时器2作为波特率发生器
        SetTimer2Baudraye(65536UL - ( MAIN_Fosc/4)/Baudrate1 );
    }
```

```
/ ************ 波特率使用定时器 1 ****************** /
else
{
    TR1 = 0;
    AUXR & = ~ 0x01;                      //选择定时器 1 作为波特率发生器
    AUXR |= (1 << 6);                     //定时器 1 的速度是传统 8051 的 12 倍,即不分频
    TMOD & = ~ (1 << 6);                  //定时器 1 工作在定时器模式
    TMOD & = ~ 0x30;                      //定时器 1 选择 16 位自动重新加载模式
    TH1 = (u8) ((65536UL − (MAIN_Fosc/4)/Baudrate1)/256);
    TL1 = (u8) ((65536UL − (MAIN_Fosc/4)/Baudrate1)%256);
    ET1 = 0;                              //禁止中断
    INT_CLKO & = ~ 0x02;                  //不输出时钟
    TR1 = 1;
}

/ ************************************************************** /

    SCON = (SCON & 0x3f) |0x40;    //UART1 模式,0x00:同步移位输出,0x40:8 位数据,可变
                                   //波特率,0x80:9 位数据,固定波特率,0xc0:9 位数据,可
                                   //变波特率
    PS = 1;                                //高优先级中断
    ES = 1;                                //允许中断
    REN = 1;                               //允许接收
    P_SW1 & = 0x3f;
    P_SW1 |= 0x80;     //UART1 切换到 0x00:P3.0 P3.1,0x40:P3.6 P3.7,0x80:P1.5 P1.7
                       //(必须使用内部时钟)
    PCON2 |= (1 << 4);     //内部短路 RxD 与 TxD,做中继,ENABLE,DISABLE

    B_TX1_Busy = 0;
    TX1_Cnt = 0;
    RX1_Cnt = 0;
}


/ ****************** UART1 中断函数 *********************** /
void UART1_int(void) interrupt UART1_VECTOR
{
    if(RI)
    {
        RI = 0;
        if(RX1_Cnt >= UART1_BUF_LENGTH)        RX1_Cnt = 0;
        RX1_Buffer[RX1_Cnt] = SBUF;
        RX1_Cnt ++ ;
        RX1_TimeOut = 5;
```

```
        }

    if( TI)
        {
        TI = 0;
        B_TX1_Busy = 0;
        }

    }
/* *************** 向 HC595 发送一个字节函数 ******************/
void Send_595( u8 dat)
    {
    u8        i;
    for( i = 0;i < 8;i ++ )
        {
        dat << = 1;
        P_HC595_SER = CY;
        P_HC595_SRCLK = 1;
        P_HC595_SRCLK = 0;
        }
    }
/* ******************** 显示扫描函数 **********************/
void DisplayScan( void)
    {
    Send_595( ~ LED_TYPE ^ T_COM[ display_index]);              //输出位码
    Send_595( LED_TYPE ^ t_display[ LED8[ display_index]]);     //输出段码

    P_HC595_RCLK = 1;
    P_HC595_RCLK = 0;                                           //锁存输出数据
    if( ++ display_index >= 8)      display_index = 0;          //8 位结束回 0

    }
/* ******************** Timer0 1ms 中断函数 **********************/
void timer0( void) interrupt TIMER0_VECTOR
    {
    DisplayScan( );                                            //1ms 扫描显示一位
    B_1ms = 1;                                                 //1ms 标志

    }
/* ******************** 查询法读一次 ADC 结果 **********************/
u16      Get_ADC10bitResult( u8 channel)                        //channel = 0 ~ 7
    {
    ADC_RES = 0;
    ADC_RESL = 0;

    ADC_CONTR = ( ADC_CONTR & 0xe0) | 0x08 | channel;          //ADC 启动
```

```
    NOP(4);

    while((ADC_CONTR & 0x10) ==0)        ;                           //等待 ADC 结束
    ADC_CONTR & = ~0x10;                                             //清除 ADC 结束标志
    return      (((u16)ADC_RES <<2) | (ADC_RESL & 3));
}
/ ************************更新 PWM 值************************/
void     UpdatePwm(u16 pwm_value)
{
    if(pwm_value ==0)                PWM0_OUT_0();                   //输出连续低电平
    else                            CCAP0H = (u8)(256 - pwm_value), PWM0_NORMAL();
}
```

第12章 IAP15W4K58S4 单片机的 PWM 模块

IAP15W4K58S4 单片机内部集成了一组（各自独立 6 路）增强型的 PWM 波形发生器。增强型 PWM 发生器大大增加了 PWM 控制的灵活性。

12.1 IAP15W4K58S4 单片机 PWM 模块的结构

PWM 波形发生器内部有一个 15 位的 PWM 计数器供 6 路 PWM 使用，用户可以设置每路 PWM 的初始电平。另外，PWM 波形发生器为每路 PWM 又设计了两个用于控制波形翻转的计数器 T1/ T2，可以非常灵活地调节 PWM 的高低电平宽度，从而达到对 PWM 的占空比以及 PWM 的输出延迟进行控制的目的。由于 6 路 PWM 是各自独立的，且每路 PWM 的初始状态可以进行设定，所以用户可以将其中的任意两路配合起来使用，即可实现互补对称输出以及死区控制等特殊应用。

增强型的 PWM 波形发生器还设计了对外部异常事件（包括外部端口 P2.4 的电平异常、比较器比较结果异常）进行监控的功能，可用于紧急关闭 PWM 输出。PWM 波形发生器还可在 15 位的 PWM 计数器归零时触发外部事件（ADC 转换）。其框图如图 12-1 所示。

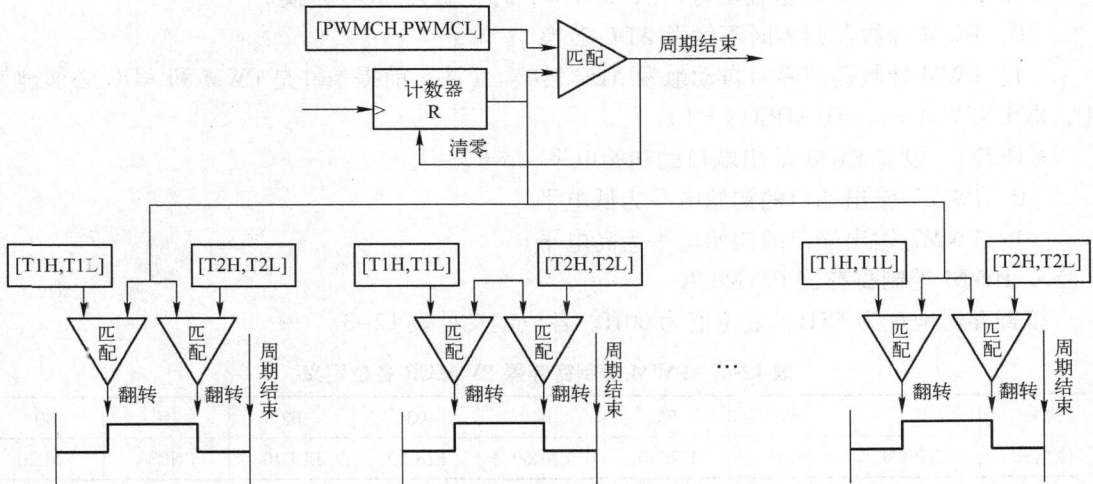

图 12-1　PWM 波形发生器结构框图

12.2　IAP15W4K58S4 单片机 PWM 模块的控制

1. 端口配置寄存器 P_SW2

该寄存器地址为 BAH，复位值为 00H。各位定义见表 12-1。

表 12-1　端口配置寄存器各位的定义

位号	B7	B6	B5	B4	B3	B2	B1	B0
位名称	EAXSFR	0	0	0	—	S4_S	S3_S	S2_S

EAXSFR：扩展 SFR 访问控制使能。

EAXSFR = 0：MOVX A, @ DPTR/MOVX @ DPTR, A 指令的操作对象为扩展 RAM（XRAM）。

EAXSFR = 1：MOVX A, @ DPTR/MOVX @ DPTR, A 指令的操作对象为扩展 SFR（XSFR）。

【注】若要访问 PWM 在扩展 RAM 区的特殊功能寄存器，必须先将 EAXSFR 位置为 1；B6、B5、B4 为内部测试使用，用户必须填 0。

2. PWM 配置寄存器 PWMCFG

该寄存器地址为 F1H，复位值为 00H。各位定义见表 12-2。

表 12-2　PWM 配置寄存器 PWMCFG 各位定义

位号	B7	B6	B5	B4	B3	B2	B1	B0
位名称	—	CBTADC	C7INI	C6INI	C5INI	C4INI	C3INI	C2INI

- CBTADC：PWM 计数器归零时（CBIF = 1 时）触发 ADC 转换。

  0：PWM 计数器归零时不触发 ADC 转换。

  1：PWM 计数器归零时自动触发 ADC 转换。（注：前提条件是 PWM 和 ADC 必须被使能，即 ENPWM = 1，且 ADCON = 1）。

- CnINI：设置 PWM 输出端口的初始电平，n = 2 ~ 7。

  0：PWM7 输出端口的初始电平为低电平。

  1：PWM7 输出端口的初始电平为高电平。

3. PWM 控制寄存器 PWMCR

该寄存器地址为 F5H，复位值为 00H。各位定义见表 12-3。

表 12-3　PWM 控制寄存器 PWMCR 各位定义

位号	B7	B6	B5	B4	B3	B2	B1	B0
位名称	ENPWM	ECBI	ENC70	ENC60	ENC50	ENC40	ENC30	ENC20

- ENPWM：使能增强型 PWM 波形发生器。

  0：关闭 PWM 波形发生器。

  1：使能 PWM 波形发生器，PWM 计数器开始计数。

- ECBI：PWM 计数器归零中断使能位。

0：关闭 PWM 计数器归零中断（CBIF 依然会被硬件置位）。

1：使能 PWM 计数器归零中断。

- ENCn0：PWMn 输出使能位，n = 2 ~ 7。

0：PWM 通道 n 的端口为 GPIO。

1：PWM 通道 n 的端口为 PWM 输出口，受 PWM 波形发生器控制。

4. PWM 中断标志寄存器 PWMIF

该寄存器地址为 F6H，复位值为 00H。各位定义见表 12-4。

表 12-4　PWM 中断标志寄存器 PWMIF 各位定义

位号	B7	B6	B5	B4	B3	B2	B1	B0
位名称	—	CBIF	C7IF	C6IF	C5IF	C4IF	C3IF	C2IF

- CBIF：PWM 计数器归零中断标志位。

当 PWM 计数器归零时，硬件自动将此位置 1。当 ECBI = 1 时，程序会跳转到相应中断入口执行中断服务程序。需要软件清零。

- CnIF：第 n 通道的 PWM 中断标志位，n = 2 ~ 7。

可设置在翻转点 1 和翻转点 2 触发 CnIF。当 PWM 发生翻转时，硬件自动将此位置 1。当 EPWMnI = 1 时，程序会跳转到相应中断入口执行中断服务程序。CnIF 需要软件清零。

5. PWM 外部异常控制寄存器 PWMFDCR

该寄存器地址为 F7H，复位值为 00H。各位定义见表 12-5。

表 12-5　PWM 外部异常控制寄存器 PWMFDCR 各位定义

位号	B7	B6	B5	B4	B3	B2	B1	B0
位名称	—	—	ENFD	FLTFLIO	EFDI	FDCMP	FDIO	FDIF

- ENFD：PWM 外部异常检测功能控制位。

0：关闭 PWM 的外部异常检测功能。

1：使能 PWM 的外部异常检测功能。

- FLTFLIO：发生 PWM 外部异常时对 PWM 输出口控制位。

0：发生 PWM 外部异常时，PWM 的输出口不作任何改变。

1：发生 PWM 外部异常时，PWM 的输出口立即被设置为高阻输入模式（既不对外输出电流，也不对内输出电流）。

【注】只有 ENCn0 = 1 所对应的端口才会被强制悬空；当 PWM 外部异常状态取消时，相应的 PWM 的输出口会自动恢复以前的 I/O 设置。

- EFDI：PWM 异常检测中断使能位。

0：关闭 PWM 异常检测中断（FDIF 依然会被硬件置位）。

1：使能 PWM 异常检测中断。

- FDCMP：设定 PWM 异常检测源为比较器的输出。

0：比较器与 PWM 无关。

1：当比较器正极 P5.5/CMP + 的电平比比较器负极 P5.4/CMP − 的电平高或者比较器正极 P5.5/CMP + 的电平比内部参考电压源 1.28V 高时，触发 PWM 异常。

- FDIO：设定 PWM 异常检测源为端口 P2.4 的状态。

  0：P2.4 的状态与 PWM 无关。

  1：当 P2.4 的电平为高，触发为高时，触发 PWM 异常。

- FDIF：PWM 异常检测中断标志位。

当发生 PWM 异常（比较器正极 P5.5/CMP + 的电平比比较器负极 P5.4/CMP − 的电平高或比较器正极 P5.5/CMP + 的电平比内部参考电压源 1.28V 高或者 P2.4 的电平为高）时，硬件自动将此位置 1。当 EFDI = 1 时，程序会跳转到相应中断入口执行中断服务程序。需要软件清零。

6. PWM 计数器

（1）PWM 计数器高字节 PWMCH（高 7 位）

该寄存器地址为 FFF0H（XSFR），复位值为 00H。各位定义见表 12-6。

表 12-6　PWM 计数器高字节 PWMCH 各位定义

位号	B7	B6	B5	B4	B3	B2	B1	B0
位名称	—				PWMCH[14:8]			

（2）PWM 计数器低字节 PWMCL（低 8 位）

该寄存器地址为 FFF1H（XSFR），复位值为 00H。各位定义见表 12-7。

表 12-7　PWM 计数器低字节 PWMCL 各位定义

位号	B7	B6	B5	B4	B3	B2	B1	B0
位名称				PWMMCL[7:0]				

PWM 计数器为一个 15 位的寄存器，可设定 1 ~ 32767 之间的任意值作为 PWM 的周期。PWM 波形发生器内部的计数器从 0 开始计数，每个 PWM 时钟周期递增 1，当内部计数器的计数值达到 ［PWMCH，PWMCL］所设定的 PWM 周期时，PWM 波形发生器内部的计数器将会从 0 重新开始计数，硬件会自动将 PWM 归零，中断标志位 CBIF 置 1，若 ECBI = 1，程序将跳转到相应中断入口执行中断服务程序。

7. PWM 时钟选择寄存器 PWMCKS

该寄存器地址为 FFF2H（XSFR），复位值为 00H。各位定义见表 12-8。

表 12-8　PWM 时钟选择寄存器 PWMCKS 各位定义

位号	B7	B6	B5	B4	B3	B2	B1	B0
位名称	—	—	—	SELT2		PS[3:0]		

SELT2：PWM 时钟源选择。

0：PWM 时钟源为系统时钟经分频器分频之后的时钟。

1：PWM 时钟源为定时器 2 的溢出脉冲 PS［3:0］：系统时钟预分频参数。当 SELT2 = 0 时，PWM 时钟为系统时钟/（PS［3:0］+1）。

8. PWMn 的翻转计数器（n = 2 ~ 7）

1）PWMn 的第一次翻转计数器的高字节 PWMnT1H，复位值是 00H。各位定义见

表 12-9。

表 12-9　PWMn 的第一次翻转计数器的高字节 PWMnT1H(n = 2 ~ 7) 各位定义

位号	B7	B6	B5	B4	B3	B2	B1	B0
位名称	—				PWMnT1H[14:8]			

2）PWMn 的第一次翻转计数器的低字节 PWMnT1L，各位定义见表 12-10。

表 12-10　PWMn 的第一次翻转计数器的低字节 PWMnT1L(n = 2 ~ 7) 各位定义

位号	B7	B6	B5	B4	B3	B2	B1	B0
位名称				PWMnT1L[7:0]				

3）PWMn 的第二次翻转计数器的高字节 PWMnT2H，复位值是 00H。各位定义见表 12-11。

表 12-11　PWMn 的第二次翻转计数器的高字节 PWMnT2H(n = 2 ~ 7) 各位定义

位号	B7	B6	B5	B4	B3	B2	B1	B0
位名称	—				PWMnT2H[14:8]			

4）PWMn 的第二次翻转计数器的低字节 PWMnT2L，各位定义见表 12-12。

表 12-12　PWMn 的第二次翻转计数器的低字节 PWMnT2L(n = 2 ~ 7) 各位定义

位号	B7	B6	B5	B4	B3	B2	B1	B0
位名称				PWMnT2L[7:0]				

5）PWM2 的第二次翻转计数器的高字节 PWM2T2H，各位定义见表 12-13。

表 12-13　PWM2 的第二次翻转计数器的高字节 PWM2T2H(n = 2 ~ 7) 各位定义

SFR	地址	位号	B7	B6	B5	B4	B3	B2	B1	B0	复位值
PWM2T2H	FF02H（XSFR）	位名称	—				PWM2T2H[14:8]				x000,0000B

6）PWM2 的第二次翻转计数器的低字节 PWM2T2L，各位定义见表 12-14。

表 12-14　PWM2 的第二次翻转计数器的低字节 PWM2T2L(n = 2 ~ 7) 各位定义

SFR	地址	位号	B7	B6	B5	B4	B3	B2	B1	B0	复位值
PWM2T2L	FF03H（XSFR）	位名称				PWM2T2L[7:0]					0000,0000B

PWM 波形发生器设计了两个用于控制 PWM 波形翻转的 15 位计数器，可设定 1 ~ 32767 间的任意值。PWM 波形发生器内部的计数器的计数值与 T1/T2 所设定的值相匹配时，PWM 的输出波形将发生翻转。

9. PWMn 的控制寄存器 PWMnCR

复位值为 00H。各位定义见表 12-15。

表 12-15 PWMn 的控制寄存器 PWMnCR 各位定义

位号	B7	B6	B5	B4	B3	B2	B1	B0
位名称	—	—	—	—	PWMn_PS	EPWMnI	ECnT2SI	ECnT1SI

- PWMn_PS：PWMn 输出引脚选择位。

  0：PWMn 的输出引脚为第一组 PWMn。

  1：PWMn 的输出引脚为第二组 PWMn_2。

- EPWMnI：PWMn 中断使能控制位。

  0：关闭 PWMn 中断。

  1：使能 PWMn 中断，当 CnIF 被硬件置 1 时，程序将跳转到相应中断入口执行中断服务程序。

- ECnT2SI：PWMn 的 T2 匹配发生波形翻转时的中断控制位。

  0：关闭 T2 翻转时中断 。

  1：使能 T2 翻转时中断，当 PWM 波形发生器内部计数值与 T2 计数器所设定的值相匹配时，PWM 的波形发生翻转，同时硬件将 C2IF 置 1，此时若 EPWM2I = 1 ，则程序将跳转到相应中断入口执行中断服务程序。

- ECnT1SI：PWMn 的 T1 匹配发生波形翻转时的中断控制位。

  0：关闭 T1 翻转时中断 。

  1：使能 T1 翻转时中断，当 PWM 波形发生器内部计数值与 T1 计数器所设定的值相匹配时，PWM 的波形发生翻转，同时硬件将 CnIF 置 1，此时若 EPWMnI = 1，则程序将跳转到相应中断入口执行中断服务程序。

6 路高低字节两次控制 PWM 波形翻转的 15 位计数器和 PWMn 控制寄存器 PWMnCR 地址见表 12-16。

表 12-16 PWM2～PWM7 计数器和寄存器地址

地　　址		PWM2	PWM3	PWM4	PWM5	PWM6	PWM7
第一次翻转计数器	高字节	FF00H	FF10H	FF20H	FF30H	FF40H	FF50H
	低字节	FF01H	FF11H	FF21H	FF31H	FF41H	FF51H
第二次翻转计数器	高字节	FF02H	FF12H	FF22H	FF32H	FF42H	FF52H
	低字节	FF03H	FF13H	FF23H	FF33H	FF43H	FF53H
PWMn 控制寄存器 PWMnCR		FF04H	FF14H	FF24H	FF34H	FF44H	FF54H

10. PWM 中断优先级控制寄存器 IP2

该寄存器地址为 B5H，复位值为 00H。各个中断源均为低优先级中断。不可位寻址，只能用字节操作指令更新相关内容，各位定义见表 12-17。

表 12-17 PWM 中断优先级控制寄存器 IP2 各位定义

SFR	地址	位号	B7	B6	B5	B4	B3	B2	B1	B0	复位值
IP2	B5H	位名称	—	—	—	PX4	PPWMFD	PPWM	PSPI	PS2	0000,0000B

- PPWMFD：PWM 异常检测中断优先级控制位。

  0：PWM 异常检测中断为最低优先级中断（优先级 0）。

  1：PWM 异常检测中断为最高优先级中断（优先级 1）。

- PPWM：PWM 中断优先级控制位。

  0：PWM 中断为最低优先级中断（优先级 0）。

  1：PWM 中断为最高优先级中断（优先级 1）。

12.3　IAP15W4K58S4 单片机 PWM 模块的应用

【例 12-1】 利用 IAP15W4K58S4 单片机 PWM 模块，生成一个占空比可调的波形。占空比初始值为 50%。设置 3 个按键，分别控制占空比的加和减以及恢复至初始值。波形由引脚 P1.7 输出，可使用示波器观察波形。请编写程序。

解：C 语言源程序代码如下：

```
#include "stc15w4k32s4.h"          //包含单片机头文件
#define CYCLE 11059                //PWM 计数值
unsigned int T2Cnt = CYCLE/2;      //PWM 翻转计数值
void IO_Init(void);                //函数声明
void PWM_Init(void);
void Key_Process(void);
void Delay_ms(unsigned int ms);
void PWM7_SetPWMT2(unsigned int dat);
unsigned char Key_Scan(void);
/ * * * * * * * * * * * * * * * * * * * * * * * 主函数 * * * * * * * * * * * * * * * * * * * * * * * * * * /
void main(void)
{
    IO_Init();                     //端口初始化
    PWM_Init();                    //PWM 模块初始化
    while(1)
    {
        Key_Process();             //按键扫描
    }
}
/ * * * * * * * * * * * * * * * * * * * * * 延时函数 * * * * * * * * * * * * * * * * * * * * * * * * * * * /
void Delay_ms(unsigned int ms)
{
    unsigned int i;
    while((ms --)!=0)
    {
    for(i =0;i <580;i ++);
    }
}
```

```
/ * * * * * * * * * * * * * * * * * * * PWM 模块初始化函数 * * * * * * * * * * * * * * * * * * * = * * * /
void PWM_Init( void)
{
    P1M1 & = ~ (1 <<7);                          //将 P17 设置为准双向口
    P1M0 & = ~ (1 <<7);
    P_SW2 |=0x80;                                //允许访问 PWM 特殊功能寄存器
    PWMCR& = 0x7f;                               //关闭 PWM 发生器,进行 PWM 设置
    PWMCKS = 0x00;                               //PWM 时钟选择:系统时钟,不分频
    PWMC = CYCLE;                                //PWM 计数器,设置 PWM 周期
    PWM7T1 = 0;                                  //PWM7 第一次翻转计数值
    PWM7T2 = T2Cnt;                              //PWM7 第二次翻转计数值
    PWM7CR = 0x00;                               //PWM7 输出到 P1.7,关闭中断
    PWMCFG = 0x00;                               //设置 PWM 的初始输出低电平
    PWMCR |=0x20;                                //使能 PWM7 信号输出
    PWMCR |=0x80;                                //设置完毕,启动 PWM 发生器
    P_SW2 & = 0x7f;                              //关闭访问 PWM 特殊功能寄存器
}

/ * * * * * * * * * * * * * * * * * * * * 设置 PWM 中 T2 计数器 * * * * * * * * * * * * * * * * * * * * /
void PWM7_SetPWMT2( unsigned int dat)
{
    PWMCR& = 0x7f;                               //关闭 PWM 发生器,进行 PWM 设置
    P_SW2 |=0x80;                                //允许访问 PWM 特殊功能寄存器
    PWM7T2 = dat;
    P_SW2 & = 0x7f;                              //关闭访问 PWM 特殊功能寄存器
    PWMCR |=0x80;                                //启动 PWM 发生器
}

/ * * * * * * * * * * * * * * * * * * 按键扫描函数 * * * * * * * * * * * * * * * * * * * * * /
unsigned char Key_Scan( void)
{
    unsigned char KeyTemp1 ,KeyTemp2;
    unsigned char KeyValue;
    KEYPORT |= (1 << KEY10) | (1 << KEY11) | (1 << KEY12);//读入端口先置高,P3.3 口置高
    KeyTemp1 = KEYPORT | ( ~((1 << KEY10) | (1 << KEY11) | (1 << KEY12)));  //将读入端口不
                                                                           //用的位屏蔽掉
    if( KeyTemp1 != 0xff)                        //如果有键按下
    {
        Delay_ms(20);                           //延时,防抖动
        KeyTemp1 = KEYPORT | ( ~((1 << KEY10) | (1 << KEY11) | (1 << KEY12)));
        if( KeyTemp1 != 0xff)
        {
            while( KeyTemp1 != 0xff)            //等待按键释放
            {
```

```c
                    KeyTemp2 = KeyTemp1;
                        KeyTemp1 = KEYPORT | ( ~ ( ( 1 << KEY10 ) | ( 1 << KEY11 ) | ( 1 <<
KEY12 ) ) );                                                          //重新读取
                }
                switch( KeyTemp2 )
                {
                    case ~( 1 << KEY10 ):                    //占空比增加键 S10 按下
                    {
                        KeyValue = KEY10;
                    } break;
                    case ~( 1 << KEY11 ):                    //占空比减少键 S11 按下
                    {
                        KeyValue = KEY11;
                    } break;
                    case ~( 1 << KEY12 ):                    //占空比初始键 S12 按下
                    {
                        KeyValue = KEY12;
                    } break;
                }
                return KeyValue;
            }
        else
            {
            return 0;
            }
        }
    else
        {
        return 0;
        }
}
/ ******************** 按键处理函数 ********************/
void Key_Process( void )
{
    unsigned char KeyNum;
    if( ( KeyNum = Key_Scan( ) ) != 0 )                  //检测是否有键按下
    {
        switch( KeyNum )
        {
            case KEY10:                                  //S10:增加键按下
            {
                T2Cnt = T2Cnt + 100;                     //数值加 100
                if( T2Cnt > CYCLE )                      //如果数值大于 CYCLE,则设为 0
```

227

```
                      {
                          T2Cnt = 0;
                      }
                      PWM7_SetPWMT2(T2Cnt);
                      ToDisplayT2Cnt(T2Cnt);
                  }
              break;
          case KEY11:                                  //S11:减小键按下
              {
                  PWM7_SetPWMT2(CYCLE/2);
                  ToDisplayT2Cnt(CYCLE/2);
              }
              break;
          case KEY12:                                  //S12:初始键按下
              {
                  if(T2Cnt < (0 + 100))
                  {
                      T2Cnt = CYCLE + 100;             //减少到 CYCLE 重新回到最大值 CYCLE
                  }
                  T2Cnt = T2Cnt - 100;                 //数值减 100
                  PWM7_SetPWMT2(T2Cnt);
                  ToDisplayT2Cnt(T2Cnt);
              }
          break;
        }
      }
}
/******************** 单片机 I/O 端口模式初始化 ********************/
void IO_Init(void)
{
    P2M1 & = ~((1 <<5) | (1 <<6) | (1 <<7));     //初始化 P2.5,P2.6,P2.7 口为准双向口
    P2M0 & = ~((1 <<5) | (1 <<6) | (1 <<7));
    P3M1 & = ~((1 <<3) | (1 <<4) | (1 <<5));     //将 P3.3 P3.4 P3.5 设置为准双向口
    P3M0 & = ~((1 <<3) | (1 <<4) | (1 <<5));
    P1M1 & = ~((1 <<0) | (1 <<4));
    P1M0 & = ~((1 <<0) | (1 <<4));
}
```

第三篇 综 合 篇

本部分是综合篇，将选取 5 个比较典型的单片机应用系统，详细介绍应用 STC15 系列单片机设计这些应用系统的过程，并给出大部分源程序。该部分内容涉及步进电动机、直流电动机的控制，以及全球无线定位系统 GPS 模块、通用分组无线服务技术 GPRS 模块、全球移动通信系统 GSM 模块。

第 13 章 激光绘图仪控制系统

13.1 项目基本介绍

13.1.1 项目简介

本项目设计了一个两轴的平面激光绘图仪。本系统以 STC15 为核心控制机，通过操纵步进电动机，控制激光笔和纸的移动实现绘图效果。

系统由上位机和下位机两部分组成。单片机（下位机）通过接收 PC（上位机）软件的绘图信息，控制步进电动机形成 X 方向和 Y 方向的移动来完成图形的绘制。

本设计还包括绘图仪硬件电路部分和软件部分。硬件电路部分包括绘图仪外形尺寸设计、丝杠的选择、导轨副的选择及步进电动机的选择等。根据设计要求确定绘图仪的尺寸，通过计算选取丝杠以及滚动导轨。根据总转动惯量来选取步进电动机及步进电动机驱动、选择主芯片和设计各种辅助电路。软件部分包括主控程序设计、XY 方向移动的程序设计等。

13.1.2 项目背景

绘图仪是一种输出图形的硬拷贝设备。绘图仪在绘图软件的支持下可绘制出复杂、精确的图形，是各种计算机辅助设计不可缺少的工具。绘图仪的性能指标主要有激光笔数、图纸尺寸、分辨率、接口形式及绘图语言等。

绘图仪一般是由驱动电动机、插补器、控制电路、绘图台、笔架和机械传动等部分组成。绘图仪除了必要的硬设备之外，还必须配备丰富的绘图软件。只有软件与硬件结合起来，才能实现自动绘图。软件包括基本软件和应用软件两种。

20 世纪 50 年代在美国诞生第一台计算机绘图系统，开始出现具有简单绘图输出功能的被动式的计算机辅助设计技术。20 世纪 60 年代初期出现了绘图的曲面技术，中期推出商品化的计算机绘图设备。20 世纪 70 年代，完整的绘图仪系统开始形成，后期出现了能产生逼真图形的光栅扫描显示器，推出了手动游标、图形出入版等多种形式的图形输入设备，促进了绘图技术的发展。

20 世纪 80 年代，随着强有力的超大规模集成电路制成的微处理器和存储器件的出现，工程工作站问世，绘图技术在中小型企业逐步普及。20 世纪 80 年代中期以来，绘图技术向标准化、集成化、智能化方向发展。一些标准的图形接口软件和图形功能相继推出，为绘图技术的推广、软件的移植和数据共享起了重要的促进作用；系统构造由过去的单一功能变成综合功能，出现了计算机辅助设计与辅助制造联成一体的计算机集成制造系统；匠化技术、网络技术、多处理机和并行处理技术在绘图仪控制系统中的应用，极大地提高了绘图系统的性能。

绘图仪的种类很多，按结构和工作原理可以分为滚筒式和平台式两大类：①滚筒式绘图仪。这种绘图仪结构紧凑，绘图幅面大。但它需要使用两侧有链孔的专用绘图纸。②平台式绘图仪。平台式绘图仪绘图精度高，对绘图纸无特殊要求，应用比较广泛。

按照绘图方式可分为笔式和喷墨两种：①笔式绘图仪。用激光笔将纸样绘制在纸上，绘图时，绘图纸会来回地滚动，所以对绘图纸张的要求稍微高些。②喷墨绘图机。利用墨水将线条喷在纸上，有特制和使用 HP 通用喷头两种，由于是单方向地走纸，对纸张的要求不是很高，如此绘图仪磨损也较小，使用寿命更长。

13.2 项目方案论证

激光绘图仪一般是由驱动电动机、插补器、控制电路、绘图台、笔架和机械传动等部分组成，绘图仪除了必要的硬设备之外，还必须配备绘图软件，只有软件与硬件结合起来，才能实现自动绘图。

方案一：滚筒式绘图仪。当 Y 向步进电动机通过传动机构驱动滚轴转动时，链轮就带动图纸移动，从而实现 Y 方向运动；X 方向的运动，是由 X 向步进电动机驱动笔架来实现的。步进电动机开环系统具有结构简单、成本低廉、可靠易行的优点，但无法消除干扰所带来的误差。

方案二：平台式绘图仪。绘图平台上装有横梁，笔架装在横梁上，绘图纸固定在平台上，X 向步进电动机驱动横梁连同笔架，做 X 方向运动；Y 向步进电动机驱动笔架沿着横梁导轨，做 Y 方向运动。图纸在平台上的固定方法有 3 种，即真空吸附、静电吸附和磁条压紧。

考虑到效率和经济，及实现的难易程度，选择方案一。

13.3 系统硬件设计

激光绘图仪系统硬件电路设计主要包括 STC - 15 单片机系统、步进电动机驱动电路、

230

激光驱动电路、串口通信电路以及绘图仪外壳的搭建。

X – Y 绘图仪的机械特性主要包括平台、X/Y 坐标尺 h 和 Ly、X/Y 传动丝杠驱动坐标尺的步进电动机 Mx/My、激光笔和控制器等，如图 13-1 所示。

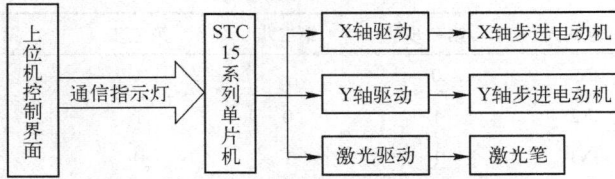

图 13-1　系统总体结构图

平台是用于固定绘图纸的台面。两个坐标尺可在绘图区域内双向运动，激光笔位于两坐标尺的交点（PEN）处，X – Y 坐标尺的位置确定了激光笔的位置，可用（X，Y）坐标对来表示其位置。激光笔的抬起和落下用继电器控制。传动丝杠实现步进电动机到坐标尺之间的传动，将步进电动机的旋转角度转换为坐标尺的直线运动。

单片机的作图命令通过通信接口发送给控制器（单片机最小系统），控制器将命令进行分析，并调用相应的绘图子程序。该程序的功能是驱动 X 和 Y 方向上的步进电动机，使两个坐标尺按规律地移动，将画笔移至要求的位置。

13.3.1　步进电动机驱动电路

L298N 是 ST 公司生产的一种高电压、大电流电动机驱动芯片。该芯片采用 15 脚封装。主要特点是：工作电压高，最高工作电压可达 46 V；输出电流大，瞬间峰值电流可达 3 A，持续工作电流为 2 A；额定功率为 25 W；内含两个 H 桥的高电压大电流全桥式驱动器，可以用来驱动直流电动机和步进电动机、继电器线圈等感性负载；采用标准逻辑电平信号控制；具有两个使能控制端，在不受输入信号影响的情况下允许或禁止器件工作，有一个逻辑电源输入端，使内部逻辑电路部分在低电压下工作；可以外接检测电阻，将变化量反馈给控制电路。使用 L298N 芯片驱动电动机，该芯片可以驱动一台两相步进电动机或四相步进电动机，也可以驱动两台直流电动机。其特点如下：

1）具有信号指示。

2）转速可调。

3）抗干扰能力强。

4）具有过电压和过电流保护。

5）可单独控制两台直流电动机。

6）可单独控制一台步进电动机。

7）PWM 脉宽平滑调速。

8）可实现正反转。

9）采用光电隔离。

13.3.2 步进电动机基本原理

两相四拍工作模式时序图见表 13-1。

表 13-1 步进电动机换向表

步进电动机	信号输入	第一步	第二步	第三步	第四步	返回第一步
正转	IN1	0	1	1	1	返回
	IN2	1	0	1	1	返回
	IN3	1	1	0	1	返回
	IN4	1	1	1	0	返回
反转	IN1	1	1	1	0	返回
	IN2	1	0	0	1	返回
	IN3	1	1	1	1	返回
	IN4	0	1	1	1	返回

（1）控制换相顺序

通电换相这一过程称为脉冲分配。例如：

1）两相四线步进电动机的四拍工作方式，其各相通电顺序为（A－B－A′－B′）依次循环。通电控制脉冲必须严格按照这一顺序分别控制 A、B 相的通断。

2）两相四线步进电动机的八拍工作方式，其各相通电顺序为（A－AB－B－BA′－A′－A′B′－B′－B′A）。出于对转矩、平稳、噪声及减少角度等方面考虑，往往采用八拍工作方式。

（2）控制步进电动机的转向

如果给定工作方式正序换相通电，则步进电动机正转；如果按反序通电换相，则电动机就反转。如：正转通电顺序是（A－B－A′－B′）依次循环，则反转的通电顺序是（B′－A′－B－A）依次循环。

（3）控制步进电动机的速度

给步进电动机发一个控制脉冲，它就转一步，再发一个脉冲，它会再转一步。两个脉冲的间隔越短，步进电动机就转得越快。调整单片机发出的脉冲频率，就可以对步进电动机进行调速。

【注】如果脉冲频率的速度大于电动机的反应速度，那么步进电动机将会出现失步现象。

13.3.3 控制系统驱动电路

激光绘图仪控制系统主要由步进电动机进行两维平面的控制。步进电动机是数字控制电动机，它将脉冲信号转变成角位移，即给一个脉冲信号，步进电动机就转动一个角度，因此非常适合于单片机控制。步进电动机可分为反应式步进电动机（简称 VR）、永磁式步进电动机（简称 PM）和混合式步进电动机（简称 HB）。

步进电动机最大特点是：通过输入脉冲信号来进行控制；电动机的总转动角度自输入脉冲数决定；电动机的转速由脉冲信号频率决定。

1. 步进电动机的驱动电路

根据控制信号工作，控制信号由单片机产生，步进电动机驱动收到信号来驱动步进电动机工作，进一步来调节 XY 轴的运动，实现激光雕刻的目的。如图 13-2 所示，步进电动机驱动激光绘图仪的 XY 轴运转。

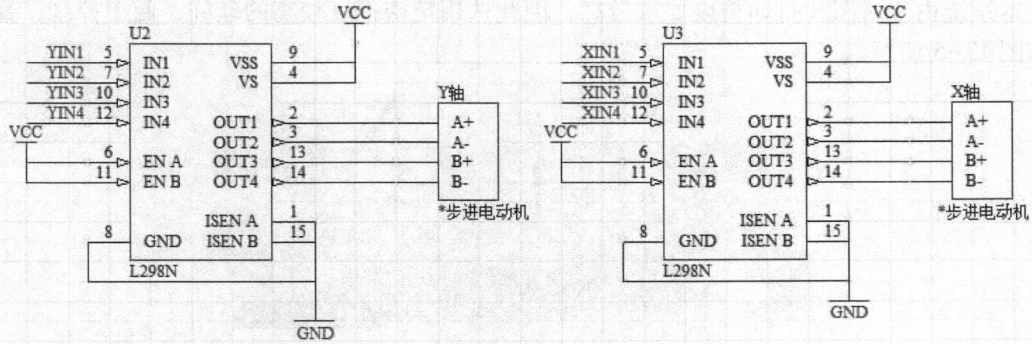

图 13-2　步进电动机的驱动电路图

电动机驱动 L298N 实物图如图 13-3 所示。

2. 激光驱动电路

本设计采用的是 250 W 的大功率激光管，其主要功能是射出红外点状射线，通过旋转激光管头部的聚焦镜，使其在一个平面内聚焦，在偏深色的物体上灼烧后留下痕迹。其工作电路图如图 13-4 所示。

图 13-3　步进电动机驱动实物图

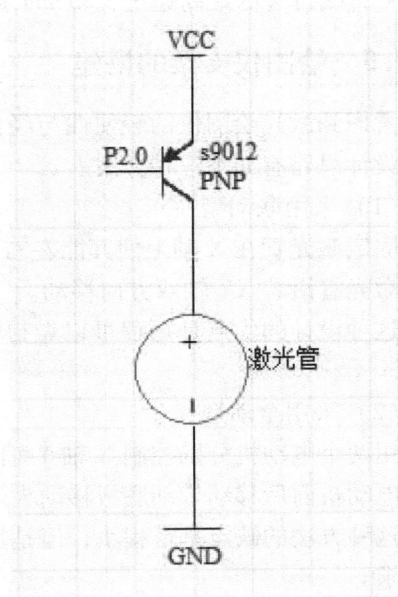

图 13-4　激光驱动电路

13.3.4 滚珠丝杆的选择

各厂家滚珠丝杆型号表示方式不一，但常规规格丝杆型号由四位数组成，前两位代表丝杆直径，后两位代表丝杠旋转一圈横向移动的距离，如2005代表丝杠直径为20 mm，旋转一圈横向行程5 mm。

本系统由于对图片打印精度要求较高，因此选用精密程度较高的丝杆，便于控制，其实物如图13-5所示。

图13-5 步进电动机及丝杠

其规格如下：
- 丝杆长度：90 mm。
- 滑块行程：80 mm。
- 丝杆直径：3 mm。
- 丝杆螺距：0.5 mm（一步移动0.025 mm，如需更小可以采用细分驱动）。
- 步距角：18°/step。
- 直线行进的最高速度：25 mm/s。

13.3.5 绘图仪支架的搭建

考虑到激光绘图仪的轻便性与经济性以及丝杆移动方向，本设计DIY搭建绘图仪的外壳。设计思路有如下三种方案。

（1）采用联动型

固定激光管在X轴上使其能左右移动，再把本部分装载在可前后移动的丝杆二，使其带动激光管沿着XY轴双方向移动。

这种设计的优点是行程可以做得很大；缺点是加工速度大的时候不稳定，精度达不到要求。

（2）采用全动型

用两个电动机分别控制X轴Y轴的移动，将激光管固定在可以左右移动的X轴上，用步进电动机前后移动带动底板移动为Y轴，分别移动达到XY平面移动效果。

这种方法的缺点是行程小，但是加工精度高，步进电动机运动稳定。符合本设计系统运动要求。

（3）应用三角形稳定性原理

本设计X轴丝杆的控制设计成三角形，以使步进电动机在运动过程中稳定。

13.4 上位机软件设计

13.4.1 易语言简介

易语言是一门计算机编程语言。以"易"著称，以中文作为程序代码表达的语言形式。易语言的创始人是吴涛。早期版本的名字为 E 语言。它是一款全中文全可视跨平台的编程工具，由大连大有吴涛易语言软件开发有限公司设计开发，其特点是全中文化，入门要求低，几乎只要懂得使用计算机和文字输入的人都可以进行程序设计，而且它的开发语言也是全中文、生活化的，这在今后的学习中会深刻体会到它的"易"。

13.4.2 易语言编辑软件介绍

易语言本身也是一个程序，所以易语言的打开方式和我们以往学习的软件打开方式一样，在正常安装易语言的前提下，可以通过以下两种方法打开易语言的设计窗口。

1）在桌面上直接双击易语言图标 打开。

2）可以通过"开始菜单"→"程序"→"易语言 5.3 版 易语言5.3"打开。

易语言程序运行后，可以看到如图 13-6 所示的新建对话框，可以根据需要选择相应的功能模块进行操作。单击"新建"出现图 13-6 所示窗口，选择 Windows 窗口程序，进入图 13-7 所示窗口便可实现对上位机的编写。

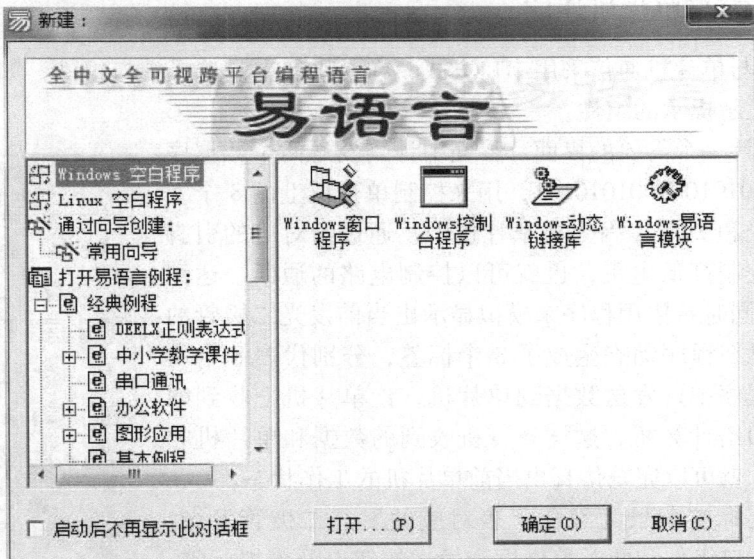

图 13-6　新建程序窗口

此时只需要在工作窗口中编辑程序，然后运行"编译"，便可把编辑的程序封装成软件。

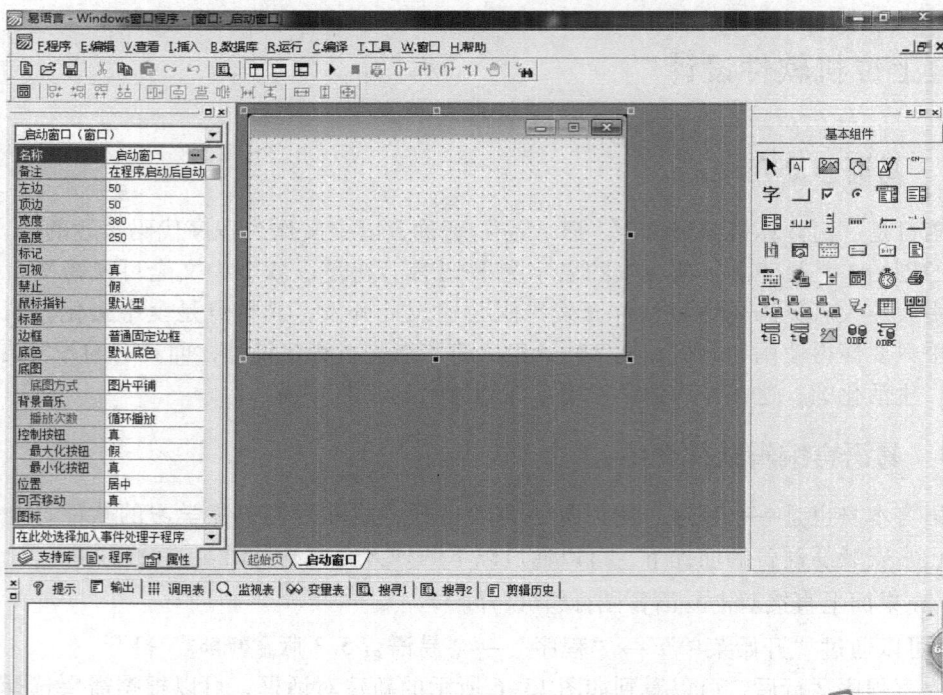

图 13-7　易语言工作环境

13.4.3　易语言与单片机通信

1）易语言与单片机通信采用串口方式，在易语言中，选择端口组件，如图 13-8 所示。鼠标按下并且显示提示的组件。

2）之后设计一个需要的界面，界面中计划发送两个数据序列，分别为 10101010 和 01010101，用来控制单片机上的 8 个发光二极管的发光和关闭（因为在单片机中，通过给对应的引脚发送 0 和 1 来控制高低电平，也就可以控制电路的通断，达到控制的效果），同时希望用程序来模拟显示出当前发光二极管的工作状态，于是在程序动态生成了 8 个标签，分别代表 8 个发光二极管。在程序中，发送数据到单片机，让单片机把收到的数据完整地返回给计算机，这样计算机收到的数据和单片机收到的数据一致，就可以完全仿真出当前单片机的工作状态。

系统中规定标签背景为红色代表对应的发光二极管发光，界面上放置有端口组件和两对编辑框和发送按钮以及模拟标签，端口组件的属性设置可以保持默认，即端口号为 1，波特率为 9600 bit/s。这些设置需要根据计算机的硬件控制，比如串口线连接在哪个串口上，默认连接在计算机的第一个串口上则设置为 1，波特率的设置需要根据单片机的晶振计算，同时单片机代码和计算机的代码口波特率设置要一致，本例中统一设置为 9600 bit/s，设计的界面如图 13-9 所示。

图 13-8　端口选择

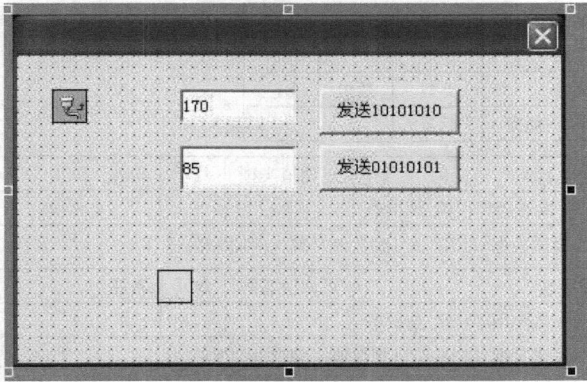

图 13-9　编辑窗口

3）通过如图 13-10 所示的代码，可以生成 8 个模拟标签。

子程序名	返回值类型	公开	备注
_启动窗口_创建完毕			

变量名	类型	静态	数组	备注
局部_i	整数型			

```
－－－－－动态创建形成一个仿真用的窗体组
计次循环首（8,局部_i）
    复制窗口组件（标签1,程序集_标签[局部_i]）
    程序集_标签[局部_i].标题="P1"+到文本（局部_i-1）
    程序集_标签[局部_i].可视=真
    程序集_标签[局部_i].左边=标签1.左边+局部_i×（标签1.宽度+5）
计次循环尾0
```

图 13-10　代码截图

4）运行后，生成标签如图 13-11 所示。

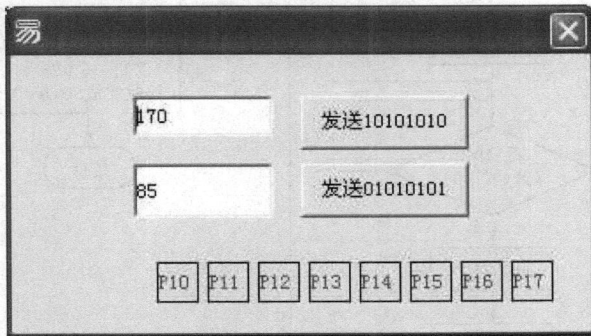

图 13-11　运行图标

5）下面编写发送数据的代码，代码如下，分别通过两个按钮发送两个整数 170 和 85，因为 170 对应的二进制为 10101010，85 对应为 01010101，易语言发送数据无法直接发送二进制，所以发送对应的十进制数据即可，发送代码如图 13-12 所示。

窗口程序集名	保留	保留	备注
窗口程序集1			
变量名	类型	数组	备注
程序集_标签	标签	8	

子程序名	返回值类型	公开	备注
_按钮_发送10101010_被单击			

端口1.发送数据（到字节（到数值（编辑框1.内容）））

子程序名	返回值类型	公开	备注
_按钮_发送01010101_被单击			

端口1.发送数据（到字节（到数值（编辑框2.内容）））

图 13-12　程序截图

6）现在可以运行程序，通过单击两个按钮发送数据，只需要在单片机中进行简单的程序编写便可以看到单片机上的发光二极管有点亮的过程，系统工作流程如图 13-13 所示。

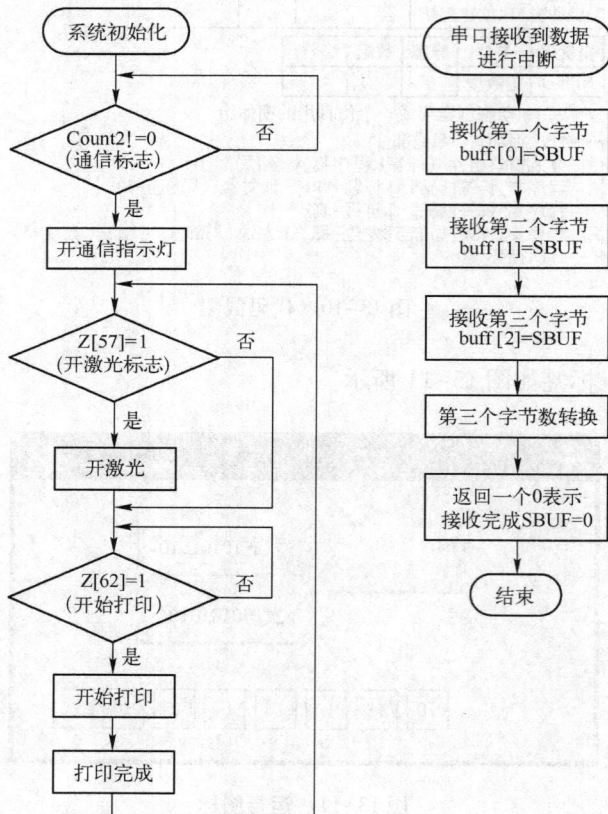

图 13-13　系统工作流程

238

13.5 系统调试及运行结果

13.5.1 下位机程序调试

为了调试系统能够正常工作，将编写好的程序下载到单片机，首先通过串口调试助手向单片机发送信号，程序中编辑的单片机每收到 3 个字节的数据便会向上位机回一个 0，同时可将发送的前两个字节合成数组的地址，最后 1 个字节赋值给这个地址。打开窗口调试助手，向单片机任意发送 3 个字节的数据，成功收到一个 0，如图 13-14 所示，串口通信成功。

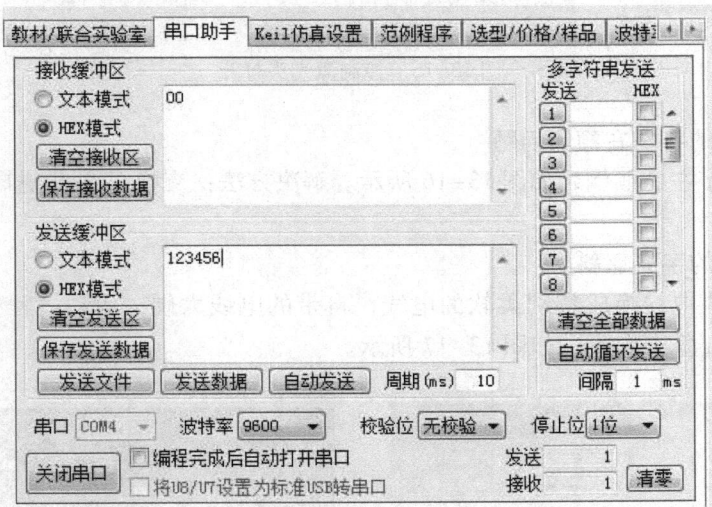

图 13-14 串口通信

在解决了串口通信问题之后，需要继续调试，是否可以控制程序打开激光头，激光头由数组 Z[57] 控制，需要向单片机发送的 3 个字节为 0x00 0x39 0x01，如图 13-15 所示，发送之后激光头打开，程序调试成功。接着通过串口控制步进电动机移动，根据程序 Z[50] 表示 X 轴前进，通过串口发送 0x00 0x32 0x0A，步进电动机成功向前移动 10 步，根据这个方法继续调试，一切运行正常。

13.5.2 系统调试问题

1. 通信问题

上位机与单片机不能通信，经过反复调试，为串口初始化问题。解决方法：在程序中增加了对 AUXR 控制字节的控制。

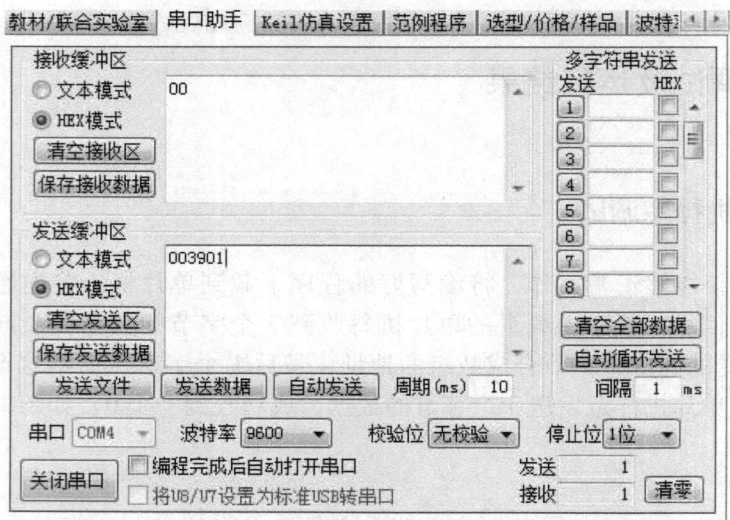

图 13-15　控制激光头打开

2. 打印出来的字左右颠倒问题

打印出来的字左右颠倒，如图 13-16 所示。解决方法：交换 X 轴步进电动机 1、3 相和 2、4 相的相序。

3. 打印出来的字有点斜

把激光头的供电线换成特别柔软的电线，自带的电线太硬，运动过程中会使激光头晃动，器材激光头要垂直向下，如图 13-17 所示。

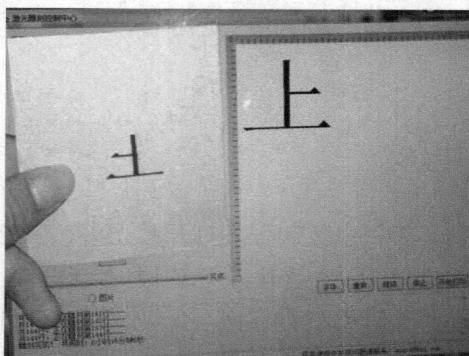

图 13-16　左右颠倒字

图 13-17　激光头

4. 打印出来的字太小

由于系统使用的螺纹丝杠太密，导致打印出来的字特别小，通过反复调试与修改，将步进电动机的程序改为每 6 步打印一个点，既保证了字的大小又保证了打印的精确度。

13.5.3　系统测试

当硬件和软件部分全部设计完成后，且解决了以上出现的各种问题后，将对系统进行运行调试。接通电源，上位机打开串口成功。设定速度和激光强度时，指示灯是亮的，说明上位机已经连接到下位机。

单击上位机软件中的弱光定位，激光头便会打开较弱的光线，便于调焦与定位。调好焦距后，上位机开始导入图片并准备打印。上位机软件如图 13-18 所示。

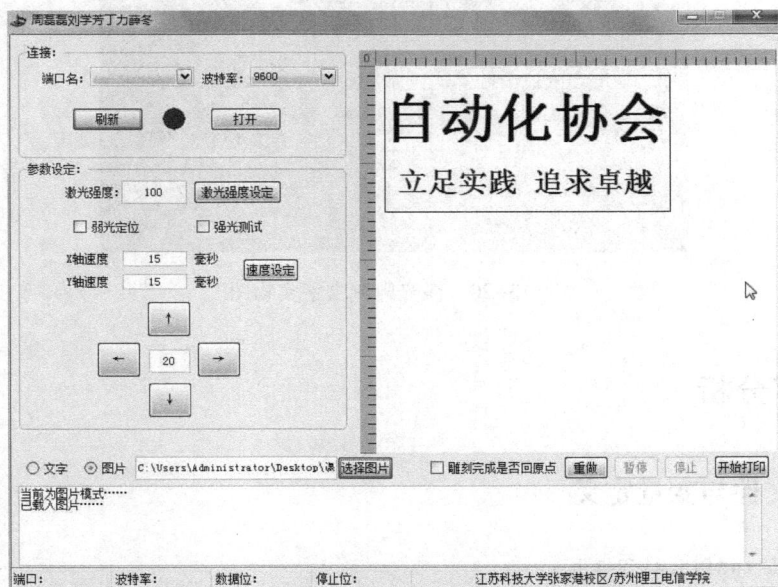

图 13-18　上位机软件

然而，在调节焦距过程中，激光管在白纸上灼烧出了一个黑点，那是因为调节焦距过程时间比较长，而在打印过程中，步进电动机的转动速度相对较快，因此并不能打印出图案。

将白纸换成了深色的纸片，打印过程中终于看见有图形出来了，如图 13-19 所示。完成以上整个过程，系统运行正常，图 13-20 是系统雕刻的图片。

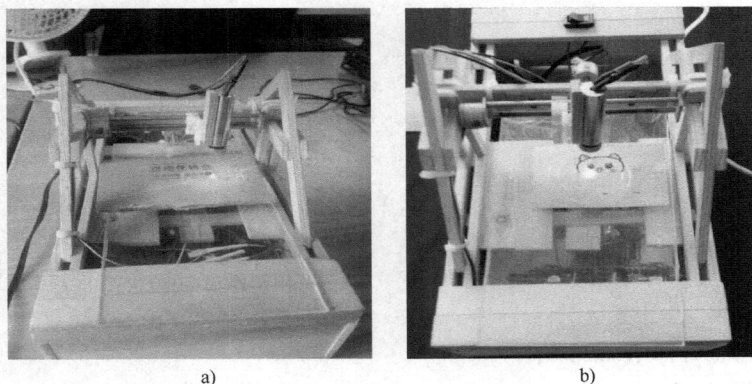

a)　　　　　　　　　　　　b)

图 13-19　激光绘图过程

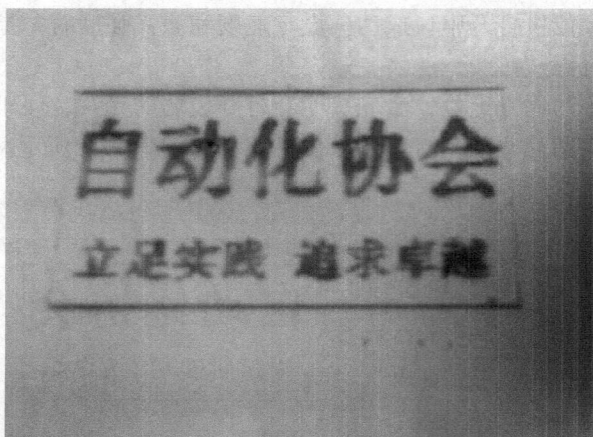

图 13-20　激光雕刻文字实物图

13.6　程序分析

13.6.1　头文件与变量定义

```
#include < IAP15w4k58s4. h >
#define uint unsigned int                    //宏定义
#define uchar unsigned char                  //宏定义
#define N z[60]                              //X 速度
#define M z[61]                              //Y 速度
sbit a = P1^0;                               //Y 轴步进 a 相
sbit a_ = P1^1;                              //Y 轴步进 a - 相
sbit b = P1^2;                               //Y 轴步进 b 相
sbit b_ = P1^3;                              //Y 轴步进 b - 相
sbit xa = P0^0;                              //X 轴步进 a 相
sbit xa_ = P0^1;                             //X 轴步进 a - 相
sbit xb = P0^2;                              //X 轴步进 b 相
sbit xb_ = P0^3;                             //X 轴步进 b - 相
sbit jg = P2^0;                              //激光头端口
sbit led = P2^1;                             //指示灯
uchar xdata z[500] = {0};                    //缓存
uchar buff[3];                               //串口缓存,第一、二个字节是地址,第三个字节
                                             //是数值
uchar x1,x0,y1,y0,cont2 = 0;
uchar xfb = 4,yfb = 4;                       //走步标志位
int m;
unsigned char HighRH = 0;                    //高电平重载值的高字节
unsigned char HighRL = 0;                    //高电平重载值的低字节
```

```
unsigned char LowRH = 0;                        //低电平重载值的高字节
unsigned char LowRL = 0;                        //低电平重载值的低字节
```

13.6.2 主函数程序

```
void main()
{
        delayms(100);                           //适当延时等待系统稳定
        CKinit();                               //串口初始化
        DelayUS(100);                           //适当延时等待初始化完成
        EA = 1;                                 //开中断
        P0 = 0xff;                              //P0 全为 1,防止上电时电动机转动
        P1 = 0xff;                              //P1 全为 1,防止上电时电动机转动
        z[60] = 6;                              //X 轴默认速度
        z[61] = 6;                              //Y 轴默认速度
        z[56] = 6;                              //前进步数
        z[62] = 0;                              //开始打印标志位
        jg = 0;                                 //关激光
        cont2 = 0;

        while(1)
        {
            if(z[57] == 100)
                {ConfigPWM(100,98);delayms(10);}    //上位机指令处理,打开弱光
                                                    //频率 100Hz,占空比 98%

            else if(z[57] == 1)
                    jg = 1;                         //打开强光
                else { ClosePWM();delayms(10);}
                    if(cont2 != 0)
                            led = 0;
                    else   led = 1;                 //指示通信是否可用
            if(z[50] > 0){xfor(z[65] * 256 + z[50]);z[50] = 0;}    // X 前进
            if(z[51] > 0){xbac(z[65] * 256 + z[51]);z[51] = 0;}   //X 后退
            if(z[52] > 0){yfor(z[65] * 256 + z[52]);z[52] = 0;}   //Y 前进
            if(z[53] > 0){ybac(z[65] * 256 + z[53]);z[53] = 0;}   //Y 后退
            if(z[62])                              //打印标志
            {
                dazi(z[54] * 256 + z[55]);        //调用字宽合成
            }
        }
    }
```

13.6.3 功能函数程序

1. PWM 配置函数

```
/ ****************************************************** /
// 函数描述:实现 PWM 配置
/ ****************************************************** /
void ConfigPWM( unsigned int fr,unsigned char dc)
{
    unsigned int    high,low;
    unsigned long tmp;
    tmp = (18432000/12)/fr;               //计算一个周期所需的计数值
    high = (tmp * dc)/100;                //计算高电平所需的计数值
    low = tmp - high;                     //计算低电平所需的计数值
    high = 65536 - high + 12;             //计算高电平重载值补偿延时
    low = 65536 - low + 12;               //计算低电平重载值补偿延时
    HighRH = (unsigned char)(high >>8);   //高电平重载值拆分为高低字节
    HighRL = (unsigned char)high;         //高电平重载值拆分为高低字节
    LowRH = (unsigned char)(low >>8);     //低电平重载值拆分为高低字节
    LowRL = (unsigned char)low;           //低电平重载值拆分为高低字节
    TMOD & = 0xF0;                        //清零 T0 的控制位
    TMOD |= 0x01;                         //配置 T0 为模式 1
    TH0 = HighRH;                         //加载 T0 重载值
    TL0 = HighRL;                         //加载 T0 重载值
    ET0 = 1;                              //使能 T0 中断
    TR0 = 1;                              //启动 T0
    jg = 0;                               //输出低电平,关闭激光
}
```

2. 关闭 PWM 函数

```
/ ****************************************************** /
// 函数描述:实现关闭 PWM
/ ****************************************************** /
void ClosePWM( )
{
    TR0 = 0;                    //停止定时器 0
    ET0 = 0;                    //禁止定时器 0 中断
    jg = 0;                     //输出低电平,关闭激光
}
```

3. 中断服务函数

```
/ ****************************************************** /
// 函数描述:T0 中断服务函数
```

```
/ ***************************************************** /
void InterruptTimer0( )interrupt 1                    //T0 中断服务函数
{
    if( jg == 0)
    {
        TH0 = LowRH;                                  //装载低电平计数值
        TL0 = LowRL;                                  //装载低电平计数值
        jg = 1;                                       //开激光
    }
    else
    {
        TH0 = HighRH;                                 //装载高电平计数值
        TL0 = HighRL;                                 //装载高电平计数值
        jg = 0;
    }
}
```

4. X 轴前进函数

```
/ ***************************************************** /
// 函数描述:X 轴前进函数,前进多少步
/ ***************************************************** /
void xfor( uint i)
{
    while(1)
    {
        if( xfb == 4)                                 //时序输出 1100
        {                                             //a = 1,b = 1,a_ = 0,b_ = 0
            xa = xb = 1;
            xb_ = xa_ = 0;
            xfb = 1;                                  //前进标志位
            i -- ;                                    //前进步数
            delayms( N);
            if( i == 0){ xa = xb = 0;break;}
        }
        if( xfb == 1)                                 //时序输出 0110
        {
            xb = xa_ = 1;
            xa = xb_ = 0;
            xfb = 2;                                  //前进标志位
            i -- ;                                    //前进步数
            delayms( N);
            if( i == 0){ xa_ = xb = 0;break;}
        }
```

```
        if(xfb==2)                          //时序输出 0011
        {
            xa_ = xb_ = 1;
            xb = xa = 0;
            xfb = 3;                         //走步标志位
            i -- ;                           //前进步数
            delayms(N);
            if(i==0){xa_ = xb_ = 0;break;}
        }
        if(xfb==3)                          //时序输出 1001
        {
            xa_ = xb = 0;
            xb_ = xa = 1;
            xfb = 4;                         //走步标志位
            i -- ;                           //前进步数
            delayms(N);                      //适当的延时,影响运行速度
            if(i==0){xa = xb_ = 0;break;}
        }
    }
}
```

5. X 轴后退函数

```
/ * * * * * * * * * * * * * * * * * * * * * * * * * * * * * * * * * * * * * * * * * * * * * * * * * * * * * * * * * * * * /
// 函数描述:X 轴后退函数,前进多少步
/ * * * * * * * * * * * * * * * * * * * * * * * * * * * * * * * * * * * * * * * * * * * * * * * * * * * * * * * * * * * * /
void xbac(uint i)
{
    while(1)
    {
        if(xfb==1)                          //时序输出 1001
        {
            xa_ = xb = 0;
            xb_ = xa = 1;
            xfb = 4;                         //后退标志位
            i -- ;                           //后退步数
            delayms(N);                      //适当的延时,影响运行速度
            if(i==0){xa = xb_ = 0;break;}
        }
        if(xfb==4)                          //时序输出 0011
        {
            xa_ = xb_ = 1;
            xb = xa = 0;
            xfb = 3;                         //后退标志位
```

246

```
            i -- ;                          //后退步数
            delayms(N);                     //适当的延时,影响运行速度
            if(i == 0){xa_ = xb_ = 0;break;}
        }
        if(xfb == 3)                         //时序输出 0110
        {
            xb = xa_ = 1;
            xa = xb_ = 0;
            xfb = 2;                         //走步标志位
            i -- ;                           //后退步数
            delayms(N);
            if(i == 0){xa_ = xb = 0;break;}
        }
        if(xfb == 2)                         //时序输出 1100
        {
            xa = xb = 1;
            xb_ = xa_ = 0;
            xfb = 1;                         //后退标志位
            i -- ;                           //后退步数
            delayms(N);
            if(i == 0){xa = xb = 0;break;}
        }
    }
}
```

6. Y 轴前进函数

```
/ ***********************************************************/
// 函数描述:Y 轴前进函数,前进多少步
/ ***********************************************************/
void yfor(uint i)
{
    while(1)
    {
        switch(yfb)
        {
        case 4:{a = b = 1;b_ = a_ = 0;yfb = 1;i -- ;delayms(M);
                if(i == 0){a = b = 0;break;}}        //时序输出 1100
        case 1:{b = a_ = 1;a = b_ = 0;yfb = 2;i -- ;delayms(M);
                if(i == 0){a_ = b = 0;break;}}        //时序输出 0110
        case 2:{a_ = b_ = 1;b = a = 0;yfb = 3;i -- ;delayms(M);
                if(i == 0){a_ = b_ = 0;break;}}       //时序输出 0011
        case 3:{b_ = a = 1;a_ = b = 0;yfb = 4;i -- ;delayms(M);
                if(i == 0){a = b_ = 0;break;}}        //时序输出 1001
```

```
        }
        if(i == 0)  break;
    }
}
```

7. Y 轴后退函数

```
/ ***********************************************************/
// 函数描述:Y 轴后退函数,前进多少步
/ ***********************************************************/
void ybac(uint i)
{
    while(1)
    {
        switch(yfb)
        {
        case 1:{a = b_ = 1;b = a_ = 0;yfb = 4;i -- ;delayms(M);
                if(i == 0){a = b_ = 0;break;}}    //时序输出 1001
        case 4:{b_ = a_ = 1;a = b = 0;yfb = 3;i -- ;delayms(M);
                if(i == 0){a_ = b_ = 0;break;}}    //时序输出 0011
        case 3:{a_ = b = 1;b_ = a = 0;yfb = 2;i -- ;delayms(M);
                if(i == 0){a_ = b = 0;break;}}    //时序输出 0110
        case 2:{b = a = 1;a_ = b_ = 0;yfb = 1;i -- ;delayms(M);
                if(i == 0){a = b = 0;break;}}    //时序输出 1100
        }
        if(i == 0)  break;
    }
}
```

8. 打印函数

```
/ ***********************************************************/
// 函数描述:实现打印功能
/ ***********************************************************/
void dazi(uint zik)
{
    uint x;
    jg = 0;
    for(x = 0;x < zik;x ++ )              //执行 zik 个循环,X 轴右移 zik 步
    {
        while(z[63]);                    //暂停等待
        if(z[64] == 1)break;             //停止标志,跳出循环
        jg = 1;                          //开激光
        delayms((z[99 + x] * (z[58] * 256 + z[59]))/100);
        jg = 0;                          //关闭激光
```

```
        if(z[66] = = 1)
            xbac(6);                        //奇数行 X 轴后退打印
        else
            xfor(6);                        //偶数行 X 轴前进打印
    }
    if(z[64] = = 1)
        z[64] = 0;                          //把开始打印标志位清零
    else
        yfor(6);                            //Y 轴进一行
        z[62] = 0;
        SBUF = 1;                           //发送信息,表示打印完成
}
```

9. 串口配置函数

```
/ ***********************************************/
// 函数描述:实现串口配置
/ ***********************************************/
void CKinit( )
{
    TR1 = 0;
    AUXR & = ~0x01;                         //选择 T1 为波特率发生器
    AUXR |= (1 <<6);                        //设置为内部时钟
    TMOD & = ~ (1 <<6);
    TMOD & = ~0x30;                         //方式 0
    TH1 = 0xfe;                             //波特率 9600
    TL1 = 0xe0;
    ET1 = 0;                                //禁止中断
    TR1 = 1;                                //开 T1
    SCON = (SCON & 0x3f)|0x40;
    ES = 1;                                 //允许中断
    REN = 1;                                //允许接收
}
```

10. 中断服务函数

```
/ ***********************************************/
// 函数描述:串口中断服务函数
/ ***********************************************/
void chuanlo( ) interrupt 4
{
    ES = 0;
    if(RI)
    {
        buff[cont2] = SBUF;
```

```
        cont2 ++ ;
            if( cont2 ==3 )                          //每收 3 个字节,把数据写入地址中
            {
                SBUF = 0;                            //返回一个 0
                z[ ( buff[ 0 ] * 256) + buff[ 1 ] ] = buff[ 2 ];    //三个字节进行合并
                cont2 = 0;                           //标志位清零
            }
        RI = 0;                                      //清除标志位
    }
    if( TI) TI = 0;                                  //发送标志位清零
    ES = 1;
}
```

第 14 章 基于 GPS 和 GPRS 的健康监护仪

14.1 项目背景与研究现状

14.1.1 项目背景

我国是世界上人口最多的国家，随着时代的进步，生活节奏的加快，很多人在这种压力和环境下会患有各种各样的疾病，例如高血压等。这些疾病并不需要医生随时陪伴身边，但若犯病有可能危及生命。

随着现代电子与通信技术的发展，很多技术都有了很好的发展和很大的进步，为健康物联网的发展提供了很多便利。嵌入式技术的兴起与发展，集成技术日愈成熟，各种处理器、控制器和多功能的芯片体积越来越小，使得以前那些医用监护仪不断更新换代，制造监护仪设备的大部分器件体积越来越小，监护仪的外形也越来越集成化；不过，虽然监护仪的体积越来越小，但是它们的性能却没有减弱，反而是越来越好，拥有的功能也越来越多，而且更加智能和人性化，用户可以更加容易掌握监护仪的操作。

在通信技术发达的今天，网络覆盖范围越来越大，使医疗监护设备逐渐与网络相连，从而利用网络技术为远程医疗的发展服务，可以达到更好的效果。上面叙述的方方面面都为研究开发各种各样的用于保证人体健康的仪器设备提供了有效的保障。用户可以利用嵌入式智能终端随时随地采集生理参数，通过像 GPRS、GSM、蓝牙和以太网技术等接入技术连接到各种各样的网络及服务器进行数据传输、交换、记录，医生或者家属都可以随时随地查看智能监护终端监护患者得来的生理参数信息，另外，终端还可以智能评估患者的各项生理参数，一旦出现危险可以及时报警通知医生进行抢救和治疗，避免贻误最佳治疗时机。这样的方法不但可以更加高效地利用那些面对越来越严峻医疗形式而匮乏的医疗设备、医护人员等资源，同时也减少了患者家庭由于治病而带来的家庭支出，为提高人们健康水平提供了极大的便利。

14.1.2 研究现状

国内外对各种监护终端方面的研究其实由来已久，从 20 世纪 80 年代开始，因为微型计算机技术、生物医学测量和传感技术、通信技术都有了比较快速的发展，并且应用到了医学领域，所以在这个时期开始，健康监护就有了极大的发展，就现状来说，在这方面的研究已经取得了不错的成绩。

国外在健康监护终端领域的研究开展得比较早，并且取得了很多优秀的成绩。美国是最早开始这方面研究工作的，早在 20 世纪三、四十年代，美国的理学博士 Norman 就开始从事生物信号的遥测技术，经过几十年的努力，终于在 1961 年成功研发出来世界上第一台动态的心电监护系统应用于临床医学。20 世纪 60 年代，北美建立了第一批冠心病监护病房（CCU），在开创这个先例之后，监护系统方面得到了飞速发展。到了 20 世纪 70 年代，诸如心电呼吸机、心电图分析仪等单一的生理参数监护设备已经应用到临床上。美国的 Heart-FAX、HeartMirror、HeartView 系列心电监护产品也属于这个领域的研究成果，另外，iHealthLab 公司上市了可利用 iPhone 等支持 iOS 终端的便携式血压监测装置。

我国在这一领域的研究起步较晚，基本上是在国外起步几十年之后才慢慢开始这方面的研究工作，虽然我国在这方面的研究时间不算长，但也取得了一定的成果。特别是在 20 世纪 80 年代，通信、计算机等与智能健康监护有关的技术迅速发展，加快了我国在这一领域的研究步伐。2000 年初，台湾的徐铭鸿教授开发了一种采用 GSM 模块通过电信网进行生理参数传输的系统，不久之后同在台湾的涂清源教授研究了一种面向家庭的监护系统。这套系统采用的通信技术有家用小范围无线局域网技术和互联网技术，可以在家里面接受测试，极大方便了测试者，为患者的快速恢复做出了较大的贡献。我国已有的研究成果有珠海中立电子公司生产的院外心脏病集群监护系统；清华大学研制的家庭心电/血压监护网系统是一种长时间实时监护心电的系统；深圳迈瑞生物医疗电子股份有限公司开发的 PM－9000 Express 型多参数监护仪，可以对人体的心电、呼吸、体温等重要的生理参数进行监测，同步显示心率、呼吸、血氧饱和度参数，准确反映患者三个参数间的关联反应。

14.2 系统方案论证与总体设计

14.2.1 系统设计目标

到目前为止，国内外在智能健康监护设备研制方面进行了大量的研究工作，在很多方面取得了不少的成果。本项目着眼于医疗方面的应用，研制了一种健康移动监护的智能设备。

主要实现的目标有三个：GPS 定位、心率检测和温度检测。心率监测是利用心率传感器采集人体心电信号以分析判断心率异常的类型。温度检测是利用温度传感器采集人体体温以判断体温异常的类型。第三个设计目的是对患者进行 GPS 监护跟踪以确定患者位置。当上述意外发生时，系统发出报警信号并通知患者家属。总之，本系统通过心率、体温异常诊断和 GPS 定位跟踪实现对患者远程健康监护的目的。

14.2.2 系统方案论证

在对系统进行设计前，需要对系统进行整体方案论证。

方案一：体温传感器采用 DS18B20，心率传感器采用 Pulsesensor，GPS 采用工业级 U－BLOX－NEO－6M 模组，GPRS 采用 SIM900A。通过传感器检测体温和心率值并将采集的模拟量利用单片机进行处理转化为数字量，保存在相应数组中。GPS 通过 STC15 单片机的串口 1 将数据发送给单片机，并将接收的数据提取位置和时间等有用信息保存在相应数组中。GPRS 通过 STC15 单片机上的串口 2 将采集的数据发送给上位机在服务器显示。同时用户端通过 12864 液晶显示屏显示相应信息。系统采用 1604G 6F22 9V 电池单电源稳压供电。

方案二：体温传感器采用 MLX90614，心率传感器采用 Pulsesensor，GPS 采用工业级

U – BLOX – NEO –6M 模组，GPRS 采用 SIM900A。利用模拟 I^2C 接口采集体温信息，并通过 STC15 单片机自带的 A – D 转换器解析计算心率值。用户端通过 OLED 液晶显示屏显示用户基本信息以及位置坐标和时间，通过按键也能控制显示的内容。GPRS 模块可以通过发送相关指令来远程控制下位机。该系统电源采取双电源供电。

方案比较：方案二采用的体温传感器为 MLX90614 红外体温传感器，测量的精度和准确度高，红外测温可以减少因为传感器放置位置的不同而导致测量不精确的误差。显示屏模块采用 OLED，具有体积小、显示内容多的优点，避免了 1602 液晶显示屏显示内容少以及 12864 显示屏体积过大的缺点。双电源供电既保证了系统的稳定性，也保证了系统的供电功率。

14.2.3 系统总体设计

本设计基于物联网技术，设计结构如图 14-1 所示。

本章主要分析研究监护设备的设计和调试方法，该监护设备采用高性能、低功耗的嵌入式微处理器 STC 作为核心芯片。另外还研究了 GPRS 技术，将 GPRS 模块集成到研制好的移动监护设备上，系统总体设计及功能如下：

1）利用心率传感器实现对心跳频率的检测并通过 STC15 单片机串口发出数据。

2）利用红外体温传感器实现对体温的检测并通过 STC15 单片机串口发出数据。

3）利用 GPS 模块采集位置和时间信息并通过 STC15 单片机串口发出数据。

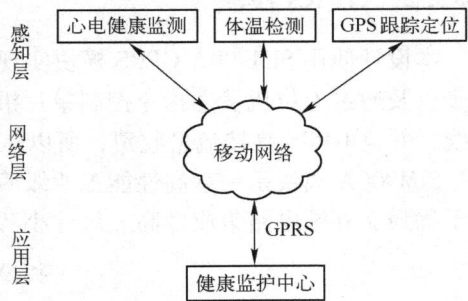

图 14-1　基于物联网的监护跟踪系统

4）利用 GPRS 模块将 STC15 单片机串口发出的数据发送到计算机网络调试助手显示，以及实现在网络调试助手上发出指令，单片机实现相应的功能。

5）在显示屏上实时显示测得的体温值、心率值和位置时间等信息。

14.3　系统硬件设计

本系统硬件主要包括 GPRS 模块、GPS 模块、心率传感器、温度传感器、OLED 显示模块、蜂鸣器模块以及移动终端等。

14.3.1 系统硬件总体结构框图

本项目主要研究的是传感器数据采集和 GPRS 数据传输，其中最主要的工作是处理器串口功能的实现，这一步工作非常重要，是系统正常运行的前提。这套系统的主要结构是通过处理器来采集传感器和 GPS 采集的数据并通过 GPRS 传送给移动终端实现人机交互，大体结构如图 14-2 所示。

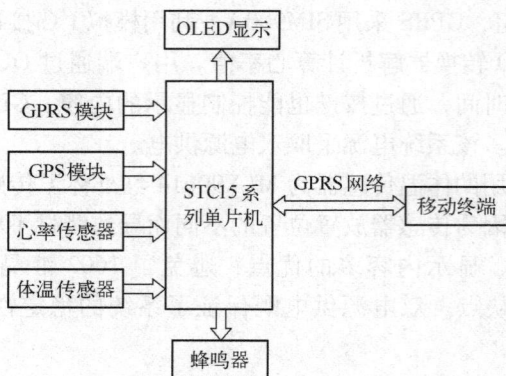

图14-2 系统硬件总体结构框图

14.3.2 GPRS 模块

本设计使用 SIM900A GPRS 模块实现与服务器上有固定 IP 地址的上位机管理软件数据同步以及通过上位机发送指令控制单片机。采用 GPRS 网络这种无线传输方式不需要烦琐的布线，并且 GPRS 是按流量收费，所以是一种比较经济的数据传输方式。

SIM900A 模块是一款高性能工业级 GSM/GPRS 模块，接口丰富、功能完善、工作稳定、抗干扰强、外围电路集成度高、尺寸小巧。图14-3 为模块实物。

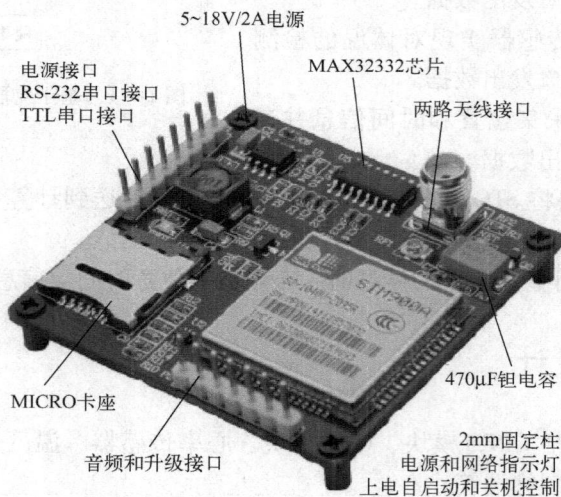

图14-3 SIM900A GPRS 模块实物图

1. GPRS 网络结构及特点

GPRS 系统本身使用 IP 网络结构，并对用户进行独立地址分配，将用户视为独立的数据用户，从而实现从网络到移动用户的端到端的数据应用。

GPRS 网络结构是在 GSM 系统上引入了几种新的网络单元，如 PCU、SGSN、GGSN，以及其他辅助数据业务管理和应用单元的 DNS 和 DHCP 服务器、网络时间协议 NTP、计费网关 CG 等。

GPRS 网络不仅能支持 TCP/IP 传输协议，而且也能支持 X.25 协议。其网络系统的特点可以概括为：实时在线、快捷登录、按流量计费、高速传输和切换自如。

1）实时在线不用拨号，启动后就能直接与 GPRS 网络连通。利用心跳机制就可以使服务器和客户端之间保持连接通路畅通实时在线。

2）快捷登录。GPRS 启动后能自动连接到 GPRS 网络上，连接时间是 3~5 s；当用户需要上网时，操作后经过 1~3 s 后就可以访问需要的内容。

3）按流量计费。GPRS 收费方式是以流量的多少来计算费用，与在线连接的时间无关。在国内，有 GPRS 覆盖的地方都可以实现 GPRS 的自动漫游。

4）高速传输。GPRS 数据传输使用 GSM 的 8 个时隙，其理论上支持的最高速度可达到 171.2 kbit/s，是 GSM 网络中电路数据交换业务速度的 17 倍。

5）切换自如。使用 GPRS 上网的同时，也能进行正常接打电话。

2. GPRS 模块选型

本设计使用 SIMCOM 公司生产的 GPRS 模块 SIM900A 作为无线通信模块。电源采用开关电源模块供电，电源利用效率高，支持 USB 直接供电，同时带电源使能引脚，可以控制模块电源。SIM 卡采用目前主流的 MICRO 卡座，同时添加 ESD 静电保护电路。

其主要特点有：其工作电压范围是 3.4~4.5 V；默认频带为 EGSM 900 MHz 和 DCS 1800 MHz；休眠模式最低电流功耗只有 1.0 mA；GPRS 上行数据传输速率最大值为 42.8 kbit/s，下行数据传输速率最大值为 85.6 kbit/s；支持 MT、MO、CB、Text 和 PDU 编码；有两个串行接口，串口 1 为标准的 8 线接口，可以用于 CSD FAX、GPRS 服务和发送 AT 指令，串口 2 为接收/发送的 2 线制接口，只能用来发送 AT 指令。

3. GPRS 模块 AT 指令及操作

（1）AT 指令的语法

AT 命令由 ASCII 字符组成，除了"~"和"+++"两条命令之外，所有的命令行均以"AT"开头，以〈回车〉+〈换行〉结束，一个命令行可以有多条命令，但总字符数不能超过 200。AT 命令的拼写对字母大小写不敏感，但部分字符串参数例外。绝大多数命令被模块执行后，都有返回参数，返回参数的格式为：

〈回车〉〈换行〉response〈回车〉〈换行〉

AT 命令的 response 字段是否显示以及显示格式是可以通过 AT 命令本身进行控制的。

（2）用 AT 指令对 SIM900A 模块进行设置

第一步：AT + CSQ 查询网络信号质量，其中第一个参数为网络信号质量最大为 31，此数值越大说明网络信号越强。

第二步：AT + CREG? 查询网络注册情况，其中第二个参数为 1 或 5，则说明已经注册成功。

第三步：AT + CGATT? 查询模块是否附着 GPRS 网络。

第四步：AT + CSTT 设置 APN。

第五步：AT + CIICR 激活移动场景。

第六步：AT + CIFSR 获得本地 IP 地址。

第七步：AT + CIPSTART = "TCP","justzjg. oicp. net",1234 建立 TCP/IP 连接，服务器端

连接状态栏已经检测到了有客户端接入了，并显示了 IP 和占用的通道号，图 14-4 为网络调试助手显示已经连接状态的窗口。

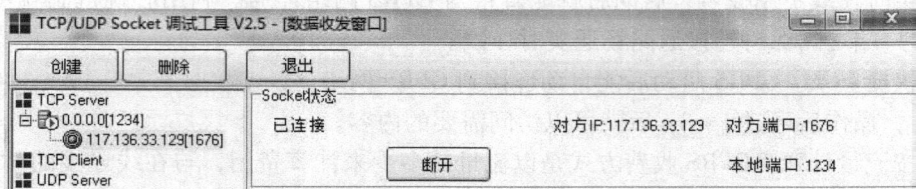

图 14-4　网络调试助手显示连接状态图

第八步：AT + CIPSEND 模块向服务器发送数据。

4. GPRS 接口电路设计

本设计采用的 SIM900A 模块，同时支持 RS – 232 串口和 TTL 串口，在本设计中采用 TTL 串口，只需要通过两根线 TXD 和 RXD 连接单片机，接线简单，模块原理图如图 14-5 所示。

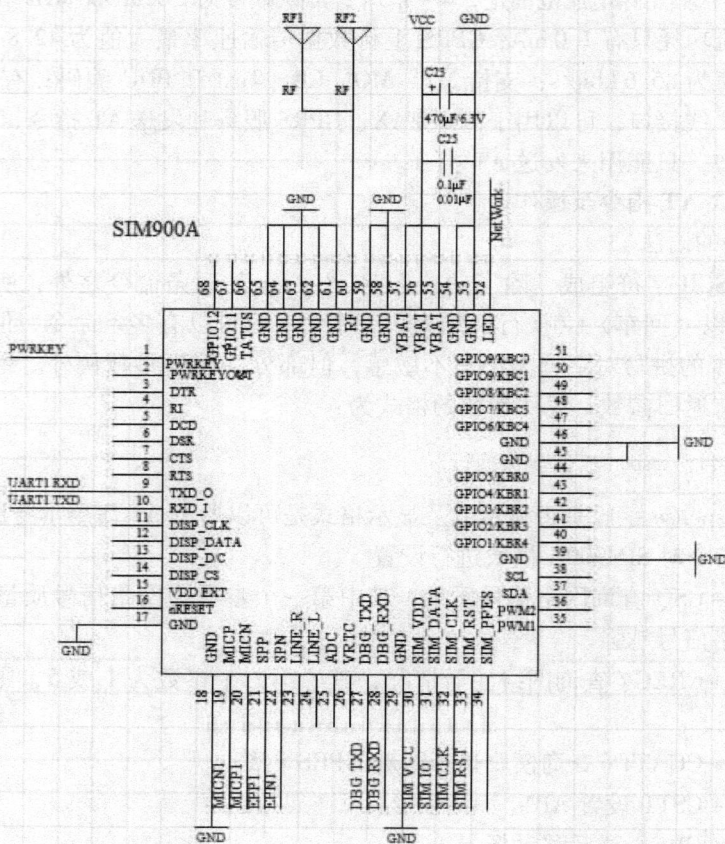

图 14-5　SIM900A GPRS 模块原理图

14.3.3　GPS 模块

1. 特性参数

1) 模块采用 U – BLOX NEO – 6M 模组，体积小巧，性能优异。

2) 模块增加放大电路，有利于无源陶瓷天线快速搜星。

3) 模块可通过串口进行各种参数设置，并可保存在 EEPROM 中，使用方便。

4) 模块自带 SMA 接口，可以连接各种有源天线，适应能力强。

5) 模块兼容 3.3 V/5 V 电平，方便连接各种单片机系统。

6) 模块自带可充电后备电池，可以掉电保持星历数据。

【注】

1) 本模块默认波特率为 9600 bit/s。

2) 供电电压 3.3 ~ 5 V（可直接接 5 V 或者 3.3 V 供电，内核工作电压 3.3 V）。

3) 可直接接 3.3 V 或者 5 V 单片机 I/O 进行通信。

2. 引脚说明

引脚图见表 14-1。

表 14-1　GPS 引脚图

序　号	名　称	引脚说明
1	VCC	电源（3.3 ~ 5.0 V）
2	GND	地
3	TXD	模块串口发送脚（TTL 电平，不能直接接 RS – 232 电平），可接单片机的 RXD
4	RXD	模块串口接收脚（TTL 电平，不能直接接 RS – 232 电平），可接单片机的 TXD
5	PPS	时钟脉冲输出脚

其中，PPS 引脚同时连接到模块自带的状态指示灯：PPS 引脚连接在 UBLOX NEO – 6M 模组的 TIMEPULSE 端口，该端口的输出特性可以通过程序设置。PPS 指示灯（即 PPS 引脚），在默认条件下（没经过程序设置），有 2 个状态：

1) 常亮：表示模块已开始工作，但还未实现定位。

2) 闪烁（100 ms 灭，900 ms 亮）：表示模块已经定位成功。

3. 指令解析

NMEA 0183 是美国国家海洋电子协会（National Marine Electronics Association）为海用电子设备制定的标准格式。目前业已成为 GPS 导航设备统一的 RTCM（Radio Technical Commission for Maritime Services）标准协议。

NMEA – 0183 协议采用 ASCII 码来传递 GPS 定位信息，称之为帧。

帧格式形如：$aaccc,ddd,ddd,,,,ddd * hh(CR)(LF)

1)"$"：帧命令起始位。

2) aaccc：地址域，前两位为识别符（aa），后三位为语句名（ccc）。

3) ddd,,ddd：数据。

4)"＊"：校验和前缀（也可以作为语句数据结束的标志）。

5) hh：校验和（Check Sum），$与 ＊ 之间所有字符 ASCII 码的校验和（各字节做异或运算，得到校验和后，再转换成十六进制格式的 ASCII 字符）。

6）（CR）（LF）：帧结束，回车和换行符。

GPS 模块指令表见表 14-2。

表 14-2　GPS 指令表

序　号	命　令	引脚说明	最大帧长
1	$GPGGA	GPS 定位信息	72
2	$GPGSA	当前卫星信息	65
3	$GPGSV	可见卫星信息	210
4	$GPRMC	推荐定位信息	70
5	$GPVTG	地面速度信息	34
6	$GPDLL	大地坐标信息	
7	$GPZDA	当前时间（UTC）信息	

7）指令举例

① $GPGGA（GPS 定位信息，Global Positioning System Fix Data）

$GPGGA 语句的基本格式如下（其中，M 指单位 M，hh 指校验和，CR 和 LF 代表回车换行，下同）。

$GPGGA,(1),(2),(3),(4),(5),(6),(7),(8),(9),M,(10),M,(11),(12)*hh(CR)(LF)

- UTC 时间，格式为 hhmmss. ss；
- 纬度，格式为 ddmm. mmmmm（度分格式）；
- 纬度半球，N 或 S（北纬或南纬）；
- 经度，格式为 dddmm. mmmmm（度分格式）；
- 经度半球，E 或 W（东经或西经）；
- GPS 状态，0 = 未定位，1 = 非差分定位，2 = 差分定位；
- 正在使用的用于定位的卫星数量（00 ~ 12）；
- HDOP 水平精确度因子（0. 5 ~ 99. 9）；
- 海拔高度（ - 9999. 9 ~ 9999. 9 m）；
- 大地水准面高度（ - 9999. 9 ~ 9999. 9 m）；
- 差分时间（从最近一次接收到差分信号开始的秒数，非差分定位，此项为空）；
- 差分参考基站标号（0000 ~ 1023，首位 0 也将传送，非差分定位，此项为空）。

例如：

$GPGGA,023543. 00,2308. 28715,N,11322. 09875,E,1,06,1. 49,41. 6,M, - 5. 3,M,*7D

② $GPGLL（定位地理信息，Geographic Position）

$GPGLL 语句的基本格式如下：

$GPGLL,(1),(2),(3),(4),(5),(6),(7)*hh(CR)(LF)

- 纬度 ddmm. mmmmm（度分）；
- 纬度半球 N（北半球）或 S（南半球）；

- 经度 dddmm.mmmmm（度分）；
- 经度半球 E（东经）或 W（西经）；
- UTC 时间：hhmmss（时分秒）；
- 定位状态，A = 有效定位，V = 无效定位；
- 模式指示（A = 自主定位，D = 差分，E = 估算，N = 数据无效）。

例如：

$GPGLL,2308.28715,N,11322.09875,E,023543.00,A,A*6a

4. GPS 接口电路设计

本设计中考虑到产品体积及便携等特点，故采用 TTL 接线，即由两个串口线进行数据传输，GPS 上的串口 RXD 和 TXD 分别接在单片机上串口 1 上的 TXD 和 RXD 引脚上，即 P3.1 和 P3.0 两个端口。GPS 模块原理图如图 14-6 所示。

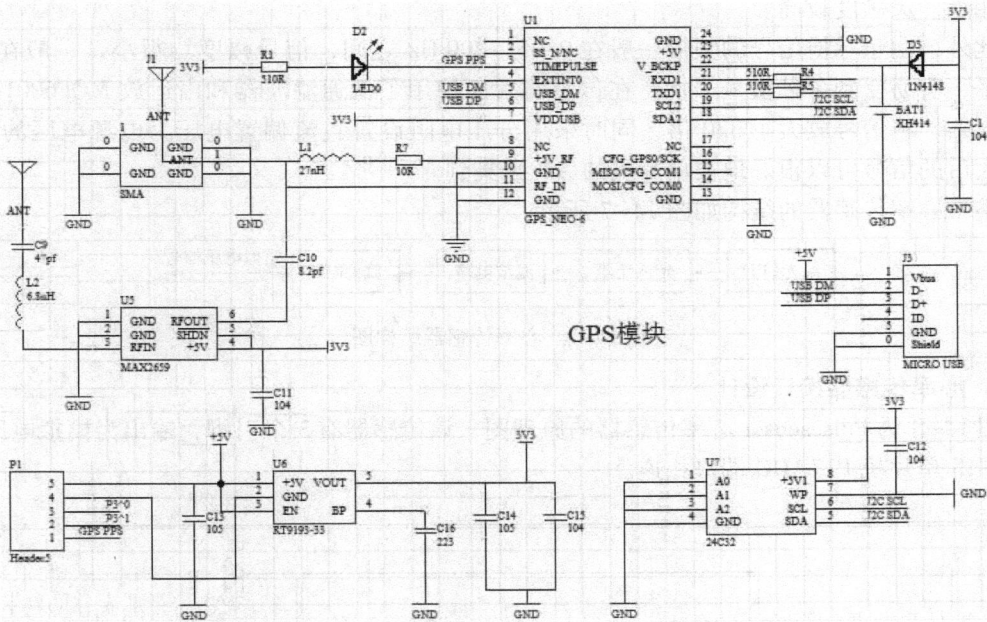

图 14-6　GPS 模块原理图

14.3.4　心率传感器

1. 模块简介

PulseSensor 是一款用于脉搏心率测量的光电反射式模拟传感器。采用光电容积法的原理对信号进行采集，将其佩戴于手指或耳垂等处，利用人体组织在血管搏动时造成透光率的不同来测量脉搏。由于脉搏是随心脏的搏动而周期性变化的信号，动脉血管容积也周期性变化，因此光电变换器的电信号变化周期就是脉搏频率。

2. 心率传感器原理

传统的脉搏测量方法主要有三种：一是从心电信号中提取；二是从测量血压时压力传感器测到的波动来计算脉率；三是光电容积法。前两种方法提取信号都会限制患者的活动，如果长时间使用会增加患者生理和心理上的不舒适感。而光电容积法脉搏测量作为监护测量中最普遍的方法之一，具有方法简单、佩戴方便、可靠性高等特点。

光电容积法的基本原理是利用人体组织在血管搏动时造成透光率不同来进行脉搏测量的。其使用的传感器由光源和光电变换器两部分组成，通过绑带或夹子固定在病人的手指或耳垂上。光源一般采用对动脉血中氧和血红蛋白有选择性的一定波长（500～700 nm）的发光二极管。当光束透过人体外周血管时，由于动脉搏动充血容积变化导致这束光的透光率发生改变，此时由光电变换器接收经人体组织反射的光线，转变为电信号并将其放大和输出。由于脉搏是随心脏的搏动而周期性变化的信号，动脉血管容积也周期性变化，因此光电变换器的电信号变化周期就是脉搏率。

根据相关文献和实验结果，560 nm 左右波长的波可以反映皮肤浅部微动脉信息，适合用来提取脉搏信号。本传感器采用了峰值波长为 515 nm 的绿光 LED，型号为 AM2520，而光接收器采用了 APDS-9008，这是一款环境光感受器，感受峰值波长为 565 nm，两者的峰值波长相近，灵敏度较高。

此外，由于脉搏信号的频带一般在 0.05～200 Hz 之间，信号幅度均很小，一般在毫伏级水平，容易受到各种信号干扰。在传感器后面使用了低通滤波器和由运放 MCP6001 构成的放大器，将信号放大了 330 倍，同时采用分压电阻设置直流偏置电压为电源电压的 1/2，使放大后的信号可以很好地被单片机的 AD 采集到。

整个心率传感器的结构如图 14-7 所示。

图 14-7　心率传感器结构图

3. 心率传感器接口设计

图 14-8 为 Pulsesensor 心率传感器的原理图，该传感器有 3 个引脚，输出为模拟电压值，与 STC15 单片机 P17ADC 端口相连。

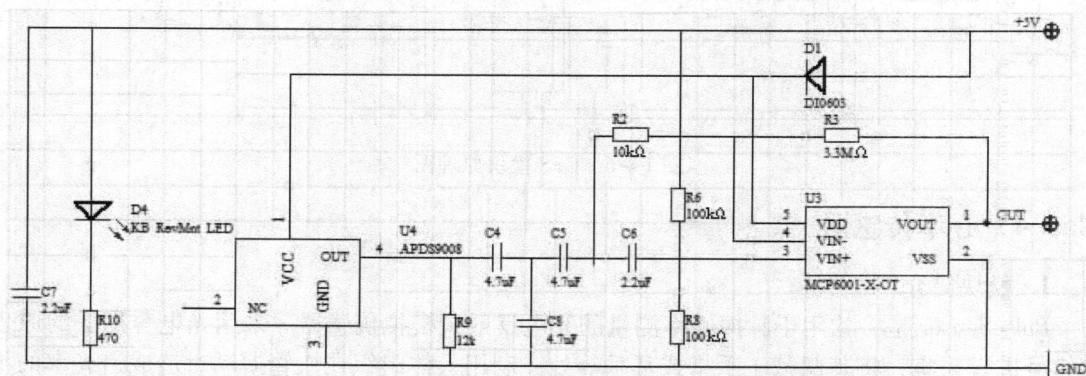

图 14-8　心率传感器原理图

14.3.5　体温传感器

MLX90614 系列模块是一组通用的红外测温模块。在出厂前该模块已进行校验及线性化，具有非接触、体积小、精度高、成本低等优点。被测目标温度和环境温度能通过单通道输出，并有两种输出接口，适合于汽车空调、室内暖气、家用电器、手持设备以及医疗设备等。

1. MLX90614 引脚

MLX90614 引脚功能见表 14-3。

表 14-3　MLX90614 引脚功能表

名　　称	功　能　描　述
VSS	电源地，金属外壳和该引脚相连
SCL/Vz	SMBus 接口的时钟信号，或 8～16 V 电源供电时接晶体管基极
PWM/SDA	PWM 或 SMBus 接口的数据信号，通常模式下从该引脚通过 PWM 输出物体温度
VDD	电源

2. MLX90614 应用时序

MLX90614 的数据传输时序如图 14-9 所示。

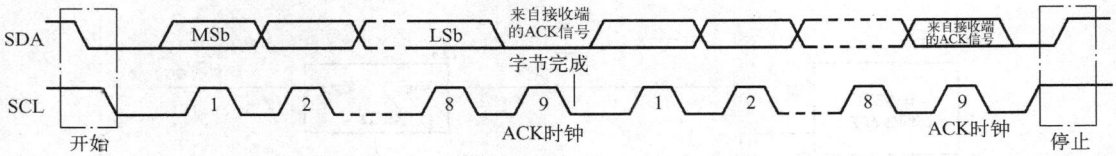

图 14-9　MLX90614 的数据传输时序

PWM/SDA 上的数据在 SCL 变为低电平 300 ns 后即可改变，数据在 SCL 的上升沿被捕获。16 位数据分两次传输，每次传一个字节。每个字节都是按照高位（MSB）在前，低位（LSB）在后的格式传输，两个字节中间的第 9 个时钟是应答时钟。

3. MLX90614 硬件设计

MLX90614 接口电路设计原理图如图 14-10 所示，其中 I^2C 接口的数据线 SDA 接 STC15 单片机上的 P21 端口，时钟线 SCL 接 STC15 单片机的 P20 端口。

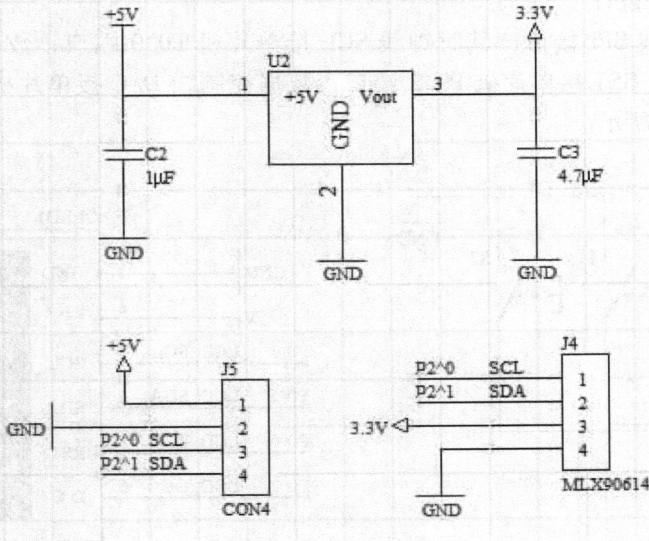

图 14-10　MLX90614 原理图

14.3.6 其他外围硬件模块设计

1. 电源电路设计

本设计采用双电源供电，其中四节干电池给各模块供电，一节9V电池稳压后给单片机供电，电源稳压芯片采用 AMS1117 5 V 稳压芯片。供电模块原理图如图 14-11 所示。

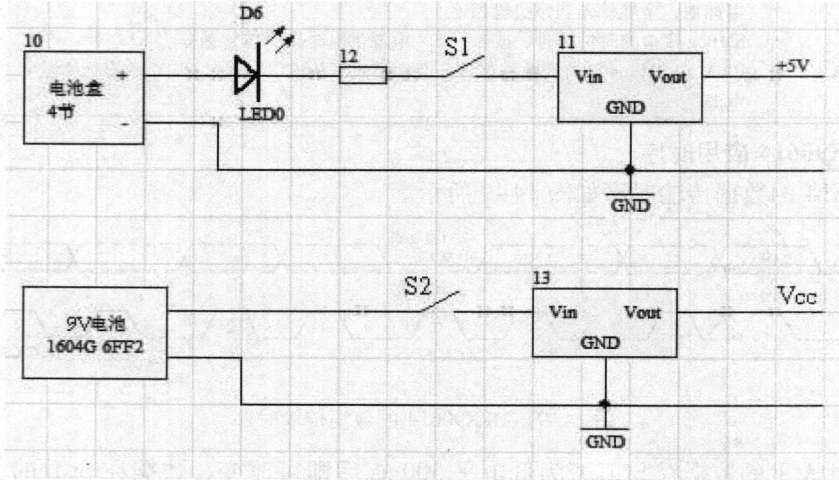

图 14-11 供电模块原理图

2. 按键电路设计

本系统设计有 3 个独立按键，分别用 P4.4、P4.5、P4.6 三个端口控制，原理图如图 14-12 所示。当按键没有按下时，端口通过电平由于上拉电阻作用为高电平；当按键按下时端口接地为低电平，通过端口输入的电平大小判断引脚。

3. OLED 电路设计

OLED 采用四线 SPI 接口，其时钟线 SCL 接单片机 P0.0 端口，数据线 SDA 接单片机 P0.1 端口，复位线 RST 接单片机 P0.2 端口，数据控制线 D/C 接单片机 P0.3 端口。OLED 原理图如图 14-13 所示。

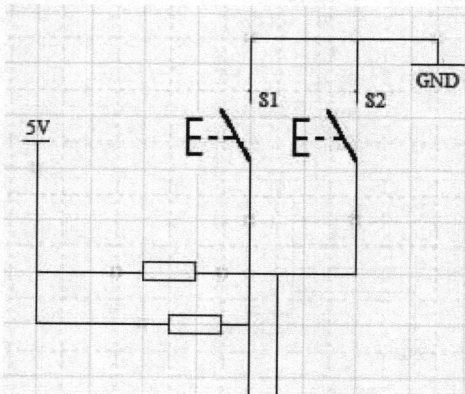

图 14-12 按键工作原理图

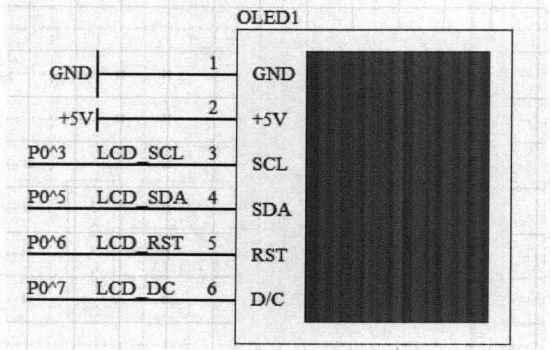

图 14-13 OLED 显示屏模块原理图

262

4. 蜂鸣器电路设计

蜂鸣器采用无源蜂鸣器，通过控制两端口的输入频率来控制其发声。为放大电流，采用 PNP 型晶体管 8550，其原理图如图 14-14 所示。

14.4 系统软件设计

14.4.1 GPRS 程序设计

GPRS 模块能够与计算机通信的前提是计算机终端具有直接与公网连接的 IP 地址，并开启网络调试助手软件。

本系统中，GPRS 模块通过 STC15 单片机串口 2 与单片机相连，首先要通过 GPRS_init( ) 函数初始化模块，等到模块 NET 指示灯每 3 秒闪 1 次后，表明系统工作正常。此时计算机网络调试助手会显示连接成功。

GPRS 初始化流程图如图 14-15 所示。

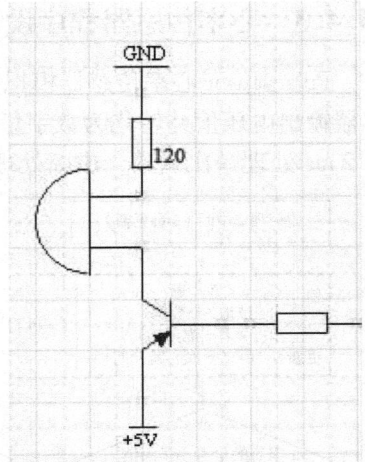

图 14-14　蜂鸣器模块原理图

14.4.2 GPS 程序设计

GPS 模块通过 STC15 单片机的串口 1 与单片机进行数据传输，等到 GPS 上黄色指示灯闪烁表明模块正常工作。工作正常后数据以一定格式传输，例如：

$GPGGA,080007.00,3153.87360,N,12033.86891,E,2,10,1.12,14.3,M,7.5,M,0000*54

$GPGSV,4,1,13,01,82,071,24,03,23,147,37,04,53,047,18,07,40,207,48*73

通过 GPS( ) 函数可以根据传回的数据判断是否是需要的数组，将有用信息保存在对应数组 shijian0[ ] 和 weizhi[ ] 中，并在需要时调用。GPS 模块接收数据并提取数据流程图如图 14-16 所示。

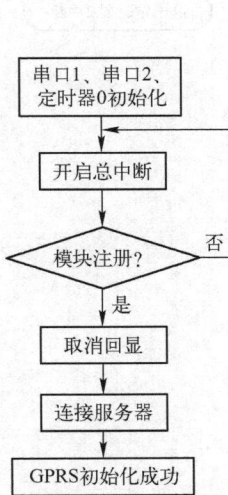

图 14-15　GPRS 初始化流程图

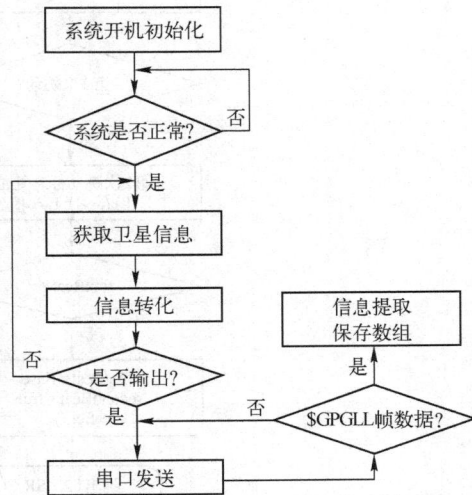

图 14-16　GPS 接收数据并提取数据流程图

14.4.3 心率传感器程序设计

Pulsesensor 心率传感器模拟量输出端与单片机 ADC 端口 P1.7 相连，单片机通过读取传感器输出电压值并转化为数字量处理，程序中首先需要初始化 AD 模块，并在定时器中断中每 2 ms 处理一次函数，中断处理函数流程图如图 14-17 所示。

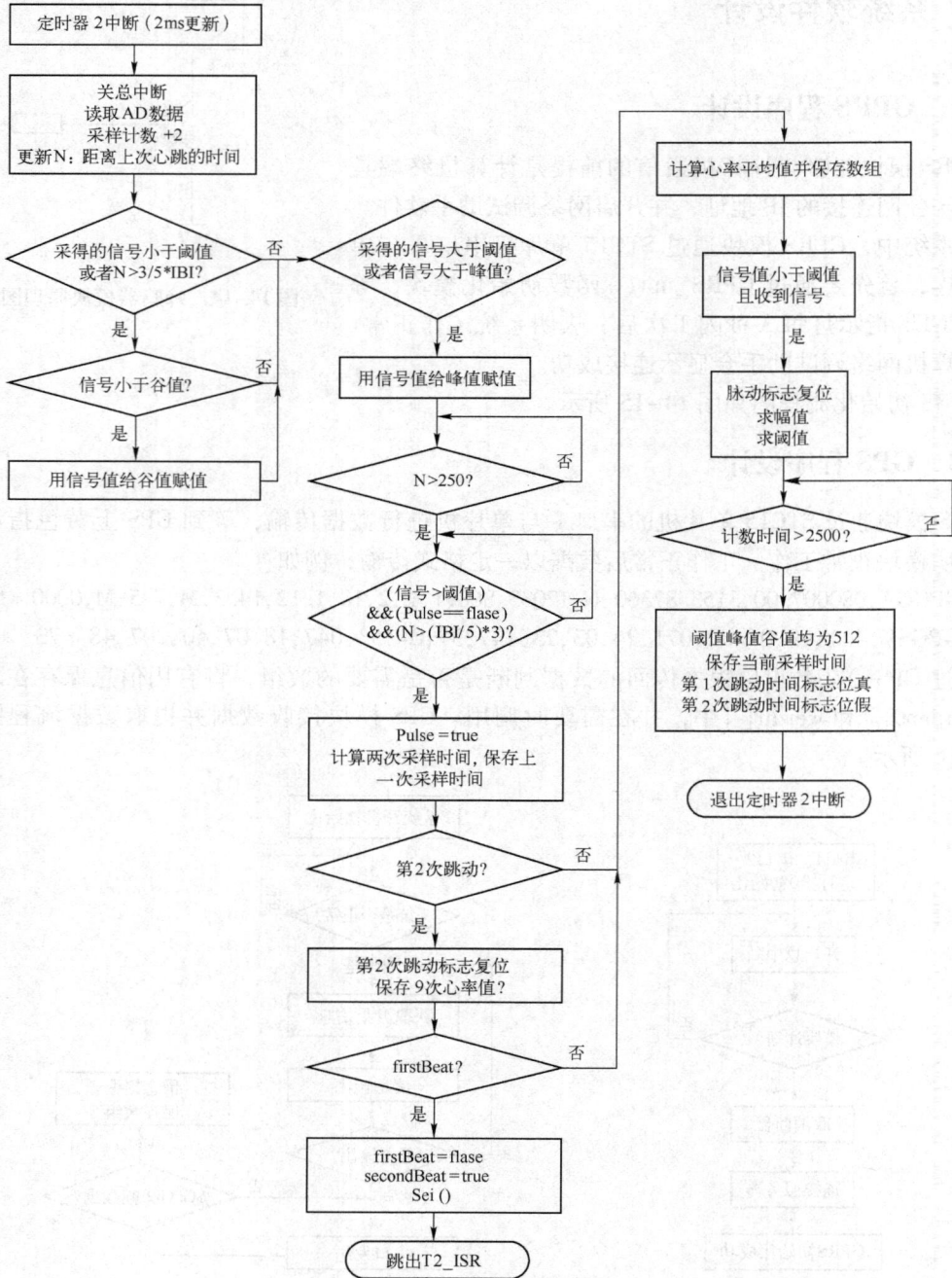

图 14-17 心率传感器中断处理函数流程图

经过处理后的心率值保存在 xintiao[ ] 数组中，在需要时调用该数组。

14.4.4　体温传感器程序设计

　　MLX90614 体温传感器采用两线 I^2C 通信，通过 P2.0 和 P2.1 模拟时钟线和数据线，根据模块工作时序初始化该模块，采集的数据为华氏度，根据华氏度与摄氏度的换算可以得到对应的温度值，并以一定格式保存在 wendu[ ] 数组中，在需要时调用。温度值处理函数流程图如图 14-18 所示。

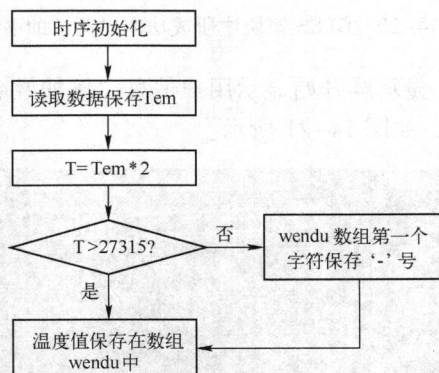

图 14-18　温度值处理函数流程图

14.4.5　按键处理函数程序设计

　　本设计中采用 3 个独立按键，分别实现显示心率、显示体温以及心率体温实时显示和主界面切换 3 个功能，其中显示心率和显示体温在显示 5 s 后返回到主界面。按键扫描函数及功能函数流程图如图 14-19 所示。

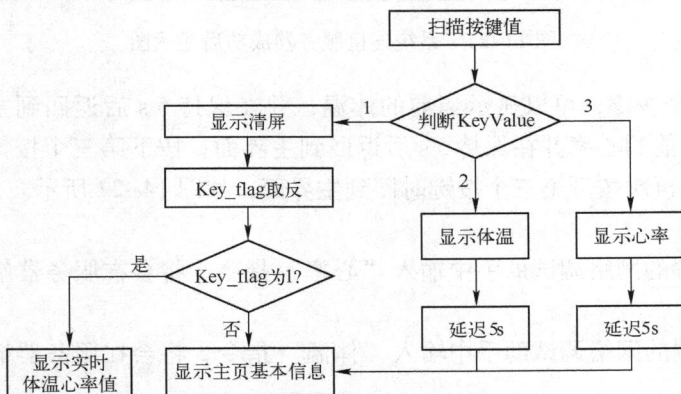

图 14-19　按键扫描函数及功能函数流程图

14.5　系统功能调试

14.5.1　功能测试

　　1）单片机上电后 GPRS 模块开始初始化，可以通过串口 1 发送到串口调试助手，当显示注册成功后表明 GPRS 模块已经连接上服务器，此时可以进行数据传输和指令空制，如图 14-20 所示。

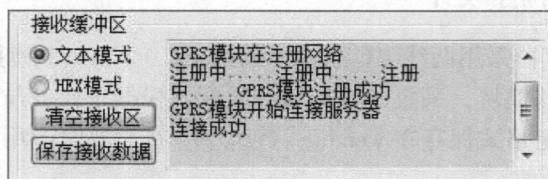

图 14-20　GPRS 模块注册成功串口调试助手图

2）当连接上服务器后，显示屏开始显示用户信息，例如姓名、联系方式以及 GPS 采集到的时间和地理位置信息等，如图 14-21 所示。

图 14-21　系统连接服务器成功后显示图

3）按下第一个按键，可以显示当前的体温，并在保持 5 s 后返回到主界面；按下第二个按键可以显示当前的心率并在保持 5 s 后返回到主界面；按下第三个按键，可以实时显示体温和心率值，当再次按下第三个按键时回到主界面，如图 14-22 所示。

4）功能测试。

① 在服务器端的网络调试助手中输入"心率"指令，将会在服务器端返回用户此时的心率值。

② 在服务器端的网络调试助手中输入"体温"指令，将会在服务器端返回用户此时的体温值。

③ 在服务器端的网络调试助手中输入"时间"指令，将会在服务器端返回用户所在地的时间。

④ 在服务器端的网络调试助手中输入"位置"指令，将会在服务器端返回用户所在地的经纬度。

⑤ 在服务器端的网络调试助手中输入"监视"指令，服务器将会根据用户此时心率和体温的值做出判断，如果心率值持续在 100 次测量周期内超过 120，或者体温值持续在 100

a)

b)

c)

图 14-22　按键功能实现效果图

a）按键 1 显示体温　b）按键 2 显示心率　c）按键 3 实时显示

次测量周期内超过 39℃将会在服务器端发出报警指示，来提醒监护人员关注患者的身体状况。

在服务器端的网络调试助手中输入"取消监视"指令，将不会提示任何报警指示。

在服务器端的网络调试助手中输入"吃药"指令，将会在用户端 OLED 屏幕上显示"have medicine"并使蜂鸣器报警 5 次用以提醒用户（患者）及时吃药，如图 14-23 所示。

服务器端显示如图 14-24 所示。

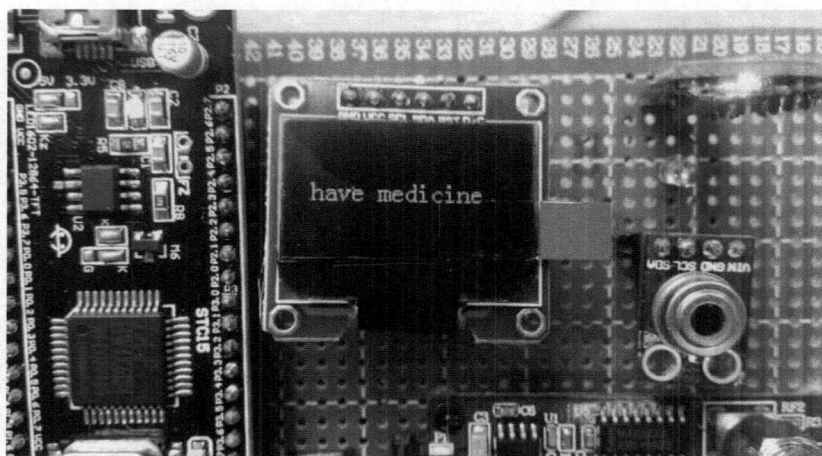

图 14-23　提醒吃药实时效果图

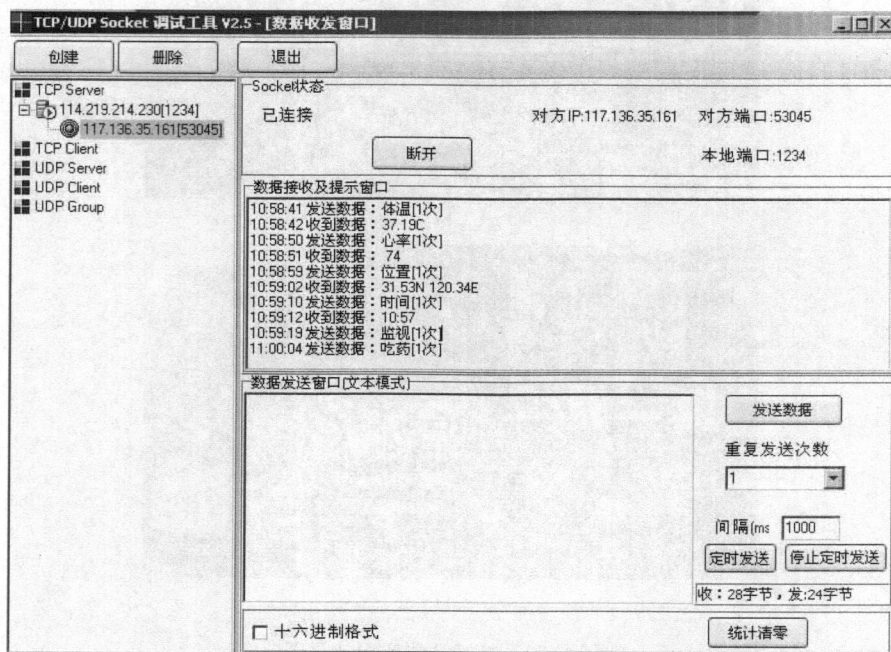

图 14-24　服务器端显示图

14.5.2　出现问题及解决方案

问题1：GPS通过单片机的串口1输入数据并通过串口2发出数据，上位机显示乱码。

原因及解决方案：GPS默认的传输数据波特率为9600 bit/s，而单片机串口设置的波特率均是115200 bit/s，因此可以通过U-blox软件进入NEO-6M芯片调试界面，修改GPS芯片的传输波特率为115200 bit/s。

问题2：MLX90614体温传感器移植后无法工作。

原因及解决方案：STC15单片机的引脚没有设为准双向口，因此可以通过GPIO_config( )

函数将所用到的 I/O 口设置为准双向口。

问题 3：单电源 1604G 6F22 9 V 电池独立供电时 SIM900A 模块不工作。

原因及解决方案：该电池电压满足系统需要，但是功率不能满足系统需求，且波动较大，因此可以通过使用 4 节干电池供电，经实践证明 4 节干电池可以满足系统功率需求。

问题 4：单电源同时给单片机和外围设备供电，OLED 显示屏会出现闪屏现象，即系统不稳定。

原因及解决方案：单电源同时作为模拟信号和数字信号供电会产生电磁干扰，需要电气隔离。受设备条件的约束，无法直接进行电气隔离，因此可以采用双电源供电，即一个电源（1604G 6F22 9 V 电池）经稳压给单片机供电，另一个电源（4 节干电池）经稳压给系统各个模块供电，所有地接在一起。

14.6 程序分析

14.6.1 头文件与变量定义

```
#include" iap15w4k58s4. h"        //STC15 单片机头文件
#include" 12864. h"               //OLED 显示屏头文件
#include" common. h"              //普通函数头文件
#include" uart. h"                //串口头文件
#include" string. h"              //字符串头文件
#include" GPRS. h"                //GPRS 头文件
#include" gpio. h"                //I/O 口头文件
#include" MLX90614. h"            //体温传感器头文件
#include" pulsesensor. h"         //心率传感器头文件
#include" GPS. h"                 //GPS 头文件
#include" key. h"                 //按键函数头文件

extern uchar xintiao[ ];          //心跳变量数组
extern uchar wendu[ ];            //温度变量数组
```

14.6.2 主函数程序

```
void main( )
{
    GPIO_config( );               //I/O 口初始化
    LCD_Init( );                  //OLED 显示屏初始化
    mlx90614_init( );             //体温传感器初始化
    pulsesensor_init( );          //心率传感器初始化
    uart_config( );               //串口初始化
    Timer0Init( );                //时钟初始化
    GPRS_init( );                 //GPRS 初始化

    while(1)
```

```
        {
            GPS( );                      //GPS 接收数据并将数据保存到相应数组
            mlx90614( );                 //温度传感器读取温度值
            Rec_Server_Data( );          //GPRS 接收数据函数
            danger( );                   //危险情况判断函数
            key_function( );             //按键处理函数
        }
    }
```

14.6.3   功能函数程序

1. ADC 初始化函数

```
/ ***************************************************************** /
//函数描述:ADC 初始化函数(选择 ADC 的通道)
/ ***************************************************************** /
void ADC_init( uchar channel)
{
    P1ASF = ADC_MASK << channel;       //失能 ADC 的端口从而使能 ADC 输入,
                                       //ADC_MASK 和 channel 同时改变(见宏定义)
    ADC_RES = 0;                       //清除 ADC 结果的高位
    ADC_RESL = 0;                      //清除 ADC 结果的低位
    AUXR1  | = 0x04;                   //适应 ADC 结果的形式
    ADC_CONTR = channel | ADC_POWER | ADC_SPEEDLL | ADC_START;   //启动
}
```

2. 读取 ADC 值的函数

```
/ ***************************************************************** /
//函数描述:读取 ADC 值的函数(选择 ADC 的通道,ADC 采集的值 0 ~ 1024)
/ ***************************************************************** /
uintanalogRead( uchar channel)
{
    uint result;                       //定义返回的结果值
    ADC_CONTR & = !ADC_FLAG;           //清除 ADC 的标志
    result = ADC_RES;                  //ADC 采集的高 8 位保存给结果
    result = result << 8;              //结果左移 8 位
    result += ADC_RESL;                //低 2 位加给结果
    ADC_CONTR  | = channel | ADC_POWER | ADC_SPEEDLL | ADC_START;
    return result;                     //返回结果
}
```

3. 心率传感器初始化函数

```
/ ***************************************************************** /
```

```
//函数描述:初始化心率传感器
/*************************************************************/
void pulsesensor_init( )
{
    ADC_init( ADC_channel);            //ADC 初始化函数
}
```

4. GPRS 初始化函数

```
/*************************************************************/
//函数描述: GPRS 初始化函数
/*************************************************************/
void GPRS_init( void)
{
    Uart1Init( );                                          //串口 1 初始化
    Uart2Init( );                                          //串口 2 初始化
    Timer0Init( );                                         //定时器 0 初始化
    EA = 1;                                                //开总中断
    UART1_SendString("GPRS 模块 GPRS 测试程序\r\n");        //串口 1 发送数据
    UART1_SendString("GPRS 模块在注册网络\r\n");
    Wait_CREG( );                                          //等待注册成功
    UART1_SendString("GPRS 模块注册成功\r\n");
    Set_ATE0( );                                           //取消回显
    Connect_Server( );                                     //连接服务器
    UART1_SendString("连接成功\r\n");
}
```

5. 中断服务函数

```
/*************************************************************/
//函数描述:串口 1 中断函数
/*************************************************************/
void Uart1( ) interrupt 4
{
    uchar temp = 0;                       //保存接收 SBUF 值
    IE    & = ~0x01;                      //关闭串口 1 中断
    if ( SCON & S1RI)
    {
        SCON & = ~ S1RI;                  //清除 S1RI 位
        temp = SBUF;                      //SBUF 位给 temp 赋值
        RI = 0;                           //接收终端标志位清零,不再接收
        if( temp == ' $ ')                //如果采集到 GPS 中的' $ '字符,将接收计数清零
        {
            RX_Count = 0;
        }
```

```
                    Uart1_Buf[ RX_Count ++ ] = temp;        //给串口1缓冲区赋值
            if( RX_Count >= 68 )                            //设置限幅值
                {
                    RX_Count = 68;
                }
            }
        if ( SCON & S1TI )
            {
                SCON & = ~ S1TI;                             //清除 S1TI 位
            }
            IE | = 0x01;                                     //使能串口1中断
    }
```

6. 中断服务函数

```
/ ********************************************************************/
//函数描述:串口2中断函数
/ ********************************************************************/
void Uart2( ) interrupt 8
{
        IE2   & = ~ 0x01;                                   //关闭串口2中断
        if ( S2CON & S2RI )
            {
                S2CON & = ~ S2RI;                           //清除 S2RI 位
                Uart2_Buf[ First_Int ] = S2BUF;             //将接收到的字符串存到缓存中
                First_Int ++ ;                              //缓存指针向后移动
                if( First_Int > Buf2_Max )                  //如果缓存满,将缓存指针指向缓存的首地址
                    {
                        First_Int = 0;
                    }
            }
        if ( S2CON & S2TI )
            {
                S2CON & = ~ S2TI;                           //清除 S2TI 位
            }
            IE2 | = 0x01;                                   //使能串口2中断

    }
```

7. 中断服务函数

```
/ ********************************************************************/
//函数描述:定时器0中断服务入口函数,20 ms 中断一次
/ ********************************************************************/
void Timer0_ISR( ) interrupt 1
```

```
{
        static uchar Time_count = 0;              //时间计数器
        int N;                                    //设置时间差
        uchar i;                                  //心率采样次数
        uint runningTotal = 0;                    //IBI 总值
        TR0 = 0;                                  //关定时器
        EA = 0;                                   //失能中断
        TL0 = T0MS;
        TH0 = T0MS >> 8;                          //重新装载定时器
        / ******** GPRS 心跳 ********/
        Time_count ++;
        if( Time_count >= 500 )                   //1 s 运行指示灯闪烁
        {
                Time_count = 0;
        }
        Heartbeat ++;
        if( Heartbeat > 5000 )                    //每 10 s 发送心跳帧
        {
                Heartbeat = 0;
                Heart_beat = 1;
        }
        if( Timer0_start )                        //定时器 0 启动
        Times ++;
        if( Times > ( 50 * shijian ) )
        {
                Timer0_start = 0;
                Times = 0;
        }
        / ******** 心率值 ********/
        Signal = analogRead( ADC_channel )/64;    //读取心率值
        sampleCounter += 2;                       //保存当前的时间值
        N = sampleCounter - lastBeatTime;         //时间差
        if( Signal < thresh && N > ( IBI/5 ) * 3 ) //如果信号小于阈值且每隔 0.6 个 IBI 再跟踪脉
                                                  //搏的上升(避开重搏波峰值)
        {
                if ( Signal < Trough )
                {
                        Trough = Signal;          //如果采到的值小于谷值就将信号给谷值
                }
        }

        if( Signal > thresh && Signal > Peak )
        {
```

```
            Peak = Signal;                            //如果采到的值大于峰值就将信号给峰值
    }
if ( N > 250 )                                         //如果时间差大于250
{
        if ( ( Signal > thresh ) && ( Pulse == false ) && ( N > ( IBI/5 ) * 3 ) )
                                                      //信号大于阈值且 Pulse 标志为 0 并且达到 0.6 个 IBI
        {
            Pulse = true;                             //Pulse 标志为 1
            IBI = sampleCounter – lastBeatTime;       //时间差
            lastBeatTime = sampleCounter;             //保存当前采样值
            if( secondBeat )                          //如果第二次跳动,先清除标志,再保存 IBI 值
            {
                secondBeat = false;
                for( i = 0;i <= 9; i ++ )
                {
                    rate[ i ] = IBI;
                }
            }
            if( firstBeat )           //如果第一次跳动,先清除标志,再使能中断,进入第二次跳动
            {
                firstBeat = false;
                secondBeat = true;
                EA = 1;
                //    return;
            }
            for( i = 0;i <= 8; i ++ )
            {
                rate[ i ] = rate[ i + 1 ];
                runningTotal += rate[ i ];
            }
        rate[ 9 ] = IBI;                              //加上最后一个 IBI
        runningTotal += rate[ 9 ];
        runningTotal / = 10;                          //求平均值
        BPM = 60000/runningTotal;                     //求心率值

        if( BPM > 200 ) BPM = 200;                    //限制 BPM 最高显示值
        if( BPM < 30 ) BPM = 30;                      //限制 BPM 最低显示值

        xintiao[ 2 ]    = BPM%10 + '0';               //取个位数
        xintiao[ 1 ]    = BPM%100/10 + '0';           //取十位数
        xintiao[ 0 ]    = BPM/100 + '0';              //取百位数
        if( xintiao[ 0 ] == '0' )   xintiao[ 0 ] = ' ';  //如果为零用空格代替,不显示其他字符
}
```

```
    }
    if ( Signal < thresh&& Pulse == true )            //信号小于阈值脉动
    {
        Pulse = false;                                //复位标志以便再次进入
        amp = Peak – Trough;                          //采幅值
        thresh = amp/2 + Trough;                      //阈值为谷值 + 1/2 幅值
        Peak = thresh;                                //阈值给峰值(限幅)
        Trough = thresh;                              //阈值给谷值(限幅)
    }
    if ( N > 2500 )
    {                                                 //如果 2.5 s 没有跳动
        thresh = 512;                                 //设置阈值的默认值
        Peak = 512;                                   //设置峰值的默认值
        Trough = 512;                                 //设置谷值的默认值
        lastBeatTime = sampleCounter;                 //更新上一次跳动时间
        firstBeat = true;                             //开始第一次跳动
        secondBeat = false;                           //第二次跳动标志为零
    }
    TR0 = 1;                                          //开定时器
    EA = 1;                                           //使能中断
}
```

8. 中断服务函数

```
/ *******************************************************************/
//函数描述:定时器 0 初始化函数
/ *******************************************************************/
void Timer0Init( void)          //每 2 ms 中断初始化定时器 0 @ 11. 0592 MHz
{
    AUXR & = 0x7F;              //12T 模式
    TMOD │ = 0x01;             //16 位定时器
    TL0 = T0MS;
    TH0 = T0MS >> 8;           //设置初值
    TR0 = 1;                   //开始定时器 0
    ET0 = 1;                   //使能定时器 0 中断
    EA = 1;                    //确保全局中断使能
}
```

9. 清除串口缓存函数

```
/ *******************************************************************/
//函数描述:清除串口 1 缓存数据
/ *******************************************************************/
void CLR_Buf1 ( void)
{
```

```
    uint k;
    for(k = 0;k < Buf1_Max;k ++)                    //将缓存内容清零
    {
        Uart1_Buf[k] = 0x00;
    }
    First_Int = 0;                                   //接收字符串的起始存储位置
}
```

10. 清除串口缓存函数

```
/ ***********************************************************************/
//函数描述:清除串口 2 缓存数据
/ ***********************************************************************/
void CLR_Buf2(void)
{
    uint k;
    for(k = 0;k < Buf2_Max;k ++)                    //将缓存内容清零
    {
        Uart2_Buf[k] = 0x00;
    }
    First_Int = 0;                                   //接收字符串的起始存储位置
}
```

11. 等待模块注册成功函数

```
/ ***********************************************************************/
//函数描述:等待模块注册成功
/ ***********************************************************************/
void Wait_CREG(void)
{
    uchar i;
    uchar k;
    i = 0;
    CLR_Buf2();                                      //清除串口 2 缓冲区
    while(i == 0)
    {
        CLR_Buf2();                                  //清除串口 2 缓冲区
        UART2_SendString("AT + CREG?");              //串口 2 发送指令 AT + CREG(查询网络注册情况)
        UART2_SendLR();                              //换行
        delay_ms(5000);                              //延迟 5 s
        for(k = 0;k < Buf2_Max;k ++){
            if(Uart2_Buf[k] ==':')
            {
                if((Uart2_Buf[k +4] =='1') || (Uart2_Buf[k +4] =='5'))
                {
```

```
                    i = 1;
                    break;
                }
            }
        }
        UART1_SendString("注册中.....");
    }
}
```

12. 查找字符串函数

```
/*****************************************************************/
//函数描述:判断缓存中是否含有指定的字符串(1 找到指定字符,0 未找到指定字符)
/*****************************************************************/
uchar Find(uchar * a)
{
    if(strstr(Uart2_Buf,a)! = NULL)
        return 1;
    else
        return 0;
}
```

13. 发送 AT 指令函数

```
/*****************************************************************/
//函数描述:发送 AT 指令函数(如果找到 a,就等待时间 wait_time 发送 b)
/*****************************************************************/
void Second_AT_Command(uchar * b,uchar * a,uchar wait_time)
{
    uchar i;
    uchar * c;
    c = b;                              //保存字符串地址到 c
    CLR_Buf2();                         //清除串口 2 缓冲区
    i = 0;
    while(i == 0)
    {
        if(!Find(a))                   //如果找到 a 字符串
        {
            if(Timer0_start == 0)      //如果定时时间到
            {
                b = c;                 //将字符串地址给 b
                for (b; * b! = '\0';b ++)
                {
                    UART2_SendData( * b);    //发送字符串 b
                }
```

```
                    UART2_SendLR();                          //换行
                    Times = 0;                               //时间标志位 0
                    shijian = wait_time;                     //把等待时间保存给 shijian
                    Timer0_start = 1;                        //启动定时器 0
                }
            }
        else                                                 //否则关闭定时器 0
            {
                i = 1;
                Timer0_start = 0;
            }
        }
    CLR_Buf2();
}
```

14. 取消回显函数

```
/ *******************************************************************/
//函数描述:取消回显
/ *******************************************************************/
void Set_ATE0(void)
{
    Second_AT_Command("ATE0","OK",3);        //取消回显
}
```

15. GPRS 连接服务器函数

```
/ *******************************************************************/
//函数描述:GPRS 连接服务器函数
/ *******************************************************************/
void Connect_Server(void)
{
    UART2_SendString("AT + CIPCLOSE = 1");
    Second_AT_Command("AT + CIPSHUT","SHUT OK",2);
    Second_AT_Command("AT + CGCLASS = \"B\"","OK",2);//设置 GPRS 移动台类别为 B,支持包
                                                     //交换和数据交换
    Second_AT_Command("AT + CGDCONT = 1,\"IP\",\"CMNET\"","OK",2);//设置 PDF 上下文,
                                                     //互联网接入协议,接入点等信息
    Second_AT_Command("AT + CIPCSGP = 1,\"CMNET\"","OK",2);
    Second_AT_Command("AT + CIPHEAD = 1","OK",2);
    Second_AT_Command(string,"OK",5);        //发送服务器的 IP 地址
    delay_ms(100);                           //延迟 0.1s
    CLR_Buf2();                              //清除串口 2 缓冲区
}
```

第 15 章　基于以太网的环境监测系统

15.1　项目背景与研究现状

15.1.1　项目背景

随着计算机技术的发展，越来越多的大型工业生产建立了工业监控以太网，从而形成了统一的传输平台，为很多生产系统提供数据传输的高速公路，是对原有系统很好的改造。

现场总线的出现，对于实现面向设备的自动化系统起到了巨大的推动作用，但现场总线这类专用实时通信网络具有成本高、速度低和支持应用有限等缺陷，再加上总线通信协议的多样性，使得不同总线产品不能互连、互用和互操作等，因而现场总线工业网络的进一步发展受到了极大的限制。随着以太网技术的发展，特别是高速以太网的出现使得以太网能够克服自身的缺陷，进入工业领域成为工业以太网，因而使得人们可以用以太网设备来代替昂贵的工业网络设备。

从实际来看，设计基于以太网的数据采集系统，可以很好地实现网络传输。在此基础上，也可以将其作为基于以太网的网络测试平台开发过程中的调试工具，从而加速把以太网集成到测试、采集和工业 I/O 仪器中的开发进程。从工业应用来看，以太网的应用可以大大提高劳动效率，能够让仪表在一些危险的环境下取代人力工作，并且得到的数据与结果比人工现场的结果更加科学、精确。所以设计一个基于以太网数据采集系统是非常有实际意义的。

15.1.2　研究现状

在数据采集方面，当前越来越多的通信系统工作在很宽的频带上，对于保密和抗干扰有很高要求的某些无线通信更是如此。随着信号处理器件的处理速度越来越快，数据采样的速率也变得越来越高，在某些电子信息领域，要求处理的频带要尽可能宽、动态范围要尽可能大，以便得到更宽的频率搜索范围，获取更多的信息量。因此，通信系统对信号处理前端的 A-D 采样电路提出了更高的要求，即希望 A-D 转换速度快而采样精度高，以便满足系统处理的要求。

随着以太网技术的高速发展及其 80% 的市场占有率和现场总线的明显缺陷，促使工控领域的各大厂商纷纷研发出适合自己工控产品且兼容性强的工业以太网。目前，国内应用最为广泛的是德国西门子公司研发的 SIMATIC NET 工业以太网。SIMATIC NET 工业以太网主要体系结构是由网络硬件、网络部件、拓扑结构、通行处理器和 SIMATIC NET 软件等部分组成。二业以太网以其特有的低成本、高实效、高扩展性和高智能的魅力，吸引着越来越多的制造业厂商。

15.2　系统方案论证与总体功能

15.2.1　系统方案论证

方案一：使用温湿度传感器 DHT11 与烟雾传感器 MQ - 2 进行环境监测。当温湿度值或烟雾浓度超过程序中所设定的阈值时，蜂鸣器将进行报警。OLED 将实时显示传感器传回的数据。数据经单片机处理后将由 W5100 模块传至上位机，实现远程监控。上位机也可以给单片机发送指令，命令单片机接通继电器，继电器打开后电动机转动。

方案二：在温湿度传感器 DHT11 与烟雾传感器 MQ - 2 的基础上添加火焰传感器，增加对火险的监测功能。另外本方案增加了 5 个独立按键，可以对报警阈值在线调整。每个传感器都配有两个独立的指示灯，当环境参数小于报警值时，报警灯熄灭，工作正常指示灯点亮，当环境参数超过所设临界值时，除了蜂鸣器报警，每个传感器独立的报警灯冷点亮报警。上位机给单片机发送指令后不再驱动继电器，而是直接将信号送至电动机，驱动电动机转动。

方案论证：第一种方案中如果通过继电器接通驱动电动机转动，电动机一旦转动将对单片机产生较大的电磁干扰，OLED 显示屏无法正常显示，严重的情况下单片机将复立，因此如果使用该方案，系统将无法正常工作。而第二种方案在第一种方案的基础上增加了火焰传感器，丰富了对环境安全的监测功能。此外独立按键的设置大大方便了用户的使用，用户可以根据实际情况，不需要改变程序即可改变所设报警值。当测得的环境数据超标时，独立报警灯的设置使得用户可以迅速判别出是哪一项环境数据超标并迅速做出调整。

结论：综上所述，第二种方案更能满足用户使用需求，且运行更加稳定。因此，选用第二种方案作为该系统的设计目标。

15.2.2　系统总体功能

1. 基本功能

1）温湿度传感器、烟雾传感器、火焰传感器将检测到的数据经单片机处理后，通过以太网传给上位机。

2）W5100 通过 Socket 通道配置，同时与多台主机通信，用户可在不同终端远程读取环境参数。

3）OLED 显示屏实时显示检测到的温湿度值以及烟雾浓度。

4）当环境参数值超过所设定的阈值时，报警器报警，正常工作指示灯熄灭，报警灯开启。

2. 拓展功能

1）用户可通过按键根据实际需求自主设计报警阈值，不需在程序中改变阈值，实现了系统的人性化设计。

2）用户可以根据传感器传回的环境参数，通过上位机发送指令，接通直流电动机。

15.3 系统硬件设计

15.3.1 系统硬件组成总体框图

系统硬件组成主要包括单片机、烟雾传感器、温湿度传感器、以太网模块、电动机驱动及直流电动机系统等，其硬件组成框图如图 15-1 所示。

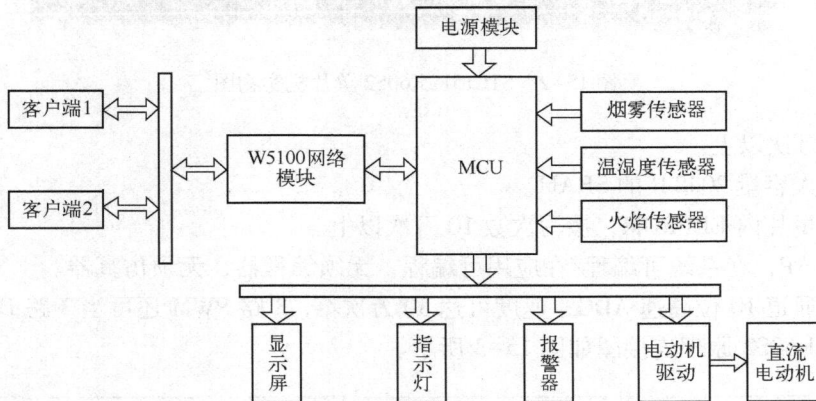

图 15-1 系统硬件框图

15.3.2 STC15F2K60S2 单片机简介

1. STC15F2K60S2 系列单片机功能

STC15F2K60S2 系列单片机是 STC 生产的单时钟/机器周期（1T）的单片机，是高速/高可靠/低功耗/超强抗干扰的新一代 8051 单片机，采用第八代加密技术，加密性超强，指令代码完全兼容传统 8051，但速度快 8 ~ 12 倍。内部集成高精度 R/C 时钟，±1% 温漂，常温下温漂5‰，5 ~ 35 MHz 宽范围可设置，可彻底省掉外部昂贵的晶振和外部复位电路（内部已集成高可靠复位电路，8 级可选复位门槛电压）。3 路 CCP/PWM/PCA，8 路高速 10 位 A – D 转换（30 万次/s），内置 2 KB 大容量 SRAM，2 组高速异步串行通信端口（UART1/UART2，可在 5 组引脚之间进行切换，分时复用可作 5 组串口使用），1 组高速同步串行通信端口 SPI，针对串行口通信/电动机控制/强干扰场合。

现 STC15 系列单片机采用 STC – Y5 超高速 CPU 内核，在相同的时钟频率下，速度又比 STC 早期的 1T 系列单片机（如 STC12 系列/STC11 系列/STC10 系列）的速度快20%。

STC15F2K60S2 实物图如图 15-2 所示。

2. STC15F2K60S2 单片机特点

STC15F2K60S2 系列单片机具有以下特点：

1）增强型 8051CPU，1T，单时钟/机器周期，速度比普通 8051 快 8 ~ 12 倍。

2）工作电压：5.5 ~ 3.8 V。

3）8 KB/16 KB/24 KB/32 KB/40 KB/48 KB/56 KB/60 KB/61 KB 片内 Flash 程序存储器，

图 15-2　STC15F2K60S2 单片机实物图

擦写次数 10 万次以上。

4）片内大容量 2048 B 的 SRAM。

5）大容量片内 EEPROM，擦写次数 10 万次以上。

6）ISP/IAP，在系统可编程/在应用可编程，无须编程器，无须仿真器。

7）共 8 通道 10 位高速 ADC，速度可达 30 万次/s，3 路 PWM 还可当 3 路 D - A 使用。

STC15F2K60S2 原理连接图如图 15-3 所示。

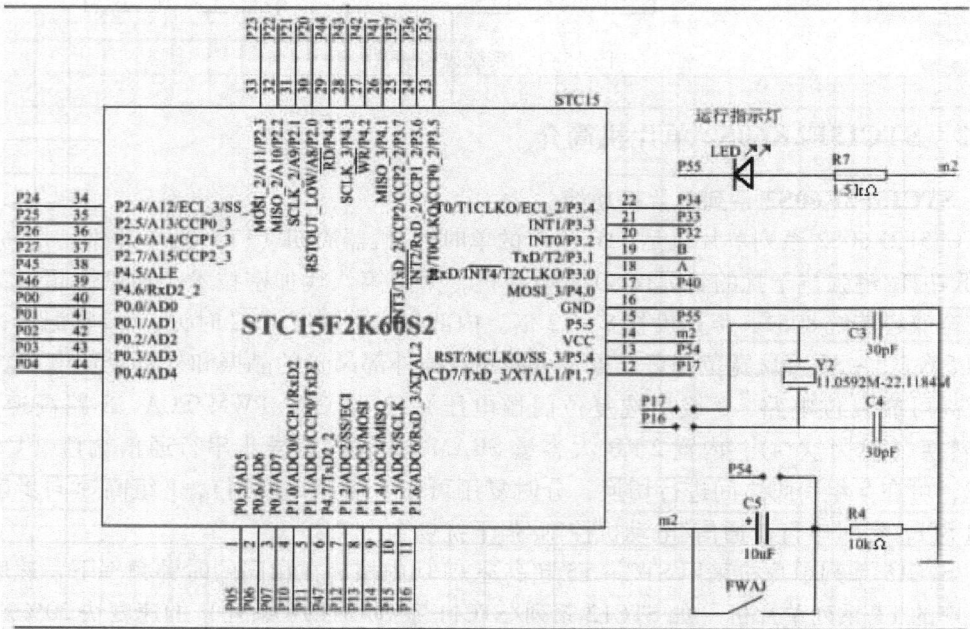

图 15-3　STC15F2K60S2 原理连接图

15.3.3　以太网模块 W5100

1. W5100 简介

W5100 是一款多功能的单片网络接口芯片，内部集成有 10/100 Mbit/s 以太网控制器，主要应用于高集成、高稳定、高性能和低成本的嵌入式系统中。使用 W5100 可以实现没有操作系统的 Internet 连接。W5100 与 IEEE802.3 10BASE - T 和 802.3u100BASE - TX 兼容。W5100 内部还集成有 16KB 存储器用于数据传输。使用 W5100 不需要考虑以太网的控制，只需要进行简单的端口编程。

W5100 实物图如图 15-4 所示。

2. W5100 与单片机通信方式

W5100 模块与单片机有三种通信方式，分别为直接总线接口、间接总线接口和 SPI 总线接口。直接总线接口采用 15 位地址线，8 位数据线，还有 CS、RD、WR、INT 等信号线。间接总线接口采用 2 位地址线，8 位数据线，另加 CS、RD、WR、INT 等信号线。以上两种接线方式较为复杂，且占用的单片机引脚数较多，不利于其他功能的扩展，因此选用 SPI 总线接口方式与单片机通信。

串行接口模式只需要 4 个引脚进行数据通信。这 4 个引脚的定义分别为 SCLK、/SS、MOSI、MISO。W5100 的 SPI_EN 引脚选择 SPI 操作。

W5100 模块与单片机的连接如图 15-5 所示。

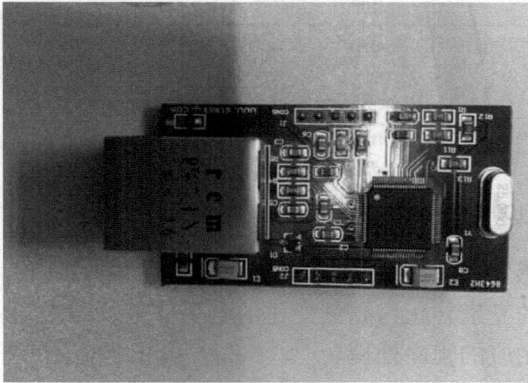

图 15-4　W5100 模块实物图　　　　　图 15-5　W5100 模块与单片机连接图

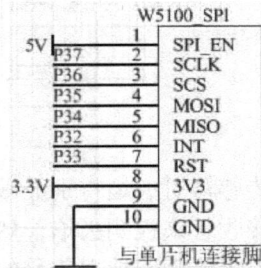

3. W5100 内部特性

1）与 MCU 多种接口选择：直接并行总线接口、间接并行总线接口和 SPI 总线接口。

2）可选择 YL18 - 2050S、YT37 - 1107S、YL2J011D、YL2J201A 网络变压器。

3）支持 ADSL 连接（支持 PPPOE 协议，带 PAP/CHAP 验证）。

4）支持 4 个独立的端口（Sockets）同时连接。

5）内部 16 KB 存储器作 TX/RX 缓存。

6）内嵌 10BaseT/100BaseTX 以太网物理层，支持自动应答（全双工/半双工模式）。

7）3.3 V 工作电压，I/O 口可承受 5 V 电压。

W5100 原理图如图 15-6 所示。

15.3.4　火焰传感器电路设计

1. 火焰传感器介绍

火焰传感器是专门用来搜寻火源的传感器，当然火焰传感器也可以用来检测光线的亮

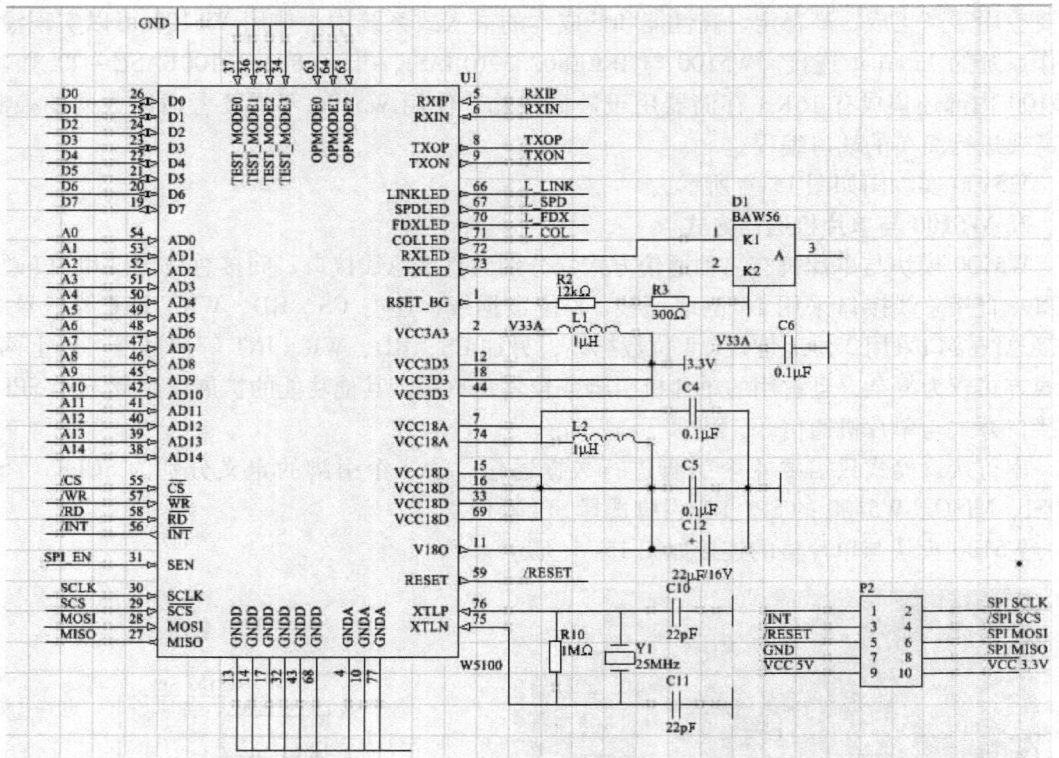

图 15-6　W5100 原理连接图

度，只是该传感器对火焰特别灵敏。火焰传感器利用红外线对火焰非常敏感的特点，使用特制的红外线接收管来检测火焰，然后把火焰的亮度转化为高低变化的电平信号，输入到中央处理器中，中央处理器根据信号的变化做出相应的程序处理。

火焰传感器实物如图 15-7 所示。

2. 火焰传感器工作原理

火焰传感器由各种燃烧生成物、中间物、高温气体、碳氢物质以及无机物质为主体的高温固体微粒构成。火焰的热辐射具有离散光谱的气体辐射和连续光谱的固体辐射。不同燃烧物的火焰辐射强度、波长分布有所差异，但总体来说，其对应火焰温度的近红外波长域及紫外光域具有很大的辐射强度，根据这种特性可制成火焰传感器。

图 15-7　火焰传感器实物图

3. 火焰传感器使用说明

1）火焰传感器对火焰最敏感，对普通光也是有反应的，一般用作火焰报警等。

2）传感器与火焰要保持一定距离，以免高温损坏传感器，打火机测试火焰距离为 80 cm，火焰越大，测试距离越远。

3）小板模拟量输出方式和 A - D 转换处理，可以获得更高的精度。

火焰传感器原理图如图 15-8 所示。

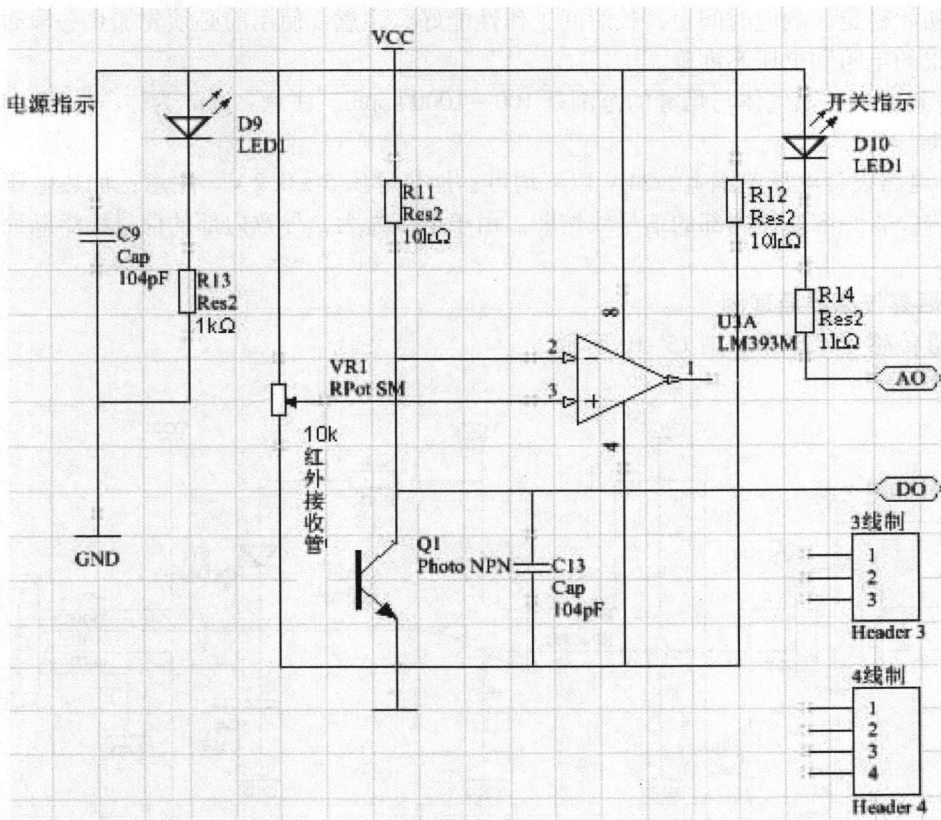

图 15-8　火焰传感器原理图

15.3.5　烟雾传感器电路设计

1. MQ-2 工作原理

MQ-2 型烟雾传感器属于二氧化锡半导体气敏材料，属于表面离子式 N 型半导体。当处于 200～300°C 温度时，二氧化锡吸附空气中的氧，形成氧的负离子吸附，使半导体中的电子密度减少，从而使其电阻值增加。当与烟雾接触时，如果晶粒间界处的势垒受到该烟雾的调制而变化，就会引起表面电导率的变化。利用这一点就可以获得烟雾存在的信息，烟雾浓度越大，电导率越大，输出电阻越低。

烟雾传感器实物如图 15-9 所示。

2. MQ-2 工作特性

1）MQ-2 型传感器对天然气、液化石油气等烟雾有很高的灵敏度，尤其对烷类烟雾更为敏感并且具有良好的抗干扰性，可准确排除有刺激性非可燃性烟雾的干扰信息，例如酒精和烟雾等。注意：经过测试，对烷类的感应比纸张木材燃烧产生的烟雾好很多，输出电压升高很快。

2）MQ-2 型传感器具有良好的重复性和长期的稳

图 15-9　烟雾传感器实物图

定性。初始稳定，响应时间短，长时间工作性能好。注意：使用前必须先加热一段时间，否则其输出的电阻和电压不准确。

3）其检测可燃气体与烟雾的范围是 100～10000 ppm。注意：ppm 为体积浓度。1 ppm = 1 cm^3/1 m^3 = 10^{-6}。

4）电路设计电压范围宽，24 V 以下均可；加热电压 5±0.2 V。注意：加热电压必须在此范围内，否则容易使内部的信号线熔断。由于电压过大，导致内部的信号线熔断而传感器报废。

3. 烟雾传感器原理图

烟雾传感器原理图如图 15-10 所示。

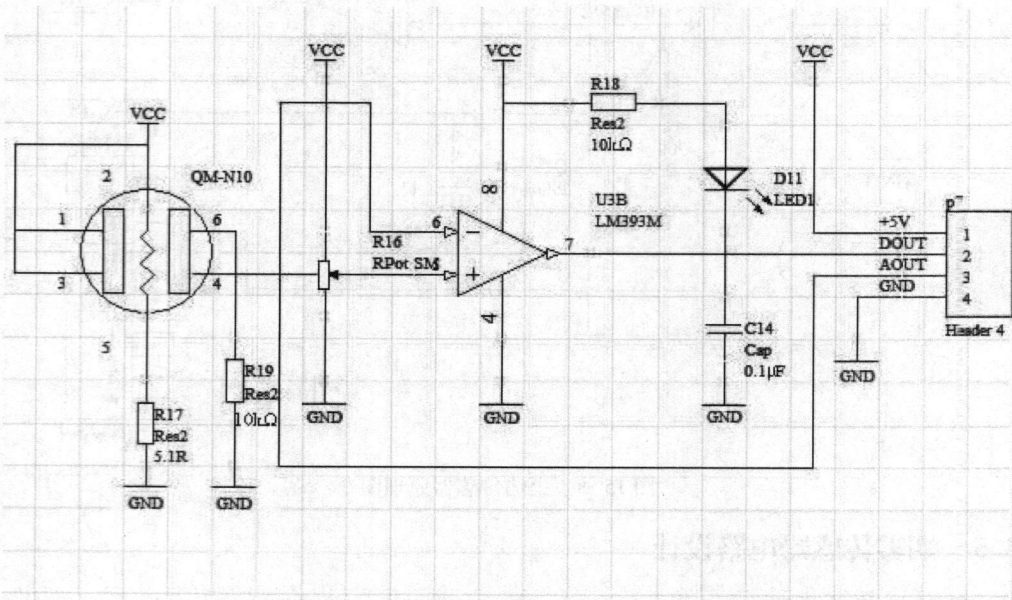

图 15-10　MQ-2 烟雾传感器原理图

15.3.6　温湿度传感器电路设计

DHT11 数字温湿度传感器是一款含有已校准数字信号输出的温湿度复合传感器，应用了专用的数字模块采集技术和温湿度传感技术，传感器包括一个电阻式感湿元件和一个 NTC 测温元件，具有极高的可靠性和卓越的长期稳定性。

温湿度传感器模块实物如图 15-11 所示。

1. 技术参数

温湿度传感器技术参数见表 15-1，使用时应注意避免温度值大于 50℃，湿度值超过 90% RH，以免导致其损坏。

2. 使用方法

DATA 端口用于单片机与 DHT11 之间的通信和同步，采用单总线数据格式，一次通信时间为 4 ms 左右，数据分小数部分和整数部分，当前小数部分用于以后扩展，现读出为零。一次完整的数据传输为 40 bit，高位先出。

表 15-1 　DHT11 技术参数表

参 数 名 称	参 数 范 围
供电电压	3.3 ~ 5 V
输出	单总线数字信号
测量范围	湿度：20% ~ 90% RH
	温度：0 ~ 50℃
测量精度	湿度：±5% RH
	温度：±1℃
分辨率	湿度：1% RH
	温度：1℃

图 15-11　DHT11 实物图

DATA 端口传输的数据格式为：

8bit 湿度整数数据 + 8 bit 湿度小数数据 + 8 bit 温度整数数据 + 8 bit 温度小数数据 + 8 bit 校验和

数据传送正确时校验和数据等于"8 bit 湿度整数数据 + 8 bit 湿度小数数据 + 8 bit 温度整数数据 + 8 bit 温度小数数据"所得结果的末 8 位。

用户 MCU 发送一次开始信号后，DHT11 从低功耗模式转换到高速模式，等待主机开始信号结束后，DHT11 发送响应信号，送出 40 bit 的数据，并触发一次信号采集，用户可选择读取部分数据。从模式下，DHT11 接收到开始信号触发一次温湿度采集，如果没有接收到主机发送开始信号，DHT11 不会主动进行温湿度采集，采集数据后转换到低速模式。

3. 引脚说明

DHT11 的引脚说明见表 15-2。

表 15-2　DHT11 引脚说明

引　脚	名　称	功　能
1	VCC	3.3 ~ 5 V 的供电电压
2	DATA	串行数据线
3	GND	接电源负极

DHT11 总体模块框图和硬件连接图如图 15-12 所示。

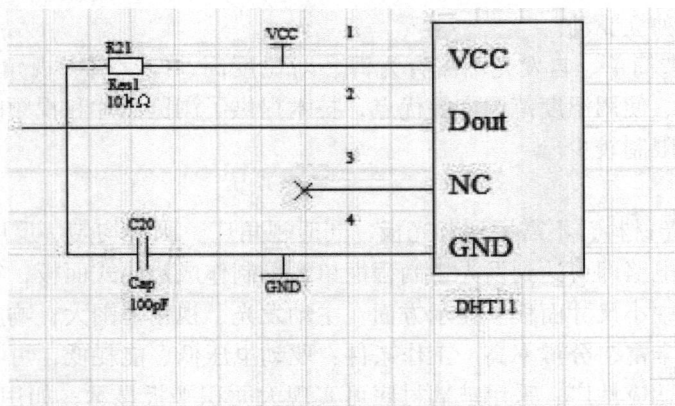

图 15-12　DHT11 硬件连接图

15.3.7　蜂鸣器报警电路设计

当实际温度或湿度值超过设定值时，蜂鸣器将进行报警提醒使用者。利月 PNP 管（9012）放大驱动。基极接 10 kΩ 的电阻，发射极接蜂鸣器，集电极接电源。其电路图如图 15-13 所示。

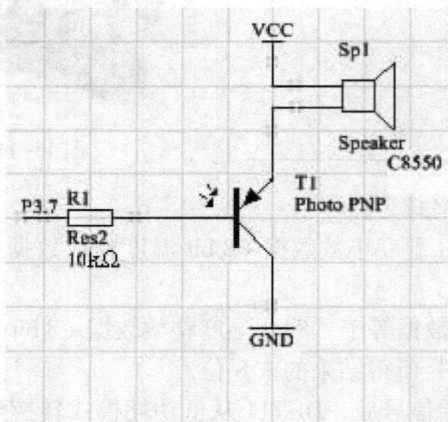

图 15-13　蜂鸣器报警模块硬件连接图

15.3.8　系统显示电路设计

OLED 显示屏是指有机电激发光二极管由于同时具备自发光，不需背光源、对比度高、厚度薄、视角广、反应速度快、可用于挠曲性面板、使用温度范围广、构造及制程较简单等特性，被认为是下一代的平面显示器新兴应用技术。

OLED 实物如图 15-14 所示。

1. 发光原理

有机发光显示技术由非常薄的有机材料涂层和玻璃基板构成。当有电荷通过时这些有机材料就会发光。OLED 发光的颜色取决于有机发光层的材料，故厂商可由改变发光层的材料而得到所需要的颜色。有源阵列有机发光显示屏具有内置的电子电路系统，因此每个像素都由一个对应的电路独立驱动。

OLED 具备构造简单、自发光不需背光源、对比度高、厚度薄、视角广、反应速度快、可用于挠曲性面板、使用温度范围广等优点，技术提供了浏览照片和视频的最佳方式而且对相机的设计造成的限制较少。

2. 模块特点

OLED 为自发光材料，不需用到背光板，同时视角广、画质均匀、反应速度快、较易彩色化、用简单驱动电路即可达到发光、制程简单、可制作成挠曲式面板，符合轻薄短小的原则，应用范围属于中小尺寸面板。显示方面：主动发光、视角范围大；响应速度快、图像稳定；亮度高、色彩丰富、分辨率高。工作条件：驱动电压低、能耗低，可与太阳能电池、集成电路等相匹配。适应性广：采用玻璃衬底可实现大面积平板显示；如用柔性材料做衬底，能制成可折叠的显示器。

由于 OLED 是全固态、非真空器件，具有抗振荡、耐低温（–40℃）等特性，在军事方面也有十分重要的应用，如用做坦克、飞机等现代化武器的显示终端。

OLED 硬件连接图如图 15-15 所示。

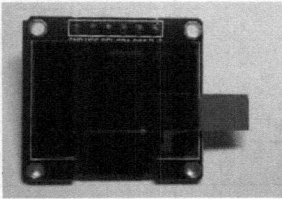

图 15-14　蜂鸣器报警模块硬件连接图

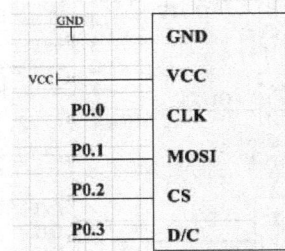

图 15-15　OLED 硬件连接图

15.3.9　电动机驱动电路设计

L298N 是 ST 公司生产的一种高电压、大电流电动机驱动芯片。该芯片采用 15 脚封装。使用 L298N 芯片驱动电动机，该芯片可以驱动一台两相步进电动机或四相步进电动机，也可以驱动两台直流电动机。

电动机驱动模块实物图如图 15-16 所示。

1. L298N 模块特点

L298N 工作电压高，最高工作电压可达 46 V，输出电流大，瞬间峰值电流可达 3 A，持续工作电流为 2 A；额定功率 25 W。内含两个 H 桥的高电压大电流全桥式驱动器，可以用来驱动直流电动机和步进电动机、继电器线圈等感性负载；采用标准逻辑电平信号控制；具有两个使能控制端，在不受输入信号影响的情况下允许或禁止器件工作；有一个逻辑电源输入端，使内部逻辑电路部分在低电压下工作；可以外接检测电阻，将变化量反馈给控制电路。

图 15-16　L298N 实物图

2. 直流电动机的驱动

该驱动板可驱动 2 路直流电动机，使能端 ENA、ENB 为高电平有效时，控制方式及直流电动机状态见表 15-3。

表 15-3　直流电动机状态表

ENA	IN1	IN2	直流电动机状态
0	X	X	停止
1	0	0	制动
1	0	1	正转
1	1	0	反转
1	1	1	制动

若要对直流电动机进行 PWM 调速，需设置 IN1 和 IN2，确定电动机的转动方向，然后对使能端输出 PWM 脉冲，即可实现调速。注意当使能信号为 0 时，电动机处于自由停止状

态；当使能信号为1，且IN1和IN2为00和11时，电动机处于制动状态，阻止电动机转动。电动机驱动模块原理图如图15-17所示。

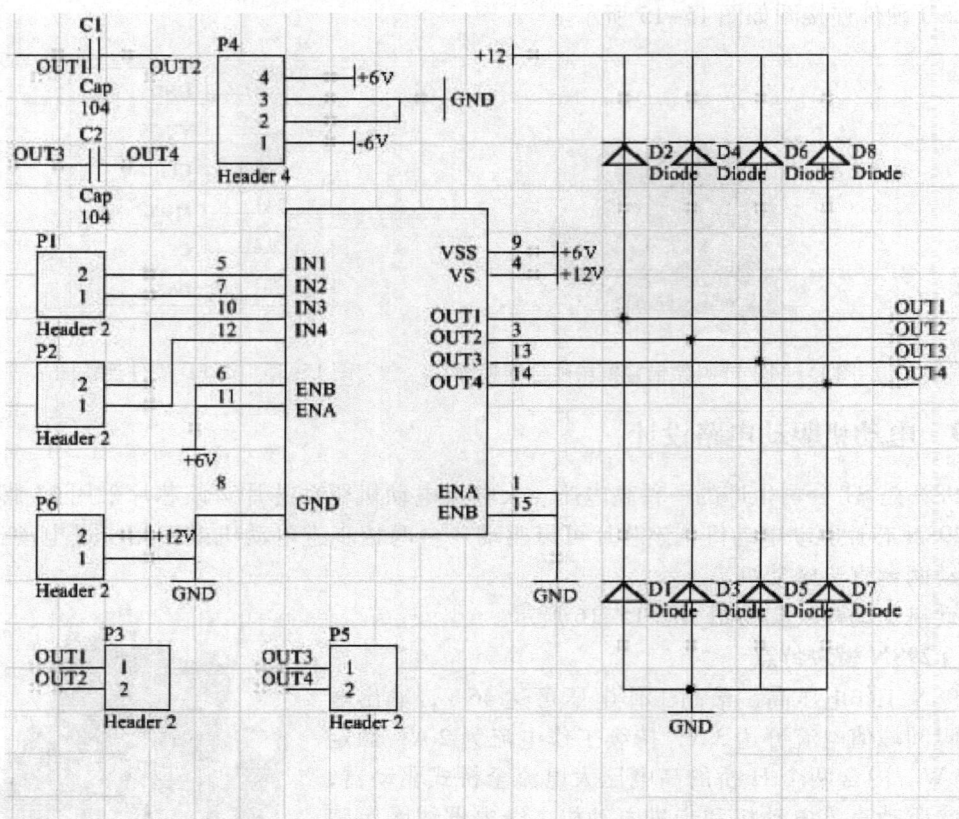

图15-17　L298N电动机驱动原理图

15.4　系统软件设计

15.4.1　系统软件设计总体流程图

系统软件总体流程图如图15-18所示。

15.4.2　通信程序设计

1. SPI通信配置

在SPI模式，W5100使用"完整32位数据流"。完整的32位数据流包括一个字节的操作码、2个字节的地址码和1个字节的数据。

操作码、地址和数据字节传输都是高位（MSB）在前，低位（LSB）在后。换句话说，SPI数据的第一位是操作码的高位（MSB），最后一位是数据的低位（LSB）。W5100的SPI数据格式见表15-4。

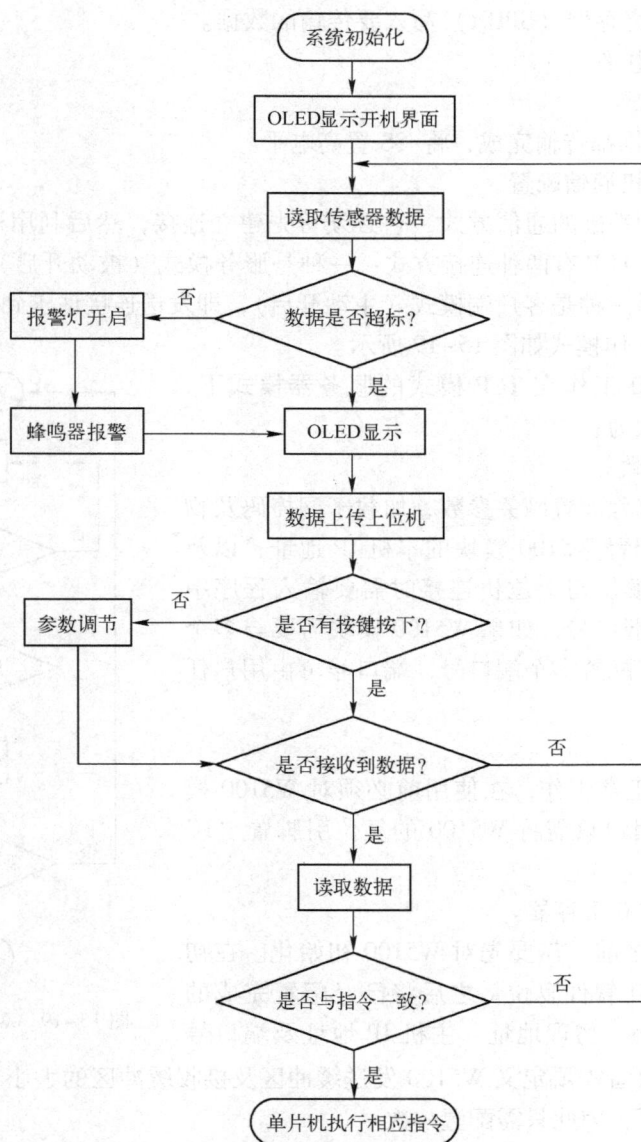

图 15-18 软件总体流程图

表 15-4 SPI 数据格式表

命 令	操 作 码	地 址	数 据
写操作	0xF0	1111 0000	1B
读操作	0x0F	0000 1111	1B

SPI 配置方式：

1）配置 SPI 主设备输入/输出方向。

2）将/SS 置高电平。

3）设置 SPI 主设备的寄存器。

4）向 SPI 数据寄存器（SPDR）写入要传输的数据。

5）将/SS 置低电平。

6）等待接收完成。

7）如果所有数据都传输完成，将/SS 置高电平。

2. W5100 与主机通信配置

TCP 是以连接为基础的通信方式，它必须首先建立连接，然后利用连接的 IP 地址和端口号进行数据传输。TCP 有两种连接方式：一种是服务模式（被动开启），即等待接收连接请求以建立连接；另一种是客户端模式（主动开启），即发送连接请求到服务器。

W5100 服务端工作模式如图 15-19 所示。

本系统的 W5100 工作在 TCP 模式的服务器模式下，该方式下的编程步骤为：

1）装载网络参数。

该步骤中需要编程配置网关参数、加载子网掩码及物理地址。此外还需配置 W5100 模块的本机 IP 地址，以及端口号。当 W5100 模块与上位机连接时需要输入程序中配置好的 IP 地址及端口号。如果 W5100 模块需要与多个客户端连接，则需要配置多个端口号，端口号可由用户任意配置。

2）硬件复位。

为保证 W5100 正常工作，在使用前必须对 W5100 模块进行硬件复位。用户只需将 W5100 的复位引脚置"1"后再做适当延时。

3）初始化 W5100 寄存器。

在使用 W5100 之前，需要先对 W5100 初始化。在初始化之前先对 W5100 软件复位，之后将已经配置完成的网关参数、子网掩码、物理地址、主机 IP 地址及端口号分别写入 W5100。接着需要定义 W5100 发送缓冲区及接收缓冲区的大小，由于 W5100 的各端口共用一个缓冲区，因此只需配置一次。

4）W5100 Socket 端口初始化设置。

W5100 有 4 个独立的 Socket 通道，每个通道均可独立地与一个客户端连接通信，该步骤分别设置 4 个端口，根据端口工作模式，将端口置于 TCP 服务器、TCP 客户端或 UDP 模式。本系统配置了两个 Socket 通道且均工作于服务端模式。

从端口状态字节 Socket_State 可以判断端口的工作情况，若 Socket_State 为零，则说明可以进行端口初始化。下一步依次判断 S_Mode 的值，如果为客户端模式则设置该通道与远程客户端连接；若为服务端模式则进入通道监听；如果为 UDP 模式则调用 UDP 模式配置函数。当每种方式对应的配置函数返回"true"时说明配置成功。

本步配置中可以分别配置不同的 Socket 通道，方式与上述方式一致。

W5100 Socket 配置过程如图 15-20 所示。

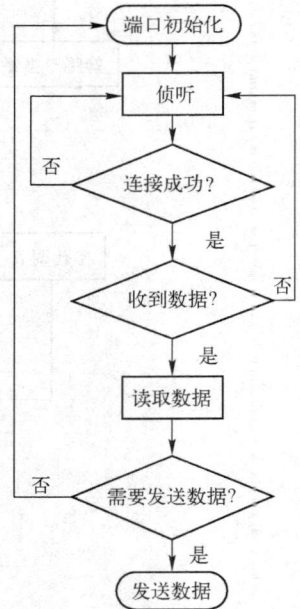

图 15-19　W5100 工作模式图

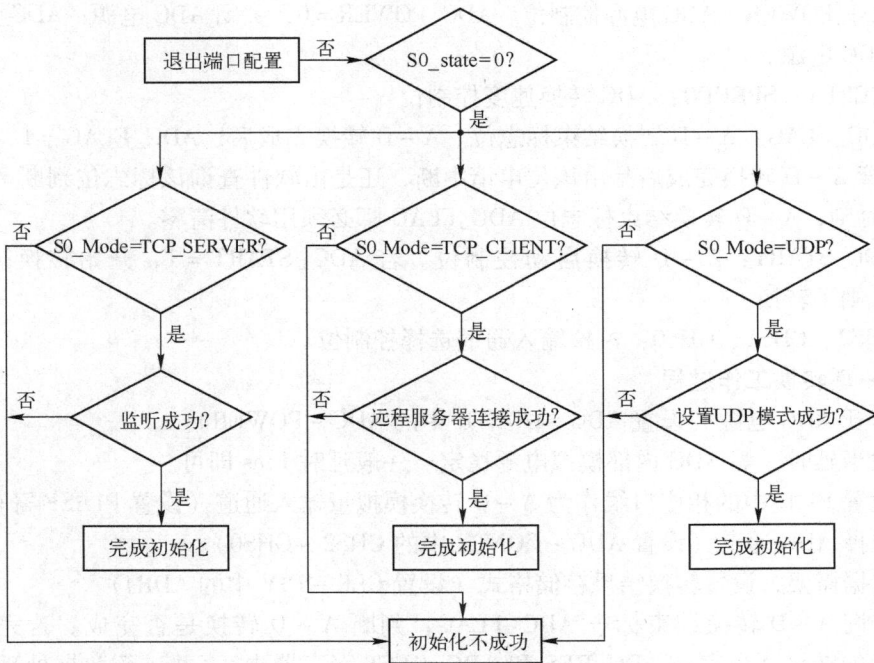

图 15-20 W5100 Socket 通道配置流程图

15.4.3 A-D 转换程序设计

STC15F2K60S2 单片机集成有 8 通道 10 位高速电压输入型模-数转换器（ADC），因此单片机不需要外接 0809AD 转换芯片即可实现 A-D 转换。

1. 寄存器配置

A-D 转换需要配置的寄存器有：

（1）P1 口模拟输入通道功能控制寄存器 P1ASF

P1ASF 的 8 个控制位与 P1 口的 8 个口线是一一对应的，即 P1ASF.7 ~ P1ASF.0 对应控制 P1.7 ~ P1.0。若其值为 "1"，对应 P1 口的口线为 ADC 的输入通道，若其值为 "0"，则实现其他 I/O 口功能。P1ASF 的格式见表 15-5。

表 15-5 P1ASF 寄存器配置表

地址	B7	B6	B5	B4	B3	B2	B1	B0	复位值
9DH	P17 ASF	P16 ASF	P15 ASF	P14 ASF	P13 ASF	P12 ASF	P11 ASF	P10 ASF	0x00

（2）ADC 控制寄存器 ADC_CONTR

ADC 控制寄存器 ADC_CONTER 主要用于选择 ADC 转换输入通道、设置转换速度以及 ADC 启动、记录转换结束标志等。ADC_CONTER 格式见表 15-6。

表 15-6 ADC_CONTR 寄存器配置表

地址	B7	B6	B5	B4	B3	B2	B1	B0	复位值
BCH	ADC_POWER	SPEED1	SPEED0	ADC_FLAG	ADC_START	CHS2	CHS1	CHS0	0x00

293

1）ADC_POWER：ADC 电源控制位。ADC_POWER = 0，关闭 ADC 电源；ADC_POWER = 1，打开 ADC 电源。

2）SPEED1、SPEED0：ADC 转换速度控制位。

3）ADC_FLAG：A－D 转换结束标志位。A－D 转换完成后，ADC_FLAG = 1，要由软件清零。不管 A－D 转换完成后是由该位申请中断，还是由软件查询该标志位判断 A－D 转换过程结束时刻，A－D 转换结束标志位 ADC_FLAG 都必须用软件清零。

4）ADC_START：A－D 转换启动控制位。若 ADC_START = 1，开始转换；若 ADC_START = 0 则不转换。

5）CHS2、CHS1、CHS0：模拟输入通道选择控制位。

2. A－D 转换工作过程

1）打开 ADC 电源（设置 ADC－CONTR 中的 ADC－POWER）。

2）适当延时，等 ADC 内部模拟电源稳定。一般延时 1 ms 即可。

3）设置 P1 口中的相应口线作为 A－D 转换模拟量输入通道（设置 P1ASF 寄存器）。

4）选择 ADC 通道（设置 ADC－CONTR 中的 CHS2 ~ CHS0）。

5）根据需要，设置转换结果存储格式（设置 CLK－DIV 中的 ADRJ）。

6）查询 A－D 转换结束标志 ADC_FLAG，判断 A－D 转换是否完成。若完成，读出 A－D 转换的结果（保存在 ADC_RES 和 ADC_REST 寄存器中），并进行数据处理。如果是多通道模拟量转换，更换 A－D 转换通道后要适当延时，使输入电压稳定，延时量取 20 ~ 200 μs 即可（与输入电压源的内阻有关）。如果输入电压源的内阻在 10 kΩ 以下，可不加延时。

7）若采用中断方式，还需进行中断设置（中断允许和中断优先级）。

8）中断服务程序中读取 A－D 转换结果，并将 ADC 中断请求标志 ADC_FLAG 清零。

15.4.4 温湿度数据采集程序设计

1. DHT11 初始化的具体过程

1）总线在空闲时保持高电平。

2）主机把总线拉低等待 DHT11 的响应，拉低时间需大于 18 ms，以保证 DHT11 能检测到开始信号。

3）DHT11 接收主机的开始信号后，等待主机开始信号结束，然后发送 1ms 低电平响应信号。

4）主机发送开始信号结束后，延时等待后，读取 DHT11 的响应信号。

5）当最后一位数据传送完毕后，DHT11 拉低总线 50 μs，随后总线由上拉电阻拉高进入空闲状态。

2. DHT11 读取数据过程

1）DHT11 复位，先拉低 18 ms，再拉高 30 μs。

2）检测 DHT11 是否存在，若存在则继续读取，不存在则读取失败。

3）读取 DHT11 传回的数据，每次读取 40 位。

4）判断数据位之和是否等于校验位，若相等则读取成功，返回数据；如果不相等则说明数据错误，读取数据失败。

DHT11 读取数据过程如图 15-21 所示。

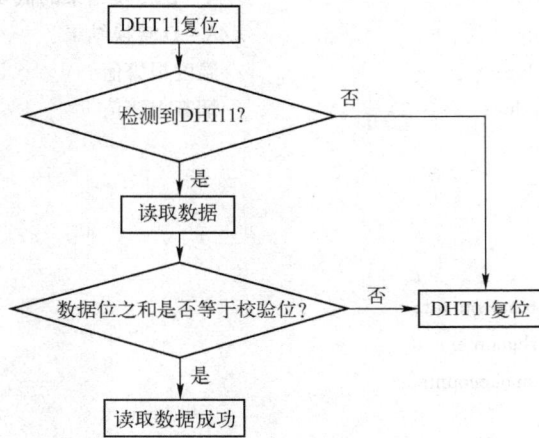

图 15-21　DHT11 读取数据过程

15.5　程序分析

15.5.1　头文件与变量定义

```
#include < iap15w4k58s4. h >          //单片机头文件
#include " W5100. h"                  //W5100 头文件
#include < string. h >                //C 语言运算指令库
#include   " 12864. h"                //12864 头文件


sbit DQ = P0^4 ;                      //DHT11 输入信号
sbit ssr = P5^5 ;                     //继电器输出信号
sbit fire = P0^6 ;                    //火焰传感器输入信号
sbit bee = P0^7 ;                     //蜂鸣器输出信号
sbit firered = P1^2 ;                 //火焰报警灯
sbit firegreen = P1^3 ;              //火焰正常灯
sbit RHred = P1^4 ;                   //温湿度报警灯
sbit RHgreen = P1^5 ;                //温湿度正常灯
sbit smokered = P1^6 ;               //烟雾报警灯
sbit smokegreen = P1^7 ;             //烟雾正常灯
sbit keyt = P2^3 ;                    //温度报警值调节按键
sbit keys = P2^4 ;                    //烟雾浓度报警值调节键
sbit keyadd = P2^5 ;                  //增加阈值
sbit keysub = P2^6 ;                  //减少阈值
sbit keyquit = P2^7 ;                 //退出调节


unsigned char temp,humi ;            //温度、湿度值
```

```
unsigned int adc_datah;                      //A－D转换结果的高2位
unsigned int adc_datal;                      //A－D转换结果的低8位
unsigned int adc_data;                       //A－D转换结果
unsigned int tempvalue;                      //温度报警值
unsigned int smokevalue;                     //烟雾报警值
```

15.5.2 主函数

```
int main(void)
{
    unsigned char tempcounter;
    unsigned char rhcounter;
    unsigned char smokecounter;
    unsigned int i;
    firered = 1;                             //指示灯初始化,全灭
    firegreen = 1;                           //指示灯初始化,全灭
    RHred = 1;                               //指示灯初始化,全灭
    RHgreen = 1;                             //指示灯初始化,全灭
    smokered = 1;                            //指示灯初始化,全灭
    smokegreen = 1;                          //指示灯初始化,全灭
    ssr = 0;                                 //电动机驱动使能端置0
    tempvalue = 30;                          //温度报警值为30
    smokevalue = 80;                         //烟雾浓度报警值为80
    tempcounter = 0;                         //发送数据计数满counter值再发送
    rhcounter = 0;                           //发送数据计数满counter值再发送
    smokecounter = 0;
    LCD_Init();                              //OLED显示屏初始化
    Load_Net_Parameters();                   //装载网络参数
    W5100_Hardware_Reset();                  //硬件复位W5100
    W5100_Initialization();                  //W5100初始化配置
    P1ASF = 0x02;                            //设置P1,1模拟量输入功能
    ADC_CONTR = 0x80;                        //打开A－D转换电源,设置输入通道
    Delay(1000);                             //适当延时
    CLK_DIV |= 0x20;                         //设置A－D转换结果的存储格式
    ADC_CONTR = 0x88;                        //启动A－D转换
    EADC = 1;                                //开启ADC中断
    EA = 1;                                  //开启总中断
    LCD_Init();                              //LCD初始化
    while (1)
    {
        W5100_Socket_Set();                      //W5100端口初始化配置
        LCD_P14x16Ch(14,0,0);
        LCD_P14x16Ch(28,0,1);
```

296

```
LCD_P14x16Ch(42,0,2);
LCD_P14x16Ch(56,0,3);
LCD_P14x16Ch(70,0,4);
LCD_P14x16Ch(84,0,5);
LCD_P14x16Ch(98,0,6);
LCD_P6x8Str(1,2,"AD value:");          //OLED 写入 AD value
show_number(1,3,adc_data);             //显示 A-D 转换的值
memcpy(Tx_Buffer,"AD value: ",10);     //向上位机发送字符串
if(smokecounter > 10)                  //计数值满 10 发送,用于调节发送时间间隔
{
    Tx_Buffer[10] = adc_data/100 + 0x30;
    Tx_Buffer[11] = (adc_data%100)/10 + 0x30;
    Tx_Buffer[12] = adc_data%10 + 0x30;
    S_tx_process(0,13);                //通道 0 发送
    S_tx_process(1,13);                //通道 1 发送
    smokecounter = 0;                  //计数值清零
}
else                                   //计数未到 10 不发送
smokecounter ++ ;
if(adc_data > smokevalue)              //判断烟雾浓度是否超标
{
    smokered = 0;                      //报警,红灯亮,绿灯灭
    bee = 1;
    smokegreen = 1;
}
else                                   //未超标
{
    smokered = 1;                      //红灯灭,绿灯亮,不报警
    bee = 0;
    smokegreen = 0;
}


if(DHT11_Read_Data(&temp,&humi) == 0)  //传感器正确读取到数据
{
    LCD_P6x8Str(1,4,"temprature:");    //显示温度值
    show_number(1,5,temp);
    //LCD_P6x8Str(32,5," * C");
    //LCD_P14x16Ch(35,5,38);
    if(tempcounter > 10)
    {
        memcpy(Tx_Buffer,"temprature: ",12);  //发送温度值
        Tx_Buffer[12] = temp/10 + 0x30;
        Tx_Buffer[13] = (temp%10) + 0x30;
```

```
        S_tx_process(0,14);                    //通道 0 发送
        S_tx_process(1,14);                    //通道 1 发送
        tempcounter = 0;                       //计数值清零
    }
    else
        tempcounter ++;
    if(temp > 30)                              //判断温度是否超标
    {
        RHred = 0;                             //报警,红灯亮,绿灯灭
        bee = 1;
        RHgreen = 1;
    }
    else                                       //未超标
    {
        RHred = 1;                             //红灯灭,绿灯亮,不报警
        bee = 0;
        RHgreen = 0;
    }


    LCD_P6x8Str(1,6,"humidity:");
    if(rhcounter > 10)
    {
        memcpy(Tx_Buffer,"humidity: ",10);
        Tx_Buffer[11] = humi/10 + 0x30;
        Tx_Buffer[12] = (humi%10) + 0x30;
        S_tx_process(0,13);
        S_tx_process(1,13);
        rhcounter = 0;
    }
    else
        rhcounter ++;

    if(temp > tempvalue)
    {
        RHred = 0;
        bee = 1;
        RHgreen = 1;
    }
    else
    {
        RHred = 1;
        bee = 0;
        RHgreen = 0;
```

```
        }

        if( fire ==0 )
        {
            firered =0;
            bee =1;
            firegreen =1;
        }
        else
        {
            firered =1;
            bee =0;
            firegreen =0;
        }

    }
    RHDelay_ms(1000);                                //短暂延时

    if( keyt ==0 )                                   //温度调节键按下
    {
        LCD_Init();                                  //清屏
    while(1)
    {
        LCD_P14x16Ch(42,0,29);                       //显示汉字"温"
        LCD_P14x16Ch(56,0,30);                       //显示汉字"度"
        LCD_P14x16Ch(70,0,31);                       //显示汉字"调"
        LCD_P14x16Ch(84,0,32);                       //显示汉字"节"

        LCD_P6x8Str(0,4,"T THRESHOLD VALUE:");       //OLED 显示
        show_number(50,5,tempvalue);

        if( keyadd ==0 )                             //加法键按下
        {
        Delay(1000);
        Delay(1000);
        Delay(1000);
        Delay(1000);
        Delay(1000);
        Delay(1000);
        if( keyadd ==0 )                             //消抖 确认是否按下
        tempvalue += 1;                              //按一下加一次
        Delay(1000);
        }
```

```
        if( keysub ==0)                                      //减法键按下
        {
            Delay(1000);
            Delay(1000);
            Delay(1000);
            Delay(1000);
            Delay(1000);
            Delay(1000);
            if( keysub ==0)                                  //消抖 确认是否按下
            tempvalue -=1;
            Delay(1000);
        }
        if( keyquit ==0)                                     //退出键按下
        {
            LCD_Init( );                                     //清屏
            break;                                           //退出循环
        }
    }

}
    if( keys ==0)                                            //烟雾浓度调节同上
    {
        LCD_Init( );                                         //清屏
        while(1)
        {
            LCD_P14x16Ch(28,0,34);
            LCD_P14x16Ch(42,0,35);
            LCD_P14x16Ch(56,0,37);
            LCD_P14x16Ch(70,0,31);
            LCD_P14x16Ch(84,0,32);
            LCD_P6x8Str(5,4,"S THRESHOLD VALUE:");   //显示字符串
            show_number(50,5,smokevalue);            //显示数据

            if( keyadd ==0)                                  //加键按下
            {
                Delay(1000);                                 //延时消抖
                Delay(1000);
                Delay(1000);
                Delay(1000);
                Delay(1000);
                Delay(1000);
                if( keyadd ==0)                              //确认按下
                smokevalue +=5;                              //每按一下加5
```

```
                    Delay(1000);
                }
            if(keysub == 0)                                        //减键按下
                {
                    Delay(1000);                                   //延时消抖
                    if(keysub == 0)                                //确认按下
                    smokevalue -= 5;                               //每按一下减 5
                    Delay(1000);
                }
            if(keyquit == 0)                                       //退出键按下
                {LCD_Init();break;}                                //退出循环,清屏
            }

        if(W5100_INT == 0)                                         //处理 W5100 中断
            {
                W5100_Interrupt_Process();                         //W5100 中断处理程序框架
            }
        if((S0_Data & S_RECEIVE) == S_RECEIVE)                     //如果 Socket0 接收到数据
            {
                S0_Data& = ~ S_RECEIVE;
                Process_Socket_Data(0);                            //W5100 发送接收到的数据
            }
        if((S1_Data & S_RECEIVE) == S_RECEIVE)                     //如果 Socket1 接收到数据
            {
                S1_Data& = ~ S_RECEIVE;
                Process_Socket_Data(1);                            //W5100 发送接收到的数据
            }
        }
    }
```

15.5.3　功能函数

1. ADC 中断函数

```
/ ********************************************************************/
//函数描述:实现 ADC 中断
/ ********************************************************************/
void ADC_int (void) interrupt 5
{
    ADC_CONTR = 0x80;                      //ADC_FLAG 清零
    adc_datah = ADC_RES&0x03;              //保存 A - D 转换结果的高 2 位
    adc_datal = ADC_RESL;
    adc_data = (adc_datah * 256 + adc_datal);  //10 位 A - D 转换结果
```

```
        adc_data = (adc_data/1024);              //数据处理:归化到500(即5V)
        ADC_CONTR = 0x89;                        //重新启动 A - D 转换
    }
```

2. W5100 转发数据函数

```
/*****************************************************************/
函数描述: W5100 接收并发送接收到的数据
/*****************************************************************/
void Process_Socket_Data(SOCKET s)
{
    unsigned short size;                         //待发送的字符串的长度大小
    size = S_rx_process(s);
    if(Rx_Buffer[0] == 'M'&&Rx_Buffer[1] == 'O'&&Rx_Buffer[2] == 'T'&&Rx_Buffer[3] ==
'O'&&Rx_Buffer[4] == 'R'&&Rx_Buffer[5] == ''&&Rx_Buffer[6] == 'O'&&Rx_Buffer[7] =
= 'N')
    strcmp(Rx_Buffer, "111abc") == 0
    {ssr = 1;}                                   //如果接收到 MOTOR ON 的信号,开启继电器
    if(Rx_Buffer[0] == 'M'&&Rx_Buffer[1] == 'O'&&Rx_Buffer[2] == 'T'&&Rx_Buffer[3] ==
'O'&&Rx_Buffer[4] == 'R'&&Rx_Buffer[5] == ''&&Rx_Buffer[6] == 'O'&&Rx_Buffer[7] == 'F'
&&Rx_Buffer[7] == 'F')
    //strcmp(Rx_Buffer, "aaa111")
    {ssr = 0;}                                   //如果接收到 MOTOR OFF 的信号,关闭继电器
    memcpy(Tx_Buffer, Rx_Buffer, size);          //将接收的字符串赋给发送缓冲区
    S_tx_process(s, size);                       //发送字符串
}
```

3. W5100_Socket_Set

```
/*****************************************************************/
/* 函数描述: W5100 端口初始化配置
/*****************************************************************/
void W5100_Socket_Set(void)
{
    if(S0_State == 0)                            //端口 0 初始化配置
    {
        if(S0_Mode == TCP_SERVER)                //TCP 服务器模式
        {
            if(Socket_Listen(0) == TRUE)         //监听成功
                S0_State = S_INIT;               //端口 0 完成初始化
            else
                S0_State = 0;                    //监听不成功
        }
        else if(S0_Mode == TCP_CLIENT)           //TCP 客户端模式
        {
```

```
        if(Socket_Connect(0) == TRUE)        //客户端与远程服务器连接
        S0_State = S_INIT;                    //端口 0 完成初始化
            else
                S0_State = 0;
        }
            else                              //UDP 模式
        {
            if(Socket_UDP(0) == TRUE)        //设置为 UDP 模式成功
                S0_State = S_INIT | S_CONN;  //端口 0 完成初始化
            else                              //设置为 UDP 模式失败
                S0_State = 0;
        }
    }


    if(S1_State == 0)                         //端口 1 初始化配置
    {
    if(S1_Mode == TCP_SERVER)                 //TCP 服务器模式
        {
        if(Socket_Listen(1) == TRUE)         //监听成功
            S1_State = S_INIT;                //端口 0 完成初始化
        else
            S1_State = 0;                     //监听不成功
        }
    else if(S1_Mode == TCP_CLIENT)            //TCP 客户端模式
        {
        if(Socket_Connect(1) == TRUE)        //客户端与远程服务器连接
            S1_State = S_INIT;                //端口 1 完成初始化
        else
            S1_State = 0;                     //连接不成功
        }
    else                                      //UDP 模式
        {
            if(Socket_UDP(1) == TRUE)        //设置为 UDP 模式成功
            S1_State = S_INIT | S_CONN;      //端口 1 完成初始化
        else
            S1_State = 0;                     //连接不成功

        }
    }
}
```

4. W5100_Initialization

```
/************************************************************************/
```

303

```
/ * 函数描述: W5100 初始化配置
/ ********************************************************************/
void W5100_Initialization( void )
{
    W5100_Init( );                  //初始化 W5100 寄存器函数
    Detect_Gateway( );              //检查网关服务器
    Socket_Init(0);                 //指定 Socket(0~3)初始化,初始化端口 0
    Socket_Init(1);                 //指定 Socket(0~3)初始化,初始化端口 1
}
```

5. Load_Net_Parameters

```
/ ********************************************************************/
函数描述: 装载网络参数
/ ********************************************************************/
void Load_Net_Parameters( void )
{
    Gateway_IP[0] = 192;            //加载网关参数
    Gateway_IP[1] = 168;
    Gateway_IP[2] = 1;
    Gateway_IP[3] = 1;

    Sub_Mask[0] = 255;              //加载子网掩码
    Sub_Mask[1] = 255;
    Sub_Mask[2] = 255;
    Sub_Mask[3] = 0;

    Phy_Addr[0] = 0x0c;             //加载物理地址
    Phy_Addr[1] = 0x29;
    Phy_Addr[2] = 0xab;
    Phy_Addr[3] = 0x7c;
    Phy_Addr[4] = 0x00;
    Phy_Addr[5] = 0x01;

    IP_Addr[0] = 192;               //加载本机 IP 地址
    IP_Addr[1] = 168;
    IP_Addr[2] = 1;
    IP_Addr[3] = 199;

    S0_Port[0] = 0x13;              //加载端口 0 的端口号 5000
    S0_Port[1] = 0x88;

    S1_Port[0] = 0x11;              //加载端口 0 的端口号 4500
    S1_Port[1] = 0x94;
```

```
        S0_DIP[0] = 192;                //加载端口 0 的目的 IP 地址
        S0_DIP[1] = 168;
        S0_DIP[2] = 1;
        S0_DIP[3] = 190;

        S0_DPort[0] = 0x17;             //加载端口 0 的目的端口号 6000
        S0_DPort[1] = 0x70;

        S0_Mode = TCP_SERVER;           //加载端口 0 的工作模式,TCP 服务端模式
        S1_Mode = TCP_SERVER;           //加载端口 1 的工作模式,TCP 服务端模式
}
```

第 16 章　基于 GSM 的智能指纹门禁系统

16.1　项目背景与研究现状

16.1.1　项目研究背景

在现代科学技术的发展下，信息技术和电子技术的发展程度越来越高，并且应用到人们的生活当中。与此同时，其产品的安全技术也受到人们的重视。就建筑行业的门禁而言，现在市场上有各式各样的门锁，包括传统的防盗门、数字密码等。而这些门禁方式各有其优缺点，比如数字密码锁，虽然使用方便，但是锁的密码容易忘记和被人盗取。这些都是传统的安全系统所采用的方式，随着社会的发展，其安全性越来越脆弱。而我们的生活随时都需要进行个人身份的确认和权限的认定，尤其是在信息社会，人们对于安全性的要求越来越高，同时希望认证的方式简单快速。

面对这些问题，人们不停地在寻找新的开发方式。指纹作为人体的身体特征，凭借它自身的独特性，具有唯一性、稳定性和难以伪造性。在门禁方面，生物识别技术有很大的优势。它既有运用的方便性和认证方式的简单快速性，又提高了门禁系统的安全性能。由于指纹是独一无二的，两人之间不存在着相同的指纹，同时指纹样本易于采集，难以伪造，便于开发，实用性强，可以利用多个指纹构成多重口令，提高了系统的安全性。

鉴于指纹识别技术具有以上的优点，所以利用人的指纹特征进行身份识别是十分优秀的方法，并且在各个领域都有广阔的应用前景和无比巨大的市场潜力，值得去进行开发。

16.1.2　项目研究现状

指纹身份识别技术与计算机技术相结合，已成为身份识别的重要手段之一。而早在古代，人的手指指纹就被用来作为身份识别的标记。比如，古代犯人需要签字画押，画押用的就是指纹。另外，中国是世界上公认的最早应用指纹识别技术的国家。公元前 7000 年～公元前 6000 年以前，在古叙利亚和中国，指纹作为身份鉴别就已经开始使用。考古发现，一些粘土陶器上留有陶艺匠人清晰可见的指纹图案。

19 世纪初，西方开始将指纹身份识别运用到刑事犯罪侦查上。因为没有人的指纹是完全相同的；指纹的样式终生不变。这两个特点就是经常说的指纹的唯一性和不变性。正是因为这两个特点，使得在许多犯罪的案件中，罪犯所留下的指纹被用作识别犯人的证据，指纹得以正式应用。

最开始的时候，将指纹用作每个人的身份识别的想法早就成熟，但是在硬件上却达不到。随着光学扫描技术的发展，能够完成捕获清晰手指图像的功能，由此，指纹识别技术开始飞速发展，图像获取的设备不断改进，获得的图像越来越清晰，而且计算机的功能也变得很强大，处理图像的能力也越来越好，这些因素使得指纹识别技术实现了大跨步的前进，而且指纹图像的识别算法也是越来越全面，推动着指纹识别技术全面发展。

与国外相比，国内的指纹识别技术起步比较晚，但发展的速度却很快，到目前指纹识别技术已经很成熟。目前市场上出售的指纹模块种类有很多，比如半导体电容式指纹模块、光学指纹模块、射频真皮识别指纹模块、刮擦式真皮识别指纹模块等。指纹识别算法的不断被优化，以及硬件平台的不断升级，使指纹识别技术相应的造价不断降低，应用方面越来越广。指纹识别技术不只用在警用领域，而是进入到人们的日常生活中。因为指纹识别在门禁方面的前景十分广阔，利润高，这使得很多的公司和研究机构都投入了大量的人力去开发，使得指纹识别门禁的发展空前迅速，而且这些产品已经在各个领域被应用。目前广泛应用的指纹识别都是基于单片机的，而单片机技术又在飞速发展，这就支撑着指纹识别技术在越来越多的领域中飞速发展。总而言之，指纹识别技术具有十分广阔的发展前景。

16.2 指纹识别技术与整体设计方案

16.2.1 指纹特征介绍

指纹指的是在手指末端正面的皮肤上线条构成的纹路，线条的方向不同，弯曲程度不同，就构成了不一样的指纹。一条线条，就会产生几百上千种的变化，一个手指上有很多条线，这就使得每个人的指纹都不同，每个人的指纹都是独一无二的，而且不会改变。指纹的线条有很多的特征，其中纹线的起点、终点、结合点和分叉点，被称为指纹的细节特征点。

指纹图像分为两大类，即总体特征和局部特征两大类。

总体特征：指的是指纹的宏观上所体现出来的特征，也就是说那些用肉眼可以直接观察到的特点，这些特点比如有纹形、模式区、核心点、三角点和纹数等。指纹总体特征图如图 16-1 所示。

局部特征：手指指纹有许多不能一眼看出来的小细节，这些细节需要仔细看才能分辨出它们的区别，这些特征就是局部特征。手指指纹的纹线，不是一直连续的，会出现一些分叉和中断，这些小的细节使得指纹能够进一步区别。相同的指纹在总体特征上可能一致，但在局部特征上却是不同的，这就为指纹的唯一性提供了确认信息。

图 16-1 指纹总体特征图

16.2.2 指纹识别技术

指纹识别技术的目标就是能够识别手指的指纹并能够将不同指纹的模板进行对比判断，主要分为两部分：指纹图像获取和指纹图像对比判断。指纹图像获取：识别并获取指纹图像，需要能够获取指纹图像的指纹传感器，目前主要有 3 类：①光学指纹传感器：通过光学手段获取指纹的技术是最早用于指纹识别技术的，光学指纹感器的优点是方便快捷，它的缺点就是对采集手指和取像的镜片要求比较高，质量好的镜片才能够获取到清晰的指纹图像，并且光学指纹传感器的体积一般都比较大，对于小巧的嵌入式设备来说不适用。②半导体指纹传感器：对于半导体指纹传感器来说，它的价格低、体积小，对于嵌入式设备来说，小巧的便于使用。自20世纪90年代中期出现以来，发展十分迅速，代表产品有玉感指纹传感器、固态指纹传感器、电容式指纹传感器、温度型指纹传感器等。③基于超声波扫描技术的指纹传感器：超声波遇到皮肤会反射回来，而且皮肤表面凹凸不平，反射回来的声波也是不同的，超声波识别就是利用反射回来的声波的不同来识别不同的指纹。它的优点有：在不同的情况下都能获取到清晰的图像，对于不同粗糙程度的手指也都能获得清晰的图像。缺点：就目前来说，这种传感器的价格比较昂贵，不太适合普及。

指纹图像对比判断：获取到指纹图像之后，为了判别出获取到的指纹到底是谁的指纹，就需要对指纹与指纹数据库中的指纹进行对比判断。进行对比判断就需要一个算法，这就是指纹识别算法。指纹识别算法是指纹识别技术的关键，算法的好坏，直接影响到拒识率和误识率，以及系统的运行速度等。整个指纹识别算法分为三部分：指纹图像预处理、提取指纹特征和指纹匹配。先获得手指的指纹，再利用指纹识别算法将数据库的指纹和得到的指纹相对比，判断出获取的指纹是不是数据库中的指纹，若是，给出相匹配的是数据库中哪一个指纹。

通过指纹图像获取和指纹对比判断两个部分，便可以对给出手指的指纹进行识别，得到识别结果，这就是指纹识别技术的大体构造。

16.2.3 整体设计方案

根据以上所介绍的指纹识别技术，设计基于单片机的指纹识别门禁系统，实现对门禁系统的整体实现。系统主要分为 IAP15W4K58S4 核心单片机和各个子模块两大部分，IAP15W4K58S4 核心单片机作为主要的控制部分，通过发送指令对各个模块进行控制，并且实现功能。STM32 指纹模块对用户进行指纹识别工作，同时也可以对用户添加指纹和删除指纹。

GSM 模块通过网络通信实现对用户发送报警短信和用户通过发送开门短信实现对电子锁的开锁。单片机通过对用户指纹进行识别，进而控制继电器以实现对电磁锁的开闭。同时，单片机通过对用户指纹是否匹配成功来给语音模块进行报警声响的实现。整体框架如图 16-2 所示。

本系统的主要功能特点如下：

1）拥有高效方便的指纹识别模块，可以十分快捷地利用指纹开锁，高效方便，且安全性高。

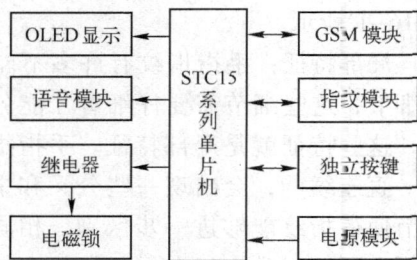

图 16-2 指纹门禁系统结构图

2）短信模块既可以发送报警短信给用户，用户也可以通过给短信模块发送开门短信来开锁。单片机与短信模块的通信，可实现远距离的控制。

3）语音模块设置用户指纹识别不成功来发出报警声响。

4）门禁系统的用户可以添加和删除，来进行对用户权限的识别。

16.3　系统硬件设计

16.3.1　硬件系统架构设计

本基于单片机的指纹识别门禁系统的硬件部分需要完成一系列复杂的任务，包括图像采集、图像处理和图像对比等，要实现这样一个复杂的任务，需要处理器具有比较强的计算能力和控制能力，并且存储器内存空间要大。

本指纹识别系统，就是利用指纹识别技术，通过单片机的硬件和软件管理实现对门禁的控制。工作人员不必携带钥匙，也不必进行纸张登记，只需手指一按，便可以完成身份识别和进入记录。整个系统需要满足处理速度快、指纹的识辨率高的要求，所以在处理的选择和指纹识别模块的选择上要注重其性能。

该门禁系统主控部分采用 IAP15W4K58S4 单片机，该款单片机的内部架构延续经典8051 单片机，是一款增强型 51 单片机。

本系统采用 UART Fingerprint Reader 作为指纹识别模块。UART Fingerprint Reader 模块以 ST 公司 STM32F205 高速数字处理器为核心，结合商用指纹算法（TFS‐9）、高精度光学传感器（TFS‐D400），并具有指纹录入、图像处理、特征值提取、模板生成、模板存储、指纹比对和搜索等功能的智能型模块。

另添加 OLED 显示屏、JQ6500 语音芯片提示用户操作并返回操作结果，并且配有 GSM模块和用户手机进行通信，及时反映异常状态并且报警，用户也可以通过短信打开门禁，进一步提高了警戒级别，系统总体结构框图如图 16‐3 所示。

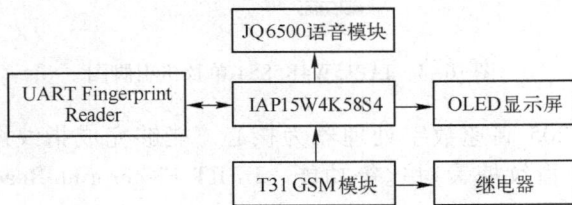

图 16‐3　硬件系统总体结构图

16.3.2　IAP15W4K58S4 单片机

该系统主控部分采用 IAP15W4K58S4 单片机，该款单片机的内部架构延续经典 8051 单片机，是一款增强型 51 单片机。相对于传统 8051 而言，在片内资源、性能及速度上都有很大改进，尤其是采用新型 Flash 作为片内存储器，应用 ISP 和 IAP 技术，使单片机系统的开发过程变得简单，深受广大用户欢迎。

IAP15W4K58S4 单片机引脚图如图 16‐4 所示。

16.3.3　指纹识别模块

对于本系统指纹识别模块的选用，采用 UART Fingerprint Reader 指纹识别模块，该模块是个完整的指纹识别模块，能够完成指纹图像的获取、指纹对比匹配和指纹模板的存储功图中顶部引脚（48~37）：

P52、P04、P03、P02、P01、P00、P46、P45、P27、P26、P25、P24

48 47 46 45 44 43 42 41 40 39 38 37

U1
IAP15W4K58S4_LQFP48

P5.2/RXD4_2
P0.4/AD4/T4CLKO/TXD4
P0.3/AD3/TXD4
P0.2/AD2/RXD4
P0.1/AD1/TXD3
P0.0/AD0/RXD3
P4.6/RXD2_2
P4.5/ALE/CCP5
P2.7/A15/CCP2_3
P2.6/A14/CCP1_3
P2.5/A13/CCP0_3
P2.4/A12/ECI_3/SS_2

左侧引脚（1~12）：

引脚号	端口	功能
P53	1	P5.3/TXT4_2
P05	2	P0.5/AD5/T4
P06	3	P0.6/AD6/T3CLKO
P07	4	P0.7/AD7/T3
P10	5	P1.0/ADC0/CCP1/RXD2
P11	6	P1.1/ADC1/CCP0/TXD2
P47	7	P4.7/TXD2_2
P12	8	P1.2/ADC2/SS/BCI/CMPO
P13	9	P1.3/ADC3/MOSI
P14	10	P1.4/ADC4/MISO
P15	11	P1.5/ADC5/SCLK
P16	12	P1.6/ADC6/RXD_3/XTAL2/MCLKO_2

右侧引脚（36~25）：

功能	引脚号	端口
P2.3/A11/MOSI_2	36	P23
P2.2/A10/MISO_2	35	P22
P2.1/A9/SCLK_2	34	P21
P2.0/A8/RSTOUT_LOW	33	P20
P4.4/RD/CCP4	32	P44
P4.3/SCLK_3	31	P43
P4.2/WR/CCP3	30	P42
P4.1/MISO_3	29	P41
P3.7/INT3/TXD_2/CCP2/CCP2_2	28	P37
P3.6/INT2/RXD_2/CCP1_2	27	P36
P3.5/T1/T0CLKO/CCP0_2	26	P35
P5.1/TXD3_2	25	P51

底部引脚（13~24）：

P1.7/ADC7/TXD_3/XTAL1
P5.4/RST/MCLKO/SS_3/CMP-
VCC
P5.5/CMP+
GND
P4.0/MOSI_3
P3.0/RXD/INT4/T2CLKO
P3.1/TXD/T2
P3.2/INT0
P3.3/INT1
P3.4/T0/WT/CLKO/ECI_2
P5.0/RXD3_2

13 14 15 16 17 18 19 20 21 22 23 24

P17、P54、P55、P40、P30、P31、P32、P33、P34、P50

VCC GND

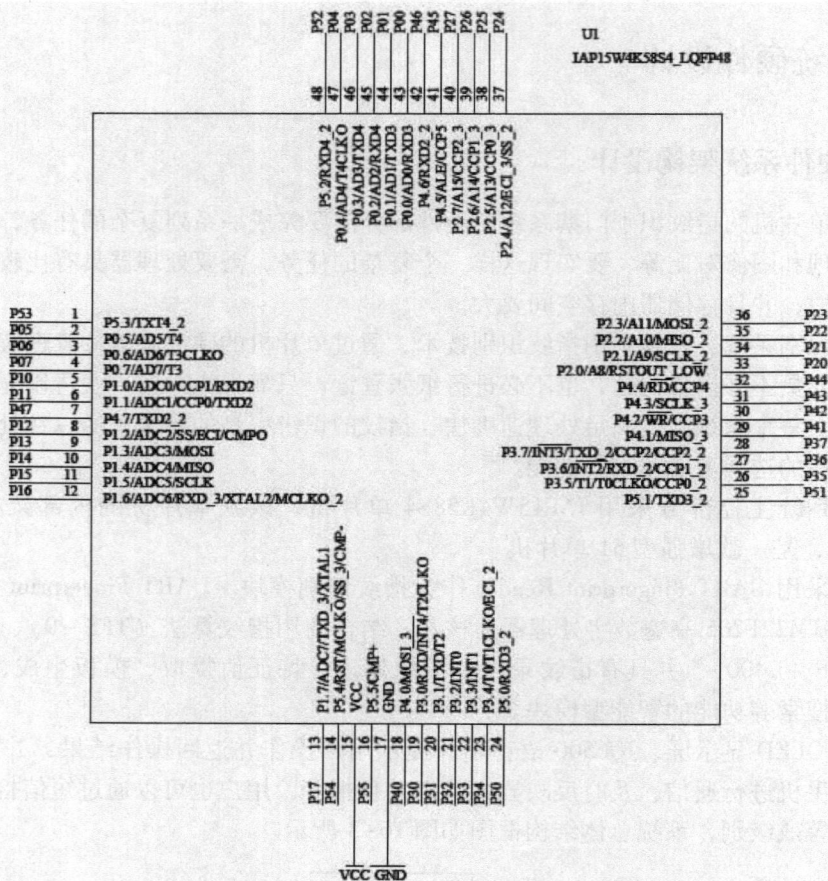

图 16-4　IAP15W4K58S4 单片机引脚图

能。以 ST 公司 STM32F205 高速数字处理器为核心，能够完成指纹图像处理、模板生成、模板匹配、指纹存储和指纹搜索对比等功能。UART Fingerprint Reader 实物图如图 16-5 所示。

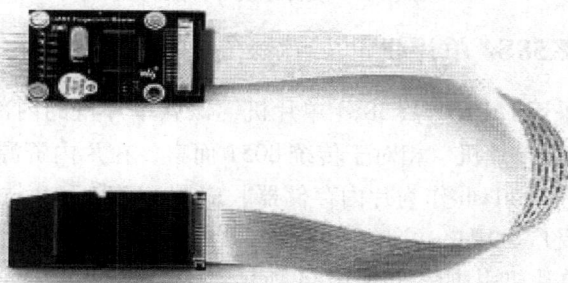

图 16-5　UART Fingerprint Reader 实物图

UART Fingerprint Reader 具有以下特点：

1）指纹感应灵敏，识别速度快。指纹模块采用高精度光路和成像元件，使用时，只需

310

要手指轻轻一点，就能快速识别。

2）性能稳定。模块采用 ST 公司 STM32F205 高速数字处理芯片作处理器，低功耗，快速稳定，比其他的平台芯片稳定至少30%。

3）结构科学。模块采用分体结构，指纹传感器＋处理主板＋算法平台三大结构，主板稳定，采用标准16P通用接口；传感器可自主选择和更换光学、半导体传感器；采用商用算法，速度快。

4）开发方便。串口 UART 操作（直接接任何带串口单片机），操作简单，并配有 PC 的演示软件、学习软件、单片机例程及相关的工具。

5）开放。可以自由输入、输出指纹图片、指纹特征值文件及各种指纹操作，协议更全，开放更好。

UART Fingerprint Reader 的外部引脚共6个，各个引脚的功能见表 16-1。

表 16-1　UART Fingerprint Reader 的引脚介绍

名　称	类　型	功　能　描　述
VCC	IN	电源 3.3 V 或 5 V
TXD	OUT	指纹模块串口发送
RXD	IN	指纹模块串口接收
GND	—	接地
EL	—	指纹头的背光灯，可不接
RST	IN	指纹模块复位，可不接

UART Fingerprint Reader 指纹识别模块内部已经集成了足够的器件，能够自己完成足够多的功能，只需要从单片机通过串口向模块发送指令就能够实现功能。具体的过程是：扫描指纹，获取指纹的图像，再将图像合成模板，模板中存的就是指纹的特征的数据。数据库中所存的指纹数据指的就是模板，每个人的指纹构成一个模板，一个模板代表一个人，指纹的识别也是通过获取指纹的模板，与数据库中的模板相对比，若一致则匹配成功。

指纹识别模块的使用命令主要为：

1）录入图像、生成特征、合成指纹模板、存储指纹模板。

2）搜索指纹、匹配指纹。具体的指令格式和使用方法，在后面的软件设计部分做详细介绍。

指纹识别模块与单片机的引脚连接如图 16-6 所示。

指纹识别模块的 VCC 端接到 5 V 电源，GND 端接地，RXD 串行数据输入接到单片机的 P3.7 口（TXD），TXD 串行数据输出端接到单片机的 P3.6 口（RXD）。模块与单片机需要通信，通信方式采用串行通信，从单片机发送指令，指令以字节为单位从串行口发送出去，模块接收指令，再运行指令，实现功能。单片机的指令、模块的应答和指纹数据的传输都要满足模块规定的格式。

1）指令包/数据包。指令包和数据包共分为三类：命令包，包标头 = 01；数据包，且有后续包，包标头 = 02；数据结束包，包标头 = 08。数据包都需要添加前置的标头，标头都是 0 包 xEF01。

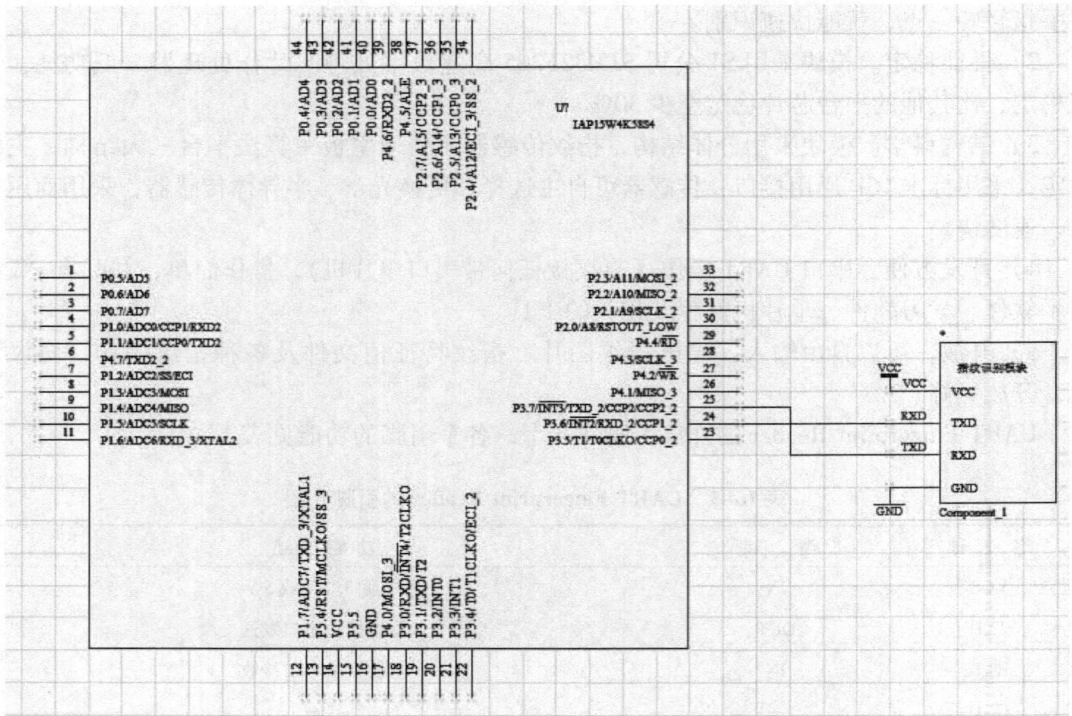

图 16-6 指纹识别模块与单片机的连接

2）应答包。模块在接收到单片机的指令后，就根据指令开始工作，当任务完成后，就需要向单片机返回指令执行的结果，这时就需要应答包，应答包有自己的格式和相应的确认码的定义。

3）通信波特率。指纹识别模块的波特率为 19200 bit/s，与单片机进行串口通信，单片机的波特率也要相应设置为 19200 bit/s。

4）指令集。指纹识别模块具有自己完整的指令集，通过这些指令集，可以完成所有的功能。

16.3.4 语音模块

1. 语音模块简介

JQ6500 是一个提供串口的 MP3 芯片，完美地集成了 MP3、WMV 的硬解码。同时软件支持 TF 卡驱动，支持计算机直接更新 SPI Flash 的内容，支持 FAT16、FAT32 文件系统。通过简单的串口指令即可完成播放指定的音乐，以及如何播放音乐等功能，无须烦琐的底层操作，使用方便，稳定可靠是此款产品的最大特点。

另外该芯片也是深度定制的产品，专为固定语音播放领域开发的低成本解决方案。

2. 语音模块功能

JQ6500 语音模块具有以下功能：

1）支持采样率（kHz）：8/11.025/12/16/22.05/24/32/44.1/48。

2）24 位 DAC 输出，动态范围支持 90 dB，信噪比支持 85 dB。

3）完全支持 FAT16、FAT32 文件系统，最大支持 32G 的 TF 卡，支持 32G 的 U 盘、64 MB 的 NORFLASH。

4）多种控制模式，串口模式、AD 按键控制模式。

5）广播语插播功能，可以暂停正在播放的背景音乐。

6）音频数据按文件夹排序，最多支持 100 个文件夹，每个文件夹可以分配 1000 首歌曲。

7）30 级音量可调，10 级 EQ 可调。

8）可以外挂 SPI Flash，连接计算机可以显示 SPI Flash 的盘符进行内容更新。

9）可以通过单片机串口进行控制播放指定的音乐。

10）在按键模式下，可以进行播放模式选择：脉冲可重复、脉冲不可重复、电平非保持可循环、电平保持可循环。

3. 语音模块应用

JQ6500 语音模块主要应用于以下领域：

1）车载导航语音播报。

2）公路运输稽查、收费站语音提示。

3）火车站、汽车站安全检查语音提示。

4）车辆进、出通道验证语音提示。

5）多路语音警或设备操作引导语音。

6）消防语音报警提示。

7）自动广播设备，定时播报。

4. 语音模块引脚功能说明

JQ6500 语音模块的引脚如图 16-7 所示，其与单片机连接电路如图 16-8 所示。

语音模块的电源由单片机供电，语音模块 9 号引脚接单片机 P01 引脚（TXD3），由单片机发送指令控制模块播放指定语言。15 和 16 引脚接扬声器，可以直接驱动 1 W/8 Ω 的扬声器，声音响亮，具体见表 16-2。

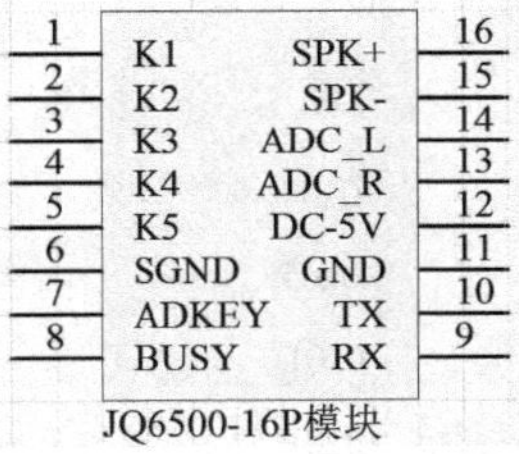

图 16-7　语音模块引脚图

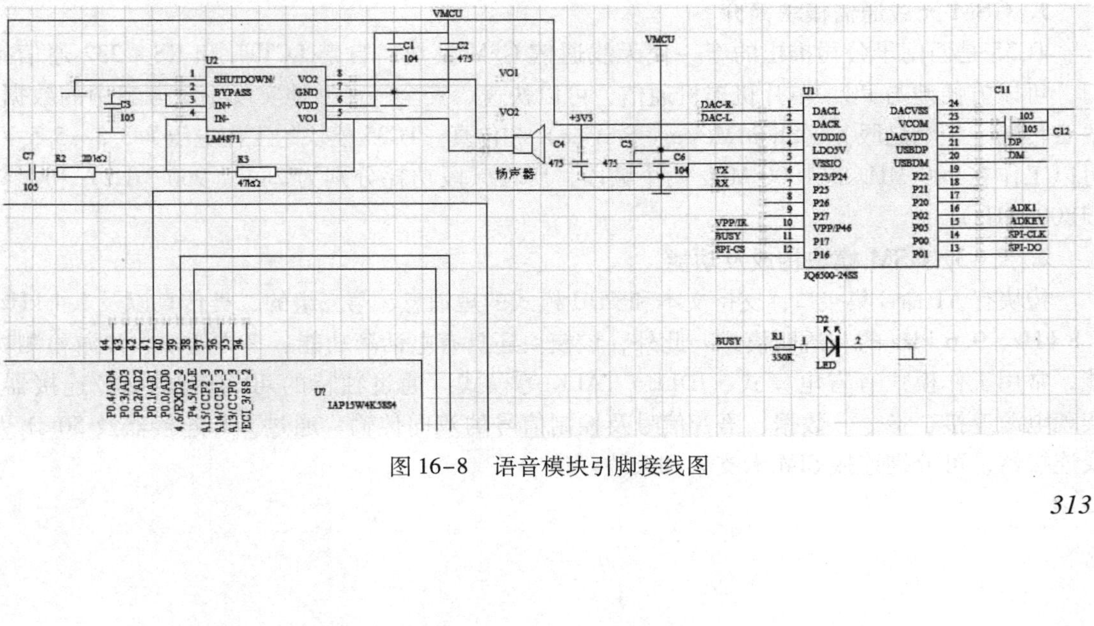

图 16-8　语音模块引脚接线图

313

表 16-2　语音模块引脚部分功能

引脚序号	引脚名称	功能描述	备　　注
6	SGND	地	电源地
8	BUSY	播放指示灯	有音频输出时高，无音频输出低
9	RX	UART 串行数据输入	
10	TX	UART 串行数据输出	
11	GND	地	电源地
12	DC - 5V	模块电源输入	不可以超过 5.2 V
15	SPK -	扬声器 +	直接驱动 1W/8 Ω 以下扬声器
16	SPK +	扬声器 -	

5. 语音模块通信指令

单片机通过串口发送指令【7E 04 03 00 01 EF】给语音模块，00 01 表示指定曲目的序号。单片机通过串口发送指令【7E 02 04/05 EF】给语音模块可以加减音量。

语音模块指令见表 16-3。

表 16-3　语音模块指令

CMD 详解（指令）	对应的功能	参数（16 位）及对应指令格式
0x03	指定曲目（NUM）	0 ~65535、SPI（0 ~200） 【7E 04 03 00 01 EF】表示播放第一段音乐 红色字体就是播放的段数 自己可以改变
0x04	音量 +	【7E 02 04 EF】
0x05	音量 -	【7E 02 05 EF】
0x0D	播放	【7E 02 0D EF】
0x0E	暂停	【7E 02 0E EF】

16.3.5　GSM 无线通信模块

1. GSM 无线通信模块简介

TC35 是西门子公司推出的新一代无线通信 GSM 模块；自带 LCTTL 和 RS - 232 通信接口，可以方便地与 PC、单片机连机通信；可以快速、安全、可靠地实现系统方案中的数据、语音传输、短消息服务（Short Message Service）和传真。TC35 模块的工作电压为 3.3 ~5.5 V，可以工作在 900 MHz 和 1800 MHz 两个频段，所在频段功耗分别为 2 W（900 MHz）和 1 W（1800 MHz）。

2. T - 31 GSM 模块构成及功能

模块有 AT 命令集接口，支持文本和 PDU 模式的短消息、第三组的二类传真以及 2.4 kHz、4.8 kHz、9.6 kHz 的非透明模式。此外，该模块还具有电话簿功能、多方通话、漫游检测功能，常用工作模式有省电模式、IDLE、TALK 等模式。通过独特的 40 引脚的 ZIF 连接器，实现电源连接、指令、数据、语音信号及控制信号的双向传输。通过 ZIF 连接器及 50 Ω 天线连接器，可分别连接 SIM 卡支架和天线。

TC35 模块主要由 GSM 基带处理器、GSM 射频模块、供电模块（ASIC）、闪存、ZIF 连接器和接口 6 部分组成。作为 TC35 的核心，基带处理器主要处理 GSM 终端内的语音、数据信号，并涵盖了蜂窝射频设备中的所有模拟和数字功能。在不需要额外硬件电路的前提下，可支持 FR、HR 和 EFR 语音信道编码。

3. T−31 GSM 模块连接方式

通过 3 根线连接单片机和 TC35 模块：TTL 电平直接连接，这 3 根线分别是 TXD、RXD、GND。

如图 16−9 所示，黄色接地，蓝色和绿色分别接 TXD、RXD。指纹识别模块与单片机的连接如图 16−10 所示。

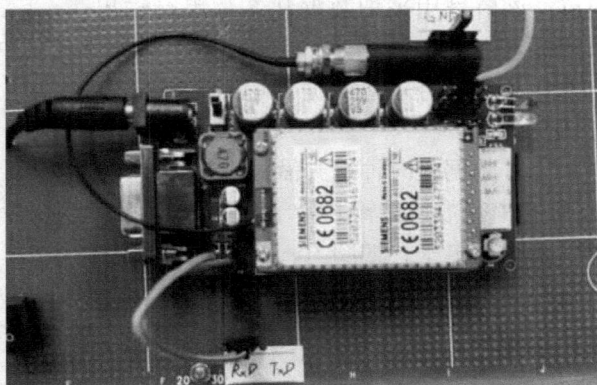

图 16−9　T−31GSM 模块实物图

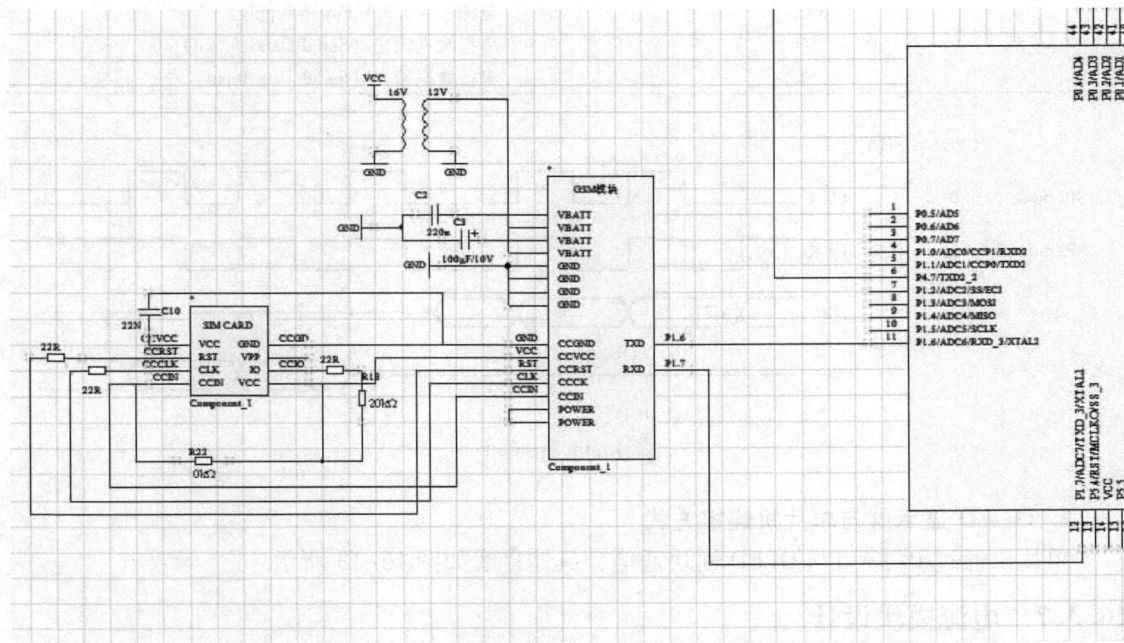

图 16−10　指纹识别模块与单片机的连接

在使用前需要使用串口调试软件进行调试，TC35 的默认波特率是 9600 bit/s，实际使用时，可以改成 115200 bit/s 或 38400 bit/s，并且通过 AT 命令设置短信的读取方式。

16.3.6 OLED 显示屏模块

单片机通过 P4 接口与 OLED 模块通信，可以显示 8 × 4 个中英文字符。在程序中调用显示函数显示要显示的内容。

1. 引脚描述

OLED 显示屏 16S1Y 的引脚图如图 16-11 所示，其各个引脚的含义见表 16-4。

串行数据输出（SO）：该信号用来把数据从芯片串行输出，数据在时钟的下降沿移出。

串行数据输入（SI）：该信号用来把数据从串行输入芯片，数据在时钟的上升沿移入。

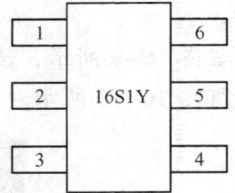

图 16-11 16S1Y 引脚图

串行时钟输入（SCLK）：数据在时钟上升沿移入，在下降沿移出。

片选输入（CS#）：所有串行数据传输开始于 CS# 下降沿，CS# 在传输期间必须保持为低电平，在两条指令之间保持为高电平，如图 16-12 所示。

表 16-4 SOT23 - 6 名称 I/O 描述

SOT23 - 6	名 称	I/O	描 述
1	SCLK	I	串行时钟输入（Serial Clock Input）
2	GND		地（Ground）
3	CS#	I	片选输入（Chip Enable Input）
4	VCC		电源（ + 3.3 V Power Supply）
5	SO	O	串行数据输出（Serial Data Output）
6	SI	I	串行数据输入（Serial Data Input）

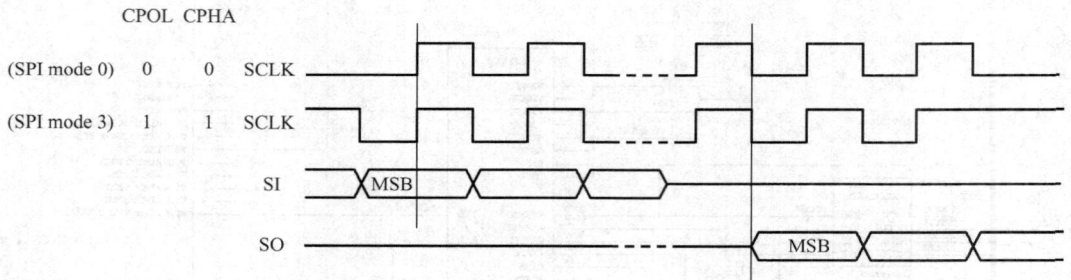

图 16-12 时序图

2. OLED 显示屏与单片机连接方式

单片机通过 P4 接口与 OLED 模块通信，具体接线如图 16-13 所示。

16.3.7 电源模块设计

本设计采用双电源供电，其中干电池给各模块供电，通过降压器将电压降到 12 V 给电磁锁供电，用另一个降压器将电压 5 V 给其他模块供电。供电模块原理图如图 16-14 所示。

316

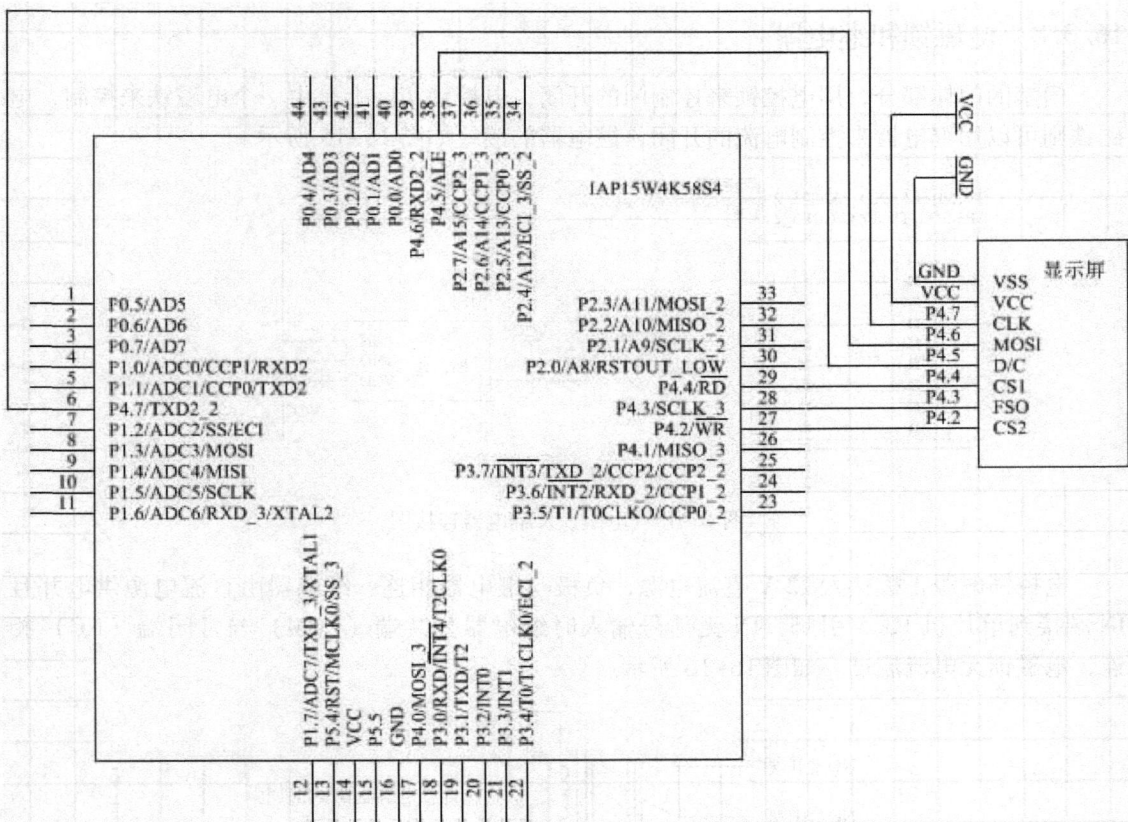

图 16-13　显示屏模块与单片机的连接

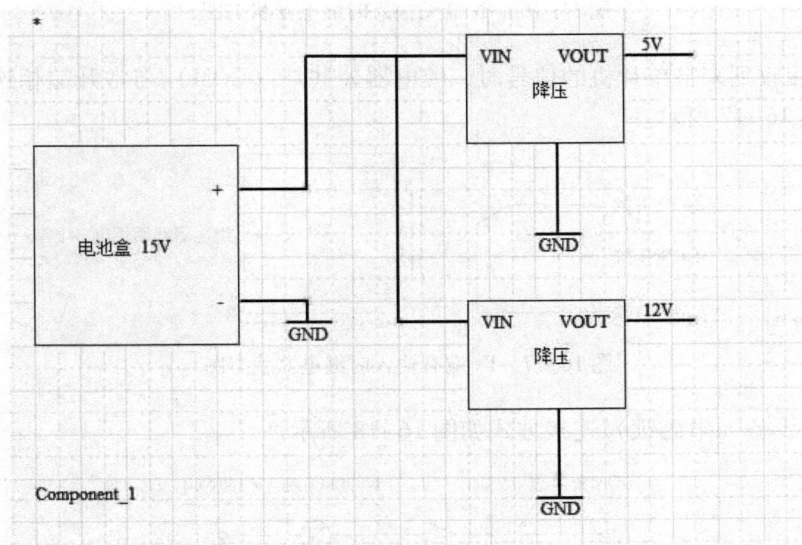

图 16-14　供电模块原理图

16.3.8 电磁锁和继电器

门禁的门体部分，用电控锁来控制门的开闭，电控锁实际上是由一个电磁铁来控制，电磁铁则可以用继电器来控制电流的开闭，继电器的接线如图16-15所示。

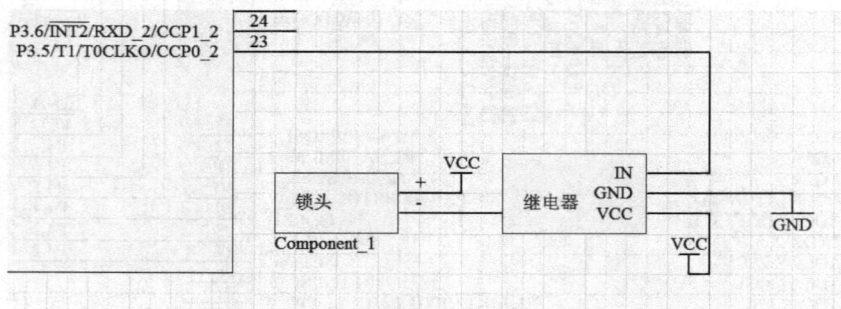

图16-15 电磁铁及继电器连接图

电控锁电源正极接入12 V直流电源，负极与继电器相连，继电器由直流电源供电并且IN端接到单片机P3.5引脚，IN无信号输入时继电器公共端（COM）与常闭端（NC）相连，电磁锁无电流流过。如图16-16所示。

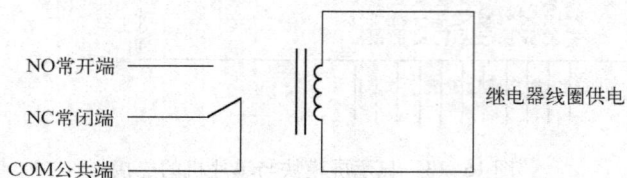

图16-16 IN端无输入时继电器状态图

当IN端接收到来自单片机的信号时，继电器公共端（COM）与常开端相连，电磁锁通电打开。如图16-17所示。

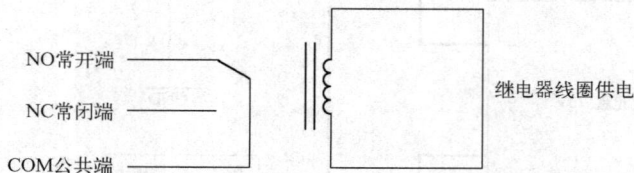

图16-17 IN端有输入时继电器状态图

继电器与设备（电磁锁）连接方式如图16-18所示。

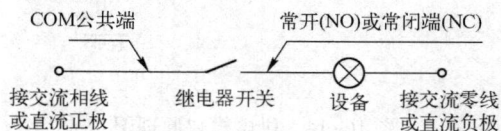

图16-18 继电器连接方式

16.4　系统软件设计

本系统采用 C 语言编程，软件使用 Keil C51 版本，将程序模块化，便于功能的进一步扩展，模块化还有利于错误的检查和后期的优化。

软件系统主要分为以下几个模块：IAP15W4K58S4 单片机模块、GSM 模块、指纹模块（包括添加指纹、识别指纹、删除指纹）、OLED 显示屏、继电器和语音模块。下面针对各个模块分别介绍其程序流程。

16.4.1　单片机控制程序设计

单片机采用 IAP15W4K58S4 核心板，单片机的主程序主要完成上位机与下位机通信、单片机与模块通信的任务，首先要将波特率设置为 9600 bit/s（与模块相对应），然后再根据模块的指令包格式发送命令。软件使用 Keil C51 版本，主程序采用 C 语言编写。单片机对指纹识别模块发送命令，得到识别结果，再根据这个结果来控制显示模块、语音模块和电子锁模块。

程序的主流程图如图 16-19 所示。

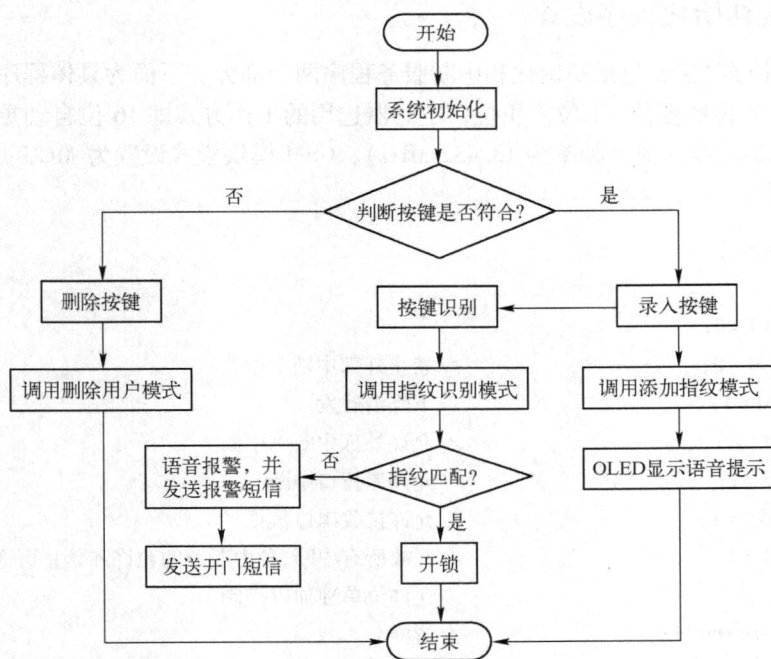

图 16-19　系统程序主流程图

单片机的初始化主要包括波特率的设置、定时的设置以及中断的设置，程序如下：

```
void main(void)
{
    ET0 = 1;        //定时器 0 开中断
```

```
    TL0 = 0x97;      //设定定时器的初始值
    TH0 = 0xBD;
    SCON = 0x50;     //设置串行通信控制寄存器
    PCON = 0x00;     //设置波特率,当 SMOD = 0 时,波特率保持
    TMOD = 0x21;     //设置定时器 T1 的相关属性
    TH1 = 0xFD;
    TL1 = 0xFD;      //设置波特率,此处设置波特率为 9600
    TR1 = 1;
    TR0 = 1;         //开定时器 0
    IT0 = 0;         //中断 0 低电平中断
}
```

完成单片机的初始化后,根据按键来触发子程序,比如按键选择指纹录入,就调用采集指纹子程序,再调用生成特征文件的子程序,最后调用存储指纹子程序,这样一连串下来便完成了整个指纹录入过程;如果按键选择指纹识别,就先调用采集指纹子程序,进而调用特征文件生成子程序,最后调用指纹对比子程序,返回对比结果,完成指纹识别功能;如果按键选择删除功能,就调用删除子程序,并返回删除结果。

16.4.2 系统初始化程序设计

串口初始化程序主要包括初始化和中断服务程序两个部分。下面为具体程序。在本系统中串口设置方式:8 位数据位,1 位停止位,定时器选用的工作方式即 16 位自动重装定时器、波特率设置为 9600 bit/s(晶振频率为 18. 432 MHz)、GSM 模块模式设置为 MCU – GSM。

串口初始化:

```
    void main( )
    {
        int i = 0;
        EX0 = 0;                        //禁止外部中断 0 中断
        IT0 = 1;                        //下降沿触发
        EX1 = 1;                        //允许外部中断 1 中断
        ES = 1;                         //允许串行口中断
        REN = 1;                        //允许接收串口数据
        EA = 1;                         //开放所有中断,各中断源的允许和禁止可通过相应的中断
                                        //允许位单独加以控制
        ClrScreen( );                   //清屏
        read number( phone number);     //读取手机号码
        if( system_cast == 3)           //监测报警状态
        {
            EX0 = 1;                    //允许外部中断 0 中断
            system_cast = 0;
        }
    }
```

串口进行数据的发送和接收处理时，采用中断服务程序来实现，在中断服务程序中主要完成：当有信号使单片机进入外部中断后首先保存有必要保存的程序现场信息。之后，程序判断系统是否在布防状态，如果系统既在布防状态又有报警信号输入则输出报警信号，单片机控制 GSM 模块启动发送报警短信，关闭报警。若没有报警信号输入，则直接中断返回。上述由具体的外部中断 0 服务程序。

16.4.3 指纹识别模块程序设计

STM32 指纹模块结合商用指纹算法（TFS－9）、高精度光学传感器（TFS－D400），并具有指纹录入、图像处理、特征值提取、模板生成、模板存储、指纹比对和搜索等功能的智能型模块；提供 UART 接口和通信协议。STM32 作为一个指纹识别模块，它的内部已经很完整，用户只需要对模块下达合适的命令就能够实现对模块的控制，进而实现相应的功能。

指纹识别模块需要完成的工作有：获取指纹图像，生成指纹特征模板，存储指纹特征模板和匹配指纹等工作，单片机根据模块的指令系统，给模块发送指令信息，来控制模块完成相应的工作。工作过程如下所示。

1. 指纹录入过程

（1）指纹录入过程流程图

指纹录入过程的流程图如图 16-20 所示。

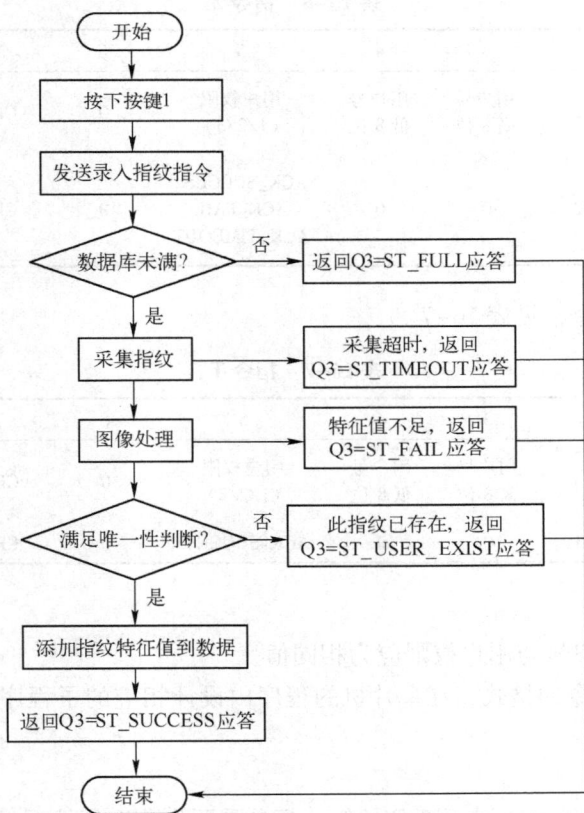

图 16-20 指纹录入过程

指纹录入过程用于新用户的指纹添加，当有新用户需要添加指纹时，就先在指纹头处获取用户的指纹图像，再将其生成指纹特征模板并存储起来，这样就完成了新用户的注册。

（2）指纹录入过程中的主要指令

为确保有效性，用户必须录入 3 次指纹，主机须向指纹模块发送 3 次命令。

① 第 1 次指纹命令，见表 16-5。

【说明】用户号的取值范围为 1 ~ 0xFFF；用户权限取值范围为 1、2、3，其含义由二次开发者自行定义。

表 16-5　指纹模块指令 1

字　节	1	2	3	4	5	6	7	8
命令	0xF5	0x01	用户号 高 8 位	用户号 低 8 位	用户权限 （1/2/3）	0	CHK	0=F5
应答	0xF5	0x01	0	0	ACK_SUCCESS ACK_FAIL ACK_FULL ACK_TIMEOUT	0	CHK	0=F5

② 第 2 次指纹命令，见表 16-6。

表 16-6　指令 2

字　节	1	2	3	4	5	6	7	3
命令	0xF5	0x02	用户号 高 8 位	用户号 低 8 位	用户权限 （1/2/3）	0	CHK	0xF5
应答	0xF5	0x02	0	0	ACK_SUCCESS ACK_FAIL ACK_TIMEOUT	0	CHK	0xF5

③ 第 3 次指纹命令，见表 16-7。

表 16-7　指令 3

字　节	1	2	3	4	5	6	7	8
命令	0xF5	0x03	用户号 高 8 位	用户号 低 8 位	用户权限 （1/2/3）	0	CHK	0xF5
应答	0xF5	0x03	0	0	ACK_SUCCESS	0	CHK	0=F5

【说明】

1）3 次命令中用户号与用户权限应为相同值。

2）按照这 3 个指令的格式，在单片机的程序内设计相应的子程序，加以调用，便可以完成以上功能。

2. 指纹识别过程

指纹识别过程与指纹录入过程部分相似，都是需要先获取指纹图像，再将获得的指纹图像生成特征模板。指纹识别过程在得到指纹特征模板之后，将其与指纹库中的模板作对比，若对比成功，就返回对应指纹模板的 ID；若失败，就返回失败。指纹识别过程用于门禁系统的开锁，当有用户时，首先在指纹头处获取指纹，再与指纹库中指纹相对比，若成功，就打开门；失败，就通过液晶显示屏提示指纹匹配失败。

指纹识别过程的流程图如图 16-20 所示。

3. 指纹删除过程

当门禁系统用户发生变换时，需要更换新用户的指纹信息，则应将原来存入的老用户指纹信息进行删除。

（1）指纹删除过程流程图

指纹删除过程的流程图如图 16-21 所示。

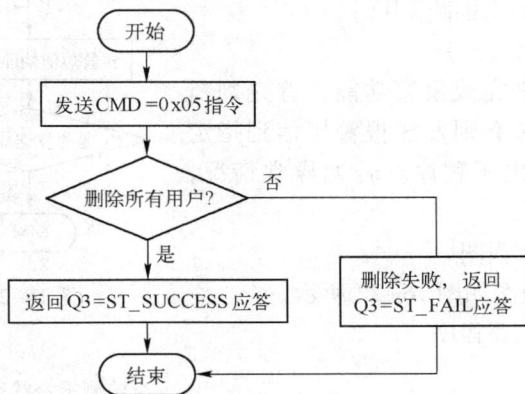

图 16-21　指纹删除过程

（2）指纹删除过程中的主要指令

指纹删除过程中的主要指令见表 16-8。

表 16-8　指纹删除指令

字　节	1	2	3	4	5	6	7	8
命令	0xF5	0x05	0	0	0	0	CHK	0xF5
应答	0xF5	0x05	0	0	ACK_SUCCESS ACK_FAIL	0	CHK	0xF5

16.4.4　GSM 无线通信程序设计

GSM 网络是基于时分多址技术和频分多址技术的通信网络体系，主要提供语音、短信息、数据等多种业务，具有传输快、费用低等优点，因此在远程控制中得到了广泛的应用。GSM 网络具有覆盖面广、成本低、费用便宜、无噪声污染、不受地区和线路限制等优点，因此用 GSM 和单片机的串口通信能更快、更真实地实行对门禁系统安全的监控。通过 GSM 模块对用户及时发送报警短信可以给用户提供及时的实况，同时，当用户不在家时，有客人或者其他用户需要开门，短信模块也可以发送开门短信进行开锁。

本系统使西门子公司 TC35 GSM 模块。蜂窝通信引擎 TC35 是西门子推出的一种无线通信模块，并且已经有国内的无线电设备入网。它设计小巧、功耗低，可以为很多通信应用提供经济高效的解决方案，适用的范围包括便携式计算机的低功耗通信设备、遥测遥感、远程信息处理和通信等工业领域。具有基本通信功能——接打电话和收发短信，并支持 GPRS 功能。本设计正好需要无线传输数据短信收发，因此采用这种模块是比较合适的。

本系统短信模块分为两个功能：第一个功能是当指纹识别不成功时，单片机传输结果给 GSM 模块，然后发送报警短信给用户；另一个功能是当用户身在外面，无法通过自己的指纹开锁但又需要开门的情况时，可以通过发送开门短信来开门。

1. 短信报警程序设计

短信报警程序是用来完成报警功能，首先判断是否有异常情况发生，若有则发送报警短信到指定手机，发送成功后则退出子程序。若无异常情况，则直接退出子程序。

（1）短信报警程序流程图

短信报警程序的流程图如图 16-22 所示。

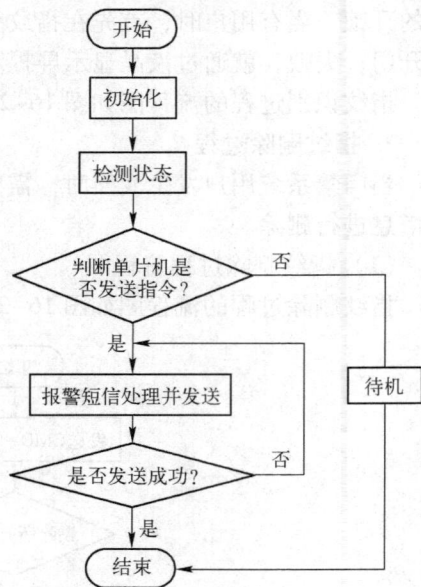

图 16-22　短信报警过程

（2）短信报警功能主要程序

```
if( system cast = = 3 )                              //监测报警状态
{
    EX0 = 1 ;                                        //允许外部中断 0 中断
    System cast = 0 ;
}
UART1_SendStr( " AT\r" ) ;                           //AT 指令测试
UART1_SendStr( " AT + CSCA = +8613800871500 \r" ) ; //短信中心号码
UART1_SendStr( " AT + CMGF = 1\r" ) ;               //短信 TEXT 模式
UART1_SendStr( " AT + CMGS = " ) ;                  //发送短信命令
UART1_SendStr( phone ) ;                            //报警电话号码
UART1_SendStr( " \r" ) ;                            //命令结束
UART1_SendStr( " error!" ) ;                        //发送短信 error!
UART1_SendStr( " \x01a" ) ;
Put String( 30 ,30 ," error!" ) ;                   //液晶显示 error!
```

2. GSM 常用 AT 指令

本系统软件的核心部分是单片机与 GSM 模块的通信，技术难点是 AT 命令的设置和使用。AT 命令是调制解调器的控制指令，无线信道的建立、数据传输等操作都是通过它来完成的。

单片机与 GSM 模块（TC35）的软件接口其实就是单片机通过发送对应正确的 AT 指令对 GSM 模块进行操作。如设置短信息的编码方式、读取手机的电话本、发送短信息、电话挂机、拨打手机等。执行 1 条指令，指令的执行过程需要单片机与手机交互应答完成，每一次发送或接收的字节数都有严格的规定，二者必须依据这些规定实现数据交换，否则，就会出现通信失败。

单片机发送 AT 指令的程序如下：

```
UART1_SendStr("AT\r");                          //AT 指令测试
UART1_SendStr("AT + CSCA = +8613800871500\r");  //查询短信中心
UART1_SendStr(phone);                           //报警电话号码
UART1_SendStr("AT + CMGF = 1\r");               //短信 TEXT 模式
UART1_SendStr("AT + CMGF = 0\r");               //短信 PDU 模式
UART1_SendStr("AT + CMGS = ");                   //发送短信命令
UART1_SendStr("\r");                            //命令结束
UART1_SendStr("error!");                        //发送短信
```

在大多数基于 GSM 的数据传输应用中，是将 MCU 与无线模块相连，二者依托串口通信（需电平转换），程控 MCU 以一定的协议对模块发送 AT 指令、接收模块执行指令后的返回值，并执行相应校验。MCU 串口实质上是以位为单位完成收发，由协议预定义的起始位、校验位、停止位决定数据帧的封装格式。字符格式的 AT 指令需按照 ASCII 编码转化为二进制数后才可存储在 MCU 的 ROM 中，进而通过串口收发，但 AT 指令及其返回字符串中混有不可打印字符，如 AT 指令通常的控制字符 < CR >、短信发送的指令符 < Ctrl + Z >，所有的AT 指令返回值并非以可打印字符起始，需要很好地了解 AT 指令的具体格式。

只有知道了它的具体格式，同时掌握 GSM 模块返回值的格式，才能完成 MCU 与 GSM模块的通信，上述问题是用 MCU 控制无线模块的关键，透彻解决它们的第一步是准确掌握AT 指令的格式。在系统设计过程中可利用超级终端，串口检测软件对串口进行检测，确定AT 指令的具体格式。

在本系统中，单片机通过串口向 GSM 模块发送相应的 AT 命令来实现短消息的发送和接收。

下面是短信模式设置程序：

```
Void set_sms_mode(INT8U mode)              //设置短信模式
{
    if(mode == SMS_PDU_MODE)               //PDU 模式
    {
        b_smsMode = FALSE;
        #ifdef   UART_H
        put_send_data(SMS_PDU_MODE_CMD,
        strlen(SMS_PDU_MODE_CMD));
        put_send_data("\r\n",strlen("\r\n"));
        #endif
    }
    else                                   //TEXT 模式
    {
        b_smsMode = TRUE;
        #ifdefUART_H
```

```
            put_send_data(SMS_TEXT_MODE_CMD,
            strlen(SMS_TEXT_MODE_CMD));
            put_send_data(" \r\n",strlen(" \r\n"));
            #endif
        }
    }
```

GSM 模块的短信模式有两种。第一种是 TEXT 模式；第二种是 PDU 模式。PDU 模式可以采用 unicode 编码发送英文、汉字。但合成 PDU 码比较复杂，而 TEXT 模式只能发送英文。

以 TEXT 模式发送短信程序：

```
    void send_sms_text_mode(void)
    {
        /* 发送短信命令 */
        put_send_data(SMS_SEND_CMD,strlen(SMS_SEND_CMD));
        delay_int(200);
        /* 发送短信命内容 */
        put_send_data(SMS_CONTENT,strlen(SMS_CONTENT));
    }
```

AT + CMGS = < da > [, < toda >] < CR > 命令是用来发送基于 TEXT 格式的短消息。在该命令中，< da > 为字符串形式的目的地址，指接收短消息的手机号码，它的类型由 < toda > 来确定。< toda > 为地址类型识别号，当 < da > 的第一个是 " + " 时，< toda > 的值为整数值 "145"，否则 < toda > 的整数值为 "129"。该命令在输入完前面的参数后，以回车符号结束，接下来输入短消息的内容，并以字符 "CTRL + Z" 结束，该字符的 ASCII 码值为 "26"。如果取消发送，则以字符 "ESC" 结束。

16.4.5　显示模块程序设计

OLED 显示屏液晶模块内含字库和处理器，具有自身的一套指令系统，用户只需要根据使用手册给出的指令系统，依照规定的指令格式，给模块发送指令，完成相应的功能。因为模块是带字库的，所以用户不需要自己定义字形，只需要设定好显示字符的坐标，再将字符发送过去即可。发送汉字时，因为是双字节，所以要先发送高字节，再发送低字节。并且当单片机向模块发送指令之前，需要检查模块是否处于忙状态，也就是需要读取 BF 标志位，当标志位为 0 时才能够发送新的指令。如果不想判断忙碌状态，就需要在发送指令之前先延时足够长的一段时间，确保上一条指令发送完毕。

液晶模块程序流程如图 16-23 所示。

显示屏初始化时需要发送一些指令，如下所示：

```
    void LcmInit(void)          //液晶的初始化子程序
```

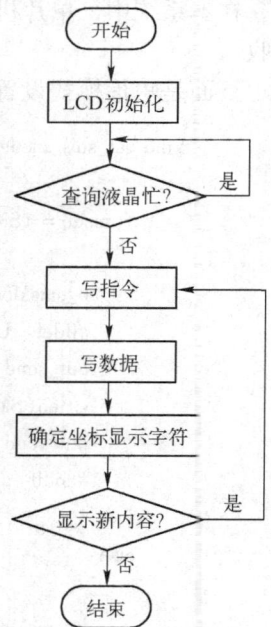

图 16-23　液晶模块程序流程

326

```
        {
        Write Command(0x30) ;    //发送 0x30,启用基本指令集
        Write Command(0x03) ;    //发送 0x03,将 AC 地址归 0
        Write Command(0x0C) ;
        Write Command(0x01) ;    //发送 0x01,将地址归 0
        Write Command(0x06) ;    //当有指令写入时,游标向右移动
        }
```

指纹模块需要显示一些汉字内容,如在指纹录入模式时,需要显示"指纹添加",还需要显示"指纹添加成功"和"指纹添加失败";在指纹识别模式时,需要显示"匹配成功"等。

16.4.6 语音模块程序设计

本系统用的语音模块是 JQ6500,通过单片机发送串口指令实现语言播报功能和报警功能。当进行指纹添加和删除的时候语音提示,当识别不成功的时候发出报警声响。

语音模块工作流程图如图 16-24 所示。

16.4.7 继电器模块程序设计

单片机给指定引脚低电平来触发继电器开关,从而打开电磁锁。继电器模块流程如图 16-25 所示。

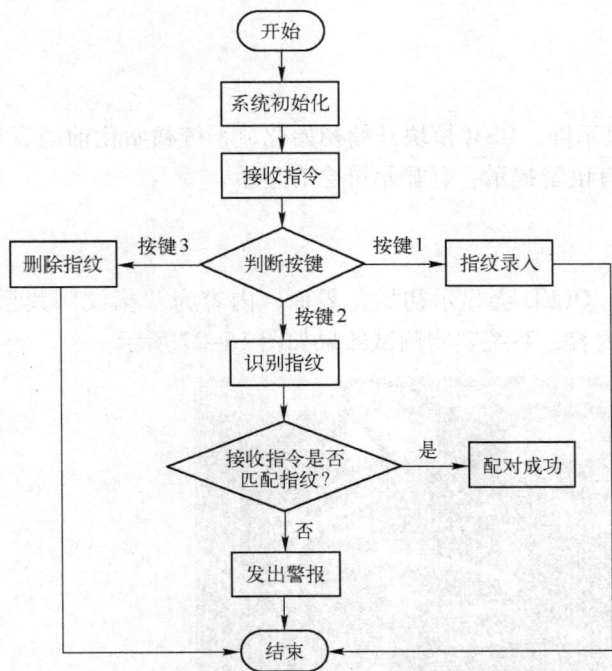

图 16-24 语音模块工作过程

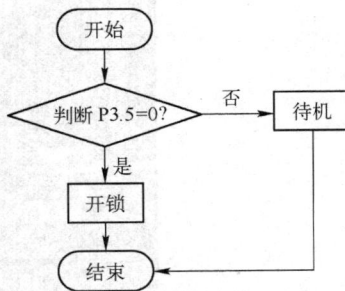

图 16-25 继电器工作过程

16.4.8　按键模块程序设计

本设计中采用 3 个独立按键，分别实现添加指纹、识别指纹以及删除指纹。按键扫描函数及功能函数流程图如图 16-26 所示。

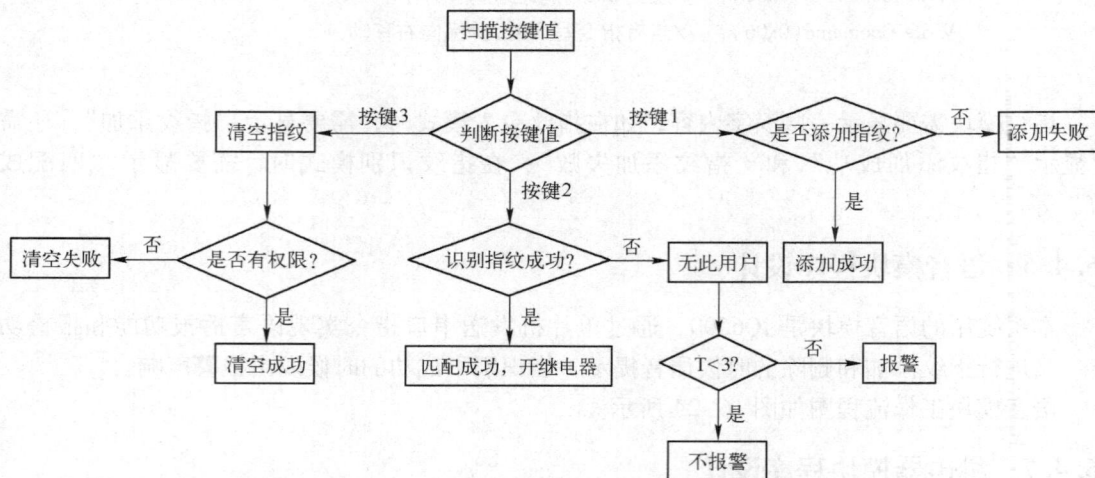

图 16-26　按键工作过程

16.5　系统测试与结果分析

16.5.1　系统功能的测试

单片机上电后指纹模块、OLED 显示屏、GSM 模块开始初始化，系统初始化前语音模块会有语音提示，初始化成功后同样会有语音提示，且显示屏会有显示。

1. 系统初始化界面测试

（1）系统初始化显示

当系统上电后，系统开始初始化，OLED 会显示初始化界面，内容为"指纹门禁系统，安全等级：5 级，超时时间：5 s"等内容，系统实物测试效果如图 16-27 所示。

图 16-27　系统初始化成功后显示界面

（2）系统菜单显示

当初始化成功后，显示屏开始显示系统操作菜单，例如添加指纹、搜索指纹以及清空指纹，如图 16-28 所示。

图 16-28　系统初始化成功菜单显示图

2. 按键功能测试

1）按下第 1 个按键，可以录入指纹，并且录入同时会有语音提示。测试效果如图 16-29 所示。

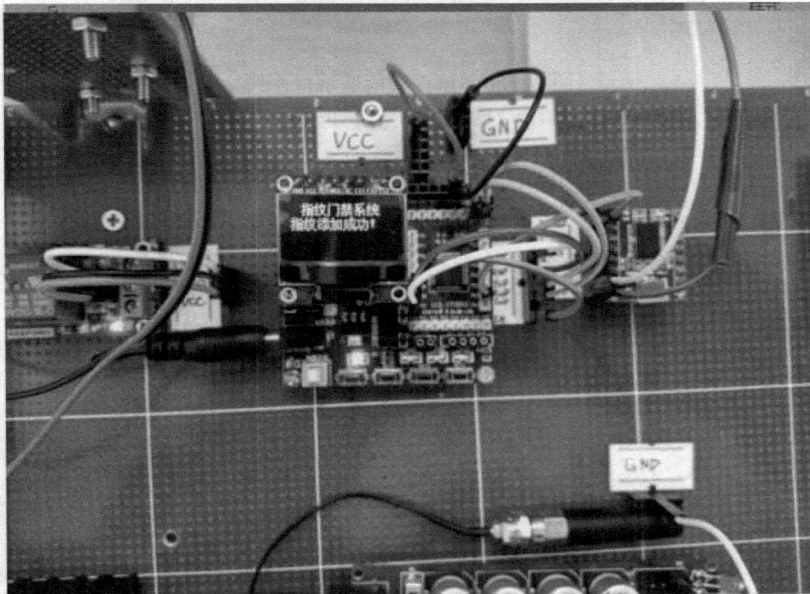

图 16-29　按键功能实现效果图

按下第 3 个按键，可以清空指纹库。测试效果如图 16-30a 所示。

2）按下第 2 个按键可以搜索指纹，匹配成功后会打开继电器从而打开电磁锁。测试效果如图 16-30b 所示。

a)

b)

图 16-30　按键功能实现效果图
a）所有指纹已清空　b）匹配成功，门已开

按下按键 2 识别指纹时，如果连续 3 次识别错误，语音模块会有报警提示，并且 GSM 模块会发短息给指定手机。如图 16-31 所示。

指定手机发短信给 GSM 模块，单片机会读取短信内容打开继电器，从而打开电磁锁。如图 16-32 所示。

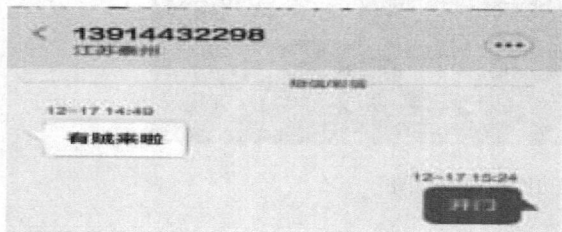

图 16-31　短信报警图

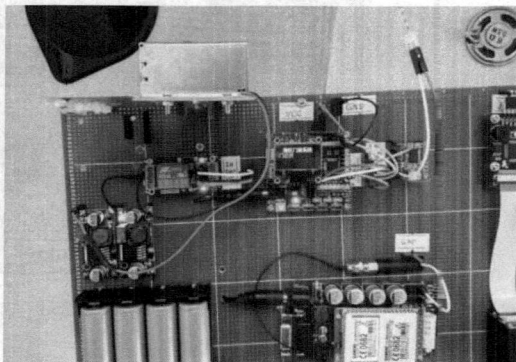

图 16-32　短信开门图

330

16.5.2　问题及解决方案

单片机与指纹模块的串口接收问题，单片机发送指令给指纹模块，指纹模块返回指令给单片机，单片机没反应，检查串口发送没问题，调试程序发现是串口接收的问题，串口接收必须在中断函数里接收，否则缓存数据会丢失，这个问题在 GSM 模块中也存在。

GSM 模块接收短信不正常，调试程序后发现是短信到来时，程序跑不进去，经过精简程序，解决了这个问题。

16.6　程序分析

16.6.1　头文件与变量定义

```
#include < iap15w4k58s4. h >
#include" uart. h"
#include" weixue. h"
#include" intrins. h"
#include" main. h"
#include" gsm. h"
#include" yuyin. h"
#include" oled. h"

extern uint First[6],Second[6],Third[6],fourth[6],fifth[6],sixth[6],seventh[6],eighth[6],ninth
[6],tenth[6];
extern uint eleventh[6],twelfth[6],thirteenth[6],fourteenth[6],fifteenth[6],sixteenth[6],seven-
teenth[6];
```

16.6.2　主函数

```
void main( )
{
    uchar i = 0,t1,t2,t3 = 0;
    Port_Init( );
    LED_1_2_3Blink( );
    UART1_init_115200( );
    UART2_init_9600( );
    UART3_init_9600( );
    UART3_send_string(First,6);
    initial_lcd( );
    GSM_Init( );
    SetcompareLevel(5);
    SetTimeOut(5);
```

```
            t1 = GetcompareLevel( );
            t2 = GetTimeOut( );
            xianshu(t1,t2);
            LCD_Parameter_Menu( );
            Delay_Ms(4000);
            clear_screen( );
            LCD_Main_Menu( );
            UART3_send_string(Second,6);
            while(1)
            {
                switch(key_scan( ))
                {
                    case 1:
                        UART3_send_string(Third,6);
                        clear_screen( );
                        display_GB2312_string(0,14,"指纹门禁系统");
                        switch(AddUser(i))
                        {
                            case ACK_SUCCESS:
                                i + +;
                                display_GB2312_string(2,1,"指纹添加成功!");
                                UART3_send_string(fifth,6);
                                break;

                            case ACK_FAIL:
                                display_GB2312_string(2,1,"操作失败!");
                                UART3_send_string(sixth,6);
                                break;

                            case ACK_FULL:
                                display_GB2312_string(2,1,"指纹库已满!");
                                break;
                        }
                        break;
                    case 2:
                        UART3_send_string(seventh,6);
                        clear_screen( );
                        display_GB2312_string(0,14,"指纹门禁系统");
                        switch(VerifyUser( ))
                        {
                            case ACK_SUCCESS:
                                display_GB2312_string(2,1,"匹配成功!");
                                UART3_send_string(eighth,6);
```

```
                        JianDianQi = 0;
                        Delay_Ms(3000);
                        JianDianQi = 1;
                        t3 = 0;
                        break;
                    case ACK_NO_USER:
                        display_GB2312_string(2,1,"无此用户!");
                        UART3_send_string(ninth,6);
                        t3 ++;
                        if(t3 ==3)
                            {
                                    t3 = 0;
                                    UART3_send_string(tenth,6);
                                    send_english();
                                    LED_1_2_3Blink();
                                    UART3_send_string(sixteenth,6);
                            }
                        break;
                    case ACK_TIMEOUT:
                        display_GB2312_string(2,1,"超时!");
                        UART3_send_string(eleventh,6);
                        break;
                    case ACK_GO_OUT:
                    display_GB2312_string(2,1,"GO OUT!");
                    break;
                };
            break;


    case 3:
            UART3_send_string(twelfth,6);
            clear_screen();
            display_GB2312_string(0,14,"指纹门禁系统");
            switch(ClearAllUser())
            {
                case ACK_SUCCESS:
                display_GB2312_string(2,1,"所有指纹已清空!");
                UART3_send_string(thirteenth,6);
                break;
            case ACK_FAIL:
                display_GB2312_string(2,1,"清空失败!");
                UART3_send_string(fourteenth,6);
                break;
```

```
                        };
                    break;
                }
                KaiMen();
        }
    }
```

16.6.3　功能函数

1. 查询用户总数函数

```
/************************************************************/
//函数描述:查询用户总数
/************************************************************/
char GetUserCount()
{
    uchar m;
    gTxBuf[0] = CMD_USER_CNT;
    gTxBuf[1] = 0;
    gTxBuf[2] = 0;
    gTxBuf[3] = 0;
    gTxBuf[4] = 0;

    m = TxAndRsCmd(5,8,10);

    if(m == ACK_SUCCESS && gRsBuf[4] == ACK_SUCCESS)
    {
        return gRsBuf[3];
    }
    else
    {
        return 0xFF;
    }
}
```

2. 设置比对等级函数

```
/************************************************************/
//函数描述:设置比对等级
/************************************************************/
char SetcompareLevel(uchar temp)
{
    uchar m;
    gTxBuf[0] = CMD_COM_LEV;
    gTxBuf[1] = 0;
```

```
gTxBuf[2] = temp;
gTxBuf[3] = 0;
gTxBuf[4] = 0;
m = TxAndRsCmd(5,8,10);
if( m == ACK_SUCCESS && gRsBuf[4] == ACK_SUCCESS)
{
    return gRsBuf[3];
}
else
{
    return 0xFF;
}
}
```

3. 读取比对等级函数

```
/ ***************************************************************/
//函数描述:读取比对等级
/ ***************************************************************/
char GetcompareLevel( void)
{
    uchar m;
    gTxBuf[0] = CMD_COM_LEV;
    gTxBuf[1] = 0;
    gTxBuf[2] = 0;
    gTxBuf[3] = 1;
    gTxBuf[4] = 0;
    m = TxAndRsCmd(5,8,10);
    if( m == ACK_SUCCESS && gRsBuf[4] == ACK_SUCCESS)
    {
        return gRsBuf[3];
    }
    else
    {
        return 0xFF;
    }
}
```

4. 设置指纹采集等待超时时间函数

```
/ ***************************************************************/
//函数描述:设置指纹采集等待超时时间
/ ***************************************************************/
char SetTimeOut( uchar temp)
{
```

```
    uchar m;
    gTxBuf[0] = CMD_TIMEOUT;
    gTxBuf[1] = 0;
    gTxBuf[2] = temp;
    gTxBuf[3] = 0;
    gTxBuf[4] = 0;
    m = TxAndRsCmd(5,8,10);
    if(m == ACK_SUCCESS && gRsBuf[4] == ACK_SUCCESS)
    {
        return gRsBuf[4];
    }
    else
    {
        return 0xFF;
    }
}
```

5. 读取超时时间函数

```
/ ******************************************************************* /
//函数描述:读取超时时间
/ ******************************************************************* /
char GetTimeOut(void)
{
    uchar m;
    gTxBuf[0] = CMD_TIMEOUT;
    gTxBuf[1] = 0;
    gTxBuf[2] = 0;
    gTxBuf[3] = 1;
    gTxBuf[4] = 0;
    m = TxAndRsCmd(5,8,10);
    if(m == ACK_SUCCESS && gRsBuf[4] == ACK_SUCCESS)
    {
        return gRsBuf[3];
    }
    else
    {
        return 0xFF;
    }
}
```

6. 比对查询用户号函数

```
/ ******************************************************************* /
//函数描述:比对查询用户号
/ ******************************************************************* /
char SearchUserID(void)
{
```

```
    uchar m;
    UART3_send_string(fourth,6);
    gTxBuf[0] = CMD_MATCH;
    gTxBuf[1] = 0;
    gTxBuf[2] = 0;
    gTxBuf[3] = 0;
    gTxBuf[4] = 0;
    m = TxAndRsCmd(5,8,150);
    if((m == ACK_SUCCESS)&& gRsBuf[4] ==1)
    {
        return TRUE;
    }
    else
    {
        return FALSE;
    }
}
```

7. 指纹存储子程序函数

```
/ ********************************************************* /
//函数描述:实现 PWM 配置
/ ********************************************************* /
char AddUser(uchar k)
{
    uchar m;
    m = GetUserCount();
    if(m >= USER_MAX_CNT)
    return ACK_FULL;
    gTxBuf[0] = CMD_ADD_1;
    gTxBuf[1] = 0;
    gTxBuf[2] = k;
    if(k ==0)
        gTxBuf[3] = 1;
    else
        gTxBuf[3] = 3;
    gTxBuf[4] = 0;
    UART3_send_string(fourth,6);
    m = TxAndRsCmd(5,8,200);
    if(m == ACK_SUCCESS && gRsBuf[4] == ACK_SUCCESS)
    {
        gTxBuf[0] = CMD_ADD_2;
        UART3_send_string(fourth,6);
        m = TxAndRsCmd(5,8,50);
        if(m == ACK_SUCCESS && gRsBuf[4] == ACK_SUCCESS)
        {
```

```
            gTxBuf[0] = CMD_ADD_3;
            UART3_send_string(fourth,6);
            m = TxAndRsCmd(5,8,200);
            if(m == ACK_SUCCESS && gRsBuf[4] == ACK_SUCCESS)
            {
                return ACK_SUCCESS;
            }
            else
                return ACK_FAIL;
        }
        else
            return ACK_FAIL;
    }
    else
        return ACK_FAIL;
}
```

8. 删除所有指纹函数

```
/******************************************************************/
//函数描述:删除所有指纹
/******************************************************************/
char ClearAllUser(void)
{
    uchar m;
    if(SearchUserID())
    {
        gTxBuf[0] = CMD_DEL_ALL;
        gTxBuf[1] = 0;
        gTxBuf[2] = 0;
        gTxBuf[3] = 0;
        gTxBuf[4] = 0;
        m = TxAndRsCmd(5,8,50);
        if(m == ACK_SUCCESS && gRsBuf[4] == ACK_SUCCESS)
        {
            LED_2 = 0;
            Delay_Ms(2000);
            LED_2 = 1;
            return ACK_SUCCESS;
        }
        else
        {
            LED_3 = 0;
            Delay_Ms(2000);
            LED_3 = 1;
            return ACK_FAIL;
        }
    }
```

```
        else
            return ACK_FAIL;
}


char IsMasterUser(uchar UserID)
{
    if((UserID ==1) || (UserID ==2) || (UserID ==3))
        return TRUE;
    else
        return FALSE;
}
```

/ ****************** 比对指纹 *************************** /
```
char VerifyUser(void)
{

    uchar m;
    UART3_send_string(fourth,6);
    gTxBuf[0] = CMD_MATCH;
    gTxBuf[1] =0;
    gTxBuf[2] =0;
    gTxBuf[3] =0;
    gTxBuf[4] =0;
    m = TxAndRsCmd(5,8,150);
    if((m == ACK_SUCCESS)&&(IsMasterUser(gRsBuf[4]) == TRUE))
    {
        return ACK_SUCCESS;
    }
    else
        if(gRsBuf[4] == ACK_NO_USER)
        {
        return ACK_NO_USER;
    }
    else
        if(gRsBuf[4] == ACK_TIMEOUT)
        {
            return ACK_TIMEOUT;
        }
        else
            {
                return ACK_GO_OUT;
            }

}
```

9. 引脚初始化函数

/ *** /
//函数描述:引脚初始化
/ *** /

```
void Port_Init( )
{
    P0M0 = 0;
    P0M1 = 1;
    P3M0 = 0;
    P3M1 = 0;
    P5M0 = 0;
    P5M1 = 0;
    P2M0 = 0;
    P2M1 = 0;
    P4M0 = 0;
    P4M1 = 0;
}
```

10. 上电亮灯提示函数

```
/ * * * * * * * * * * * * * * * * * * * * * * * * * * * * * * * * * * * * * * * * * * * * * * * * * * * * * * * * * * * /
//函数描述:上电亮灯提示
/ * * * * * * * * * * * * * * * * * * * * * * * * * * * * * * * * * * * * * * * * * * * * * * * * * * * * * * * * * * * /
void LED_1_2_3Blink( )
{
    LED_1 = 0;
    LED_2 = 0;
    LED_3 = 0;
    Delay_Ms(1000);
    LED_1 = 1;
    LED_2 = 1;
    LED_3 = 1;
}
```

11. 按键扫描函数

```
/ * * * * * * * * * * * * * * * * * * * * * * * * * * * * * * * * * * * * * * * * * * * * * * * * * * * * * * * * * * * /
//函数描述:按键扫描
/ * * * * * * * * * * * * * * * * * * * * * * * * * * * * * * * * * * * * * * * * * * * * * * * * * * * * * * * * * * * /
uchar key_scan( )
{
    if( ! USER_KEY || ! PRESS_KEY || ! DEL_KEY)
    {
        Delay_Ms(500);
        if( ! USER_KEY)return 1;
        if( ! PRESS_KEY)   return 2;
        if( ! DEL_KEY)return 3;
    }
    else
        return 0;
}
```

第17章 基于蓝牙技术的智能家居系统

17.1 项目研究背景及意义

17.1.1 项目研究的背景

随着人们生活条件的逐步提高,电视、冰箱、空调、洗衣机等诸多家用电器已经进入了千家万户,家用电器种类不断增多,较早的家庭住宅设计对家用电器开关的预留相对较少,这就出现了要通过增加很多电源插板的方式才能满足多种家用电器同时接入的需求。但是,采用外接电源插板的方式不仅存在一定的安全隐患,而且经常插拔电源插头也极不方便,因而传统的机械式开关必将被新的科技产品所取代。

目前国内大部分家用电器开关仍旧是传统的机械式按键开关,原因是传统式的电器开关开发周期短,制作成本低,方案成熟,因而在很长一段时间内,国内市场上都是传统开关占据着主要的市场份额。然而,随着人们生活条件的逐步提高,家用电器的价格不断降低,使得大部分家庭都能够负担起这些家电的使用,但是当人们把一台台新的家电从市场搬到家后会发现一个新的问题,就是室内电源开关有限,必须外接电源插板方可使用,这使得家用电器使用的便利性大打折扣,重新装修布线又会带来很大的金钱投入,正因为如此,最近几年很多公司已经开始投入研发团队开发综合性、智能化、便捷性、无线遥控家电开关。智能化家电开关与传统的开关有着本质上的区别,智能化家电开关采用继电器控制,完全脱离了实际的传统开关,继电器开关的存在已经有了很长一段时间了,在很多遥控家电开关中已经得到了普及和应用。

现在市场上传统的遥控家电开关已经不能满足人们对家电控制的要求了,传统的遥控器具有单一性,每种遥控器只能控制一种家用电器,随着家用电器的逐步增加,使得众多的遥控器很难去分辨,因而综合性、多用途的遥控器将是未来发展的方向。

在国外,20世纪末无线遥控开关系统得到推广和应用,比国内开发早了近20年,美国最早的蓝牙遥控开关并未用在家用电器上,而是用在工业的计算机上,大家熟知的笔记本电脑的蓝牙文件上传功能、蓝牙无线打印功能这些都是早期的典型蓝牙传输的应用。进入21世纪以来,蓝牙技术已经被众多的手机厂商所应用,正是由于手机蓝牙的应用,使蓝牙技术由传统的工业应用发展到了日常应用,各种手机蓝牙控制设备也逐步被开发和推广应用。

17.1.2 项目研究的意义

微电子技术、自动控制技术与通信技术的发展将人类社会带入了一个电子信息世界,各种电子控制系统应用于生活的每一个角落。其中居住环境的智能化、人性化已经越来越受到青睐,电子科技的发展已经极大地便利了人们的生活,基于单片机与移动通信技术的蓝牙无线家电开关控制系统已经逐步在高端住宅场合得到了推广和应用,并取得了一致的好评。

随着人们生活水平的提高，越来越多的家用电器被放置到自己的居住空间里面，家电的应用使人们生活水平得到了很大的提高，但是家电占用了较多的居住空间的同时，也为操作带来了一定的麻烦，或许读者还在找遥控器的时候，住在高端住宅的人们已经在用自己的智能手机来随意地开启家电了。采用智能手机进行家电的控制具有划时代的进步，因为手机蓝牙遥控的方式不再受到遥控器型号的限制，传统的家用电器开关需要匹配的遥控器才能进行有效的操作，当有了手机蓝牙遥控技术，所有的家电遥控器都可以扔到一边了，手机蓝牙遥控不仅节约了给遥控器更换电池所耗费的成本和时间，同时也使操作的便利性得到很大的提高。

综合蓝牙家电开关系统的各个设计层面和功能要求，本项目利用 STC15 单片机技术、自动控制技术和手机蓝牙通信技术设计了一套以单片机为基础的无线家电开关控制和环境监控系统。本系统主要包括电源管理部分、单片机控制模块、液晶显示模块、HC－08 蓝牙 4.0 通信模块和自动控制模块五大部分。本设计结构简单、工作可靠、价格低廉，控制灵活，应用性比较强。因此，不仅在市场推广上有显著的实际意义，在学术研究上也有一定的教学与教育意义。

17.1.3 系统功能

本设计采用 STC15F2K60S2 单片机为主控芯片，结合 HC－08 蓝牙模块，通过软件编程结合硬件实物来完成一款无线家电开关控制和环境监控系统的设计与制作。此蓝牙遥控家电开关和环境监控系统主要电路模块包括：单片机最小系统、HC－08 蓝牙模块、液晶 LCD12864 显示电路、电源系统电路和继电器开关电路。元器件包括：STC15F2K60S2 单片机、HC－08 工业级 4.0 蓝牙模块、液晶显示屏（采用中文液晶 LCD12864）、家用电器开关（采用 DC 5V 松乐继电器开关）、DHT11 温湿度传感器、HCSR501 人体红外感应模块、蜂鸣器、MQ－2 烟雾气敏传感器和雨水感应模块。

本设计主要任务和要求：

1）系统接收到手机蓝牙发送的指令后能够正确地对指令解析。

2）家电开关开启和关闭要有输出指示灯提示，通过继电器控制灯的亮灭来模拟对应电器的开启和关闭。

3）系统具备液晶显示界面，用来显示所控制家电的开启和关闭状态。

4）系统需要设计完成 4 路家电开关的开启与关闭控制，相互之间不能有干扰。

5）DHT11 把检测到的数据送单片机处理，并把温湿度数据送显示屏 LCD12864 显示和在手机上显示，并报警。

6）HCSR501 检测人体红外辐射，一旦接近家庭安全敏感区会报警并在手机上显示。

7）MQ－2 烟雾气敏传感器实时监控家庭中可燃气体是否泄漏，若泄漏则蜂鸣器报警并在手机上显示，同时打开门窗。

8）雨水感应模块实时监控天气情况，若下雨控制系统会自动关闭门窗。

17.2 系统设计方案论证

17.2.1 系统设计方案比较

经过大量查阅相关资料，本系统选择以下三种设计方案进行分析和比较，然后进行相应方案的论证和可行性分析，最终选择一个可行性较高的方案作为系统最终的设计方案来进行设计。

方案一：采用 NRF24L01 无线射频方式进行遥控控制，采用此方案进行设计的硬件框图如图 17-1 所示。

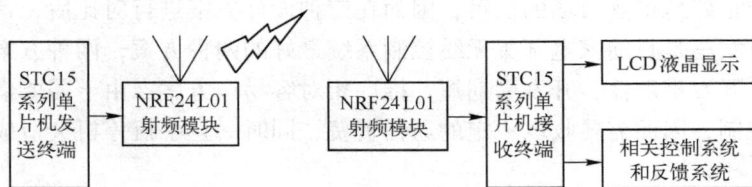

图 17-1　方案一系统框图

图 17-1 为所选设计方案一的硬件设计框图，采用此方案进行设计具有设计成本低廉、开发难度低等优点，便于推广和应用；不足之处是发射终端同样需要单片机进行控制，远程控制需要随时随地携带控制设备，操作不便，同时由于没有相应的密码设置，容易被附近同样频段的遥控设备误操作。

方案二：图 17-2 为所选设计方案二的硬件设计框图，采用此方案进行设计具有操作灵活，不用携带额外控制器即可远程控制，同时控制不受距离限制的优点；不足之处是开发难度大，设计成本相对较高，通过手机短信进行控制需要缴纳一定的通信费用，在一些低端的住宅场合推广具有一定的难度。

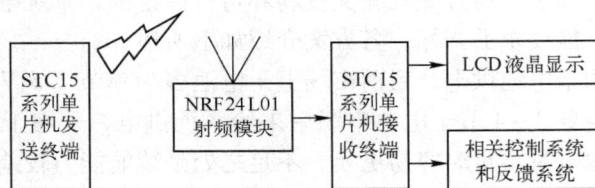

图 17-2　方案二系统框图

方案三：采用手机蓝牙终端进行遥控控制，系统通过手机蓝牙实现家用电器开关的遥控开启和关闭，采用此方案进行设计的硬件框图如图 17-3 所示。

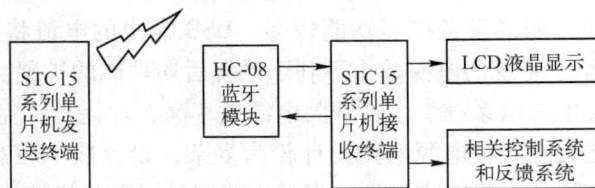

图 17-3　方案三系统框图

图 17-3 为所选设计方案三的硬件设计框图，采用此方案进行设计具有控制方便灵活，不用额外携带控制设备即可实现家用电器的开启和关闭的操作，同时蓝牙遥控具有密码匹配功能，在操作安全性上有很好的保证。

17.2.2 系统设计方案选择

通过以上三种方案的比较和分析论证，在当今人们追求生活便利作为主要目的的环境下，方案一虽然成本相对低廉，但是由于受制于安全性和操作的便利性，决定了以此方案为基础的设计不能很好地得到市场的认可，因而在三种设计方案进行对比后，首先排除了方案一。方案二和方案三是目前家电开关无线控制系统最好的两种方案，两种方案各有千秋，方案三相比方案二开发难度低，开发周期短，推广相对容易，方案二由于需要借助于移动通信网络进行远程控制，因而需要收取一定的通信资费，同时一旦手机停机会造成无法遥控控制的情况。

鉴于以上三种方案的对比，本系统最终选择方案三作为整个系统的设计方案。

17.3 系统硬件设计

17.3.1 电源管理系统设计

系统电源设计是整个设计开始前首先要解决的问题，一个电源设计的好坏直接决定整个设计的成败，一个系统电源的设计不仅要考虑系统的电压是否达到系统的要求，还要考虑系统电源的功耗问题，如果电源输出带载能力不足，会造成系统工作不稳的情况出现，同时电源设计还要考虑到滤波和散热问题。

结合所学电路基础知识，通过查找相关资料和可行性论证，系统电源电路可通过以下方案来实现系统对电源性能要求的指标，各方案介绍如下所述。

方案一：直接采用干电池供电，目前市场上干电池多为单节 1.5 V，如果要满足单片机对工作电压的要求，需要 3~4 节干电池串联后来给系统供电，采用干电池供电优点是：体积小移动方便，当电池电量不足时容易更换，不足之处是续航能力较差，电量较低时会出现功耗不足，造成系统工作不稳定的情况出现。因此，采用干电池给系统供电不是一个完美的设计方案。

方案二：采用计算机 USB 接口给系统供电，由于计算机 USB 接口输出电压为直流 5 V电压，可以满足单片机对工作电压的要求，同时程序调试需要采用计算机软件编程下载，采用 USB 给系统供电也较为方便，USB 供电外围电路相对简单，设计成本较低，不足之处是USB 端口驱动能力较弱，如果设备扩展功能较多，USB 输出的电流将达不到系统对功耗的要求，采用 USB 作为整个系统的电源输出不利于系统后期功能的扩展。

方案三：采用开关电源给系统供电，开关电源效率高，功耗足，完全可以满足系统对电源功耗的要求，不足之处是开关电源电路设计较为复杂，设计成本较高，由于 MOS 管处于高频工作状态下，系统高频干扰较难处理，高频干扰容易对单片机造成干扰，同时开关电源散热较难处理。

方案四：采用直流电源同时增加 LDO 电源管理芯片进行系统的稳压，由于系统单片机需要直流 5 V 电压供电，HC-08 蓝牙模块需要 3.3 V 直流电源供电，因而系统采用单一的电源不能同时满足单片机和蓝牙模块的电压需求，系统电源管理电路需要增加 5 V 和 3.3 V的电压管理芯片，系统采用直流 9 V 供电，5 V 电压输出采用 LM7805 稳压芯片稳压后输出给单片机及板上的 5 V 电压系统供电，3.3 V 的电压采用 RT9193 - 3.3 V 稳压输出给系统的 HC - 08 蓝牙模块供电。

鉴于以上四种电源管理方案的综合比较，本系统采用方案四作为整个系统的电源管理方案设计。

系统电源管理系统电路主要包括 5 V 稳压输出电路、5 V 转 3.3 V 稳压电路、电源滤波电路和电源输出指示电路。系统 9 V 转直流 5 V 电压部分电路如图 17-4 所示，5 V 转 3.3 V 稳压电路如图 17-5 所示。

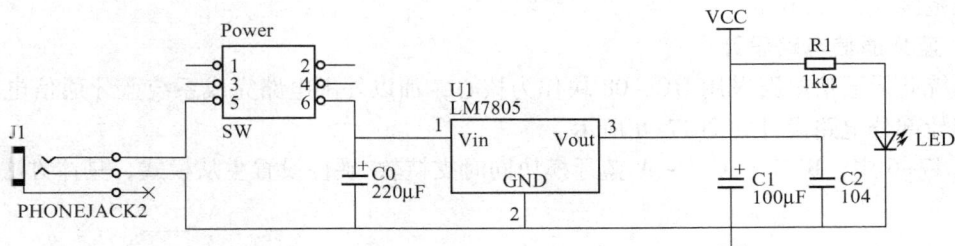

图 17-4　系统电源管理电路 1

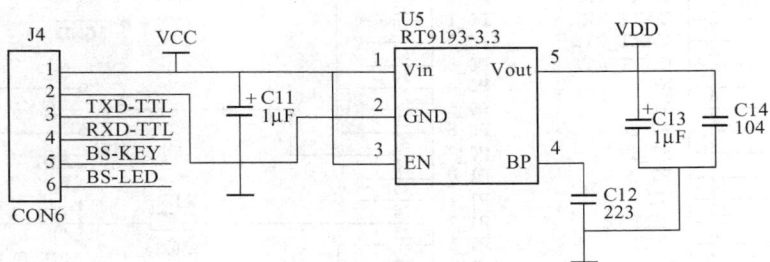

图 17-5　系统电源管理电路 2

图 17-4 为系统 5 V 输出电压管理电路。其中 J1 为 DC005 电源输入接口，用于连接 9 V 直流电源；SW 为系统电源开关，用于控制整个系统电源的开启与关闭；C0 为电解电容，一般取值在 220 ~ 680 μF 之间，此电解电容是用于滤除电源线上存在的高频干扰；U1 为三端稳压芯片 LM7805，LM7805 输入电压范围在 7 ~ 16 V 情况下，稳定输出直流 5 V 电压，输出稳定度在 5 ± 0.05 mV 的范围内变化，能够很好地保证单片机系统电压的稳定性；电容 C1 和 C2 分别用于滤除输出电压上存在的低频干扰和高频干扰；LED 为电源指示灯，当系统电源输出正常的情况下 LED 灯点亮；电阻 R1 为 1 kΩ 阻值的限流电阻，保证 LED 在允许的工作电流下工作，避免 LED 电流过高而造成损坏。

图 17-5 为系统 5 V 转 3.3 V 电源管理电路。其中 VCC 为 5 V 电压输入；C11 为滤波电容；U5 为 RT9193 - 3.3 V 稳压芯片，U5 的第 5 脚为 3.3 V 电压输出；C13 和 C14 为输出电压滤波电容，分别用于滤除高频和低频干扰；C12 为 LDO 电源芯片的启动电容。

17.3.2　蓝牙通信系统设计

1. HC - 08 蓝牙模块简介

HC - 08 蓝牙模块是一款高性能的蓝牙主从一体串口通信模块，它可以和多种带蓝牙功能的计算机、手机、PAD 等智能终端进行配对。该模块支持非常宽的波特率范围：4800 ~ 1382400 bit/s，使用方便，连接灵活，具有较高的性价比，同时 HC – 08 为工业级产品，性能稳定、可靠性较高。

此外，该模块为针对蓝牙低功耗、低成本的片上系统（SoC）应用模块。该模块内含一个 RF 收发器和一个工业级 8051 内核，适用于低功耗需求的应用系统中，符合全球无线电频率法规的无线系统，包括 ETSI EN 300 328 和 EN 300 440 Class 2（欧洲）、FCC CFR47 Part 15（美国）和 ARIB STD – T66（日本），拥有精确的数字接收信号强度指示器（RSSI），较宽供电电压范围（2 ~ 3.6 V）。

2. 蓝牙通信电路设计

系统蓝牙通信电路采用 HC – 08 块作为核心，加以外围电路完成系统蓝牙通信电路的设计，蓝牙部分电路设计如图 17–6 所示。

图 17–6 中，BLE – CC41 – A 蓝牙模块同时支持软/硬件设置主从模式，具体方法如下：

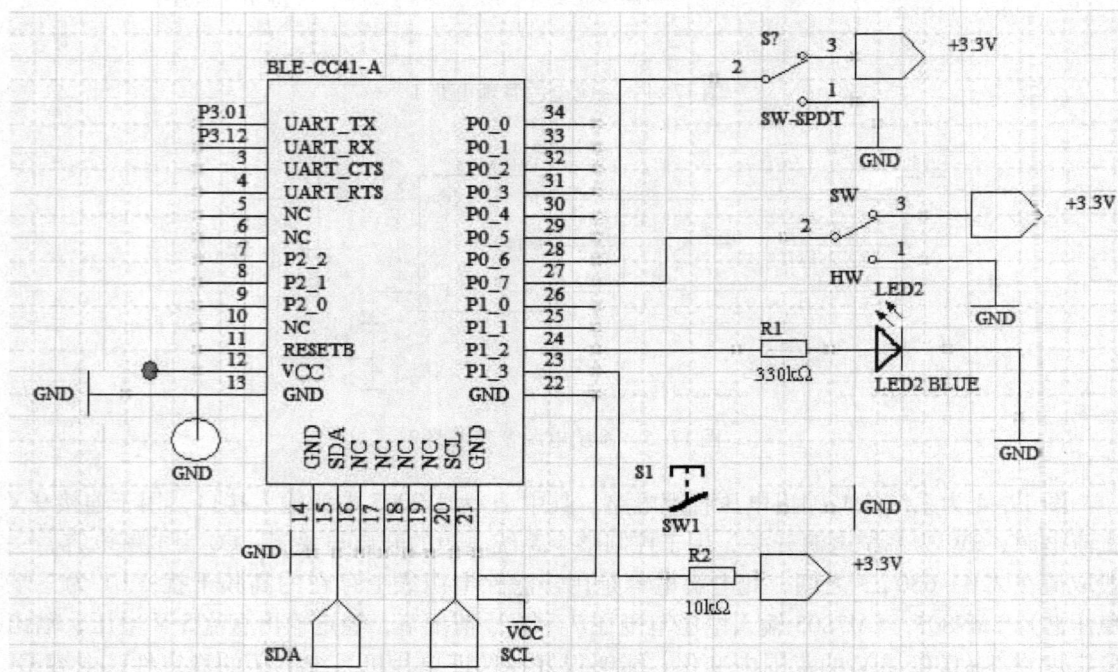

图 17–6　HC – 08 通信模块电路图

引脚 27：软/硬件主从设置口。置低（或悬空）为硬件设置主从模式，置 3.3 V 高电平为软件设置主从模式；如选择硬件设置主从模式，可通过 28 脚进行设置；如果选择软件设置主从模式，可以通过 AT 命令查询和设置，具体方法参考《BLE – CC41 – A 蓝牙模块 AT 指令集》。

引脚 28：硬件主从设置口。3.3 V 高电平设置主模式，接地或悬空设置从模式。

P1_3 为输入引脚，短按控制，可以实现以下功能：

1）模块处于休眠状态时，模块将被唤醒至正常状态，成功唤醒后，串口将会输出 " + WAKE \r\nOK\r\n" 字符串。

346

2）模块处于连接状态时，模块会主动发起断开连接请求。

蓝牙模块电路设计焊接好后，为了保证模块能够正常使用，首先要测试一下蓝牙模块收发功能是否正常，具体测试过程如下所述。

首先 HC –08 模块通过 USB 转 TTL 模块连接到计算机串口，连接方式如图 17–7 所示。

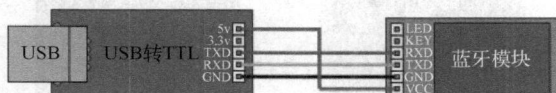

图 17-7　蓝牙模块与 TTL 模块接线方式图

HC –08 模块出厂设置为从模式，所以发送 AT + ROLE？得到的返回值为 + ROLE：0，发送 AT + ROLE =1 即可设置模块为主机，若返回值为 OK 应答则模块设置成功，注意串口调试助手要勾选"发送新行"，这样就能自动发送回车了，具体操作界面如图 17–8 所示。

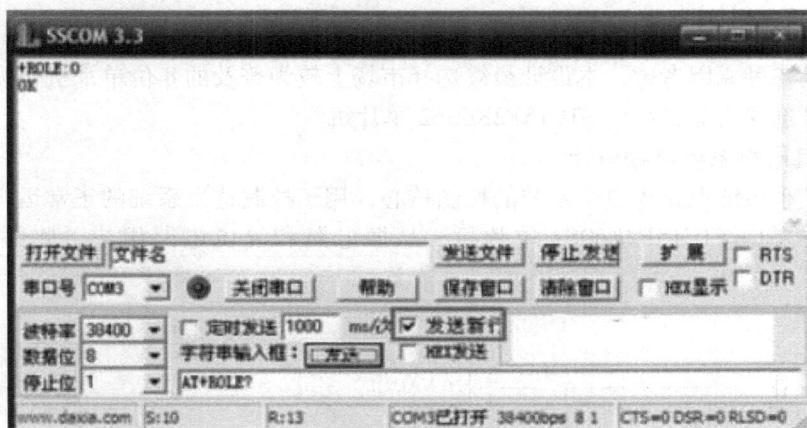

图 17-8　蓝牙模块测试界面图

3. 蓝牙模块与手机蓝牙之间的设置与匹配

HC –08 蓝牙模块设置为从设备，手机蓝牙为主设备，当手机安装好蓝牙串口助手后，打开蓝牙调试助手界面，搜索蓝牙设备，然后选择键盘模式，设置键盘指令即可，具体操作过程可以参考图 17–9。

17.3.3　单片机最小系统设计

1. 单片机型号的选择与论证

单片机为整个系统的控制核心，选择一款合适的单片机对整个系统设计的成功与否起着至关重要的作用。

首先要从设计的功能上着手，由于系统功能相对较少，只是实现与 GSM 模块的通信以及继电器控制指令的发出，因而不需要选择引脚多的太高端的单片机；其次要考虑到设计的成本要求。

目前市场上 8 位单片机相比 16 位以上单片机具有很好的价格优势，考虑到 8 位单片机完全能够达到设计的功能要求，因而本设计首选单片机是 8 位单片机；最后还需要考虑到单

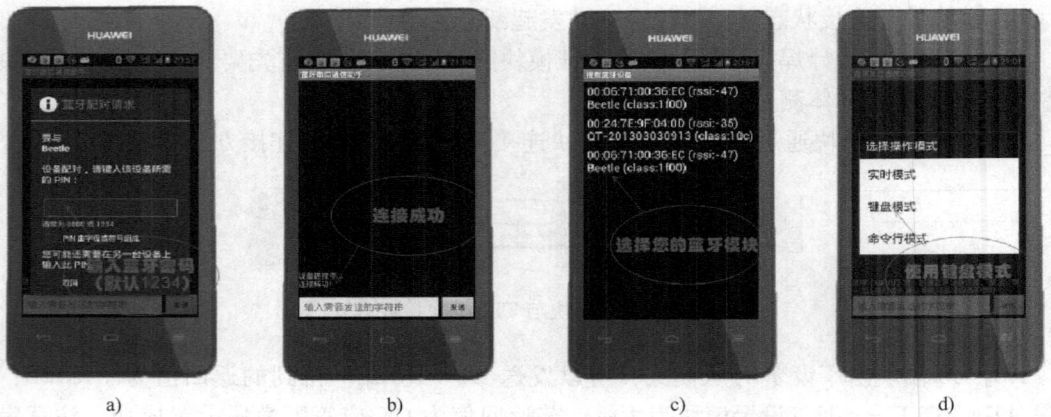

a)   b)   c)   d)

图 17-9　蓝牙配对操作演示过程图

片机在设计过程中程序编译调试的可操作性以及实用性。

　　鉴于以上各种原因考虑，本设计最终选择市场上较为普及的 8 位单片机作为系统的控制器，具体型号选择宏晶科技的 STC15F2K60S2 单片机。

2. 单片机最小系统电路设计

　　单片机最小系统电路为整个系统的控制核心，用于控制这个系统的正常运行，单片机最小系统电路主要由 STC15F2K60S2 单片机、晶振电路和复位电路组成，此部分电路图如图 17-10 所示。

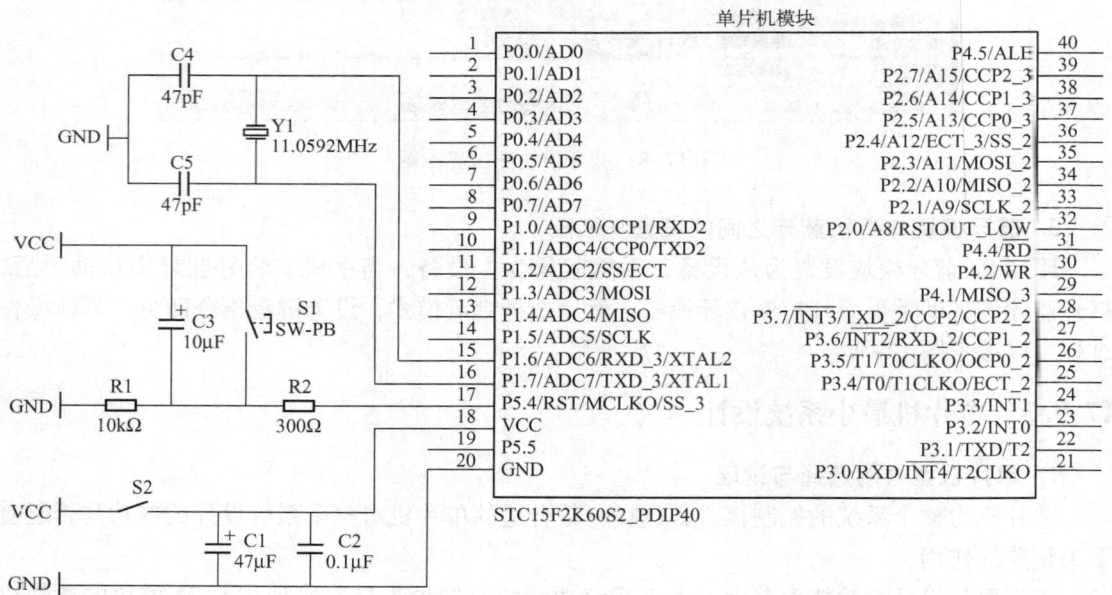

图 17-10　单片机最小系统电路图

　　系统主控电路由单片机、时钟振荡电路与复位电路组成。STC15F2K60S2 单片机内部有一个由振荡器构成的高增益反相放大器，引脚 XTAL1 和 XTAL2 分别是该放大器的输入和输

348

出端，用于外接晶体振荡器，Y1 为 11.0592 MHz 的晶体振荡器，选择 11.0592 MHz 是为了便于计算单片机运行的周期，Y1 两端的电容 C4、C5 接在放大器的反馈回路中构成并联振荡电路。电容 C4 和 C5 应选择瓷片电容，至于电容值过容值的大小没有严格的限定，只是电容容量的大小会轻微影响振荡频率的高低、振荡器工作的稳定性、起振的难易程度及温度的稳定性。如果使用石英晶体，推荐电容使用 30 ± 10 pF。

STC15F2K60S2 单片机为高电平复位使能，在单片机最小系统电路设计中需要保证上电的时候能够复位单片机，同时当系统运行过程中出现跑飞或者进入死循环的时候能够通过相应的按键实现单片机的复位，因而单片机复位需要有上电复位和按键复位两种复位方式，复位电路设计如图 17-10 所示，其中 S1 为复位按键。上电复位的工作原理为：通电时，电容两端相当于短路，于是 RST 引脚上为高电平，然后电源通过电阻对电容 C3 充电，RST 端电压慢慢下降，降到一定程度，即为低电平，单片机开始正常工作；按键复位的工作原理为：当 S1 被按下后，电容 C3 迅速放电，使 RST 引脚为高电平，从而实现复位。当 S1 弹起后，电源通过 10 kΩ 的电阻 R2 充电，RST 引脚的电平变为低电平，复位停止。

3. 单片机最小系统电路测试

单片机最小系统电路设计完成后，首先要验证一下最小系统电路是否能够工作。首先要保证晶振正常起振，检测晶振起振可以用示波器观察晶振引脚的输出波形，观察是否有振荡波形输出，如果晶振起振，最小系统基本就可以工作了。然后单片机置入相应的 I/O 端口控制程序，此时可以控制一个简单的 LED 灭来验证程序是否正常运行。除此之外还要验证最小系统的复位电路是否能够起到正常复位的功能。

17.3.4 家电控制电路设计

系统家电控制电路采用 4 路继电器控制实现，4 路继电器分别控制大门、窗户、冰箱和空调的开关。继电器控制电路采用弱电控制强电的工作原理，单片机通过控制继电器的断开和吸合来控制外接家电的通断，具体控制电路如图 17-11 所示。

图 17-11 中，P14 ~ P17 分别接到单片机的 I/O 口上，当单片机输出低电平时继电器吸合，外部接家电的开关吸合接通，家电启动工作；当单片机输出高电平时晶体管断开，继电器外部开关断开，外接的家电停止工作。考虑到实际的可操作性，以及能够直观地分辨出继电器开关的接通和断开，外部家电采用 LED 灯的亮灭来替代，当对应家电的 LED 灯点亮代表对应家电电源接通，家电处于工作状态，当对应的 LED 灯熄灭代表对应的家电电源开关断开，家电停止工作。

17.3.5 系统显示电路设计

1. 显示方案一：数码管显示

数码管是一种半导体发光器件，其基本单元是发光二极管。数码管按段数分为七段数码管和八段数码管，八段数码管比七段数码管多一个发光二极管单元（多一个小数点显示）；按能显示多少个"8"可分为 1 位、2 位、4 位等数码管；按发光二极管单元连接方式分为共阳极数码管和共阴极数码管。共阳极数码管是指将所有发光二极管的阳极接到一起形成公共阳极（COM）的数码管。共阴极数码管是指将所有发光二极管的阴极接到一起形成公共阴极（COM）的数码管。共阴极数码管在应用时应将公共极 COM 接到地线 GND 上，当某

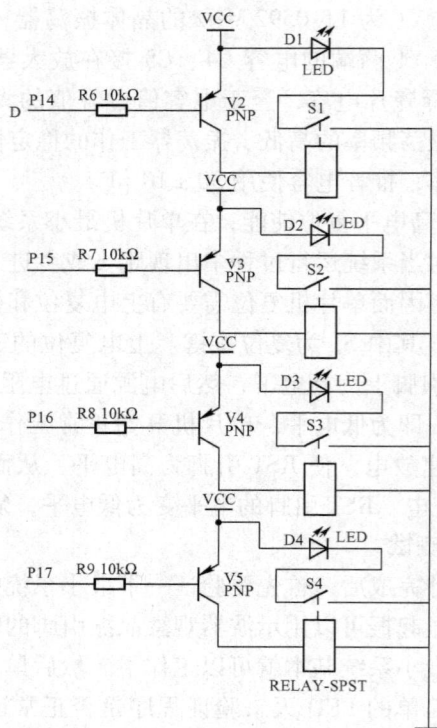

图 17-11　系统家电控制电路图

一字段发光二极管阳极为高电平时，相应字段就点亮。当某一字段的阳极为低电平时，相应字段就不亮。采用数码管显示具有亮度高、显示清晰、使用电压低、寿命长、价格低廉等诸多特点，不足是信息显示内容有限，当显示内容为字符时显示效果不如字符型液显示器。

2. 显示方案二：LCD 液晶显示

采用点阵字符型 LCD 液晶显示，液晶显示模块具有体积小、功耗低、显示内容丰富等特点，现在字符型液晶显示模块已经是单片机应用设计中最常用的信息显示器件，但采用 LCD 液晶显示会造成设计成本增加。

综合方案一与方案二的优缺点，考虑到为了提高显示效果，本系统最终采用方案二做系统的显示器件，系统选用 LCD12864 作为显示部分。LCD12864 液晶显示电路如图 17-12 所示。

17.3.6　气敏传感器电路设计

MQ-2 气体传感器所使用的气敏材料是在清洁空气中电导率较低的二氧化锡（SnO_2）。当传感器所处环境中存在可燃气体时，传感器的电导率随空气中可燃气体浓度的增加而增大。使用简单的电路即可将电导率的变化转换为与该气体浓度相对应的输出信号。

MQ-2 气体传感器对液化气、丙烷、氢气的灵敏度高，对天然气和其他可燃蒸气的检测也很理想。这种传感器可检测多种可燃性气体，是一款适合多种应用的低成本传感器。气敏传感器电路图如图 17-13 所示。

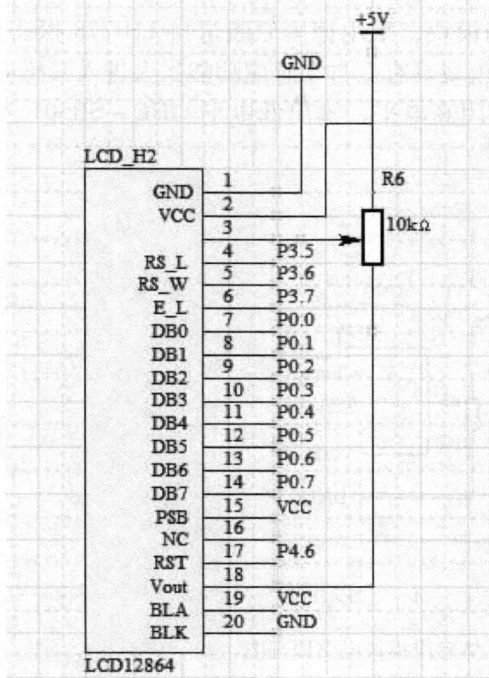

图 17-12 系统显示器件电路图

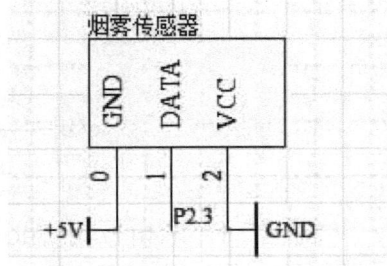

图 17-13 气敏传感器电路图

17.3.7 温湿度传感器电路设计

DHT11 数字温湿度传感器是一款含有已校准数字信号输出的温湿度复合传感器，它应用专用的数字模块采集技术和温湿度传感技术，确保产品具有极高的可靠性和卓越的长期稳定性。传感器包括一个电阻式感湿元件和一个 NTC 测温元件，并与一个高性能 8 位单片机相连接。因此该产品具有品质卓越、超快响应、抗干扰能力强、性价比极高等优点。

DHT11 传感器都在极为精确的湿度校验室中进行校准。校准系数以程序的形式存在OTP 内存中，传感器内部在检测信号的处理过程中要调用这些校准系数。单线制串行接口，使系统集成变得简易快捷。超小的体积、极低的功耗，使其成为在苛刻应用场合的最佳选择。产品为 4 针单排引脚封装，连接方便，DHT11 数字温湿度传感器如图 17-14 所示。

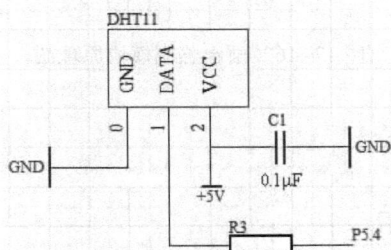

图 17-14 DHT11 数字温湿度传感器原理图

17.3.8 人体感应模块电路设计

HC - SR501 是基于红外线技术的自动控制模块，采用德国原装进口 LHI778 探头设计，灵敏度高，可靠性强，超低电压工作模式；该模块具有全自动感应功能：人进入其感应范围则输出高电平，人离开感应范围则自动延时关闭高电平，输出低电平。HC - SR501 人体感应模块电路原理图如图 17-15 所示。

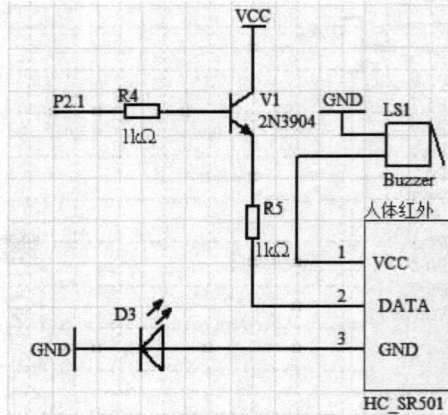

图 17-15　HC - SR501 人体感应模块电路原理图

17.3.9 雨水感应模块电路设计

雨水感应模块工作电压为 5 V，感应板上没雨水时，输出高电平，LED 指示灯亮，当有雨水滴在感应板上时，输出低电平，LED 指示灯灭。TTL 电平输出，TTL 电平输出低电平有效，驱动能力在 100 mA 左右，可直接驱动继电器、蜂鸣器、小风扇、灯等；雨水感应模块原理图如图 17-16 所示。

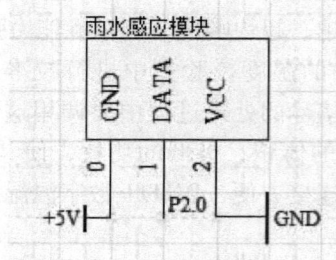

图 17-16　雨水感应模块原理图

17.4 系统软件设计

17.4.1 系统主程序流程图

系统主程序主要包括系统的初始化、蓝牙串口通信、开关状态的显示以及信号的输出控制等，系统主程序流程图如图 17–17 所示。

当系统上电后首先完成各个组件的初始化，一个系统的初始化是程序运行必不可少的环节，系统初始化部分主要包括：单片机初始化、液晶显示模块初始化、蓝牙串口模块初始化、控制信号电平的初始化等；初始化完成以后系统首先要启动蓝牙串口通信模块，保证蓝牙模块和手机蓝牙控制终端完成匹配。

单片机通过串口通信的方式实现和蓝牙模块的通信，单片机对蓝牙模块接收到的指令进行解析，然后输出控制指令到继电器开关，从而实现对家电开关的控制；LCD 液晶对 4 路家电开关的开启和关闭状态进行显示，便于直观的测试。

17.4.2 传感器模块程序

传感器模块在上电初始化后，检测各种相关数据送单片机处理，当超过相关设定参数时，会报警并向手机发送提示信息，传感器模块子程序如图 17–18 所示。

温湿度传感器检测温湿度送显示屏显示；当有人接近家庭中敏感安全区时，人体红外感应模块会检测到，并发出信号报警；当家庭中有可燃气体泄漏时，气敏传感器会报警同时向手机发出警报，系统打开窗户透气；雨水感应模块感应天气是否下雨，若感应到雨水，窗户会自动关闭。

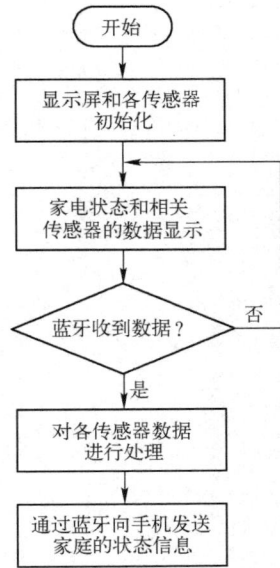

图 17–17　系统主程序流程图

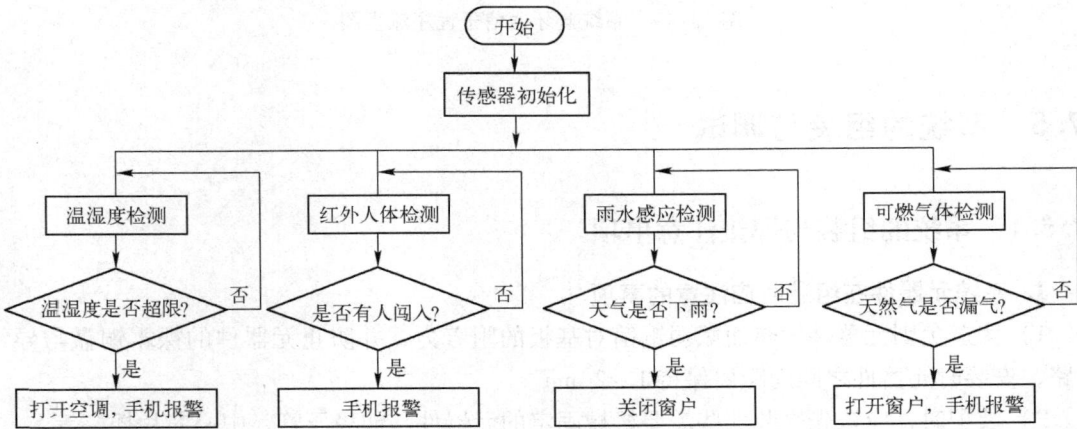

图 17–18　传感器模块子程序流程图

17.4.3 系统蓝牙通信模块子程序

系统蓝牙通信模块子程序主要完成手机蓝牙指令的接收以及和单片机直接的数据通信等，此部分程序的完成是整个系统软件设计成功与否的关键所在。图 17–19 为系统蓝牙通信子程序流程图。

353

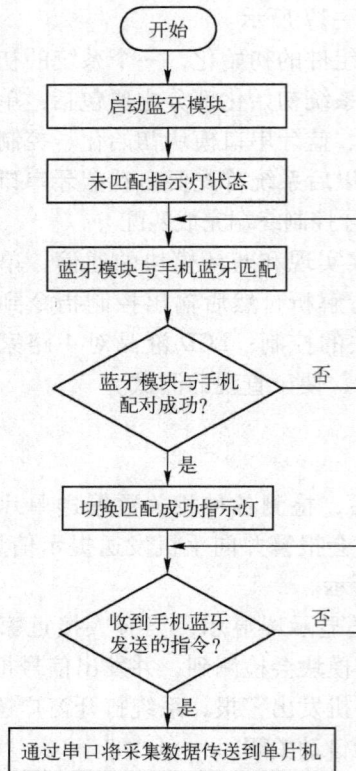

图 17–19　系统蓝牙通信子程序流程图

17.5　系统的组装与调试

17.5.1　系统的组装与焊接注意事项

1. 系统元器件在组装时应注意的事项

1）为避免因元器件发热而减弱铜箔对基板的附着力，并防止元器件的裸露铜盘与导线短路，安装时元器件之间间距要保持 1 ~ 2 mm。

2）装配时，应该先安装那些需要机械固定的元器件，如稳压管、中心芯片插座等。

3）各种元器件的安装，应该使它们的标记用色码或字符标注的数值，精度等朝上面或易于辨认的方向，并注意标记的读书方向一致从左到右或从上到下。

2. 元器件在焊接时应注意的事项

1）在元器件焊接之前应先用砂布将元器件的引脚打磨一遍，这样可以将元器件引脚氧化的部分去除掉，以便于焊接。

2）在焊接过程中还要注意焊锡的量要得当，过多可能造成电路短路，过少有可能造成虚焊。

3）元器件焊完后，给发热量大的元器件装上散热片，这样有利于散热，增加系统的稳定性。

4）最后可以在板子的四个角上安装四个铜柱，一方面可以增加整个结构的美观，另一方面也可以避免电路板放在导电体上发生短路的危险。

17.5.2　系统的调试与问题解决方法

电路板实物做完以后，接下来的工作就是调试，这是理论指导实践最重要的一步，调试工作需要很好的耐心，一个系统的调试需要软硬件结合调试。

系统的实物图如图 17-20 所示。

图 17-20　系统实物图

本项目在软硬件结合调试的过程中应注意以下问题：

1）首先不要插芯片，要先测量一下各点的电压，尤其是单片机工作电压和蓝牙模块电路工作电压，在保证模块工作电压正常的前提下再安插芯片，不然会烧坏芯片或模块，造成不可挽回的损失。

2）测试过程中，若发现液晶屏幕不亮，需要检查液晶背光调节是否接上。

3）手工焊接调试时，切记 P0 口需要接上拉电阻，否则会造成系统显示器工作不正常。

4）系统正常工作之前要对蓝牙模块进行测试，保证蓝牙模块能够实现正常的指令收发功能。

5）做稳压电源模块时，若发现稳压电源模块接入电路后不能正常工作，且用电压表测量稳压模块端口的输出电压也正常。此时，需要将稳压模块的接地线和单片机电源端的接地线连接在一起，才能使系统正常工作。

6）有源蜂鸣器的接地端应与单片机的接地端相连接，正极接单片机几乎所有端子，在端子置高电平时，蜂鸣器都不响。因为单片机除 P0 口具有较大的拉电流外，其他端口都有一定的上拉电阻，输出的电流较弱，不足以驱动蜂鸣器。解决方法：将蜂鸣器的负极接单片机的引脚，正极接电源，用低电平触发蜂鸣器。

7）若在测试过程中，出现单片机掉电重启的现象，其原因是：单片机输出电流有限，整个装置由于电流不够，而不能正常工作。解决方法：外加 6 节干电池，再接 5V 的稳压模块，可顺利解决元器件的供电问题。

17.6   程序分析

17.6.1   头文件与变量定义

```
#include" iap15w4k58s4. h"       //STC15 单片机头文件
#include" dht11. h"              //温湿度头文件
#include" uart. h"               //串口通信头文件
#include" lcd12864. h"           //LCD12864 头文件
#include < intrins. h >          //加入此头文件后,可使用_nop_库函数
#include < stdio. h >

#define tmp_set    25            //温度报警值
#define hum_set    40            //湿度报警值


sbit    Relay1 = P1^2;           //继电器开关
sbit    Relay2 = P1^3;           //继电器开关
sbit    Relay3 = P1^4;           //继电器开关
sbit    Relay4 = P1^5;           //继电器开关
sbit    BEEF  = P3^4;            //蜂鸣器
sbit    yw = P2^3;               //烟雾检测
sbit    led0 = P2^2;             //报警灯
sbit    hw = P2^1;               //人体红外检测
sbit    ys = P2^0;               //雨水检测
```

17.6.2   主函数

```
void main( )
{
    Relay1 = Relay2 = Relay3 = Relay4 = 1;      //继电器初始化
    BEEF = 1;                                   //蜂鸣器初始化
    led0 = 1;                                   //LED 初始化
    hw = 1;                                     //人体红外初始化


    P0M1 = 0;P0M0 = 0;                          //设置为准双向口
    P1M1 = 0;P1M0 = 0;                          //设置为准双向口
```

```
P2M1 = 0;P2M0 = 0;                              //设置为准双向口
P3M1 = 0;P3M0 = 0;                              //设置为准双向口
P4M1 = 0;P4M0 = 0;                              //设置为准双向口
P5M1 = 0;P5M0 = 0;                              //设置为准双向口
P6M1 = 0;P6M0 = 0;                              //设置为准双向口
P7M1 = 0;P7M0 = 0;                              //设置为准双向口

DisableHC595();                                 //禁止 HC595 显示
Delay_MS(100);                                  //等待 LCD 工作状态
LCDInit();                                      //12864 初始化
Delay_MS(5);                                     //延时片刻(可不要)
DisplayListChar(0x81,"智能家居系统");
DisplayListChar(0x90,"XXXX:XXX");               //X 表示显示的内容
   DisplayListChar(0x88,"           XXX");
   Delay_MS(2000);
   LCDClear();
   DisplayListChar(0x80,"设计者:XX");
   DisplayListChar(0x90,"         XX");
   DisplayListChar(0x88,"         XXX");
   DisplayListChar(0x98,"         XXX");
   Delay_MS(2000);
   LCDClear();                                   //清屏
   UartInit();                                   //串口初始化

while(1)
{
    Relay1 = Flag_Relay1;                        //继电器 1 控制信号
    Relay2 = Flag_Relay2;                        //继电器 2 控制信号
    Relay3 = Flag_Relay3;                        //继电器 3 控制信号
    Relay4 = Flag_Relay4;                        //继电器 4 控制信号

    DisplayListChar(0x81,"智能家居系统");         //显示函数的调用
    RH_Report();                                 //将温度送入单片机
    DisplayListChar(0x98,"temp:");
    WriteDataLCD('0' + tmp/10%10);               //显示温度的十位
    WriteDataLCD('0' + tmp%10);                  //显示温度的个位

    DisplayListChar(0x9C,"hum:");                //将湿度送入单片机
    WriteDataLCD('0' + hum/10%10);               //显示湿度的十位
    WriteDataLCD('0' + hum%10);                  //显示湿度的个位

    if(Flag_Relay1 ==1)                          //继电器 1 标志位为 1
    {
```

```
            DisplayListChar(0x90,"大门:关");        //显示函数的调用
        }
    else
        {
            DisplayListChar(0x90,"大门:开");        //显示函数的调用
        }

    if(Flag_Relay2 == 1)                            //继电器 2 标志位为 1
        {
            DisplayListChar(0x94,"窗帘:关");        //显示函数的调用
        }
    else
        {
            DisplayListChar(0x94,"窗帘:开");        //显示函数的调用
        }

    if(Flag_Relay3 == 1)                            //继电器 3 标志位为 1
        {
            DisplayListChar(0x88,"空调:关");        //显示函数的调用
        }
    else
        {
            DisplayListChar(0x88,"空调:开");        //显示函数的调用
        }

    if(Flag_Relay4 == 1)                            //继电器 3 标志位为 1
        {
            DisplayListChar(0x8C,"冰箱:关");        //显示函数的调用
        }
    else
        {
            DisplayListChar(0x8C,"冰箱:开");        //显示函数的调用
        }
    Relay1 = Flag_Relay1;                           //继电器 1 控制信号
    Relay2 = Flag_Relay2;                           //继电器 2 控制信号
    Relay3 = Flag_Relay3;                           //继电器 3 控制信号
    Relay4 = Flag_Relay4;                           //继电器 4 控制信号

    if(yw == 1)                                     //如果没有可燃气泄漏
        {
        if(ys == 0)                                 //如果下雨
            {
```

```
                DisplayListChar(0x94,"窗户:关");      //显示函数的调用
                Flag_Relay2 = 1;                         //继电器标志位置位
            }
        }
        else                                              //如果有可燃气体泄漏
        {
                DisplayListChar(0x94,"窗户:开");      //显示函数的调用
                DisplayListChar(0x90,"大门:开");      //显示函数的调用
                Flag_Relay1 = 0;                         //继电器标志位复位
                Flag_Relay2 = 0;                         //继电器标志位复位
                UartPrintf("gasleakingAlarm!");       //串口发送
                Delay_MS(1000);
        }

        if(hw == 1)                                       //判断是否有人接近,红外标志置位
        {
            led0 = 0;                                      //LED 亮(低电平触发)
            UartPrintf("Stranger Alarm!");            //串口发送
            Delay_MS(1000);

        }
        else
            led0 = 1;                                      //LED 灭(低电平触发)

        if(tmp > tmp_set)                                 //温度报警设置
        {
            UartPrintf("High Temp Alarm!");          //串口发送到手机上的温度报警信息
            Delay_MS(1000);
        }

        if(hum > hum_set)                                 //湿度温度报警设置
        {
            UartPrintf("High HUMI Alarm!");          //串口发送到手机上的湿度报警信息
            Delay_MS(1000);
        }

        if(tmp > tmp_set || hum > hum_set || yw == 0 || hw == 1)   //如果温度超标或湿度超标,
或有可燃气泄漏时,或感测到人体红外辐射时
                BEEF = 0;              //蜂鸣器报警(低电平触发)
        else
                BEEF = 1;              //否则不报警
        UartPrintf(message);      //串口发送温湿度值到手机上显示
        Delay_MS(1000);
    }
}
```

17.6.3 功能函数

1. 串口函数

```
/*********************************************************/
//函数描述:串口处理
/*********************************************************/
unsigned char COM(void)
{
    unsigned char i,U8comdata;
    for(i=0;i<8;i++)
    {
        FLAG=2;
        while((! Sensor_SDA)&&FLAG++);
        DelayUS(30);
        temp=0;
        if(Sensor_SDA)temp=1;
        FLAG=2;
        while((Sensor_SDA)&&FLAG++);
        if(FLAG==1)              //判断数据位是0还是1
        break;                   //如果高电平高过预定0,则高电平值数据位为1
        U8comdata<<=1;
        U8comdata |=temp;
    }

        return  U8comdata;
}
```

2. 数据接收函数

```
/*********************************************************/
//函数描述:接收数据信号
/*********************************************************/
void RH(void)
{

    unsigned char  checkdata_temp;  //主机拉低18ms
    Sensor_SDA=0;
    Delay_MS(18);
    Sensor_SDA=1;                   //总线上拉电阻拉高主机延时
    DelayUS(40)                     //主机设为输入判断从机响应信号
    Sensor_SDA=1;   //判断从机是否有低电平响应信号,如不响应则跳出,响应则向下运行

    if(! Sensor_SDA)
    {
        FLAG=2;     //判断从机发出80 μs的低电平响应信号是否结束
```

```
        while((! Sensor_SDA)&&FLAG ++);
        FLAG = 2;        //判断从机是否发出 80 μs 的高电平,如发出则进入数据接收状态
        while((Sensor_SDA)&&FLAG ++);    //数据接收状态
        str[0] = COM();
        str[1] = COM();
        str[2] = COM();
        str[3] = COM();
        str[4] = COM();

        Sensor_SDA = 1;                          //数据校验
        checkdata_temp = str[4];
        temp = (str[0] + str[1] + str[2] + str[3]);
    }
```

3. 温湿度接收函数

```
/ ****************************************************************** /
//函数描述:接收温湿度数据
/ ****************************************************************** /
void RH_Report()
{
    unsigned char a[3],b[3];
    unsigned int tmp,hum;
    char message[20];
    RH();            //调用温湿度读取子程序
    hum = str[0];
    tmp = str[2];
    a[1] = '0' + hum%10;
    a[0] = '0' + hum/10%10;
    displayhum = a;
    b[1] = '0' + tmp%10;
    b[0] = '0' + tmp/10%10;
    displaytemp = b;
}
```

参 考 文 献

［1］宏晶科技．STC15 系列单片机器件手册［Z］．2015.

［2］胡汉才．单片机原理及接口技术［M］．2 版．北京：清华大学出版社，2004.

［3］杨将新．单片机程序设计及应用——从基础到实践［M］．北京：电子工业出版社，2006.

［4］徐爱钧．STC15 增强型 8051 单片机 C 语言编程与应用［M］．北京：电子工业出版社，2014.

［5］李全利．单片机原理及应用（C51 编程）［M］．北京：高等教育出版社，2012.

［6］丁向荣．单片机原理与应用——基于在线仿真的 STC15F2K60S2 单片机［M］．北京：清华大学出版
社，2015.